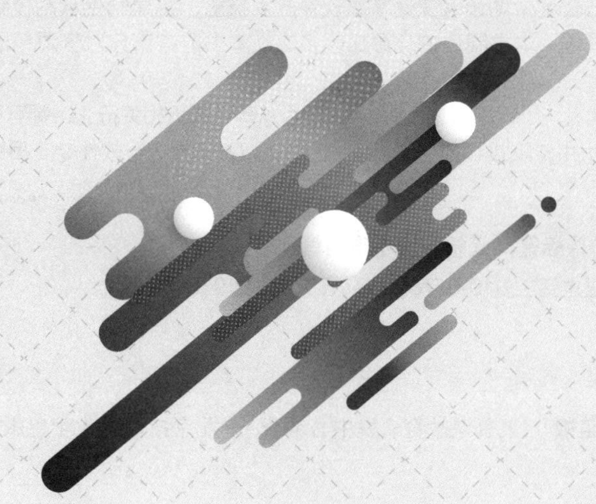

C#
从入门到项目实践（超值版）

聚慕课教育研发中心　编著

清華大学出版社
北　京

内容简介

本书采用“基础知识→核心应用→核心技术→高级应用→项目实践”结构和“由浅入深，由深到精”的模式进行讲解。全书共分为5篇20章。首先通过一个简单的C#程序来让读者对其有一个简单的认识，主要讲解常量与变量、数据类型与运算符、程序的流程控制、数组的使用，同时引入面向对象编程思想；接着讲述字符串与正则表达式、集合与泛型的使用、C#的窗体控件、C#的各种高级控件的使用，同时着重介绍C#操作文件和注册表的方法、多线程操作、异常处理及程序调试，如何将应用程序打包并制作成安装程序在客户机上部署等；最后在项目实践环节着重介绍软件工程师必备素养与技能、Windows计算器的制作、自助取款机系统，以及扫雷游戏等，为日后进行软件项目管理及实战开发积累经验。

本书的目的是多角度、全方位地帮助读者快速掌握软件开发技能，构建学生从高校到社会的就业桥梁，让有志于软件开发工作的读者轻松步入职场。本书赠送的资源比较多，在本书前言部分对资源包的具体内容、获取方式以及使用方法等做了详细说明。

本书适合任何想学习C#的读者，不管是否接触过C#，是否从事计算机相关行业，都可以通过学习本书快速地掌握C#的开发方法和技巧。本书还可供大中专院校和社会培训机构的师生以及正在进行软件专业相关毕业设计的学生阅读。

图书在版编目（CIP）数据

C#从入门到项目实践：超值版 / 聚慕课教育研发中心编著. 一北京：清华大学出版社，2019
（软件开发魔典）
ISBN 978-7-302-53009-1

Ⅰ. ①C…　Ⅱ. ①聚…　Ⅲ. ①C语言－程序设计－教材　Ⅳ. ①TP312.8

中国版本图书馆CIP数据核字（2019）第093927号

责任编辑：张　敏　薛　阳
封面设计：杨玉兰
责任校对：徐俊伟
责任印制：李红英

出版发行：清华大学出版社
网　　址：http: //www.tup.com.cn, http: //www.wqbook.com
地　　址：北京清华大学学研大厦A座　　**邮　　编：**100084
社 总 机：010-62770175　　**邮　　购：**010-62786544
投稿与读者服务：010-62776969, c-service@tup.tsinghua.edu.cn
质量反馈：010-62772015, zhiliang@tup.tsinghua.edu.cn
印 装 者：三河市君旺印务有限公司
经　　销：全国新华书店
开　　本：203mm×260mm　　**印　　张：**26　　**字　　数：**770千字
版　　次：2019年8月第1版　　**印　　次：**2019年8月第1次印刷
定　　价：89.90元

产品编号：075194-01

丛书说明

本书针对“零基础”和“入门”级读者，用实例引导读者深入学习，满足其在基础入门、扩展学习、职业技能、项目实战四个方面的需求。采用“基础知识→核心应用→核心技术→高级应用→项目实践”的模式，深入浅出地讲解C#程序开发的各项技术及实战技能。读者系统学习后可以掌握C#基础知识，具备全面的应用程序开发能力、优良的团队协同技能和丰富的项目实战经验。

本丛书的目标就是让初学者、应届毕业生快速成长为一名合格的程序员，通过演练积累项目开发经验，在未来的职场中立足于一个较高的起点，能迅速融入软件开发团队。

C#最佳学习模式

本书以C#最佳的学习模式来安排内容结构，前4篇可使读者掌握C#应用程序开发基础知识、核心应用、核心技术和高级应用，第5篇可提高读者的实战开发能力。读者遇到问题可学习本书同步微视频，也可以通过在线技术支持，让有经验的程序员为你答疑解惑。

本书内容

全书共分为5篇20章。

第1篇（第1～4章）为基础知识，首先通过一个简单的C#程序来让读者对其有一个简单的认识，主要讲解常量与变量、数据类型与运算符。

第2篇（第5～8章）为核心应用，主要介绍程序的流程控制、数组的使用，引入面向对象编程思想。

第3篇（第9～12章）为核心技术，讲述字符串与正则表达式、集合与泛型的使用、C#的窗体控件、C#的各种高级控件的用法等。

第4篇（第13～16章）为高级应用，着重介绍C#操作文件和注册表的方法、多线程操作、异常处理及程序调试，如何将应用程序打包并制作成安装程序在客户机上部署等。

第5篇（第17～20章）为项目实践，着重介绍软件工程师必备素养与技能、Windows计算器的制作、自助取款机系统，以及扫雷游戏等，为日后进行软件项目管理及实战开发积累经验。

全书不仅融入了作者丰富的工作经验和多年的使用心得，还提供了大量来自工作现场的实例，具有较强的实战性和可操作性。系统学习本书后，可以掌握 C#基础知识，具备全面的 C#编程能力、优良的团队协同技能和丰富的项目实战经验。本书的目标就是让初学者、应届毕业生快速成长为一名合格的初级程序员，通过演练积累项目开发经验和团队合作技能，在未来的职场中立足于一个较高的起点，并能迅速融入软件开发团队。

本书特色

1. 结构科学、易于自学

本书在内容组织和范例设计中都充分考虑了初学者的特点，讲解由浅入深，循序渐进。对于读者而言，无论您是否接触过 C#，都能从本书中找到最佳的起点。

2. 视频讲解、细致透彻

为降低学习难度，提高学习效率，本书录制了同步微视频（模拟培训班模式），通过视频学习除了能轻松学会专业知识外，还能获取到老师们的软件开发经验，使学习变得更轻松、有效。

3. 超多、实用、专业的范例和实战项目

本书结合实际工作中的应用范例，逐一讲解 C#的各种知识和技术，在项目实践篇更以多个项目实践来总结、贯通本书所学，使读者在实践中掌握知识，轻松拥有项目开发经验。

4. 随时检测自己的学习成果

每章首页均提供了“学习指引”和“重点导读”，以指导读者重点学习及学后检查；每章后的“就业面试技巧与解析”根据当前最新求职面试（笔试）精选而成，读者可以随时检测自己的学习成果，做到融会贯通。

5. 专业创作团队和技术支持

本书由聚慕课教育研发中心编著和提供在线服务，读者在学习过程中遇到任何问题，均可登录 www.jumooc.com 网站或加入读者（技术支持）服务 QQ 群（674741004）进行提问，作者和资深程序员将为读者在线答疑。

本书附赠超值王牌资源库

本书附赠了以下极为丰富、超值的王牌资源库。

（1）王牌资源 1：随赠本书“配套学习与教学”资源库，提升读者学习效率。

- 本书同步 285 节教学微视频录像（支持扫描二维码观看），总时长 13 学时。
- 本书中 3 个大型项目案例以及 223 个实例源代码。
- 本书配套上机实训指导手册及教学 PPT 课件。

（2）王牌资源 2：随赠“职业成长”资源库，突破读者职业规划与发展瓶颈。

- 求职资源库：100 套求职简历模板库、600 套毕业答辩与 80 套学术开题报告 PPT 模板库。
- 面试资源库：程序员面试技巧、200 道求职常见面试（笔试）真题与解析。
- 职业资源库：程序员职业规划手册、软件工程师技能手册、100 例常见错误及解决方案、开发经验及技巧集、100 套岗位竞聘模板。

（3）王牌资源 3：随赠“C#软件开发魔典”资源库，拓展读者学习本书的深度和广度。

- 案例资源库：60 套 C#经典案例库。
- 程序员测试资源库：计算机应用测试题库、编程基础测试题库、编程逻辑思维测试题库、英语测试题库。
- 软件开发文档模板库：10 套八大行业软件开发文档模板库、40 套 C#项目案例库等。
- 电子书资源库：C#类库查询电子书、C#控件查询电子书、C#程序员职业规划电子书、C#程序员面试技巧电子书、C#常见错误及解决方案电子书、C#开发经验及技巧大汇总电子书。

（4）王牌资源 4：编程代码优化纠错器。

- 本纠错器能让软件开发更加便捷和轻松，无须安装配置复杂的软件运行环境即可轻松运行程序代码。
- 本纠错器能一键格式化，让凌乱的程序代码更加规整美观。
- 本纠错器能对代码精准纠错，让程序查错不再困难。

资源获取及使用方法

注意：由于本书不配送光盘，因此书中所用及上述资源均需借助网络下载才能使用。

1. 资源获取

采用以下任意途径，均可获取本书所附赠的超值王牌资源库。

（1）加入本书微信公众号“聚慕课 jumooc”或 QQ 群，下载资源或者咨询关于本书的任何问题。

（2）登录网站 www.jumooc.com，搜索本书并下载对应资源。

（3）加入本书读者（技术支持）服务 QQ 群（674741004），读者可以打开群“文件”中对应的 Word 文件获取网络下载地址和密码。

（4）通过电子邮件 zhangmin2@tup.tsinghua.edu.cn 与我们联系，获取本书对应资源。

2. 使用资源

读者可通过 PC 端、App 端、微信端学习和使用本书微视频和资源。

读者对象

本书非常适合以下人员阅读：

- 有一定的 C# 基础，想精通 C# 编程的人员。
- 有一定的 C# 编程基础，没有项目经验的人员。
- 正在进行毕业设计的学生。
- 大中专院校及培训机构的教师和学生。

创作团队

本书由聚慕课教育研发中心组织编写，参与本书编写的主要人员有：李正刚、陈梦、刘静如、刘涌、杨栋豪、王湖芳、张开保、贾文学、张翼、白晓阳、李伟、李欣、樊红、徐明华、白彦飞、卞良、常鲁、陈诗谦、崔怀奇、邓伟奇、凡旭、高增、郭永、何旭、姜晓东、焦宏恩、李春亮、李团辉、刘二有、王朝阳、王春玉、王发运、王桂军、王平、王千、王小中、王玉超、王振、徐利军、姚玉忠、于建彬、张俊锋、张晓杰、张在有等。

在本书的编写过程中，我们尽所能地将最好的讲解呈现给读者，但书中也难免有疏漏和不妥之处，敬请广大读者不吝指正。若您在学习中遇到困难或疑问，或有任何建议，可发邮件至 zhangmin2@tup.tsinghua.edu.cn。另外，您也可以登录我们的网站 http://www.jumooc.com 进行交流以及免费下载学习资源。

作者

目录

第 1 篇　基础知识

第 4 篇　高级应用

第 5 篇 项目实践

第 1 篇

基础知识

本篇是 C#的基础知识篇。从基本概念及基本语法讲起，结合第一个 C#程序的编写和结构剖析带领读者快速步入 C#的编程世界。

读者在学完本篇后将会了解到 C#软件和编程的基本概念，掌握 C#开发环境的构建，C#程序开发基础以及面向对象编程等知识，为后面更深入地学习 C#编程打下坚定的基础。

第 1 章

步入 C#编程世界——Hello C#

学习指引

C#是一个简单的、现代的、通用的和面向对象的编程语言，它是由微软公司开发的运行于.NET Framework之上的高级程序设计语言。C#在继承 C 和 C++强大功能的同时，去掉了一些复杂特性。本章将详细介绍 C#语言的发展历史，并且通过图文并茂的形式介绍安装与卸载 Visual Studio 2017 开发环境的全过程。

重点导读

- 熟悉 C#语言。
- 熟悉.NET Framework。
- 熟悉 C#程序的开发工具。
- 掌握编写 C#程序。
- 掌握代码的输入与输出。

1.1 认识 C#语言

C#读作 C Sharp，是微软公司设计的一种编程语言，是在 C 和 C++的基础上开发出来的一种简单、面向对象和类型安全的编程语言，并且能够与.NET Framework 完美结合。

1.1.1 C#的发展史

C#最初有个酷炫的名字，叫做 COOL。微软从 1998 年 12 月开始了 COOL 项目，直到 2000 年 2 月，COOL 被正式更名为 C#，主要是由安德斯·海尔斯伯格（Anders Hejlsberg）主持开发。C#是第一个面向组件的编程语言，其源码首先会编译成 MSIL（Microsoft Intermediate Language，微软中间语言）再运行。

1. C# 1.0 是纯粹面向对象的

2003 年 5 月，微软推出了 Visual Studio .NET 2003，同时也发布了 C# 1.0 的改进版本。这一时期的 C#提出了面向对象的编程概念。C++并非纯粹面向对象，为了和 C 兼容以及提供更高的执行效率，该版本保留了很多模块化的东西。

2. C# 2.0 提出泛型编程的新概念

2005 年 11 月，微软推出了 Visual Studio 2005，对应的是 C# 2.0，该版本提出了泛型编程的新概念。泛型思想已经是一种很成熟的编程思想，但是依然没有哪一种主流的开发语言，能够支持完备的泛型编程。这主要是因为泛型思想与面向对象有部分冲突，同时由于在编译期间对类型参数的完全检测很难做到，很多问题会被遗留到运行时。C# 2.0 独出心裁地对泛型类型参数提出了约束的新概念，并以优雅的语法体现在语言之中。有了约束，结合编译器强大的类型推断能力，可以在编译时发现几乎所有“危险”的泛型应用。

3. C# 3.0 增加了语言集成查询技术

C# 3.0 版和 Visual Studio 2008 一起发布于 2007 年下半年，但完整的语言功能是在 C# 3.5 版中发布的。该版本的新特性包括自动属性、推断类型、匿名类、扩展方法、对象初始化器、集合初始化器、Lambda 表达式和 LINQ。

LINQ（Language Integrated Query，语言集成查询）是一组用于 C#和 Visual Basic 语言的扩展。它允许编写 C#或者 Visual Basic 代码以操作内存数据的方式，查询数据库。该版本标示着 C#发展过程中的重大改变，C#成为真正强大的编程语言。

4. C# 4.0 增加了动态语言的特性

2010 年 4 月发布了 C# 4.0，运行于 Visual Studio 2010。该版本延续了不断提高易用性的趋势，大大简化了许多常见任务，包括泛型类型、传统的互操作以及处理动态对象模型。C# 4.0 的动态语言特性，在 JavaScript 和 Python 中都可以看到它的影子。从另一个角度来说，这些特性也都是为了提高程序员的工作效率。

5. C# 5.0 的新增特性

2012 年 8 月，C# 5.0 随着 Visual Studio 2012 一起正式发布。它作为第 5 个 C#的重要版本，通过新增的 async 和 await 关键字，引入了一种新的基于任务的异步编程模型。在这种方式下，可以通过类似同步方式编写异步代码，极大地简化了异步编程模型。

6. C# 6.0 对语法进行改进

2015 年 7 月，C# 6.0 在 Visual Studio 2015 中引入。该版本更多地关注了语法的改进，而不是增加新的功能。这些新的语法将有助于用户更好更方便地编写代码。

7. C# 7.0 促使专注于数据消费，简化代码和性能

2017 年 3 月，伴随 Visual Studio 2017 的发布，C# 7.0 开始正式走上工作岗位。对于早已熟悉了旧版本 C#的开发者来说，C# 7.0 增加的不少新特性和语法能在很大程度上提升编程效率并降低出错率。

1.1.2　C#的特点

C#语言继承了 C 语言的语法风格，同时又继承了 C++面向对象的特性。不同的是，C#的对象模型已经面向 Internet 进行了重新设计，使用的是.NET 框架的类库。该语言的主要特点如图 1-1 所示。

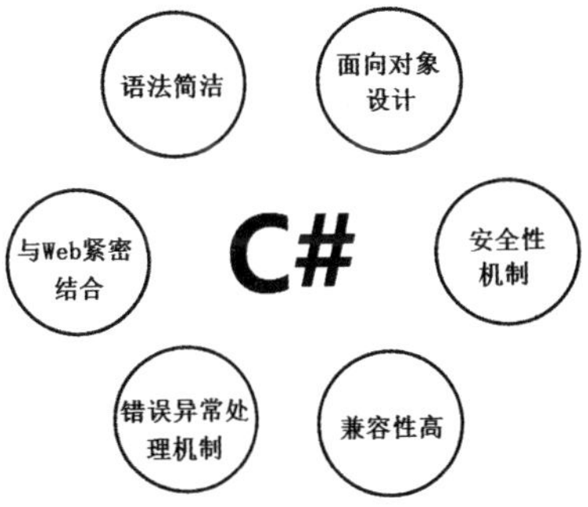

语法简洁
面向对象设计
C#
与Web紧密结合
安全性机制
错误异常处理机制
兼容性高

图 1-1　C#的特点

1. 语法简洁

C#语言的语法是非常简单的，而且相对于 C++来说，它不再提供对指针类型的支持，使得程序不能随

便访问内存地址。

2. 面向对象设计

面向对象的特点主要是封装、继承和多态，而这三个特点在 C#中得到了完全的体现。

3. 与 Web 紧密结合

用户在使用 C#语言时，可以开发出与 Web 相关的应用，最常见的就是 ASP.NET 网站。

4. 安全性机制

C#语言安全性机制非常好，因为是通过.NET 框架运行的，所以不直接操作内存。

5. 错误异常处理机制

C#语言有完善的错误处理机制，在使用 C#进行开发时，用户可以使用 try…catch 异常处理机制来处理相应的代码。

6. 兼容性高

C#语言的兼容性也非常高，因为它是由微软推出的，所以对于微软的各个操作系统都是支持的。

1.1.3　C#典型行业应用

C#是唯一一种在 Windows 下能给出全套解决方案的编程语言。也就是说，从内核到中间组件再到外壳界面全部都能够用 C#来完成，不用寻求其他编程语言的帮助。

1. 开发普通软件

在用户计算机上运行的各种程序都是软件。不论是聊天所使用的 QQ、上网所使用的浏览器，还是操作系统，它们都是软件。而这些软件大部分都可以使用 C#程序开发。

2. 开发网站

现在网站开发的主流技术有三种，分别为 ASP.NET、Java Web 和 PHP。而其中的 ASP.NET 是微软推出的网站开发技术。该技术支持微软的各种语言，尤其是 C#语言。

3. 开发游戏

据不完全数据统计，C#在服务器端开发、数字图像处理、网络软件、移动设备等领域中都是可以被用到的。对于用户平常接触的游戏而言，目前很多大型游戏客户端都是基于 C#开发的。随着社会的进步和科学技术的发展，计算机技术也慢慢地走进人们的生活，编程成为网络技术人员不可或缺的技能之一。

1.2　.NET Framework

在提到.NET 时，通常指的是.NET Framework 框架，是微软公司为开发应用程序而创建的一个具有革命意义的平台。而 C#是一种编程语言，可以开发基于.NET 平台的应用。

1.2.1　.NET Framework 发展史

C#语言本身是为了配合微软的.NET Framework 战略推出的，因此它的发展一直与.NET Framework 的发展相辅相成。

1. .NET Framework 1.0

.NET Framework 1.0 发布于 2002 年，是.NET 最早的一个版本，是第一个微软 Visual Studio .NET 的发行版的一部分，可以以一个独立且可重新分发的包的形式或在一个软件发展工具包集中被获得，不能安装在用户操作系统和服务器操作系统上。

2. .NET Framework 1.1

.NET Framework 1.1 是对 1.0 框架的升级版本，发行于 2003 年，包含在 Visual Studio 2003 中。相对于 1.0 版本的改进，自带了对 Mobile ASP.NET 控件的支持，安全方面使 Windows 窗体代码以可靠的行为运行，从而可以在 Internet 环境内安全运行，并且加入了 ASP.NET 应用程序的代码安全访问功能。自带了对 ODBC 和 Oracle 数据库的支持。同时新增了.NET Compact Framework 技术，用于智能设备。

3. .NET Framework 2.0

.NET Framework 2.0 发行于 2005 年 10 月 27 日。它的组件都包含在 Visual Studio 2005 和 SQL Server 2005 里面。全新的改进，独立于之前的任何一个版本，首次实现了对 64 位平台的支持，在很多程序中所用到的功能，基本上 2.0 版本都提供了技术支持。

4. .NET Framework 3.0

.NET Framework 3.0 发布于 2006 年 11 月 21 日，曾用名“WinFX”，加入了适应未来软件发展方向的 4 个框架。

（1）Windows Presentation Foundation（WPF）：提供更佳的用户体验，用来开发 Windows Forms 程序以及浏览器应用程序，主要是用于表现层 UI。

（2）Windows Communication Foundation（WCF）：提供 SOA（面向服务的软件构架）支持的安全的网络服务框架，主要解决程序之间的通信问题。

（3）Windows Workflow Foundation（WWF）：提供一个设计与发展工作流程导向应用程序基础支持的应用程序接口，主要是控制程序之间的逻辑转换。

（4）Windows CardSpace：提供一个 SSO（单点登录）的解决方案，每个用户都有各自的 CardSpace。

5. .NET Framework 3.5

.NET Framework 3.5 随 Visual Studio 2008 一起发布，现在还具有很强人的生命力，功能相对 2.0 增加了不少。安装包已包含.NET Framework 3.5 和.NET Framework 3.0 SP1，语言中新增 LINQ、AJAX、局部 var 关键字、自动属性（直接写 get 和 set)、匿名类型、对象与集合初始化器、扩展方法和 Lambda 表达式，新增 ADO.NET Entity Framework 数据访问框架，添加两个新的程序集 System.Web.Abstraction.dll 和 System.Web.Routing.dll。

6. .NET Framework 4.0

.NET Framework 4.0 发布于 2010 年 4 月 12 日，它与 Framework 3.5 SP1 并行工作。在旧版的.NET Framework 中可以运行的应用程序，将继续能够在.NET Framework 4.0 上运行。Visual Studio 2010 正式版中内置对 ASP.NET MVC 2 的支持，不需要再另外安装。

7. .NET Framework 4.7

.NET Framework 4.7 发布于 2017 年 4 月 5 日，与之对应的开发工具是 Visual Studio 2017。该版本是通过 Windows 10 Anniversary Update 发布，支持 Windows 7 SP1 及以上版本，其中提供了一些新的特性，包

括对 C#和 VB15 的支持，一些软件缺陷的修正，以及更大程度上的加密支持。

1.2.2 .NET Framework 的组成

.NET Framework 是由微软公司推出的一种完全面向对象的软件开发平台，它主要由两个组件构成，分别为公共语言运行库（CLR）和.NET Framework 类库，如图 1-2 所示。

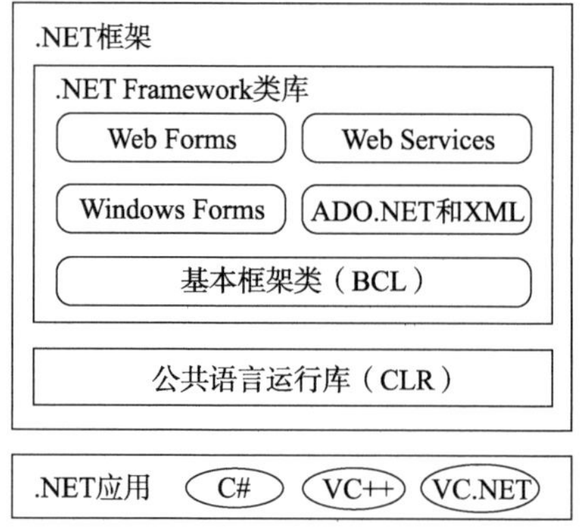

图 1-2 .NET Framework 的组成

公共语言运行库是.NET Framework 的基础。用户可以将运行库看作一个执行时的管理环境，它提供内存管理、线程管理和远程处理等核心服务。通常在 CLR 中运行的代码称为托管代码（Managed Code），它主要有两个作用：

（1）与操作系统进行交互，让用户的程序可以在操作系统里面执行响应。

（2）统一数据类型和统一语言语法，原因是.NET 框架上有不止 C#一种语言，其中还包括 VC++、VC.NET 等，这些语言编写的程序其实最后都会在公共语言运行库这边翻译成统一的语言（这就是中间语言 IL），然后与操作系统进行相关的交互。

.NET Framework 的另一个主要组件是类库，它是一个综合性的面向对象的可重用类型集合，用户可以使用它开发多种应用程序，这些应用程序包括传统的命令行或图形用户界面（GUI）应用程序，也包括基于 ASP.NET 所提供的最新创新的应用程序，如 Web Forms、XML 和 Web Services 等。

1.2.3 C#与.NET Framework

每一种编程语言，要想执行，就必须要转换为目标操作系统能够理解的语言才能执行，这种语言叫做本机代码。C#也是一样的，也要做这样的转换，但是它不是一步到位的，在.NET Framework 这个平台下，该过程分为以下两个阶段。

1. 编译

在编译 C#代码时，并不是立即创建本地代码，而是通过 C#编译器把代码编译为通用中间语言（Common Intermediate Language，CIL）代码，也就是 IL 代码，并将其存储在一个程序集中。

注意：在 C#中，程序集分为两种，扩展名为.exe 的可执行文件和扩展名为.dll 的可供其他程序调用的库文件。

2. 执行

执行 C#程序时，程序集将加载到 CLR 中。要使代码能够在目标操作系统上运行，还需要进一步把 CIL 代码转换为特定 CPU 的本机代码，该过程是由即时编译器（Just In Time，JIT）来完成的。CLR 还提供与自动垃圾回收、异常处理和资源管理有关的其他服务。由 CLR 执行的代码有时称为“托管代码”，与之相对应的是编译为面向特定系统的本机机器语言的“非托管代码”。

关于 C#源代码的编译与执行，如图 1-3 所示。

在 JIT 编译生成本机代码之后，编译好的本机代码会被存储在一个缓冲区中缓存，下次调用相同的程序集时，可直接从缓冲区中获取本机代码，从而避免了二次验证和编译。这样的使用方式，系统只在首次调用时才会造成一些性能损失（JIT 编译过程），所以 C#程序在第一次调用的时候，会明显感觉慢一些。

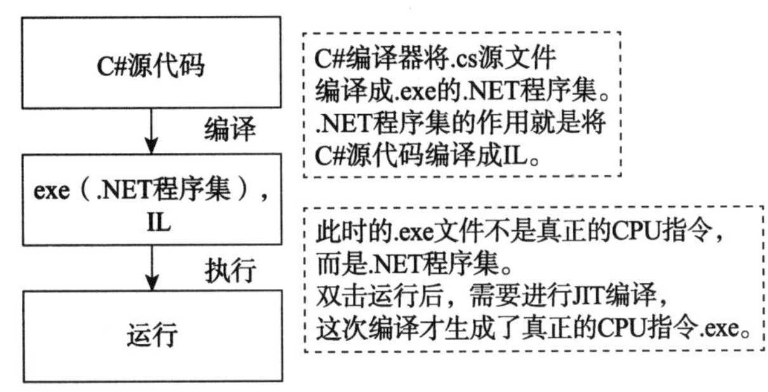

图 1-3　C#源代码的编译与执行

1.3　C#程序开发工具——集成开发环境 Visual Studio 2017

作为 C#语言官方的开发工具，Visual Studio 2017 的强大只有在用户接触过多种语言开发工具使用之后才会深有体会。首先，它可以快速地编写程序，并且简单易学；其次，Visual Studio 2017 也是微软开发出来的，所以自然会比其他公司的开发工具在兼容性等各方面要好。为了使读者能够轻松掌握 Visual Studio 2017 的安装与卸载，本节将以图文并茂的方式详细介绍。

1.3.1　Visual Studio 2017 的安装

Visual Studio 交互式开发环境（IDE）是微软公司推出的一种创新启动板，是目前最流行的 Windows 平台应用程序开发环境，使用 Visual Studio 2017 可开发适用于 Android、iOS、Windows、Web 和云的应用。

微软为了让 Windows 10 拥有更加繁荣的生态，决定将之前售价高昂的 Visual Studio 最大限度地“免费化”，从 Visual Studio 2013 开始便推出了一个全新的免费版本——Visual Studio 社区版。

下面将详细介绍如何安装 Visual Studio 2017，使读者掌握每一步的安装过程。在学完本节之后，读者完全可以轻松地自行安装 Visual Studio 2017。

安装 Visual Studio 2017 的具体操作步骤如下。

（1）双击如图 1-4 所示下载好的 vs_Community.exe 可执行文件，应用程序会自动跳转到如图 1-5 所示的“Visual Studio 2017 安装许可”界面。

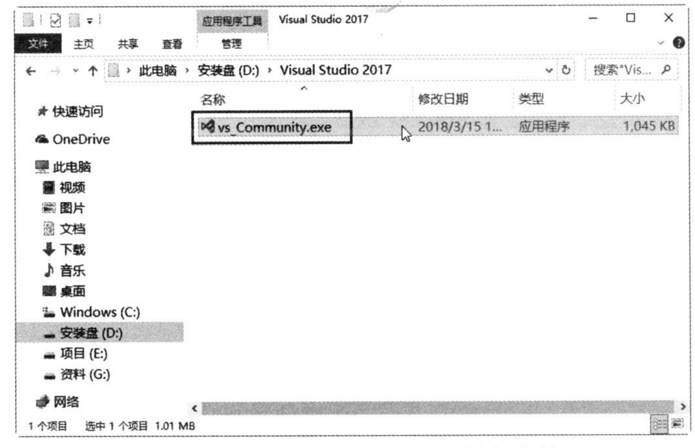

图 1-4　vs_Community.exe 可执行文件

图 1-5　“Visual Studio 2017 安装许可”界面

（2）单击“继续”按钮，会弹出“Visual Studio 2017 程序安装加载页”界面，显示正在加载程序所需的组件，如图 1-6 所示。

图 1-6　“Visual Studio 2017 程序安装加载页”界面

（3）当进度条走满后，应用程序会自动跳转到“Visual Studio 2017 程序安装起始页”的界面，如图 1-7 所示。该界面提示有三个版本可供选择，分别是 Visual Studio Community 2017（社区版）、Visual Studio Enterprise 2017（企业版）、Visual Studio Professional 2017（专业版）。对于初学者而言，一般推荐使用 Visual Studio Community 2017，因为该版本对于学生、开放源代码和个体开发人员都是免费使用的。

图 1-7　“Visual Studio 2017 程序安装起始页”界面

（4）单击“安装”按钮之后，会弹出“Visual Studio 2017 程序安装选项页”的界面，在该界面的菜单中选择“工作负载”选项卡，然后勾选“.NET 桌面开发”复选框，用户也可以在“位置”处，选择产品的安装路径，如图 1-8 所示。

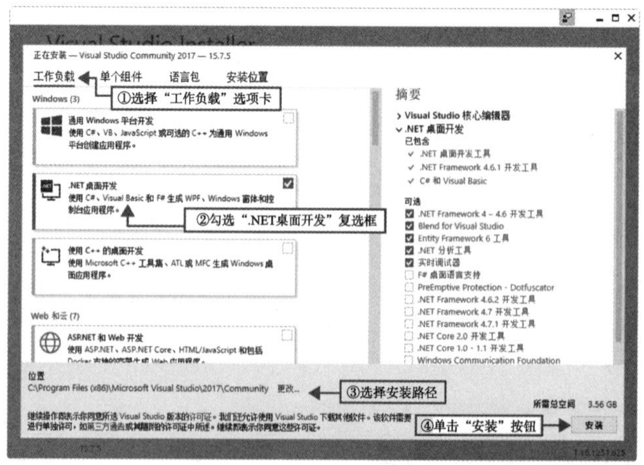

图 1-8　“Visual Studio 2017 程序安装选项页”界面

（5）完成以上操作后，单击“安装”按钮，进入如图 1-9 所示的“Visual Studio 2017 程序安装进度页”界面，显示安装进度。

图 1-9 “Visual Studio 2017 程序安装进度页”界面

（6）当进度条走满之后，便会弹出如图 1-10 所示的“Visual Studio 2017 程序安装完成页”界面，并单击“启动”按钮。

图 1-10 “Visual Studio 2017 程序安装完成页”界面

（7）在 Visual Studio 2017 启动后会弹出“欢迎窗口”，如果有注册过微软的账户，可以单击“登录”按钮登录微软账户。如果不想登录，则可以直接单击“以后再说”跳过登录，如图 1-11 所示。

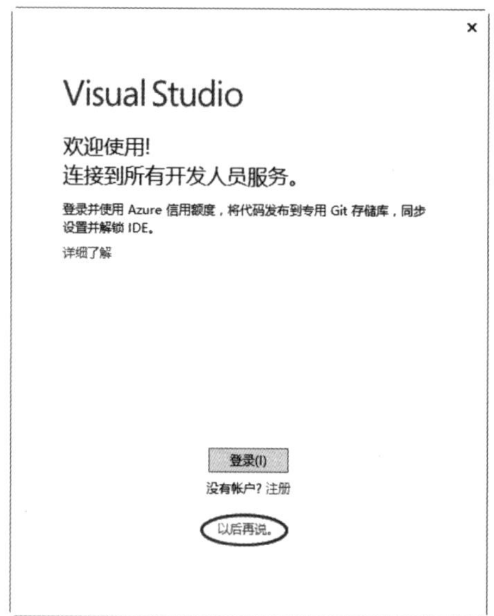

图 1-11 “欢迎窗口”界面

（8）等待 Visual Studio 2017 启动完毕后，会弹出“Visual Studio 2017 起始页”界面，所有开发调试工作都将在起始页界面中完成。至此程序开发环境安装完成，如图 1-12 所示。

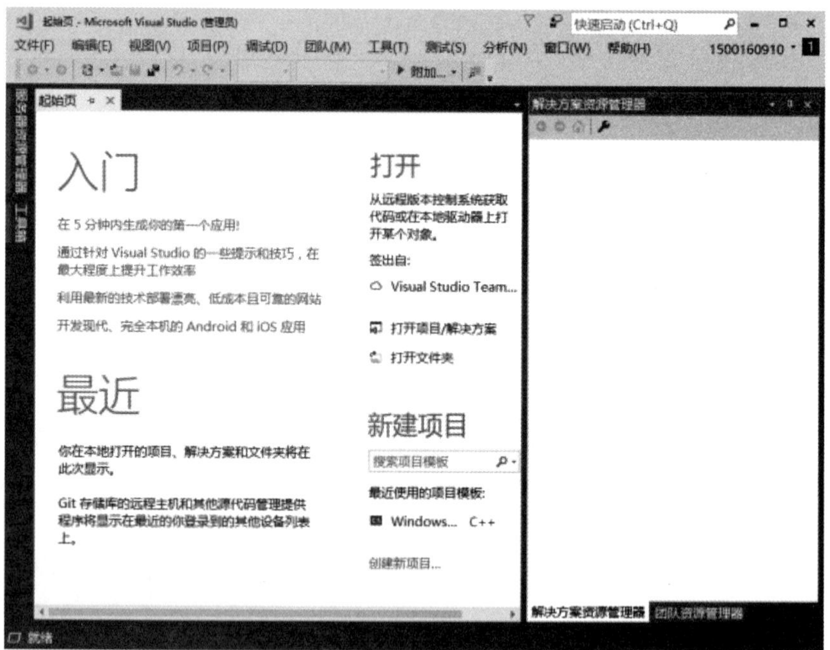

图 1-12 “Visual Studio 2017 起始页”界面

1.3.2 Visual Studio 2017 的卸载

如果想要卸载 Visual Studio 2017，可以按以下步骤进行。

（1）在 Windows 10 操作系统中，选择“控制面板”→“程序”→“程序和功能”命令，在打开的窗口中选择 Visual Studio Community 2017 选项，如图 1-13 所示。

图 1-13　添加或删除程序

（2）单击"卸载"按钮，会弹出"卸载 Visual Studio"界面，然后单击"确定"按钮，即可进行卸载，如图 1-14 所示。

图 1-14　"卸载 Visual Studio"界面

1.3.3　Visual Studio 2017 集成开发环境

集成开发环境（Integrated Development Environment，IDE）是用于提供程序开发环境的应用程序，一般包括代码编辑器、编译器、调试器和图形用户界面工具，集成了代码编写功能、分析功能、编译功能、调试功能等一体化的开发软件服务套。所有具备这一特性的软件或者软件套（组）都可以叫做集成开发环境。

Visual Studio 2017 是一套完整的集成开发环境，用于生成 XML Web Services、ASP.NET Web 应用程序、桌面应用程序和移动应用程序。它提供了在设计、开发、调试和部署 Web 应用程序、XML Web Services 和传统的客户端应用程序时所需的工具。

1. 菜单栏

菜单栏显示了所有可用的命令。通过鼠标单击可以执行菜单命令，也可以通过 Alt 键加上菜单项上的字母键执行菜单命令，如图 1-15 所示。

图 1-15 菜单栏

2. 工具栏

工具栏一般位于主框架窗口的上部，菜单栏的下方，由一些带图片的按钮组成。当用户用鼠标单击工具栏上的某个按钮时，程序会执行相应的操作，如果鼠标没有单击，只是停留在某个按钮上一会儿后，会弹出一个小窗口显示提示信息。通过工具栏用户可以快速、便捷地进行访问，如图 1-16 所示。

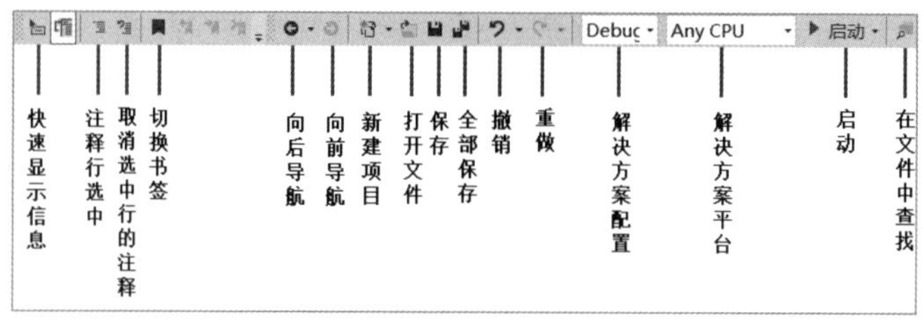

图 1-16 工具栏

3. “解决方案资源管理器”窗口

“解决方案资源管理器”是一个视图窗口，将读取内部实现文件来显示效果，在更改了界面后，会将更改的内容存入到内部文件。

在新建项目时，默认打开了项目管理器。如果用户在界面中没找到“解决方案资源管理器”，可以在主菜单栏中的“视图”→“解决方案资源管理器”单击打开，如图 1-17 所示。

4. “属性”窗口

“属性”窗口是 Visual Studio 2017 中一个重要的工具，该窗口中为 Windows 窗体应用程序的开发提供了简单的属性修改方式。窗体应用程序开发中的各个控件属性都可以由“属性”面板设置完成。“属性”面板不仅提供了设置及修改功能，还提供了事件的管理功能。“属性”面板可以管理控件的事件，方便编程时对事件的处理。

“属性”面板采用了两种方式管理属性和方法，分别为按分类顺序和按字母顺序方式。用户可以根据自己的习惯采用不同的方式，如图 1-18 所示。

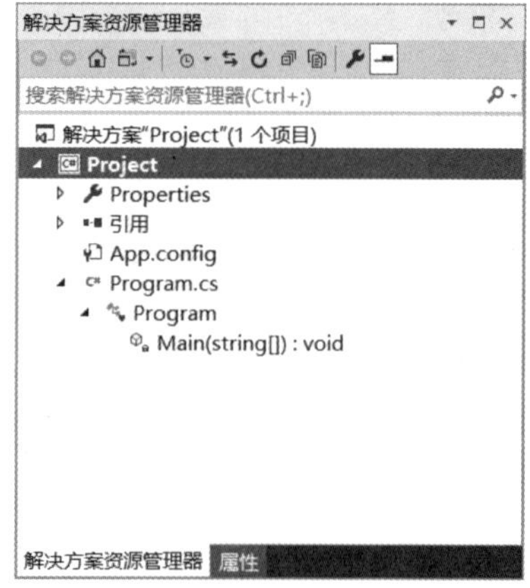

图 1-17 解决方案资源管理器

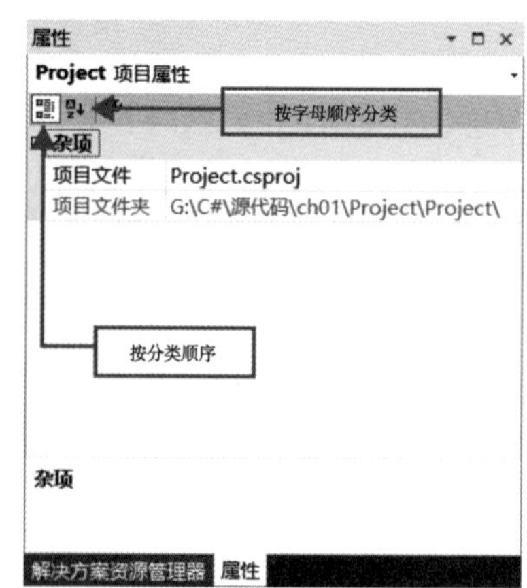

图 1-18 “属性”面板

5. “工具箱”窗口

“工具箱”是 Visual Studio 2017 的重要工具，每一个开发人员都必须对这个工具非常熟悉。“工具箱”提供了进行 Windows 窗体应用程序开发所必需的控件。通过“工具箱”，开发人员可以方便地进行可视化的窗体设计，简化了程序的设计量，提高了工作效率。

如果用户在界面中没找到“工具箱”，可以单击主菜栏中的“视图”→“工具箱”，如图 1-19 所示。此时，即使在代码窗口下，“工具箱”窗口处也看不到任何控件。所以，只能右击“工具箱”窗口空白处，在弹出的快捷菜单中选择“全部显示”选项，如图 1-20 和图 1-21 所示。

虽然有控件显示出来了但是是灰色的并且不能拖动，只有切换到设计窗口才能使用这些控件，如图 1-22 所示。

图 1-19 工具箱

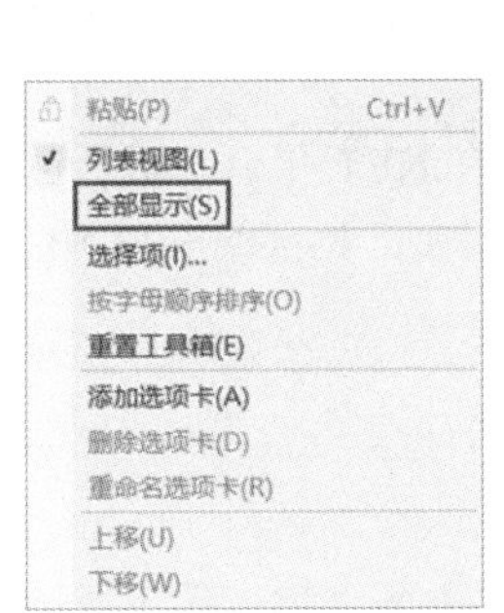

图 1-20 工具箱右键菜单

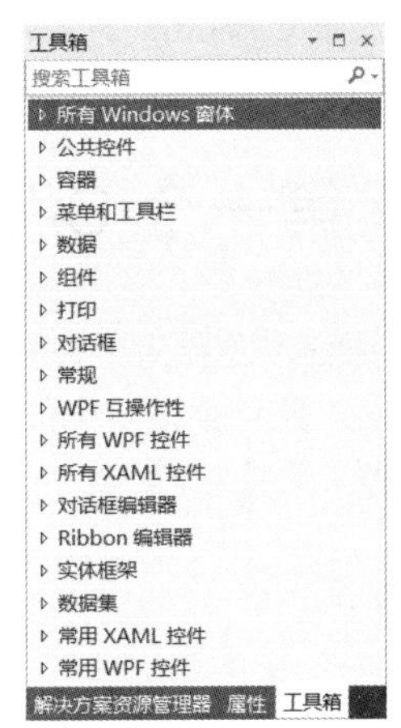

图 1-21 所有控件

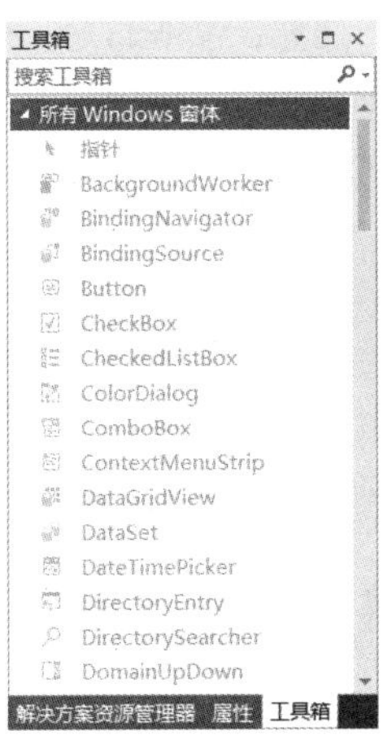

图 1-22 展开后的面板

6.“编辑”窗口

在 Visual Studio 2017 中，对代码或资源的一切操作都是在“编辑”窗口中进行的。

当创建 C#程序时，“编辑”窗口是作为代码编辑窗口使用，是用高级程序设计语言书写的源程序，翻译成等价的机器语言格式目标程序的翻译程序，可进行输入、输出、修改以及删除代码等操作，是实现功能的“作业本”。如图 1-23 所示为“编辑”窗口界面。

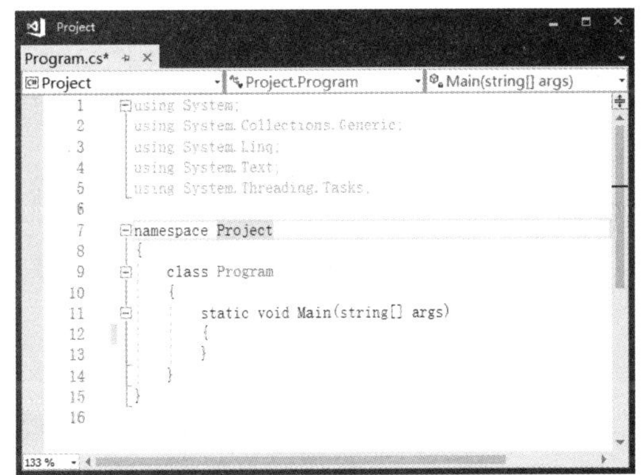

图 1-23 “编辑”窗口

7.“错误列表”窗口

“错误列表”窗口为代码中的错误提供了即时的提示和可能的解决方法。例如，在书写代码时，不小心输入中文格式的标点符号，错误列表中会显示如图 1-24 所示的错误。错误列表就好像是一个错误提示器，它可以将程序中的错误代码即时地显示给编辑者，并通过错误的信息找到相应的代码。

8.“输出”窗口

Visual Studio 2017 中的“输出”窗口能够将程序编译以及运行过程中产生的各种信息反馈给开发人员。例如在“输出”选项卡中，开发人员能直观地查看程序所加载和操作的过程、警告信息以及错误信息等，

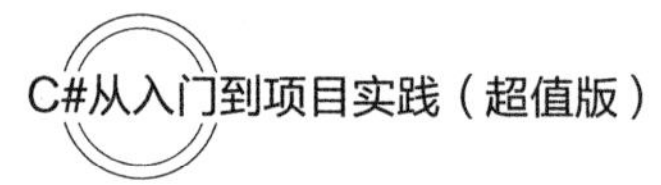

如图 1-25 所示。

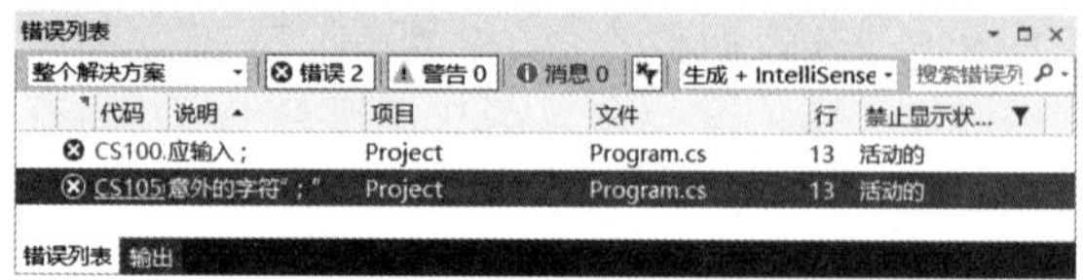

图 1-24 “错误列表”窗口

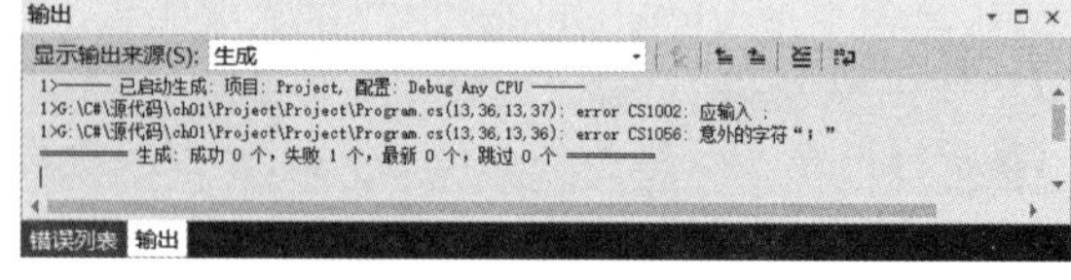

图 1-25 “输出”窗口

程序出错一般出现以下两种错误。语法错误：常见的很多语法错误是由于输入的格式不对造成的，一般情况下进行简单的修改就可以执行，一个语法错误可以引发多条 Error 信息，因此修改一个错误后，最好重新编译一次，以便提高工作效率。

注意：警告信息一般是违反了 C#的规则，因而系统给出警告信息，警告信息不会影响程序的执行。

1.4 编写第一个 C#应用程序——Hello，C#

C#是一种面向对象的编程语言，主要用于开发可以在.NET 平台上运行的应用程序。它是从 C 和 C++派生来的一种简单、现代、面向对象和类型安全的编程语言，并且能够与.NET 框架完美结合。下面从一个简单的实例讲起，然后再深入学习。

1.4.1 新建项目

使用 Visual Studio 2017 开发环境编写 C#程序前，首先要创建工程，具体步骤如下。

（1）打开 Visual Studio 2017 开发环境主界面，选择“文件”→“新建”→“项目”命令，如图 1-26 所示。

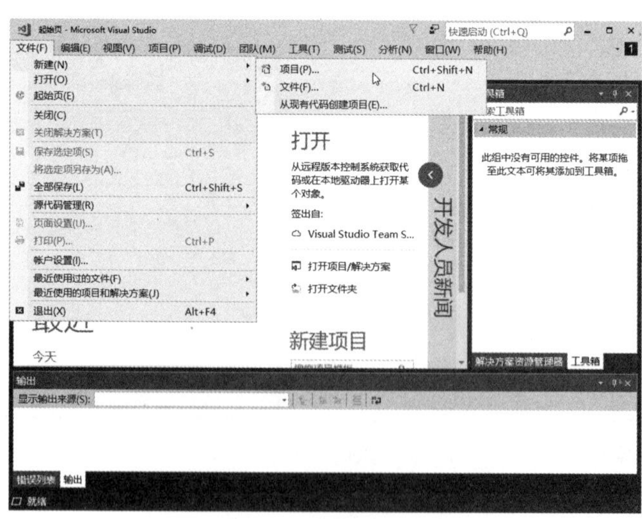

图 1-26 “新建项目”命令

（2）打开“新建项目”对话框，如图 1-27 所示。首先选择“已安装”选项卡，然后选择“Windows 桌面”选项卡，在列表框中选择“控制台应用”选项，然后输入工程名称并选择工程存放的路径，单击“确定”按钮后就返回到“Visual Studio 2017 项目”界面，如图 1-28 所示。

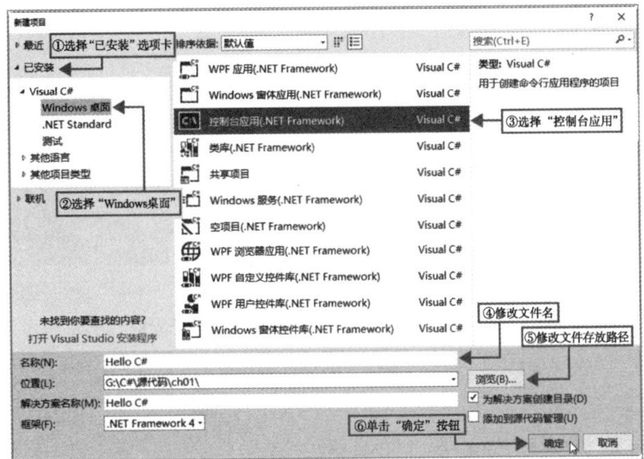

图 1-27 “新建项目”对话框

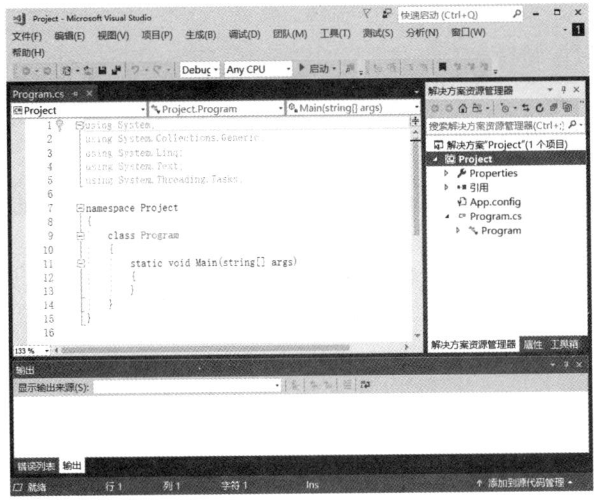

图 1-28 “Visual Studio 2017 项目”界面

如果 Program.cs 未在“编辑”窗口中打开，则可以在“解决方案资源管理器”中打开 Program.cs 的快捷菜单，然后选择“查看代码”选项。

1.4.2 添加程序语句

通过 Visual Studio 2017 中创建一个非常简单的 Project 程序，在命令行中输入相应的内容，来了解 C#的编程过程以及 Visual C#的具体操作流程。

在 Visual Studio 2017 中进入 C#文件编辑窗口界面，输入以下代码：

```
using System;
namespace Project
{
    class Program
    {
        static void Main(string[] args)
        {
            Console.WriteLine("Hello C#");
        }
    }
}
```

1.4.3 运行程序

代码输入完成后，可以通过以下两种方法来运行程序。

（1）在菜单栏上选择“调试”→“开始执行（不调试）”命令，或者在编译环境中使用快捷键 Ctrl+F5 直接开始执行，弹出如图 1-29 所示的“代码输出”界面。

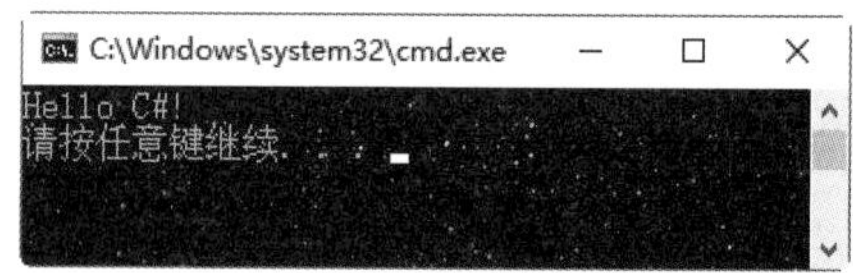

图 1-29 “代码输出”界面

（2）在菜单栏上选择“调试”→“开始调试”命令，或者单击工具栏中的 ▶启动 按钮也可以运行程序。但是弹出的控制台会一闪而过，并退出程序。

如果想要阻止这种闪退的现象，需要在代码的最后加上这句“Console.ReadLine();”，也就是“等待用户输入”，这样控制台窗口直到用户按回车键才会关闭，或者在程序最后加上一句“Console.ReadKey();”，这样控制台窗口在接收一个字符后才会退出。

例如：

```
Console.WriteLine("Hello C#!");
Console.ReadLine();
```

1.5 控制台应用程序的输入与输出

因为 C#的输入和输出函数都包含在 System 这个类里面，所以在使用输入和输出函数之前必须声明“using System;”。

1. 控制台输出

Console.Write()和 Console.WriteLine()都是 System.Console 提供的方法，两者主要用来将输出流由指定的输出装置（默认为屏幕）显示出来。

两者间的差异在于 Console.WriteLine()方法是将要输出的字符串与换行控制字符一起输出，当次语句执行完毕时，光标会移到目前输出字符串的下一行；至于 Console.Write()方法，光标会停在输出字符串的最后一个字符后，不会移动到下一行。

（1）Console.WriteLine()的括号里有无参数均可，而 Console.Write()的括号里必须至少有一个参数。

例如：

```
Console.WriteLine("星期一");
Console.Write("星期二");    //必须至少一个以上参数
Console.WriteLine();        //有无参数均可
```

（2）使用索引输出，索引号必须从 0 开始不间断地顺延。

例如：

```
Console.WriteLine("身份信息");
string name = "李明";
int age = 18;
char sex = '男';
Console.WriteLine("姓名: {0}\t 性别: {1}\t 年龄: {2}", name, sex, age);
```

其中，索引号{0}表示第一项，{1}表示第二项，以此类推。

（3）只能输出 object 的数组，其他的数组不可以。

例如：

```
Console.WriteLine("输出数组");
object[] i = { 0, 1, 2, 3, 4, 5, 6, 7, 8, 9 };
Console.WriteLine("a{0},b{1},c{2},d{3},e{4},f{5},g{6},h{7},i{8},j{9}", i);
```

（4）输出方法可以指定数组元素的位置。

例如：

```
Console.WriteLine("数组元素");
char[] c = { 'A', 'B', 'C', 'D', 'E', 'F', 'G' };
Console.WriteLine(c, 2, 4);     //从下标为 2 的位置开始输出，总共输出 4 次，每次输出一个
```

2. 控制台输入

在 C#控制台程序中提供了两种方法让用户输入所需数据，它们是由 Console 类提供的方法。

```
Console.ReadKey();              //监听键盘事件，可以理解为按任意键执行
Console.Read();                 //读取键盘输入的第一个字符，返回 ASCII 值。回车退出
Console.ReadLine();             //读取所有字符，返回字符串。回车退出
```

要读取单个字符，则使用 ReadKey()方法。该方法在读取到一个字符后，则等待用户按下任意键，然后将它返回到 string 类型的对象中。

要读取单个字符，则使用 Read()方法，它等待用户按一个键，然后返回结果。字符作为 int 类型的值返回，所以要显示字符就必须转换为 char 类型。

要读取一串字符，则使用 ReadLine()方法。该方法一直读取字符，直到用户按下回车键，然后将它们返回到 string 类型的对象中。

【例 1-1】编写程序，实现代码输入输出功能，先在控制台上输出提示信息，提示用户输入；并用两种不同方式显示输出的信息。按任意键结束程序。

（1）在 Visual Studio 2017 中，新建名称为“Project”的文件。

（2）在代码编辑区域输入以下代码。

```
using System;
namespace Project
{
    class Program
    {
        static void Main(string[] args)
        {
            Console.WriteLine("欢迎学习编程语言 C# !  (此处换行)");
            Console.Write("请输入一段话: ");//此处不换行
            string str1 = Console.ReadLine();
            Console.WriteLine("ReadLine 获取的输入值: {0}  (此处换行)",str1);
            Console.Write("请再次输入一段话: ");//此处不换行
            int read = Console.Read();
            Console.WriteLine("Read 获取的输入值: {0}  (此处换行)",read);
            Console.WriteLine("按任意键结束程序...");
            Console.ReadKey();
        }
    }
}
```

【程序分析】本例演示了控制台应用程序的输入与输出操作。在代码中，首先用 Console.ReadLine()获取到字符串“书山有路勤为径”，再用 Console.Read()获取到字符串“学海无涯苦作舟”的是 ASCII 码。

在 Visual Studio 2017 中的运行结果如图 1-30 所示。

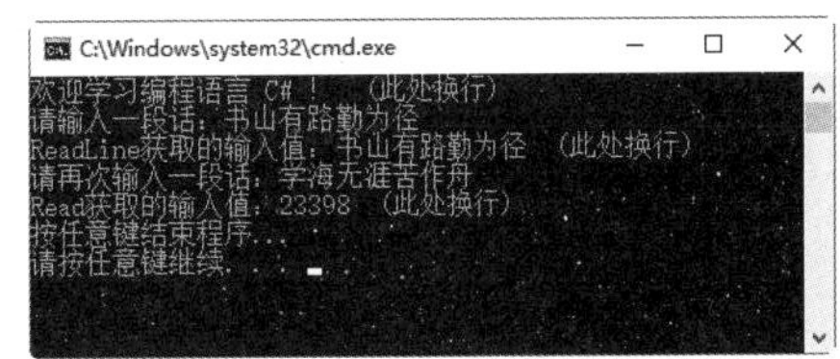

图 1-30 控制台的输入与输出

1.6 就业面试技巧与解析

本章主要讲述 C#的安装环境和语言特性，是对 C#整体特点的宏观描述，在面试的过程中经常会涉及。

1.6.1 面试技巧与解析（一）

面试官：什么是.NET Framework？

应聘者：.NET Framework 是一套语言独立的应用程序开发框架。事实上，它的主要特色在于简化应用程序的开发复杂性，提供一个一致的开发模型，开发人员可以选择任何支持.NET 的编程语言来进行多种类型的应用程序开发。

.NET Framework 由两个主要部分组成：公共语言运行库（Common Language Runtime，CLR）和.NET Framework 类库。

面试官：C#和.NET Framework 之间有什么联系？

应聘者：C#是面向.NET Framework 开发的语言。除了 C#之外，VC.NET 和 F#也都是一样的。可以把.NET Framework 想象成一艘航空母舰，在这艘舰艇上面可以搭载多种型号的飞机，例如战斗机（C#）、直升机（VC.NET）、还有救生艇（F#）等，这些都可以在.NET Framework 这艘航空母舰上运行。

C#是一种相当新的编程语言，尽管它是用于生成面向.NET 环境的代码，但是它本身不是.NET 的一部分。.NET 支持的一些特性，C#并不支持。而 C#语言支持的另一些特性，.NET 却不支持，例如运算符重载。但是，因为 C#语言是和.NET 一起使用的，所以如果要使用 C#高效地开发应用程序，理解.NET Framework 就非常重要。

1.6.2 面试技巧与解析（二）

面试官：在使用 Visual Studio 2017 编译和执行 C#程序时需要哪些步骤？

应聘者：需要按以下步骤进行：

（1）启动 Visual Studio 2017。

（2）在菜单栏上选择“文件”→“新建”→“项目”。

（3）从模板中选择 Visual C#，然后选择 Windows。

（4）选择“控制台应用程序”。

（5）为用户的项目指定一个名称，然后单击 OK 按钮。

（6）新项目会出现在解决方案资源管理器中，然后在代码编辑器中编写代码。

（7）单击“启动”按钮或者按下 F5 键来运行程序，会出现一个命令提示符窗口，显示要输出的内容。

面试官：关于 C#输出的方法，WriteLine 和 Write 有什么区别？

应聘者：Console.WriteLine()方法是将要输出的字符串与换行控制字符一起输出，当次语句执行完毕时，光标会移到目前输出字符串的下一行。

至于 Console.Write()方法，光标会停在输出字符串的最后一个字符后，不会移动到下一行，其余的用法与 Console.WriteLine()一样。

第 2 章

剖析 Hello C#——第一个 C#程序

学习指引

在学习 C#之前，首先需要理解 C#的程序结构。当用户熟悉了 Visual Studio 2017 的安装过程后，就可以通过它来编译 C#程序。Visual Studio 2017 并不是唯一工具，使用任何文本编译器都可以编写 C#程序，但是 Visual Studio 2017 却是最好用的工具之一。相信通过本章的学习，读者能够快速掌握 C#程序的基本结构，以及编码规范。

重点导读

- 掌握 C#命名空间的用法。
- 掌握如何为 C#代码添加注释。
- 熟悉 C#的标识符及关键字。
- 熟悉 C#的语句。
- 熟悉代码结构编写规范。

2.1 C#的程序结构

用户在学习 C#编程语言之前，必须要了解一下 C#的程序结构。一个 C#的源程序主要包括命名空间、类、Main 方法、标识符、关键字、代码注释，以及语句和表达式。

例如，在 Visual Studio 2017 中创建控制台应用程序时会自动生成一段代码：

```
//引用命名空间
using System;
using System.Collections.Generic;
using System.Linq;
using System.Text;
//命名空间或者叫项目名称
namespace Csharp 程序结构
{
   class Program  //类
```

```
    {
        static void Main(string[] args)//static 静态的，void 无返回值，Main 方法
        {
        }
    }
}
```

在代码的开头，有 4 行 using 指令的语句，它们都表示引用命名空间，接着 namespace 下面的代码表示命名空间或者叫做项目名称。而在命名空间中包含一个名为 Program 的类，当然用户也可以自定义为其他的类，在类的里面是一个静态的没有返回值的 Main 方法。

【例 2-1】 编写程序，打印出“C#程序结构”。

（1）在 Visual Studio 2017 中，新建名称为“Project1”的文件。

（2）在代码编辑区域输入以下代码。

```
using System;                                    //引用 System 命名空间
namespace Project1
{
    class Program                                //Program 类
    {
        static void Main(string[] args)          //Main 函数是程序的入口点
        {
            Console.WriteLine("C#程序结构");     //Console 类引用 WriteLine 方法
            Console.ReadKey();                   //Console 类引用 ReadKey 方法
        }
    }
}
```

【程序分析】本例演示了 C#程序的完整结构。在代码的第一行“using System;”中，using 关键字用于在程序中引用 System 命名空间，一个程序一般有多条 using 语句。namespace 则是声明命名空间的关键字，而 Project1 命名空间包含一系列的类。接着是 class 声明的类 Program，在该类中包含程序使用的数据和方法声明。类一般包含多个方法。方法定义了类的行为。在本例中，类 Program 只有一个 Main 方法。

Main 方法通过语句“Console.WriteLine("C#程序结构");”指定了它的行为。WriteLine 是一个定义在 System 命名空间中的 Console 类的方法。该语句会在屏幕上显示消息“C#程序结构”。

最后一行“Console.ReadKey();”是针对 VS.NET 用户的。这使得程序会等待一个按键的动作，防止程序从 Visual Studio .NET 启动时屏幕会快速运行并关闭。

在 Visual Studio 2017 中的运行结果如图 2-1 所示。

图 2-1　C#的程序结构

2.2　C#基本语法

C#是一种面向对象的编程语言。在面向对象的程序设计方法中，程序由各种相互交互的对象组成。相同种类的对象通常具有相同的类型，或者说是在相同的 class 中。

2.2.1　命名空间、标识符及关键字

1. 命名空间

命名空间是.NET 中提供应用程序代码容器的方式，这样就可以唯一地标识代码及其内容。

在 C#中，创建命名空间的关键字是 namespace，在运行 Visual Studio 2017 时会自动加入命名空间，格式为 namespace 空间名称。命名空间是以“层”形式存在的，如果有多层，则以“.”分开。

例如：

```
using System.Collections.Generic;
```

在引用 Generic 命名空间时，需要引用 System 命名空间，然后再引用 Collections 命名空间。这就好比每层包含的文件夹，打开 System 文件再打开 Collections 文件，就找到 Generic 文件了。

在引用命名空间时需要注意以下两点：

（1）有时命名空间相当长，输入时很烦琐，则可以使用 using 关键字，在文件的顶部列出类的命名空间，这样引用一个命名之间后，访问其空间内的方法就如同向在其类内访问一样。

（2）using 还有另一个作用，就是给命名空间一个别名。如果命名空间的名称非常长，又要在代码中使用多次，而用户不希望该命名空间的名称包含在 using 指令中，这时就可以给该命名空间指定一个别名。

其语法如下：

```
using 别名 = 命名空间
```

【例 2-2】编写程序，通过别名引用命名空间。

（1）在 Visual Studio 2017 中，新建名称为“Project2”的文件。

（2）在代码编辑区域输入以下代码。

```
using System;                                   //引用 System 命名空间
using MK = System.Console;                      //用别名 MK 引用 System 命名空间中的 Console 类
namespace Project2
{
    class Program
    {
        static void Main(string[] args)
        {
            Console.WriteLine("这是一条输出语句");   //通过 Console 类引用 WriteLine 方法
            MK.WriteLine("这是一条别名输出语句");    //通过 MK 别名引用 WriteLine 方法
            Console.ReadKey();
        }
    }
}
```

【程序分析】本例演示了通过别名引用命名空间。在代码的开头部分，使用 using 指令声明一个别名 MK，代替 System 命名空间中的 Console 类。然后在 Project2 命名空间的 Main 方法中，使用 MK，引用 WriteLine 方法，并输出一段语句。

在 Visual Studio 2017 中的运行结果如图 2-2 所示。

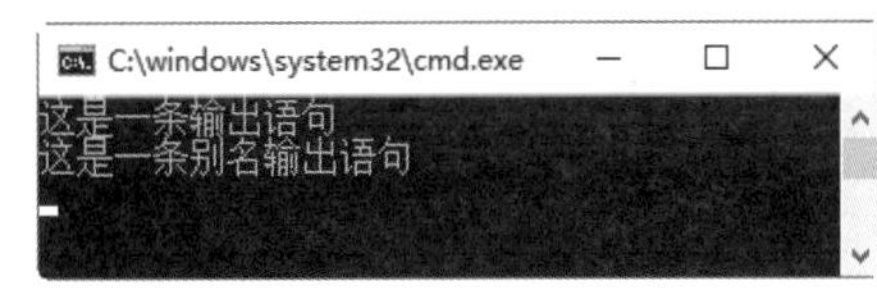

图 2-2　引用命名空间

2. 标识符

标识符是程序编写人员为常量、变量、数据类型、方法、函数、属性、类、程序等定义的名称。在命名标识符时应当遵守以下规则：

（1）标识符不能以数字开头，也不能包含空格。

（2）标识符可以包含大小写字母、数字、下画线和@字符。

（3）标识符必须区分大小写。大写字母和小写字母被认为是不同的字母。

（4）@字符只能是标识符的第一个字符。带@前缀的标识符称为逐字标识符。

（5）不能使用 C#中的关键字。但是，@字符加关键字可以成为合法的标识符，建议不要这样做。

（6）不能与 C#的类库名称相同。

3. 关键字

关键字对于 C#编译器而言，是具有特定含义的名称，例如程序中的 using、class、static、void 都属于关键字。如果错误地将关键字用作标识符，编译器会产生错误，用户马上就会知道出错了，所以不必担心。但是，如果用户想使用这些关键字作为标识符，可以在关键字前面加上@字符作为前缀。

下面列出了 C#中所有的保留关键字。

abstract	as	base	bool	break	byte	case
catch	char	checked	class	const	continue	decimal
default	delegate	do	double	else	enum	event
explicit	extern	false	finally	fixed	float	for
foreach	goto	if	implicit	in	int	intemal
interface	is	lock	long	namespace	new	null
object	operator	out	override	params	private	protected
public	readonly	ref	return	sbyte	sealed	short
sizeof	stackalloc	static	string	struct	switch	this
throw	true	try	typeof	uint	ulong	unchecked
unsafe	ushort	using	virtual	void	volatile	while

4. 上下文关键字

上下文关键字仅在受限制的程序上下文中具有特殊含义，并且可在该上下文外部用作标识符。但是它不是 C#中的保留字，用户可以将这些关键字用作自己的方法、变量和类的标识符，如下所示。

Form	get	group	into
join	left	orderby	partial（方法）
partial（类型）	select	set	value
var	where（泛型类型约束）	where（查询子句）	yield

注意： 在 Visual Studio 2017 的代码和文本编辑器窗口中输入这些关键字时，它们的颜色默认为蓝色。

2.2.2 类名

当用户定义一个类时，就表示定义了一个数据类型的蓝图。这实际上并没有定义任何的数据，但是它定义了类的名称，这就意味着类的对象由什么组成以及在这个对象上可执行什么操作。对象是类的实例。构成类的方法和变量称为类的成员。

C#中所有的语句都必须位于类的内部。因此，类是 C#语言的核心和基本构成模块。C#支持自定义类，使用 C#编程就是编写自己的类来描述实际需要解决的问题。

类的定义是以关键字 class 开始，后跟类的名称。类的主体，包含在一对花括号内。下面是类定义的一般形式：

```
[类修饰符] class [类名] [基类或接口]
{
    //类体
}
```

注意：

（1）类修饰符指定了对类及其成员的访问规则。如果没有指定，则使用默认的访问标识符。类的默认访问标识符是 internal，成员的默认访问标识符是 private。

（2）在 C#中，类名是一种标识符，必须符合标识符的命名规则。类名要能够体现类的含义和用途，类名一般采用第一个字母大写的名词，也可以采用多个词构成的组合词。

（3）如果要访问类的成员，用户要使用点“.”运算符。点运算符连接了对象的名称和成员的名称。

例如，声明一个简单的类，该类没有任何意义：

```
public class Myclass
{
    //类体
}
```

2.2.3 Main 方法

1. Main 方法简介

（1）一般情况下，一个 C#可执行程序只有一个应用程序对象（也就是程序入口），但是在某些情况下，可能会有多个应用程序对象（程序入口），如单元测试中，这个时候就需要通过命令行指定以哪个 Main 方法作为程序的入口。

（2）分析 Main 方法，用户可以发现 Main 方法通过 static 修饰，这主要是让用户可以通过类名加方法的形式调用 Main 方法，用户在调用之前不需要创建对象的实例（也就是 new 出该对象）。

（3）分析 Main 方法的参数是一个字符串（string[] args），这个参数可以包含任意数量的命令行输入参数。

2. C#中 Main 方法的形式

在默认情况下，Visual Studio 2017 生成的 Main 方法有一个 void 返回值，并且只接收一个参数（一个字符串数组，用于接收任意数量的命令行输入参数）。

例如：

```
static void Main(string[] args)
{
    //函数体
}
```

这并不是唯一的 Main 方法的形式，以下的 Main 方法作为程序的入口点都是被允许的。

（1）整型返回类型，以字符串数组作为参数。

```
static int Main(string[] args)
{
    //函数体
    return 0;
}
```

（2）没有返回值，没有参数。

```
static void Main()
{
    //函数体
}
```

（3）整型返回类型，没有参数。

```
static int Main()
{
    //函数体
}
```

注意：如果不给 Main 方法提供一个修饰符，那么 Main 方法默认就是私有的，当然 Main 方法可以定义成共有的，但是 Visual Studio 2017 会把程序的 Main 自动定义成隐式私有的，以确保其他程序不能直接调用另一个程序的入口点。

3. Main 方法返回错误

绝大多数的 Main 方法会以 void 作为返回值，但是 C#和其他 C 类型的语言一样，都可以从 Main 返回一个 int。根据惯例，返回值 0 表示程序正常结束，而其他值（如-1）表示程序有异常发生。

2.2.4 代码注释

注释用于解释代码。编译器会忽略注释的条目。在 C#程序中，多行注释以“/*”开始，并以字符“*/”终止，如下所示：

```
/* This program demonstrates
The basic syntax of C# programming
Language */
```

单行注释是用“//”符号表示。

例如：

```
}//end class Rectangle
```

2.2.5 C#语句

程序执行的操作采用语句表达。常见操作包括声明变量、赋值、调用方法、循环访问集合，以及根据给定条件分支到一个或另一个代码块。语句在程序中的执行顺序称为“控制流”或“执行流”。根据程序对运行时所收到的输入的响应，在程序每次运行时控制流可能有所不同。

语句可以是以分号结尾的单行代码，也可以是语句块中的一系列单行语句。语句块括在大括号“{}”中，并且可以包含嵌套块。

下面列出了 C#中的各种语句类型及其关联的关键字。

（1）声明语句。声明语句引入新的变量或常量。变量声明可以选择为变量赋值。在常量声明中必须赋值。

例如：

```
//变量的声明
double area;
double radius = 2;
//常量的声明
const double pi = 3.14159;
```

（2）表达式语句。用于计算值的表达式语句必须在变量中存储该值。

（3）选择语句。用于根据一个或多个指定条件分支到不同的代码段。这一类语句包括 if 和 switch 语句。

（4）迭代语句。用于遍历集合（如数组），或重复执行同一组语句直到满足指定的条件。这一类语句包括 while、do、for 和 foreach 语句。

（5）跳转语句。用于将控制转移给另一代码段。这一类语句包括 break、continue、goto、throw、return

和 yield 语句。

（6）异常处理语句。用于从运行时发生的异常情况正常恢复。这一类语句包括 throw、try…catch、try…finally 和 try…catch…finally。

try…catch 语句用于捕获在代码块执行期间发生的异常，try…finally 语句用于指定始终执行的最终代码，无论异常发生与否。

（7）checked 和 unchecked。用于指定将结果存储在变量中但该变量过小而不能容纳结果值时，是否允许数值运算导致溢出。

（8）using 语句。用于获取资源，执行语句，然后释放资源。

（9）空语句。空语句只含一个分号，不执行任何操作，可以在需要语句但不需要执行任何操作的地方使用。

例如：

```
void ProcessMessages()
{
    while (ProcessMessage())
        ; //空语句
}
```

2.3 C#代码编写规范

代码是软件开发过程的产物，其作用是通过编译器编译后运行，以达到预期的效果（功能、稳定性、安全性等），而另外一个重要作用是给人阅读。对于机器来说，只要代码正确就能够正确地运行程序，但是人不同，如果代码编写混乱就会对代码阅读造成障碍，导致代码无法维护，甚至会导致代码重构等高成本活动，所以规范代码势在必行。

2.3.1 命名规范

命名规范主要涉及命名空间、类型、接口、属性、方法、变量等相关命名。它在代码编写中起到很重要的作用，不仅可以清晰地表达出程序规划的核心，还可以达到让人“望文知意”的效果。虽然不遵循命名规范程序也可以运行，但是使用命名规范可以很直观地了解代码所代表的含义。下面列出来一些常用的命名规范。

1. 字母大小写约定

1）Pascal 风格

将标识符的首字母和后面连接的每个单词的首字母都大写。可以对三个字符或更多字符的标识符使用 Pascal 大小写。

例如：BackColor、HelloWorld 和 SetName 等。

2）Camel 风格

标识符的首字母小写，而每个后面连接的单词的首字母都大写。

例如：backColor、productId 等。

3）大写规范

标识符中的所有字母都大写。仅对于由两个或者更少字母组成的标识符使用该约定。

例如：System.IO、System.Web.UI 等。

有时候大写标识符必须维持与现有非托管符号方案的兼容性，在该方案中所有大写字母经常用于枚举和常数值。

表 2-1 汇总了字母大小写约定，并提供了不同类型的标识符的实例。

表 2-1 字母大小写约定

标识符	大小写	实例
类	Pascal	AppDomain
枚举类型	Pascal	ErrorLevel
枚举值	Pascal	FatalError
事件	Pascal	ValueChange
异常类	Pascal	WebException（**注意：**总是以 Exception 后缀结尾）
只读的静态字段	Pascal	RedValue
接口	Pascal	IDisposable（**注意：**总是以 I 前缀开始）
方法	Pascal	ToString
命名空间	Pascal	System.Drawing
参数	Camel	typeName

其实字母大小写约定很容易理解，一般情况下都是 Pascal 风格，除了方法的参数是使用 Camel 风格。微软的类库都是严格遵守这些规则的，用户在编写代码时，如果不知道是用 Pascal 还是 Camel，只要看一下微软的智能提示就可以。

2. 区分大小写

为了避免混淆和保证跨语言交互操作，请遵循有关区分大小写的使用的下列规则。

（1）不要使用要求区分大小写的名称。对于区分大小写和不区分大小写的语言，组件都必须完全可以使用。不区分大小写的语言无法区分同一上下文中仅大小写不同的两个名称。因此，在创建的组件或类中必须避免这种情况。

（2）不要创建仅是名称大小写有区别的两个命名空间。例如，不区分大小写的语言无法区分以下两个命名空间声明。

```
namespace ee.cummings;
namespace Ee.Cummings;
```

（3）不要创建具有仅是大小写有区别的参数名称的函数。下面的实例是不正确的。

```
void MyFunction(string a, string A)
```

（4）不要创建仅是大小写有区别的类型名称的命名空间。在下面的实例中，Point p 和 POINT p 是不适当的类型名称，原因是它们仅在大小写方面有区别。

```
System.Windows.Forms.Point p
System.Windows.Forms.POINT p
```

（5）不要创建仅是大小写有区别的属性名称的类型。在下面的实例中，int Color 和 int COLOR 是不适当的属性名称，原因是它们仅在大小写方面有区别。

```
int Color {get, set}
int COLOR {get, set}
```

3. 缩写

为了避免混淆和保证跨语言交互操作，请遵循有关缩写的使用的下列规则。

（1）不要将缩写或缩略形式用作标识符名称的组成部分。例如，使用 GetWindow，而不要使用 GetWin。

（2）不要使用计算机领域中未被普遍接受的缩写。

（3）在适当的时候，使用众所周知的缩写替换冗长的词组名称。例如，用 UI 作为 User Interface 的缩写，用 OLAP 作为 On-line Analytical Processing 的缩写。

（4）在使用缩写时，对于超过两个字符长度的缩写，请使用 Pascal 大小写或 Camel 大小写。例如，使用 HtmlButton 或 htmlButton。但是，应当大写仅有两个字符的缩写，如 System.IO，而不是 System.Io。

（5）不要在标识符或参数名称中使用缩写。如果必须使用缩写，对于由多于两个字符所组成的缩写请使用 Camel 大小写，虽然这和单词的标准缩写相冲突。

2.3.2 namespace 的命名规范

namespace 的命名一般是使用公司名称，后跟技术名称和可选的功能与设计，如下所示。

```
CompanyName.TechnologyName[.Feature][.Design]
```

例如：

```
Microsoft.Media
Microsoft.Media.Design
NESC.Data.SQLHelper
```

namespace 的命名规范说明如下。

（1）给命名空间名称加上公司名称或者其他知名商标的前缀可以避免两个已经发布的命名空间名称相同的可能性。

例如：

Microsoft.Office 是由 Microsoft 提供的 Office Automation Classes 的一个适当的前缀。

（2）在第二级分层名称上使用稳定的、公认的技术名称。将组织层次架构用作命名空间层次架构的基础。命名一个命名空间，该命名空间包含为具有.Design 后缀的基命名空间提供设计时功能的类型。

例如：

System.Windows.Forms.Design 命名空间包含用于设计基于 System.Windows.Forms 的应用程序的设计器和相关的类。

（3）嵌套的命名空间应当在包含它的命名空间中的类型上有依赖项。

例如：

System.Web.UI.Design 中的类依赖于 System.Web.UI 中的类。但是，System.Web.UI 中的类不依赖于 System.Web.UI.Design 中的类。

（4）应当对命名空间使用 Pascal 大小写，并用句点分隔逻辑组件，如 Microsoft.Office.PowerPoint 中所示。如果用户的商标使用非传统的大小写，请遵循商标所定义的大小写，即使它与规定的 Pascal 大小写相背离。

例如：

命名空间 NeXT.WebObjects 和 ee.cummings 阐释了对于 Pascal 大小写规则的适当背离。

（5）如果在语义上适当，使用复数命名空间名称。

例如：

使用 System.Collections 而不是 System.Collection。此规则的例外是商标名称和缩写。

使用 System.IO 而不是 System.IOs。

（6）不要为命名空间和类使用相同的名称。例如，不要既提供 Debug 命名空间又提供 Debug 类。最后，请注意命名空间名称不必非得与程序集名称相似。

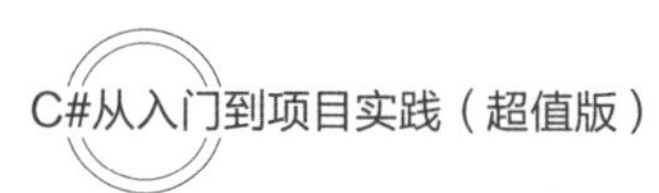

2.3.3 类的命名规范

以下规则概述命名类的规范。

（1）使用名词或名词短语命名类。

（2）使用 Pascal 大小写。

（3）少用缩写。

（4）不要使用类型前缀，如在类名称上对类使用 C 前缀。例如，使用类名称 FileStream，而不是 CFileStream。

（5）不要使用下画线字符（_）。

（6）有时候需要提供以字母 I 开始的类名称，虽然该类不是接口。只要 I 是作为类名称组成部分的整个单词的第一个字母，这便是适当的。例如，类名称 IdentityStore 就是适当的。

（7）在适当的地方，使用复合单词命名派生的类。派生类名称的第二个部分应当是基类的名称。例如，ApplicationException 对于从名为 Exception 的类派生的类是适当的名称，原因是 ApplicationException 是一种 Exception。

下面是正确命名的类的实例：

```
public class FileStream
public class Button
public class String
```

2.3.4 接口的命名规范

以下规则概述接口的命名规范。

（1）用名词或名词短语，或者描述行为的形容词命名接口。例如，接口名称 IComponent 使用描述性名词。接口名称 ICustomAttributeProvider 使用名词短语。名称 IPersistable 使用形容词。

（2）使用 Pascal 大小写。

（3）少用缩写。

（4）给接口名称加上字母 I 前缀，以指示该类型为接口。

（5）在定义类/接口对（其中类是接口的标准实现）时使用相似的名称。两个名称的区别应该只是接口名称上有字母 I 前缀。

（6）不要使用下画线字符（_）。

以下是正确命名的接口的实例：

```
public interface IServiceProvider
public interface IFormatable
```

2.3.5 方法的命名规范

以下规则概述方法的命名规范。

（1）使用动词或动词短语命名方法。

（2）使用 Pascal 大小写。

以下是正确命名的方法的实例。

```
RemoveAll()
GetCharArray()
Invoke()
```

2.3.6 不同变量使用前缀区分

对于 private 的变量，使用以下约定。

（1）成员变量应该在开始就被声明，并集中放在 class 的开始位置。

（2）请使用 m，s 前缀来区分成员变量和静态成员变量。对于局部变量不适用任何前缀。

例如：

```
using System;
namespace NESC.CSharp
{
   class VarUsing
   {
       private static bool s_isOK=false;       //静态变量 s_isOK
       private bool m_isOK=false;              //成员变量 m_isOK
       public void Test()
       {
           bool is_OK=false;                   //局部变量 is_OK
       }
   }
}
```

2.3.7 注释规范

注释用来对编写的代码进行说明，包括功能说明以及实现说明，这样可以大大提高程序的可读性，另外，规范的注释还可以通过工具来生成相应的 API 文档，C#的注释规范有以下几种。

1. 类注释规范

类模块开始必须按以下形式书写模块注释：

```
///<summary>
///模块编号：<模块编号，可以引用系统设计中的模块编号>
///作用：<对此类的描述，可以引用系统设计中的描述>
///作者：作者中文名
///编写日期：<模块创建日期，格式：YYYY-MM-DD>
///</summary>
```

如果模块有修改，则每次修改必须添加以下注释：

```
///<summary>
///Log 编号：<Log 编号,从 1 开始依次增加>
///修改描述：<对此修改的描述>
///作者：修改者中文名
///修改日期：<模块修改日期，格式：YYYY-MM-DD>
///</summary>
```

2. 类属性注释规范

在类的属性中必须按以下格式编写属性注释：

```
///<summary>
///属性说明
///</summary>
```

3. 方法注释规范

在类的方法声明前必须按以下格式编写注释：

```
///<summary>
///说明：<对该方法的说明>
```

```
///</summary>
///<param name="<参数名称>"><参数说明></param>
///<returns>
///<对方法返回值的说明，该说明必须明确说明返回的值代表什么含义>
///</returns>
```

4. 代码间注释规范

代码间注释分为单行注释和多行注释。

1）单行注释

```
//<单行注释>
```

2）多行注释

```
/*多行注释 1
 *多行注释 2
 *多行注释 3*/
```

注释说明：

（1）代码中遇到语句块时必须添加注释，并且添加的注释必须能够说明此语句块的作用和实现手段。

（2）尽量多点儿注释，就算能一目了然的命名最好也顺便写一些注释，以方便以后接手的人能更容易理解程序。

（3）如果因为某种原因使用了复杂艰涩的原理，应为程序配备良好的文档和更多的注释。

2.3.8 布局规范

布局规范的目的是使代码变得整洁，提高代码可读性，其主要规范如下。

1. 列宽

每行代码列宽应该控制在 110 字符左右。

2. 换行

当表达式超出或即将超出规定的列宽时，遵循以下规则进行换行。

（1）在逗号后换行。

（2）在操作符前换行。

3. 缩进

缩进应该是每行一个 Tab 键或者 4 个空格。左右花括号必须独自一行，括号内容为空时除外。

例如：

```
public void WriteLog(string log)
{
Console.WriteLine(log);
}
public void EmptyMethod(string log) {}  //花括号内容为空
```

4. 空行

空行是为了将逻辑上相关联的代码分块，以便提高代码的可阅读性。在以下情况下使用两个空行。

（1）接口和类的定义之间。

（2）枚举和类的定义之间。

（3）类与类的定义之间。

在以下情况下使用一个空行。

（1）方法与方法、属性与属性之间。

（2）方法中变量声明与语句之间。

（3）方法与方法之间。

（4）方法中不同的逻辑块之间。

（5）方法中的返回语句与其他的语句之间。

（6）属性与方法、属性与字段、方法与字段之间。

（7）注释与它注释的语句间不空行，但与其他的语句间空一行。

5. 空格

在以下情况中要使用到空格。

（1）关键字和左括号“(”之间应该用空格隔开，如 while（true）。

注意：*在方法名和左括号“(”之间不要使用空格，这样有助于辨认代码中的方法调用与关键字。*

（2）多个参数用逗号隔开，每个逗号后都应加一个空格。

（3）除了“.”之外，所有的二元操作符都应用空格与它们的操作数隔开。一元操作符、自增自减运算符与操作数间不需要空格。

例如：

```
a += c + d;
a = (a + b) / (c * d);
while (d++ == s++)  //自增运算符++
{
    n++;
}
```

（4）语句中的表达式之间用空格隔开。

例如：

```
for (expr1; expr2; expr3)
```

6. 括号“()”

（1）左括号“(”不要紧靠关键字，中间用一个空格隔开。

（2）左括号“(”与方法名之间不要添加任何空格。

（3）没有必要的话不要在返回语句中使用括号。

7. 花括号“{}”

（1）左花括号“{”放于关键字或方法名的下一行并与之对齐。

例如：

```
if (condition)
{
}
```

（2）左花括号“{”要与相应的右花括号“}”对齐。

（3）通常情况下，左花括号“{”单独成行，不与任何语句并列一行。

（4）if、while、do 语句后一定要使用“{}”，即使“{}”中为空或只有一条语句。

（5）右花括号“}”后建议加一个注释以便于方便地找到与之相应的“{”。

例如：

```
while (1)
{
```

```
        if (valid)
        {
        } //if语句结尾
        else
        {
        } //else语句结尾
    } //while语句结尾
```

2.4 就业面试技巧与解析

本章介绍了 C#程序的结构、命名规范和布局规范。在程序结构中，读者需要重点掌握命名空间、类名、Main 方法以及语句，它们在 C#程序中占有重要地位。

2.4.1 面试技巧与解析（一）

面试官：解决方案文件和项目文件以及类文件之间的关系？

应聘者：在 Visual Studio 2017 中创建一个项目后，会生成一个文件，在该文件中包含一个后缀名为“.sln”的解决方案文件和与之同名的文件夹。在打开解决方案文件夹后，可以找到后缀名为“.csproj”的项目文件和后缀名为“.cs”的类文件。而类文件是可以通过记事本打开的，里面的内容与用户所编写的代码完全相同。

其实在解决方案资源管理器中，很好地说明了它们之间的关系。解决方案文件包含项目文件，而项目文件包含类文件。

2.4.2 面试技巧与解析（二）

面试官：对于编写代码格式，需要注意哪些问题？

应聘者：在编写代码时，建议使用系统的默认设置。同时，需要注意以下几个问题。

（1）注意养成不丢大括号的习惯。例如，在使用 if 语句时，如果语句不多于一行，可以不使用大括号。

（2）同时定义多个类型时，最好分开定义。

（3）每一条语句写成一行，也就是遇到“;”就换行。多条语句写为一行会使代码比较混乱。

面试官：命名规范主要有哪些约定？

应聘者：目前，在.NET Framework 名称空间中有两种命名约定，称为 PascalCase 和 camelCase。这两种名称中使用的大小写表示它们的用法。这两种命名约定都应用到由多个单词组成的名称中并指定名称中的每个单词除了第一个字母大写外，其余字母都是小写。在 camelCase 中，还有一个规则，即第一个单词以小写字母开头。

对于简单的变量，建议使用 camelCase 规则，而对于比较高级的命名则使用 PascalCase。最后，注意许多以前的命名系统常常使用下画线字符作为变量名中各个单词之间的分隔符，如 yet_another_variable。但这种用法现在已经被淘汰了。

第 3 章

C#程序开发基础——常量与变量

学习指引

常量是什么？其实常量就是一个固定的东西，可以说是固定的字符，也可以说是固定的字符串，或者是固定的整数。变量，顾名思义就是会变的量，在数学中经常用变量来解方程，假设 x 和 y 各等于什么，其中 x 和 y 就是变量，读者可以把变量当成一个可变的值来理解。

重点导读

- 熟悉常量的类型。
- 掌握常量的定义。
- 熟悉变量的声明与定义。
- 掌握变量的使用。
- 掌握变量的类型。

3.1 常量

常量是固定值，程序执行期间不会改变。常量可以是任何基本数据类型，例如整数常量、浮点常量、字符常量或者字符串常量，还有枚举常量。常量也可以被当作常规的变量，只是它们的值在定义后不能被修改。

3.1.1 整数常量

整数常量可以是十进制、八进制或十六进制的常量。前缀指定基数，如“0x”或“0X”表示十六进制，“0”表示八进制，没有前缀则表示十进制。

整数常量也可以有后缀，可以是 U 和 L 的组合，其中，U 表示 unsigned，其含义是指一个无符号的数据；L 表示 long，其含义是指一个长整型数据。后缀可以是大写或者小写，多个后缀以任意顺序进行组合。

例如，以下为整数常量的一些实例：

```
123             //合法，表示十进制整数
456u            //合法，表示无符号整数
0xFeeL          //合法，表示一个十六进制数
078             //非法，八进制数据是从 0 到 7，而 8 不是一个八进制数字
032UU           //非法，不能重复后缀
```

以下是各种类型的整数常量的实例：

```
65              //十进制
0327            //八进制
0x4b            //十六进制
20              //int
20u             //无符号 int
20l             //long
20ul            //无符号 long
```

3.1.2 字符常量

在 C#中，字符常量就是指单引号里的单个字符，如'a'。需要指出的是，在计算机中的数字和字符是两个完全不同的概念，数字用来计算，字符用来显示。例如，数字 3 是一个可以计算的数字，字符'3'仅仅是用来显示的符号。

例如：

```
Console.WriteLine('a');
Console.WriteLine('3');
```

还有一种特殊情况，如“\n”“\a”，像这样的字符常量就是通常所说的转义字符。这种字符是以反斜杠（\）开头，后面跟一个字符或者一个八进制或十六进制数，表示的不是单引号里面的值，而是“转义”，即转换为具体的含义。

如表 3-1 所示是 C#中常见的转义字符。

表 3-1 转义字符

转 义 序 列	含 义
\\	\ 字符
\'	' 字符
\"	" 字符
\?	? 字符
\a	alert 或 bell（响铃）
\b	退格键（BackSpace）
\f	换页符（Form feed）
\n	换行符（Newline）
\r	回车符
\t	水平制表符 tab
\v	垂直制表符 tab
\ooo	1～3 位的八进制数
\xhh...	一个或多个数字的十六进制数

【例 3-1】编写程序，比较字符常量的含义。

（1）在 Visual Studio 2017 中，新建名称为“Project1”的文件。

（2）在代码编辑区域输入以下代码。

```
using System;
namespace Project1
{
    class Program
    {
        static void Main(string[] args)
        {
            char x = 'a';
            char y = 'A';
            Console.WriteLine("{0},{1}\n", x, y);/*输出 a, A 并换行*/
            /*输出 100、空格、单引号、空格和双引号，最后换行*/
            Console.WriteLine("100\x20\'\x20\"\n");
        }
    }
}
```

【程序分析】本例演示了字符常量的输出。在代码中输出了数值常量，如 100；字符常量，如'a' 'A'等；还用到了转义字符，如“\n”“\'”“\"”“\x20”等。第 6 行首先输出一个小写字母“a”，然后又输出一个大写字母“A”，接着输出一个转义字符“\n”，相当于输出一个换行符。第 7 行先输出一个数值常量 100，接着输出一个转义字符“\x20”，相当于输出一个空格，接着输出转义字符“\'”，相当于输出一个单引号，接下来又输出空格、双引号，最后输出换行符。

在 Visual Studio 2017 中的运行结果如图 3-1 所示。

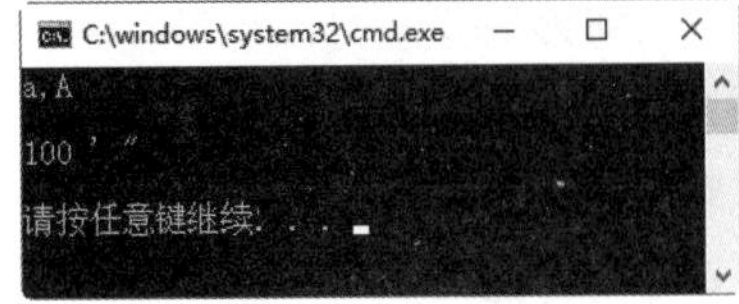

图 3-1　字符常量

3.1.3　字符串常量

字符串常量可以通过两种方式来进行显示。第一种是通过双引号括起来，如" " "a" "abc" "abc\n"等。另一种是在双引号的前面加上字符@，如@"abc"、@"abc\n"等。所以字符串常量可以定义为在一对双引号里的字符序列或转义字符序列。

例如，带双引号：

```
Console.WriteLine("Hello C#!");
```

以@开头，后面跟一个带双引号的字符串：

```
Console.WriteLine(@"d:\root\subdir");
```

1. @控制符

@符号在 C#中有以下两个作用。

（1）在字符串的前面加@表示取消字符串中的转义。

例如：

```
Console.WriteLine(@"C:\Docs\Source\a.txt");
```

等价于

```
Console.WriteLine("C:\\Docs\\Source\\a.txt");
```

如果要在@字符串中包含双引号，双倍添加即可：

```
Console.WriteLine(@"""Ahoy!"" cried the captain.");
```

（2）在字符串的前面加@表示字符串可以分为多行书写。

【例 3-2】 编写程序，输出三个字符串类型的变量。

① 在 Visual Studio 2017 中，新建名称为“Project2”的文件。

② 在代码编辑区域输入以下代码。

```
using System;
namespace Project2
{
    class Program
    {
        static void Main(string[] args)
        {
            string str1 = "Good morning!";
            Console.WriteLine(str1);
            string str2 = @"C:\Windows";
            Console.WriteLine(str2);
            string str3 = @"<script type=""text/javascript"">
            <!--
            -->
            </script>";
            Console.WriteLine(str3);
        }
    }
}
```

【程序分析】本例演示了字符串和@控制符的使用。在代码中，第一个字符串变量 str1 输出的是一个字符串“Good morning!”。第二个字符串变量 str2 中使用了@，因此可以将转义字符“\”当作普通字符对待，最后输出了字符串“C:\Windows”。第三个字符串变量 str3 也使用了@，所以最后输出的字符串可以任意换行，换行符及缩进空格都计算在字符串长度之内。这里需要注意，如果想要在@字符串中包含双引号，必须双倍添加。

在 Visual Studio 2017 中的运行结果如图 3-2 所示。

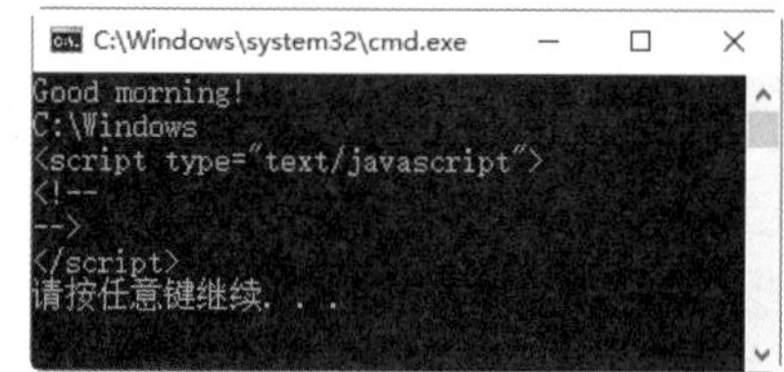

图 3-2　@控制符

2. +运算符

两个字符串可以用“+”运算符连接起来，例如“Hello”+“World”的结果是“HelloWorld”。“+”运算符也可以连接其他变量类型。

【例 3-3】 编写程序，演示“+”运算符的使用。

（1）在 Visual Studio 2017 中，新建名称为“Project3”的文件。

（2）在代码编辑区域输入以下代码。

```
using System;
namespace Project3
{
    class Program
    {
        static void Main(string[] args)
        {
            int L = 10;
            int W = 15;
            double S = L*W;
            Console.WriteLine("矩形长 L=10" + "\t 矩形宽 W=15");
            Console.WriteLine("矩形面积 S="+ S);
        }
    }
}
```

【程序分析】本例演示了“+”运算符的使用。在代码中首先定义两个整型变量 L 和 W，并对其赋值；然后再定义 double 类型的变量 S，用于存储变量 L 和 W 的乘积。第一个 WriteLine 方法用于连接两个字符串；第二个 WriteLine 方法使用“+”运算符，先将变量 S 的值转换为字符串“150”，然后与“矩形面积 S=”连接，最终合并成为字符串“矩形面积 S=150”而输出。

在 Visual Studio 2017 中的运行结果如图 3-3 所示。

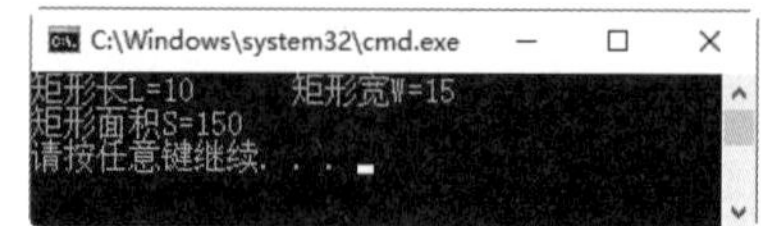

图 3-3　+运算符

3.1.4 浮点常量

一个浮点常量是由整数部分、小数点、小数部分和指数部分组成。用户可以使用小数形式或者指数形式来表示浮点常量。

以下是一些浮点常量的实例：

```
3.14159        //合法
314159E-5L     //合法
510E           //非法：不完全指数
210f           //非法：没有小数或指数
.e55           //非法：缺少整数或小数
```

使用小数形式表示时，必须包含小数点、指数或同时包含两者。使用指数形式表示时，必须包含整数部分、小数部分或同时包含两者。有符号的指数是用 e 或 E 表示的。

3.1.5 常量的定义

所谓常量，就是在程序的运行过程中其值不能被改变的量。常量的类型也可以是任何一种 C#的数据类型。

常量的定义格式为：

```
const 常量数据类型 常量名(标识符)=常量值;
```

其中，const 关键字表示声明一个常量，“常量名”就是标识符，用于标识该常量。常量名要有代表意义，不能过于简洁或复杂。常量和变量的声明都要使用标识符，其命名规则如下。

（1）标识符必须以字母或者@符号开始。

（2）标识符只能由字母、数字以及下画线组成，不能包括空格、标点符号和运算符等特殊符号。

（3）标识符不能与 C#中的关键字同名。

（4）标识符不能与 C#中的库函数名相同。

在定义常量时，需要注意以下几点。

（1）常量值的类型要和常量数据类型一致，如果定义的是字符串型，常量值就应该是字符串类型，否则会发生错误。

```
const double PI=3.1415926;                          //定义了一个 double 类型的常量
const string VERSION="Visual Studio 2017";          //定义了一个字符串类型的常量
```

用户在后面的代码中试图改变这两个常量的值，则编译时会发现这个错误并使代码无法编译通过。

（2）常量在声明时必须初始化。

例如：

```
class Program1
{
   public const int value = 15;                     //对常量 value 进行初始化
}
```

在此实例中，常量 value 始终为 15，即使类本身也无法更改它。实际上，当编译器遇到 C#源代码中的常量标识符（如 value）时，它直接将文本值替换到它生成的中间语言（IL）代码中。因为运行时没有与常量相关联的变量地址，所以 const 字段不能通过引用传递，并且不能在表达式中显示为左值。

（3）可以同时声明多个同一类型的常量。

例如：

```
class Program2
{
```

```
    const int x = 12, y = 52, z = 365;
}
```

（4）如果不创建循环引用，则用于初始化常量的表达式可以引用另一个常量。

例如：

```
class Program3
{
    const int x = 12;                                   //定义整型常量x
    const int y = 52;                                   //定义整型常量y
    const int z = 365;                                  //定义整型常量z
    const double value1 = (double)z / (double)x;        //常量value1引用了z/x的值
    const double value2 = (double)z / (double)y;        //常量value2引用了z/y的值
}
```

（5）可以将常量标记为 public、private、protected、internal、protected internal 或 private protected。这些访问修饰符定义该类的用户访问该常量的方式。

（6）常量是作为静态字段访问的，因为常量的值对于该类型的所有实例都是相同的。不使用 static 关键字来声明这些常量。

【例 3-4】编写程序，定义一个常量，计算出一个圆的面积。

① 在 Visual Studio 2017 中，新建名称为“Project4”的文件。

② 在代码编辑区域输入以下代码。

```
using System;
namespace Project4
{
    class Program
    {
        static void Main(string[] args)
        {
            const double PI = 3.14159;                      //常量声明
            double r;                                       //定义double类型的变量r
            Console.WriteLine("请输入半径：");
            r = Convert.ToDouble(Console.ReadLine());       //将输入的字符串转换为数值
            double areaCircle = PI * r * r;
            Console.WriteLine("半径：{0}，面积：{1}", r, areaCircle);
        }
    }
}
```

【程序分析】本例演示了常量的使用。在代码中首先声明一个常量 PI，并赋值为 3.14159；接着再定义一个 double 类型的变量 r，用于表示半径；最后通过计算公式，输出圆的面积。

在 Visual Studio 2017 中的运行结果如图 3-4 所示。

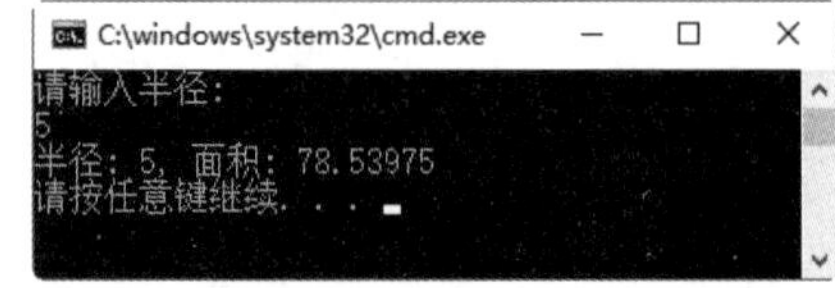

图 3-4　常量的定义

3.2　变量

所谓变量，就是在程序的运行过程中其值可以被改变的量，变量的类型可以是任何一种 C#的数据类型。所有值类型的变量都是实际存在于内存中的值，也就是说，当将一个值赋给变量时执行的是值复制操作。

3.2.1　变量的声明

C#变量的声明其实就是在程序运行前，告诉编译器程序使用的变量，以及与这些变量相关的属性，包括变量的名称、类型和长度等。这样，在程序运行前，编译器就可以知道怎样给变量分配内存空间，以便优化程序。

变量的声明包括变量类型和变量名两个部分，其语法格式如下：

```
变量类型 变量名
```

例如：

```
int  age
double PI
char  c
```

其中，int、double 和 char 是变量类型，age、PI 和 c 是变量名。这里的变量类型也是数据类型的一种，即变量 age 是 int 类型，PI 是 double 类型，c 是 char 类型。

3.2.2 变量的定义

变量的定义与声明区别在于多了一个分号，但是声明只是告诉编译器关于变量的属性，而定义除此之外还给变量分配了所需的内存空间。C#中，在使用变量之前必须定义此变量。

C#中变量定义的语法格式：

```
变量类型 变量名;
```

如果同时定义多个变量，C 语言允许在一行或多行上列出变量名，并用逗号将各个变量名分隔开。

例如：

```
int x, y, z;
char c, ch;
double d;
```

3.2.3 变量的初始化

变量的初始化是 C#高安全性的一个体现。简单地说，编译器需要用某个初始值对变量初始化，未初始化而调用的变量会被当成错误。

初始化的一般形式为：

```
<data_type> <variable_name> = value;
```

例如：

```
int x = 3, y = 5;            //初始化变量 x 和 y
byte z = 22;                 //初始化 z
double PI = 3.14159;         //声明 PI 的近似值
char n = 'c';                //给变量 n 初始化一个字符'c'
```

【例 3-5】编写程序，定义三个变量，并对其进行运算。

（1）在 Visual Studio 2017 中，新建名称为“Project5”的文件。

（2）在代码编辑区域输入以下代码。

```
using System;
namespace Project5
{
    class Program
    {
        static void Main(string[] args)
        {
            short x;
            int y;
            double z;
```

```
            /* 实际初始化 */
            x = 10;
            y = 20;
            z = x + y;
            Console.WriteLine("x = {0}, y = {1}, z = {2}", x, y, z);
        }
    }
}
```

【程序分析】本例演示了变量的使用。在代码中，首先定义三种类型的变量，分别为 short 类型的 x，int 类型的 y 和 double 类型的 z；然后对变量 x 和 y 赋值，并且将变量 x 与 y 的和赋值给变量 z；最后输出这三个变量的值。

在 Visual Studio 2017 中的运行结果如图 3-5 所示。

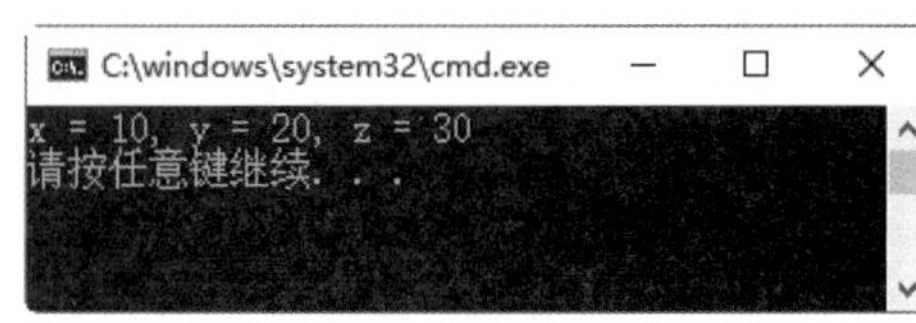

图 3-5　变量的初始化

定义好的变量，用户也可以通过键盘为其赋值。在 System 命名空间中的 Console 类，提供了一个函数 ReadLine()，用于接收来自用户的输入，并把它存储到一个变量中。

例如：

```
int num;
num = Convert.ToInt32(Console.ReadLine());
```

函数 Convert.ToInt32()把用户输入的数据转换为 int 数据类型，因为 Console.ReadLine() 只接受字符串格式的数据。

3.2.4　C#中的左值和右值

C#语言中左值表示存储在计算机内存中的对象；右值表示当一个符号或者常量放在操作符右边的时候，计算机就读取它们的“右值”，也就是其代表的真实值。简单来说就是，左值相当于地址值，右值相当于数据值。右值指的是引用了一个存储在某个内存地址里的数据。

左值可以出现在赋值语句的左边或右边，右值只能出现在赋值语句的右边，不能出现在赋值语句的左边。

例如：

```
int a, b;
b = 0;
a = b;
```

在这里，首先定义 a，b。然后对 b 赋值，此时计算机取 b 的左值，也就是这个符号代表的内存位置即内存地址值，计算机取 0 的右值，也就是数值 0；然后给 a 赋值为 b，此时取 b 的右值给 a 的左值。所以说，b 的左值、右值是根据它的位置来说的。

3.3　变量的类型

C#中的变量根据定义可以分为值类型和引用类型。这两种类型的变量，差异在于数据的存储方式，值类型本身可以直接存储数据，而引用类型则存储实际数据的引用，程序通过此引用找到真正的数据。

3.3.1　值类型

C#中值类型的变量主要包括整数类型、浮点类型、decimal 和 bool 类型等。值类型的变量都在堆栈中进行分配，因此效率很高。所以使用值类型的主要目的是为了提高性能。

值类型变量具有以下特点。

（1）值类型变量都存储在堆栈中。

（2）值类型变量不能包含 null 值。但是必须具有一个确定的值。

（3）复制值类型变量时，复制的是变量的值，而不是变量的地址。

（4）在访问值类型变量时，一般都是访问其实例。

（5）每个值类型变量都有自己的数据副本，因此对一个值类型变量的操作不会影响到其他变量。

注意：所有值类型都隐式派生自 System.ValueType。而且不能从值类型再派生新类型。

1. 整数类型

整数类型代表的就是一个整数。当用户声明一个 int 类型时，系统就会分配内存来存储值。表 3-2 显示了整数类型的大小和范围。

表 3-2 整数类型

类　型	范　围	大　小
sbyte	-128～127	8 位有符号整数
byte	0～255	8 位无符号整数
short	-32 768～32 767	16 位有符号整数
ushort	0～65 535	16 位无符号整数
int	-2 147 483 648～2 147 483 647	32 位有符号整数
uint	0～4 294 967 295	32 位无符号整数
long	-9 223 372 036 854 775 808～9 223 372 036 854 775 807	64 位有符号整数
ulong	0～18 446 744 073 709 551 615	64 位无符号整数

注意：如果由整数类型所表示的值超出了 ulong 的范围，则将出现编译错误。

【例 3-6】编写程序，声明一个 sbyte 类型的变量和 int 类型的变量并输出。

（1）在 Visual Studio 2017 中，新建名称为“Project6”的文件。

（2）在代码编辑区域输入以下代码。

```
using System;
namespace Project6
{
    class Program
    {
        static void Main()
        {
            sbyte x = -100;                     //定义 sbyte 类型的变量，并赋值为-100
            int y = 255;                        //定义 int 类型的变量，赋值为 255
            Console.WriteLine("x={0}",x);       //输出 x 的值
            Console.WriteLine("y={0}",y);       //输出 y 的值
        }
    }
}
```

【程序分析】本例演示了整型数据的输出。在代码中，定义了一个 sbyte 类型的变量 x，并赋值为-100，该类型的数值范围为-128～127，如果超出这个范围，编译器就会出现错误提示；而定义 int 类型的 y，其数值范围就比较大，所以赋值为 255 编译器不会报错。

在 Visual Studio 2017 中的运行结果如图 3-6 所示。

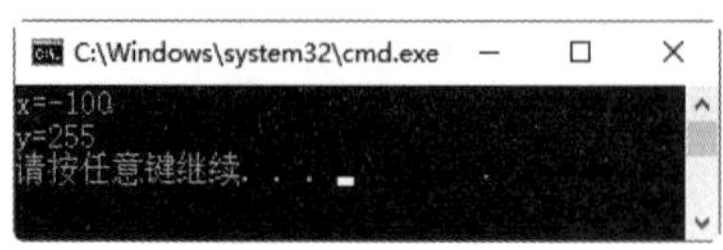

图 3-6 整数类型

2. 浮点类型

浮点类型的变量主要是对带有小数点的数据进行处理。表 3-3 列出了浮点类型的精度和大致范围。

表 3-3 浮点类型

类 型	大致范围	精 度
float	1.5×10^{-45}～3.4×10^{38}	7 位
double	50×10^{-324}～1.7×10^{308}	15～16 位

注意：在使用 float 类型的变量时，必须在数值的后面跟随 f 或 F，否则编译器会发出错误提示：无法将 double 类型隐式转换为 float 类型；请使用“F”后缀创建此类型。也可以在 double 类型的值前面加上（float）对其进行强制类型转换。

【例 3-7】编写程序，将数值强制指定为 float 和 double 类型。

（1）在 Visual Studio 2017 中，新建名称为“Project7”的文件。

（2）在代码编辑区域输入以下代码。

```
using System;
namespace Project7
{
    class Program
    {
        static void Main()
        {
            Console.WriteLine("浮点类型的有效位数：");
            float f = 3.1415926f;              //使用 f 强制指定为 float 类型
            double d = 3.1415926d;             //使用 d 强制指定为 double 类型
            Console.WriteLine(f);
            Console.WriteLine(d);
            Console.WriteLine("类型转换：");
            double x = (float)3.1415926;       //使用强制类型转换
            double y = 3.1415926f;             //使用后缀类型转换
            Console.WriteLine(x);
            Console.WriteLine(y);
        }
    }
}
```

【程序分析】本例演示了浮点型变量的输出。在代码中，首先定义两个变量 f 和 d，f 为 float 类型，d 为 double 类型，并为它们赋值（由于变量 f 的精度是 7 位，所以最后输出了 7 位有效数字，最后一位进行了四舍五入。而变量 d 的精度是 15～16 位，所以最后输出了完整的数值）；接着再定义两个 double 类型的变量 x 和 y 并赋值；最后通过强制类型转换和后缀类型指定的方法，将这两个数值指定为 float 类型，所以最后只输出了前 7 位有效数值。

在 Visual Studio 2017 中的运行结果如图 3-7 所示。

图 3-7 浮点类型

3. decimal 类型

decimal 关键字指示 128 位数据类型。与其他浮点型相比，decimal 类型具有更高的精度和更小的范围，这使它适合于财务和货币计算。decimal 类型的大致范围和精度如表 3-4 所示。

表 3-4 decimal 类型

类 型	大 致 范 围	精 度	.NET 类型
decimal	$\pm 1.0 \times 10^{-28} \sim \pm 7.9228 \times 10^{28}$	28～29 个有效位	System.Decimal

注意：decimal 的默认值为 0m。如果想要使用 decimal 类型的变量，必须使用后缀 m 或 M。

例如：

```
decimal myMoney = 100.5m;
```

如果没有后缀 m，则数字将被视为 double 类型，但是会生成编译器错误。

4. bool 类型

布尔类型是用来表示“真”和“假”这两个概念的。这虽然看起来很简单，但实际应用非常广泛。众所周知，计算机实际上就是用二进制来表示各种数据的，即不管何种数据，在计算机内部都是采用二进制方式处理和存储的。布尔类型表示的逻辑变量只有两种取值：“真”和“假”。在 C#中，分别采用 true 和 false 两个值来表示。

注意：在 C 和 C++中，用 0 来表示“假”，其他任何非 0 的式子都表示“真”。这种不正规的表达在 C#中已经被废弃了。在 C#中，true 值不能被其他任何非 0 值所代替。在其他整数类型和布尔类型之间不再存在任何转换，将整数类型转换成布尔类型是不合法的。

```
bool x=1 //错误，不存在这种写法。只能写成 x=true 或 x=false
```

bool 关键字是 System.Boolean 的别名。可以将布尔值赋给 bool 变量，也可以将计算结果为 bool 类型的表达式赋给 bool 变量。

【例 3-8】编写程序，判断一个整数是奇数还是偶数。

（1）在 Visual Studio 2017 中，新建名称为“Project8”的文件。

（2）在代码编辑区域输入以下代码。

```
using System;
namespace Project8
{
    class Program
    {
        static void Main()
        {
            bool b = true;              //将一个 true 值赋给变量 b
            Console.WriteLine("变量 b={0}", b);
            int value = 51;
            Console.WriteLine("value={0}", value);
            b = (value % 2 == 0);       //value 能被 2 整除，是 true 值，否则就是 false 值
            if (b)
            {
                Console.WriteLine("value 是偶数");
            }
            else
            {
                Console.WriteLine("value 是奇数");
            }
        }
    }
}
```

【程序分析】本例演示了 bool 型变量的输出。在代码中首先定义 bool 类型的变量 b，并为其赋值为 true；然后再定义一个 int 类型的变量 value，并赋值为 51；接着将 value 能否被 2 整除的 bool 值，赋给变量 b；最后通过 if 语句对 b 进行判断，如果能被整除说明是偶数，否则就是奇数。

在 Visual Studio 2017 中的运行结果如图 3-8 所示。

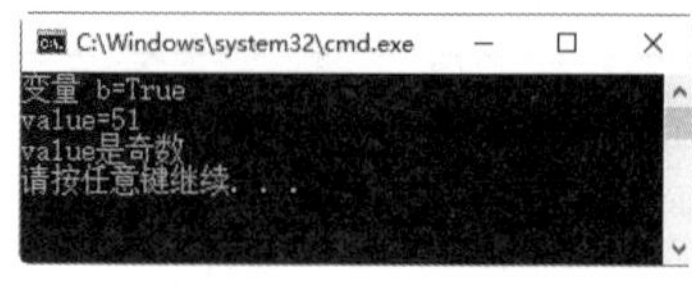

图 3-8 bool 类型

5. 字符类型

除了数字以外，计算机处理的信息，主要就是字符了。字符包括数字字符、英文字母、表达符号等，C#提供的字符类型按照国际上公认的标准，采用 Unicode 字符集。一个 Unicode 的标准字符长度为 16 位，用它可以表示世界上大多数语言。

例如，给一个字符变量赋值：

```
char c='A';
```

另外，用户还可以直接通过十进制转义符（前缀\x）或 Unicode 表示法给字符型变量赋值（前缀\u），如下面对字符型变量的赋值写法都是正确的：

```
char a='\x0032';
char b='\u0032';
```

注意：在 C 和 C++中，字符型变量的值是该变量所代表的 ASCII 码，字符型变量的值作为整数的一部分，可以对字符型变量使用整数进行赋值和运算。而这在 C#中是被禁止的。

3.3.2 引用类型

C#的另一大数据类型是引用类型。“引用”这个词在这里的含义是，该类型的变量不直接存储包含的值，而是指向它所要存储的值。也就是说，引用类型存储实际数据的引用值的地址。

引用类型具有如下特征。

（1）必须使用 new 关键字来创建引用类型的变量。

（2）必须在托管堆中为引用类型变量分配内存。

（3）引用类型变量是由垃圾回收机制来管理的。

（4）引用类型被赋值前的值都是 null。

（5）在托管堆中分配每个对象都有与之相关联的附加成员，这些成员必须被初始化。

（6）多个引用类型变量可以引用同一对象，在这种情形下，对一个变量执行的操作会影响另一个变量所引用的对象。

在 C#中所有的类都是引用类型，主要包括类、委托、数组和接口。

【例 3-9】编写程序，输出值类型和引用类型的变量。

① 在 Visual Studio 2017 中，新建名称为“Project9”的文件。

② 在代码编辑区域输入以下代码。

```
using System;
namespace Project9
{
    class Program
    {
        class A                         //创建一个类 A
        {
            public int num = 0;         //声明一个公有 int 类型的变量 num
        }
        static void Main()
        {
            int a = 0;                  //定义 int 类型的变量 a，并初始化为 0
            int b = a;                  //定义 int 类型的变量 b，将 a 赋给 b
            b = 100;                    //为变量 b 重新赋值为 100
```

```
            Console.WriteLine("a={0}  b={1}", a, b);
            A n1 = new A();            //使用 new 关键字创建引用对象
            A n2 = n1;                 //使 n1 等于 n2
            n2.num = 200;              //为变量 n2 的 num 重新赋值
            Console.WriteLine("n1={0}  n2={1}", n1.num, n2.num);
        }
    }
}
```

【程序分析】本例演示了引用类型变量的输出。由于引用类型的变量存储是对其数据（对象）的引用，而值类型的变量直接包含其数据，对于引用类型，两种变量可引用同一对象，因此，对一个变量执行的操作会影响另一个变量所引用的对象；对于值类型，每个变量都具有其自己的数据副本，对一个变量执行的操作不会影响另一个变量。所以，变量 a 的值没有受到变量 b 的影响，最后输出 a 与 b 的值不相同。

在 Visual Studio 2017 中的运行结果如图 3-9 所示。

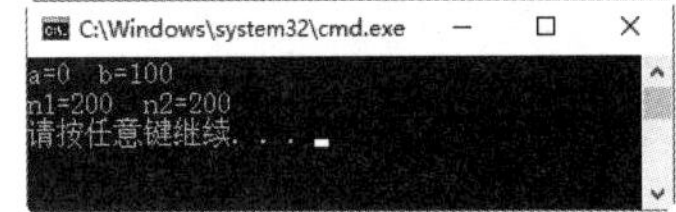

图 3-9 引用类型

3.3.3 值类型与引用类型的区别

C#里面把数据类型分为两大类，分别为值类型和引用类型。值类型包括基本数据类型（int、char、double 等）、结构和枚举。引用类型包括接口、数组、类等。下面列出了这两大类的区别。

1. 值类型

值类型就是一个包含实际数据的量。即当定义一个值类型的变量时，C#会根据它所声明的类型，以栈方式分配一块大小相适应的存储区域给这个变量，随后对这个变量的读或写操作就直接在这块内存区域进行。

例如：

```
int a = 10;
int b = a;
b = 9;
```

变量的存储形式如图 3-10 所示。

栈　堆

int b→ 9

int a→ 10

图 3-10 值类型的存储

2. 引用类型

一个引用类型的变量不存储它们所代表的实际数据，而是存储实际数据的引用。引用类型分两步创建，首先在栈上创建一个引用变量，然后在堆上创建对象本身，再把这个内存的句柄（也是内存的首地址）赋给引用变量。

例如：

```
class Myclass
{
   public int value = 50;
}
static void Main()
{
   Myclass a = new Myclass();
   Myclass b;
   b = a;
   b.value = 150;
}
b = 9;
```

这段代码表示通过类 Myclass 创建了两个对象 a 和 b，然后使用 new 为 a 在堆上分配空间。语句“b = a;”表示把 b 指向 a，也就是说两者在栈中都存的是同一个引用，当 b.value 改变时，a 里面的值也会改变，变量的存储形式如图 3-11 所示。

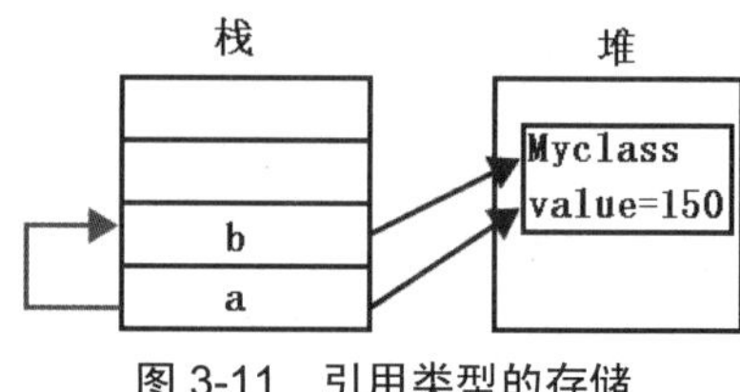

图 3-11　引用类型的存储

3.3.4　枚举类型

枚举类型也称为枚举，用于定义一组在逻辑上密不可分的整数值提供便于记忆的符号。枚举类型使用 enum 关键字声明。

声明枚举类型的语法格式如下：

```
enum 枚举名
{
    list1 = value1,
    list2 = value2,
    list3 = value3,
    …
    listN = valueN
}
```

其中，大括号“{}”中的内容为枚举值列表，每个枚举值都对应一个枚举值名称，value1 到 valueN 为整数，list1 到 listN 为枚举值的标识名称。

例如，声明一个代表星期的枚举类型的变量：

```
enum Days {Sat, Sun, Mon, Tue, Wed, Thu, Fri};
```

默认情况下，第一个枚举数的值为 0，后面每个枚举数的值依次递增 1。因此，Sat 是 0，Sun 是 1，Mon 是 2，以此类推。

枚举类型的变量也可用初始值来重写默认值。

例如：

```
enum Days {Sat=1, Sun, Mon, Tue, Wed, Thu, Fri};
```

在此枚举中，强制元素序列从 1 而不是 0 开始。

注意：

（1）枚举数的名称中不能包含空白。

（2）最好是在命名空间内直接定义枚举，以便该命名空间中的所有类都能够同样方便地访问它。

（3）默认情况下，枚举中每个元素的基础类型是 int，也可以使用冒号指定另一种整数值类型。

例如：

```
enum Months : byte { Jan, Feb, Mar, Apr, May, Jun, Jul, Aug, Sep, Oct, Nov, Dec };
```

准许使用的类型有 byte、sbyte、short、ushort、int、uint、long 或 ulong。

【例 3-10】编写程序，定义一个枚举类型并输出。

（1）在 Visual Studio 2017 中，新建名称为“Project10”的文件。

（2）在代码编辑区域输入以下代码。

```
using System;
namespace Project10
{
    class Project10
    {
        enum Days { Sun, Mon, tue, Wed, thu, Fri, Sat };         //使用 enum 创建枚举
        static void Main(string[] args)
        {
            int start = (int)Days.Mon;                          //将枚举值 Mon 赋给变量 start
            int end = (int)Days.Fri;                            //将枚举值 Fri 赋给变量 end
            Console.WriteLine("Monday: {0}", start);
            Console.WriteLine("Friday: {0}", end);
        }
```

```
    }
}
```

【程序分析】本例演示了枚举类型变量的输出。在代码中首先创建一个 Days 枚举，该枚举有 7 个值，分别表示周一到周日；然后通过逗号运算符访问 Days 枚举的 Mon 和 Fri，并将这两个枚举值分别赋给变量 start 和 end；最后输出变量 start 和 end。

在 Visual Studio 2017 中的运行结果如图 3-12 所示。

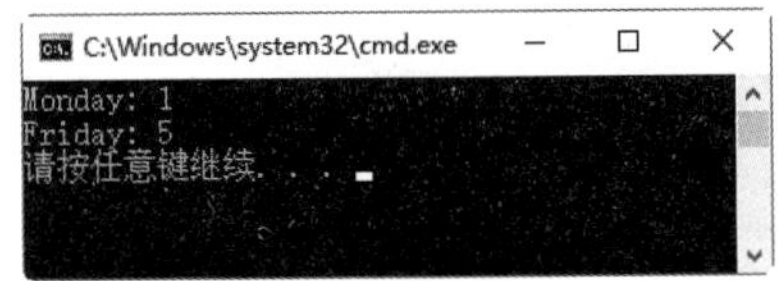

图 3-12　枚举类型

3.3.5　变量的作用域

变量的作用域指的是能够使用该变量的区域。作用域既作用于方法，也作用于变量。一个标识符的作用域是从声明该标识符的那个位置开始的，不管是变量还是方法都应如此。在 C#中通常用“{”和“}”来界定变量的作用范围。

变量的作用域有着严格的要求，在声明变量时需要注意两点，首先变量名不要重复，其次声明变量的位置很重要。

例如：

```
static void Main(string[] args)
{
    for (int i = 0; i < 5; i++)
    {
        int s = 100;
        Console.WriteLine(s);
    }
}
```

这是一个 for 循环语句，该语句的作用是循环输出 5 次变量 s 的值，而变量 s 在 for 循环外则并不能访问到。因为变量 s 在 for 循环内部声明，所以只能在 for 循环内部访问。

如果要让变量 s 在 for 循环外面也能访问，那么一开始就要在 for 循环外声明好变量 s。

例如：

```
static void Main(string[] args)
{
    int s = 0;
    for (int i = 0; i < 5; i++)
    {
        s = 100;
        Console.WriteLine(s);
    }
    Console.WriteLine(s);
}
```

由于变量 s 在 for 循环的外部进行了声明，所以代码运行不会出现错误。但还需要注意以下两个细节：

（1）在 for 循环外声明变量 s 后，如果认为“既然在 for 循环内声明的变量只有在 for 循环内有效，那么是否可以在 for 循环内再写一个 int s = 100;”，这样做肯定是错误的。即便作用域不一样，但也无法让 for 循环内外声明的变量名出现相同的情况。

（2）如果在 for 循环外声明变量 s 时没有赋初值，例如上面代码中的“int s = 0;”改成“int s;”，那么虽然在 for 循环内部给变量 s 赋值了，但是编译器还会发出错误提示“使用了未赋值的局部变量 s”。所以如果要在 for 循环结构外部使用到这个变量，还是应该在开始就给变量赋初值。

3.4 就业面试技巧与解析

本章详细介绍了常量与变量，通过大量的举例说明，读者能更好地掌握 C#的基础知识，在工作时才能编写出更好的程序，因此基础知识部分也是面试时考官很看重的一个部分。

3.4.1 面试技巧与解析（一）

面试官：变量和常量有什么区别？

应聘者：变量是指在程序的运行过程中随时可以发生变化的量。常量是指在程序运行过程中不会发生变化的变量。

面试官：在程序中使用常量有哪些优点？

应聘者：至少有以下三个优点。

（1）常量用易于理解的清楚的名称替代了含义不明确的数字或字符串，使程序更易于阅读。

（2）常量更容易避免程序出现错误。如果要把另一个值赋给程序中的一个常量，而该常量已经有了一个值，编译器就会报告错误。

（3）常量是静态的。不用在常量声明中包含修饰符 static。

3.4.2 面试技巧与解析（二）

面试官：简述值类型与引用类型的区别。

应聘者：两种类型有以下区别：

（1）值类型的数据存储在内存的栈中；引用类型的数据存储在内存的堆中，而内存单元中只存放堆中对象的地址。

（2）值类型存取速度快，引用类型存取速度慢。

（3）值类型表示实际数据，引用类型表示指向存储在内存堆中的数据的指针或引用。

（4）值类型继承自 System.ValueType，引用类型继承自 System.Object。

（5）栈的内存分配是自动释放；而堆在.NET 中会有垃圾回收来释放。

面试官：在使用值类型和引用类型的变量时，对内存有哪些影响？

应聘者：在设计一个应用程序时，如果都是引用类型，那么应用程序的性能将显著下降，因为这会加大托管堆的压力，增加垃圾回收的次数。虽然值类型是一个轻量级的类型，但是如果大量使用值类型的话，也会有损应用程序的性能。

由于值类型实例的值是自己本身，而引用类型实例的值是一个引用，所以如果将一个值类型的变量赋值给另一个值类型的变量，会执行一次逐字段的复制，将引用类型的变量赋值给另一个引用类型的变量时，只需要复制内存地址，所以在对对象进行赋值时要避免使用值类型。

第 4 章

C#程序开发基础——数据类型与运算符

学习指引

计算机是用什么来存储所使用的数据？这个问题用一句比较笼统的话就可以概括，那就是：计算机使用内存来记忆计算时所使用的数据。

现实生活中的数据各种各样，有整数、小数、字符串、字符等，它们的类型是不一样的，所以用户要想在计算机中使用这些不同类型的数据，就必须在内存中为它申请一块合适的空间。而这些数据之间是可以通过运算符进行运算的，运算符结合一个或者一个以上的操作数，便形成了表达式，并返回运算结果。本章详细地介绍数据类型和运算符的使用。

重点导读

- 熟悉 C#的数据类型。
- 掌握 C#的数据类型转换。
- 熟悉其他常用类型。
- 掌握 C#的运算符。

4.1 数据类型概述

在 C#中有两种基本类型，分别是值类型和引用类型。而值类型还可以细分为内置值类型、结构和枚举；引用类型可以细分为类类型、接口以及委托等，如图 4-1 所示。

1. 值类型

内置的值类型就是整型、浮点型和 bool 类型等，而结构是一种特殊的值类型，它是抽象类型 System.ValueType 的直接派生类，而 System.ValueType 本身又是直接从 System.Object 派生的，所以结构体拥有值类型所有的特权和限制。

如果需得到一个类型或一个变量在特定平台上的准确空间大小，可以使用 sizeof 方法。表达式 sizeof (type)可以产生以字节为单位的存储对象或类型的存储空间大小。

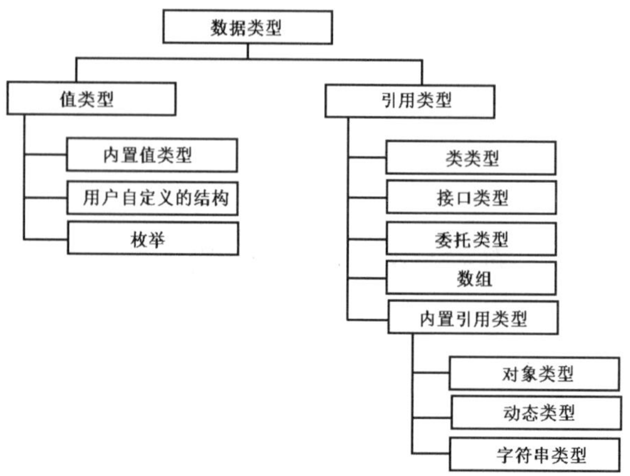

图 4-1 基本数据类型

【例 4-1】编写程序，输出 5 个常见值类型的存储空间大小。

（1）在 Visual Studio 2017 中，新建名称为“Project1”的文件。

（2）在代码编辑区域输入以下代码。

```
using System;
namespace Project1
{
    class Program
    {
        static void Main(string[] args)
        {
            Console.WriteLine("Size of byte:   {0}", sizeof(byte));
            Console.WriteLine("Size of char:   {0}", sizeof(char));
            Console.WriteLine("Size of short:  {0}", sizeof(short));
            Console.WriteLine("Size of int:    {0}", sizeof(int));
            Console.WriteLine("Size of double: {0}", sizeof(double));
        }
    }
}
```

【程序分析】本例通过使用 sizeof 方法，计算出 byte、char、short、int 和 double 类型在内存中的尺寸。由于 sizeof 方法计算出的结果是以字节为单位，所以 byte 是 8 位，刚好是 1 个字节，因此输出的结果是 1；char 是 16 位，刚好是 2 个字节；int 和 short 都是 32 位，刚好是 4 个字节；最后的 double 是 64 位，刚好是 8 个字节。所以，这 5 个值类型的存储空间分别为 1、2、4、4、8。

在 Visual Studio 2017 中的运行结果如图 4-2 所示。

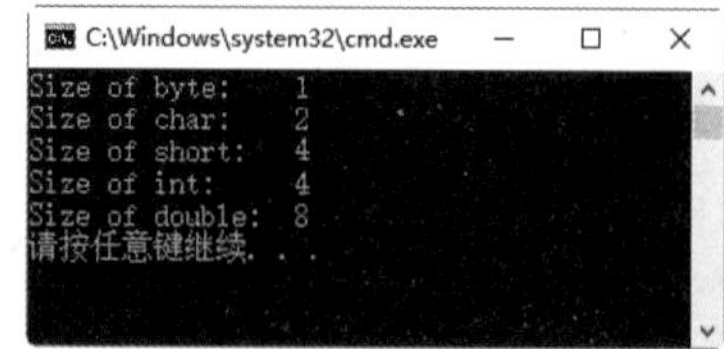

图 4-2 值类型的宽度

2. 引用类型

引用类型变量又称为对象，可存储对实际数据的引用。内置的引用类型有对象类型、动态类型和字符串类型。

（1）对象类型的关键字是 object，也就是 System.Object 的别名。在 C#的统一类型系统中，所有类型都是直接或间接从 Object 继承的。可以将任何类型的值赋给 object 类型的变量。但是，在分配值之前，需要先进行类型转换。

【例 4-2】编写程序，定义 object 类型的变量用于接收任何数据类型的值。

① 在 Visual Studio 2017 中，新建名称为“Project2”的文件。

② 在代码编辑区域输入以下代码。

```
using System;
```

```
namespace Project2
{
    class Program
    {
        static void Main(string[] args)
        {
            object age, name, height, sex;      //定义 4 个 object 变量
            age = 16;                           //整型赋值成功
            name = "周小红";                     //string 类型赋值成功
            height = 152.32;                    //double 类型赋值成功
            sex = '女';                          //char 类型赋值成功
            Console.WriteLine("年龄: {0}\t 姓名: {1}\t 身高: {2}\t 性别: {3}", age, name, height, sex);
        }
    }
}
```

【程序分析】本例演示了 object 类型的变量如何在.NET Framework 中使用 Object 的方法。在代码中首先定义四个 object 类型的变量，分别为 age、name、height 和 sex；然后分别赋予整型值、字符串值、浮点值和字符值；最后进行输出。

在 Visual Studio 2017 中的运行结果如图 4-3 所示。

图 4-3 object 类型

（2）动态类型的关键字是 dynamic，该类型的作用是绕过编译时类型检查，改为在运行时解析这些操作。dynamic 类型简化了对 COM API（例如 Office Automation API）、动态 API（例如 IronPython 库）和 HTML 文档对象模型（DOM）的访问。

在大多数情况下，dynamic 类型与 object 类型的行为类似。但是，如果操作包含 dynamic 类型的表达式，那么不会通过编译器对该操作进行解析或类型检查。编译器将该操作有关信息打包在一起，之后这些信息会用于在运行时评估操作。在此过程中，dynamic 类型的变量会编译为 object 类型的变量。因此，dynamic 类型只在编译时存在，在运行时则不存在。

【例 4-3】 编写程序，对 dynamic 类型的变量与 object 类型的变量进行对比。

① 在 Visual Studio 2017 中，新建名称为“Project3”的文件。

② 在代码编辑区域输入以下代码。

```
using System;
namespace Project3
{
    class Program
    {
        static void Main(string[] args)
        {
            dynamic dyn = 1;
            object obj = 1;
            //编译时的类型
            Console.WriteLine(dyn.GetType());
            Console.WriteLine(obj.GetType());
        }
    }
}
```

【程序分析】本例演示了 dynamic 的用法。在代码中首先定义 dynamic 类型的变量 dyn 和 object 类型的变量 obj，并对它们都赋值为 1；然后使用 GetType()方法输出代码编译时两个变量的数据类型。

在 Visual Studio 2017 中的运行结果如图 4-4 所示。

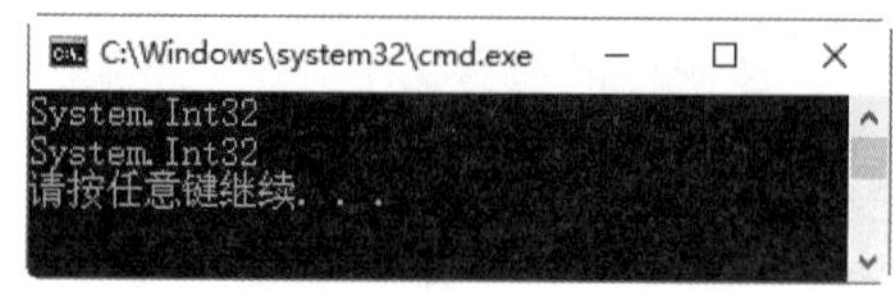

图 4-4　dynamic 类型

若要查看编译时 dyn 与 obj 之间的区别，需要在例 4-3 的声明和 WriteLine 语句之间添加下列两行语句：

```
dyn = dyn + 5;
obj = obj + 5;
```

再次运算程序时，编译器会对表达式“obj + 5”发出错误提示：运算符“+”无法应用于“object”和“int”类型的操作数。但是，对于“dyn + 5”不会报告任何错误。在编译时不会检查包含 dyn 的表达式，原因是 dyn 的类型为 dynamic。

（3）字符串类型的关键字是 string，也就是 System.String 的另外一个名字。string 类型是一个字符序列（0 个或更多的 Unicode 字符）。“+”运算符用于连接两个或更多的字符串。

例如：

```
string str = "Hello" + " World";  //输出 Hello World
```

3. 装箱和拆箱

装箱和拆箱是值类型和引用类型之间相互转换时要执行的操作。

（1）装箱在值类型向引用类型转换时发生。

例如：

```
object obj = 1;
```

这行语句将整型常量 1 赋给 object 类型的变量 obj；众所周知，常量 1 是值类型，值类型是要放在栈上的，而 object 是引用类型，它需要放在堆上；所以，执行装箱操作时不可避免地要在堆上申请内存空间，并将堆栈上的值类型数据复制到申请的堆内存空间上，这肯定是要消耗内存和 CPU 资源的。

（2）拆箱在引用类型向值类型转换时发生。

例如：

```
object obj = 5;
int value = (int)obj;
```

这两行代码会执行一次装箱操作将整型数字常量 5 装箱成引用类型 object 变量 obj；然后又执行一次拆箱操作，将存储到堆上的引用变量 obj 存储到局部整型变量 value 中。拆箱操作的执行过程和装箱操作过程正好相反，是将存储在堆上的引用类型值转换为值类型并赋给值类型变量。

4.2　数据类型之间的转换

类型转换从根本上说是类型铸造，或者说是把数据从一种类型转换为另一种类型。在 C#中，转换分为隐式转换和显式转换，本节将详细介绍这两种转换方式，并讲解相关的 Convert 转换与数值和字符串之间的转换。

4.2.1　隐式转换

隐式类型转换就是指 C#默认的以安全方式进行的转换，不会导致数据丢失。隐式转换可能会在许多情况下出现，包括方法调用和赋值语句。如表 4-1 所示列出了预定义隐式转换的数据类型。

表 4-1 隐式类型转换表

源 类 型	目 标 类 型
sbyte	short、int、long、float、double 或 decimal
byte	short、ushort、int、uint、long、ulong、float、double 或 decimal
short	int、long、float、double 或 decimal
ushort	int、uint、long、ulong、float、double 或 decimal
int	long、float、double 或 decimal
uint	long、ulong、float、double 或 decimal
long	float、double 或 decimal
char	ushort、int、uint、long、ulong、float、double 或 decimal
float	double
ulong	float、double 或 decimal

例如，将 int 类型的值隐式转换成 long 型。

```
int i=100;    //声明一个整型变量 i 并初始化为 100
long j=i;     //隐式转换成 long 型
```

关于隐式类型转换，需要注意以下几点。

（1）在从 int、uint、long 或 ulong 转换为 float，以及从 long 或 ulong 转换为 double 时，可能会丢失精度。

（2）不存在针对 char 类型的隐式转换。

（3）浮点类型与 decimal 类型之间不存在隐式转换。

（4）int 类型的常数表达式可以转换为 sbyte、byte、short、ushort、uint 或 ulong，前提是常数表达式的值处于目标类型的范围内。

4.2.2 显式转换

当类型转换可能会发生数据丢失时，编译器就会要求执行显式转换。显式转换也称为强制转换。强制转换是显式告知编译器用户打算进行转换，并且用户知道可能会发生数据丢失的一种方式。如果要执行强制类型转换，需要在要转换的值或变量前面的括号中指定要强制转换到的类型。

【例 4-4】编写程序，将 double 强制转换为 int。

（1）在 Visual Studio 2017 中，新建名称为“Project4”的文件。

（2）在代码编辑区域输入以下代码。

```
using System;
namespace Project4
{
    class Program
    {
        static void Main(string[] args)
        {
            double d = 314.159;
            int i;
            //强制转换 double 为 int
```

```
            i = (int)d;
            Console.WriteLine(i);
        }
    }
}
```

【程序分析】本例演示了显式类型转换的用法。在代码中，首先定义一个 double 类型的变量 d，并为其赋值为 314.159；接着再定义一个 int 类型的变量 i；最后将变量 d 通过强制类型转换的方式，赋给变量 i。但是如不进行强制转换，则该程序不会进行编译。

在 Visual Studio 2017 中的运行结果如图 4-5 所示。

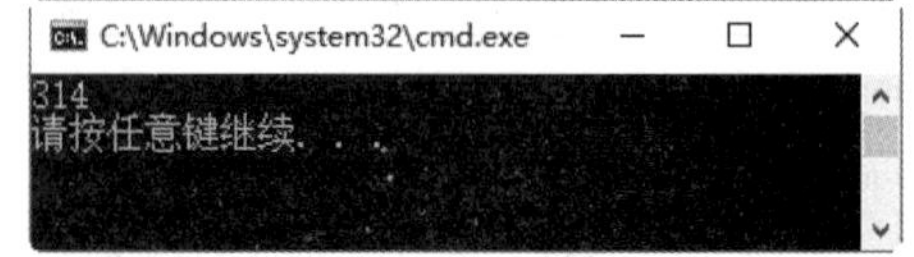

图 4-5　显式转换

由于显式转换包括所有隐式转换和显式转换，因此总是可以使用强制转换表达式，将任何数值类型转换为任何其他的数值类型。如表 4-2 所示列出了需要进行显式转换的数据类型。

表 4-2　显式类型转换表

源　类　型	目 标 类 型
sbyte	byte、ushort、uint、ulong 或 char
byte	sbyte 或 char
short	sbyte、byte、ushort、uint、ulong 或 char
ushort	sbyte、byte、short 或 char
int	sbyte、byte、short、ushort、uint、ulong 或 char
uint	sbyte、byte、short、ushort、int 或 char
long	sbyte、byte、short、ushort、int、uint、ulong 或 char
ulong	sbyte、byte、short、ushort、int、uint、long 或 char
char	sbyte、byte 或 short
float	sbyte、byte、short、ushort、int、uint、long、ulong、char 或 decimal
double	sbyte、byte、short、ushort、int、uint、long、ulong、char、float 或 decimal
decimal	sbyte、byte、short、ushort、int、uint、long、ulong、char、float 或 double

显式转换可能会导致精度降低或导致引发异常，所以需要注意以下几点。

（1）将 decimal 值转换为整型类型时，此值会向零舍入到最接近的整数值。如果生成的整数值处于目标类型的范围之外，则会引发溢出错误。

（2）从 double 或 float 值转换为整型类型时，会截断该值。如果生成的整数值处于目标值范围之外，则结果会取决于溢出检查上下文。在已检查的上下文中，引发溢出错误；而在未检查的上下文中，结果是目标类型的未指定值。

（3）将 double 转换为 float 时，double 值舍入为最接近的 float 值。如果 double 值太小或太大，无法匹配目标类型，结果将为零或无穷大。

（4）将 float 或 double 转换为 decimal 时，源值转换为 decimal 表示形式，并四舍五入到第 28 位小数后最接近的数。根据源值的值，可能出现以下结果之一：

① 如果源值太小，无法表示为 decimal，结果则为零。

② 如果源值为 NaN（非数值）、无穷大或太大而无法表示为 decimal，则引发溢出错误。

（5）将 decimal 转换为 float 或 double 时，decimal 值舍入到最接近的 double 或 float 值。

4.2.3　使用 Convert 进行任意类转换

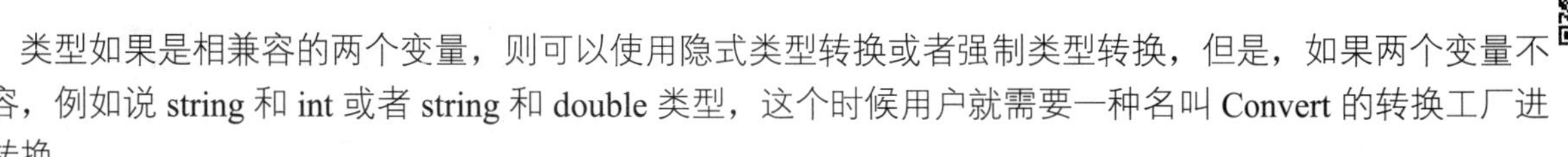

类型如果是相兼容的两个变量，则可以使用隐式类型转换或者强制类型转换，但是，如果两个变量不兼容，例如说 string 和 int 或者 string 和 double 类型，这个时候用户就需要一种名叫 Convert 的转换工厂进行转换。

Convert 是专门进行类型转换的类，它能够实现各种基本数据类型之间的装换。C#提供了内置的类型转换方法，如表 4-3 所示。

表 4-3　Convert 类的转换方法

方　　法	说　　明
Convert.ToBoolean()	如果可能的话，把类型转换为布尔型
Convert.ToByte()	把类型转换为字节类型
Convert.ToChar()	如果可能的话，把类型转换为单个 Unicode 字符类型
Convert.ToDateTime()	把类型（整数或字符串类型）转换为日期-时间结构
Convert.ToDecimal()	把浮点型或整数类型转换为十进制类型
Convert.ToDouble()	把类型转换为双精度浮点型
Convert.ToInt16()	把类型转换为 16 位整数类型
Convert.ToInt32()	把类型转换为 32 位整数类型
Convert.ToInt64()	把类型转换为 64 位整数类型
Convert.ToSbyte()	把类型转换为有符号字节类型
Convert.ToSingle()	把类型转换为小浮点数类型
Convert.ToString()	把类型转换为字符串类型
Convert.ToType()	把类型转换为指定类型
Convert.ToUInt16()	把类型转换为 16 位无符号整数类型
Convert.ToUInt32()	把类型转换为 32 位无符号整数类型
Convert.ToUInt64()	把类型转换为 64 位无符号整数类型

【例 4-5】编写程序，使用 ToInt32 方法，将 string 字符串类型转换成 int 和 double 类型并且输出。

（1）在 Visual Studio 2017 中，新建名称为“Project5”的文件。

（2）在代码编辑区域输入以下代码。

```
using System;
namespace Project5
{
    class Program
    {
        static void Main(string[] args)
        {
            string str = "123456";                  //定义字符串类型的变量 str
            int a = Convert.ToInt32(str);           //Convert 类的方法将字符串转换为 int 类型
            Console.WriteLine(a);
            double d = Convert.ToDouble(str);       //Convert 类的方法将字符串转换为 double 类型
            Console.WriteLine(d);
        }
    }
}
```

【程序分析】本例演示了 Convert 类的转换方法。在代码中首先定义字符串类型的变量 str，并为其赋值为“123456”；然后通过 ToInt32 方法，将 str 的数据分别转换为 int 类型和 double 类型。

在 Visual Studio 2017 中的运行结果如图 4-6 所示。

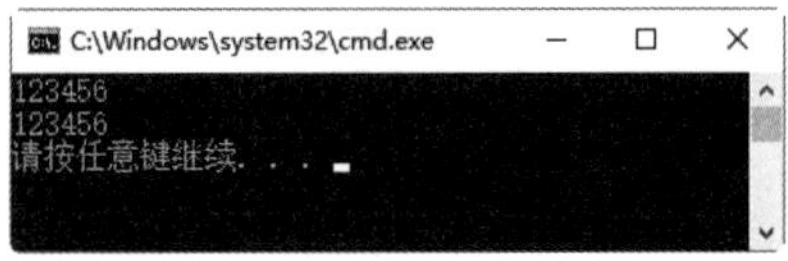

图 4-6　Convert 类的转换方法

注意：使用 Convert 进行强制类型转换也要满足一个条件，只有能够表示成数字的字符串才可以进行转换。

例如：

```
string num = "123abc";    //不能转换成 int 数值型
```

4.2.4　数值和字符串之间的转换

C#中不仅存在数值类型的数据之间的转换，字符串和数值之间也是可以互相转换的，只是方法不同而已。

1. 数值型转换为字符型

数值型数据转换为字符串用 ToString()方法即可实现。

例如：

```
int num1=10;
string mynum=num1.ToString();
```

2. 字符串转换为数值型

字符串数据转换为数值型使用 Parse ()方法。

（1）使用 int.Parse ()方法，将字符串类型转换为整型。

```
string str="10";
int number=int.Parse (str);
```

（2）使用 double.Parse ()方法，将字符串类型转换为双精度浮点型。

例如：

```
string str="20";
double number =double.Parse (str);
```

（3）使用 float.Parse ()方法，将字符串类型转换为单精度浮点型。

```
string str="30";
float number=float.Parse (str);
```

并不是所有的字符串都可以转换为数值型数据，只有能够表示成数字的字符串才可以进行转换，例如名字“张三”，转换成数字就没有符合的表达式，所以不能实现转换。

注意：Parse ()括号中的参数只能是字符串，不能为其他数据类型。

【例 4-6】编写程序，将数值型数据转换为字符串，再通过调用方法，将字符串转换为数据。

① 在 Visual Studio 2017 中，新建名称为“Project6”的文件。

② 在代码编辑区域输入以下代码。

```
using System;
namespace Project6
{
    class Program
    {
        static void Main(string[] args)
        {
            int a = 75;
            float b = 53.005f;
            double c = 2345.7652;
            string str1, str2, str3;
```

```
            Console.WriteLine("数值型转换为字符型：");
            str1 = a.ToString();
            str2 = b.ToString();
            str3 = c.ToString();
            Console.WriteLine("str1={0}\nstr2={1}\nstr3={2}",str1,str2,str3);
            Console.WriteLine("字符串转换为数值型：");
            int x = int.Parse(str1);
            float y = float.Parse(str2);
            double z = double.Parse(str3);
            Console.WriteLine("x={0}\ny={1}\nz={2}", x, y, z);
        }
    }
}
```

【程序分析】本例演示了数值和字符串之间的转换。在代码中，首先定义三个变量 a、b、c，并对它们初始化赋值；接着调用 ToString 方法，将这三个变量转换为字符串；最后再调用 Parse 方法，将转换后的字符串转成数值型数据。

在 Visual Studio 2017 中的运行结果如图 4-7 所示。

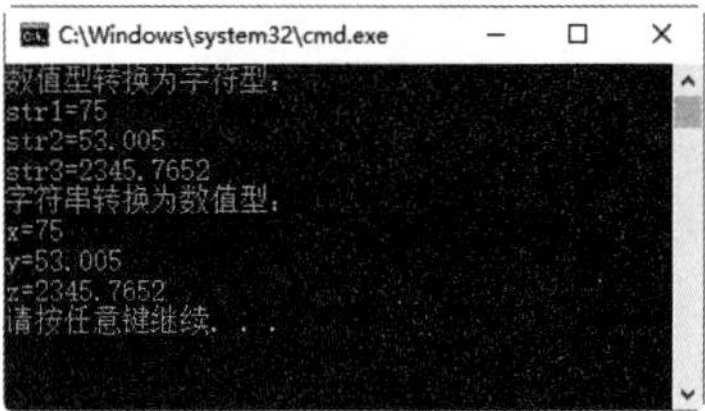

图 4-7　数值和字符串之间的转换

4.2.5　Convert.ToInt32()、(int)与 int.Parse()的区别

C#中数据转换的方法很多，本节主要讲解 Convert.ToInt32()、(int) 与 int.Parse()的区别。在实际开发项目的过程中，需要被转换的类型大概分为三大类，分别是空值（null)、数字类型（包含 float,double,int,long 等）和字符串（string)。

（1）对 null 值进行类型转换。

例如：

```
int x = Convert.ToInt32(null);
int y = int.Parse(null);           //编译器提示值不能为 null
int z = (int)null;                 //编译器无法将 null 转换为“int”，因为后者是不可以为 null 的值类型
```

对于空值 null，从运行报错的角度讲，(int) 强制转换和 int.Parse()都不能接受 null；Convert.ToInt32()其实是在转换前先做了一个判断，参数如果为 null，则直接返回 0。

（2）转换数字类型，主要测试 double 和 long 类型。

对于 double 类型：

```
double m = 1.5d;
int x = Convert.ToInt32(m);
int y = int.Parse(m.ToString());   //输入字符串的格式不正确
int z = (int)m;
```

针对于浮点型的取舍问题，浮点型只有 Convert.ToInt32()和 (int) 能进行转换，但是也是进行取舍了的。Convert.ToInt32()采取的取舍是进行四舍五入，而 (int) 则是截取浮点型的整数部分，忽略小数部分。

例如，Convert.ToInt32(1.49d)和(int)1.49d 都返回 1，Convert.ToInt32(1.5d)返回 2，而(int)1.5d 还是返回 1。

对于 long 类型：

```
long m = 67211198907454917;
int x = Convert.ToInt32(m);        //编译器报错，值对于 Int32 太大或太小
int y = int.Parse(m.ToString());   //编译器报错，值对于 Int32 太大或太小
int z = (int)m;
```

将大的数据类型转换为小的数据类型时，Convert.ToInt32()和 int.Parse()都会报溢出错误，值对于 Int32 太大或太小，而 (int) 不报错，但是返回值为-1。

（3）转换字符串类型。

```
string m = "1.32";
int x = Convert.ToInt32(m);        //编译器报错，输入字符串的格式不正确
int y = int.Parse(m);              //编译器报错，输入字符串的格式不正确
int z = (int)m;                    //编译器报错，无法将类型“string”转换为“int”
```

Convert.ToInt32()可以转换多种类型（例如非数字类型 bool、DateTime 等），int.Parse()只能是整型字符串类型（即各种整型 ToString()之后的形式，不能为浮点型，否则 int.Parse()就会出现输入的字符串格式不正确的错误），(int)只能是数字类型（如 float、int、uint 等）。

4.3 其他常用类型

每台计算机的网络或者系统中，都会分配一个具有唯一性的标识符，它用来保证在同一时空中的所有机器都是唯一的；当用户对互联网的资源通过特定的协议进行交互操作时，也需要一个标识符，用于标识某一互联网的资源名称。在 C#中还有许多用于设置日期和时间的方法，而这些功能都是通过特定的类来生成的。

4.3.1 日期和时间

在 C#中，DateTime 是一个包含日期、时间的类型，此类型通过 ToString()方法转换为字符串，可根据传给 ToString()的参数转换为多种字符串格式。DateTime 调用 ToString()传入的参数可分为制式和自定义两种。

1. 制式类型

制式类型就是系统自带的，传入特定的单个字符就可转换为系统已设定好的格式。

1）格式来源

用户可以在 Windows 系统的控制面板中选择“更改日期、时间或数字格式”选项，然后会弹出一个“区域”对话框，在该对话框中可以设置日期和时间的格式，如图 4-8 和图 4-9 所示。

图 4-8 控制面板

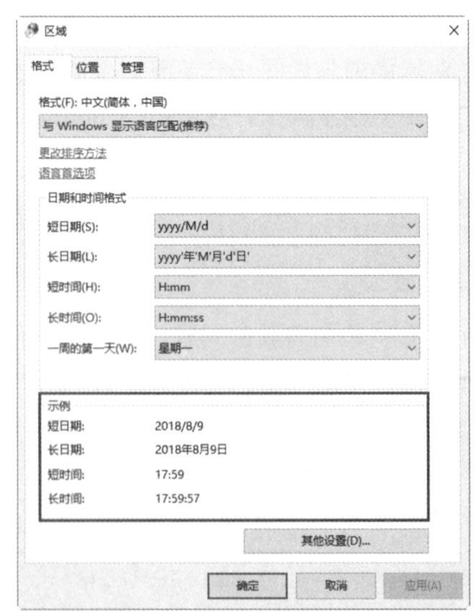

图 4-9 “区域”对话框

2）符号对照表

在调用 ToString()进行转换时，许多转换方式都是通过短日期、长日期、短时间和长时间这 4 个分类进

行组合，如表 4-4 所示列出了制式类型对应的格式符号。

表 4-4 符号对照表

符　号	说　明	实例（2018-08-09 17:48:23）
d	短日期模式	2018/8/9
D	长日期模式	2018 年 8 月 9 日
f	长日期和短时间模式	2018 年 8 月 9 日 17:48
F	长日期和长时间模式	2018 年 8 月 9 日 17:48:23
g	短日期和短时间模式	2018/8/9 17:48
G	短日期和长时间模式	2018/8/9 17:48:23
m、M	月日模式	8 月 9 日
r、R	RFC1123 模式	8 月 9 日
s	使用当地时间的可排序日期时间模式	2018-08-09T17:48:23
t	短时间模式	17:48
T	长时间模式	17:48:23
u	用于显示通用时间模式	2018-08-09 17:48:23Z
U	本初子午线的长日期和长时间	2018 年 8 月 9 日 9:48:23
y、Y	年月模式	2018 年 8 月

【例 4-7】编写程序，通过使用 DateTime 这个类来获取当前的时间，并以标准模式输出。

（1）在 Visual Studio 2017 中，新建名称为“Project7”的文件。

（2）在代码编辑区域输入以下代码。

```
using System;
namespace Project7
{
    class Program
    {
        static void Main(string[] args)
        {
            string dt = DateTime.Now.ToString();
            Console.Write("当前测试时间: {0}\n",dt);
            Console.WriteLine("<d>\t{0}", DateTime.Now.ToString("d"));
            Console.WriteLine("<D>\t{0}", DateTime.Now.ToString("D"));
            Console.WriteLine("<f>\t{0}", DateTime.Now.ToString("f"));
            Console.WriteLine("<F>\t{0}", DateTime.Now.ToString("F"));
            Console.WriteLine("<g>\t{0}", DateTime.Now.ToString("g"));
            Console.WriteLine("<G>\t{0}", DateTime.Now.ToString("G"));
            Console.WriteLine("<t>\t{0}", DateTime.Now.ToString("t"));
            Console.WriteLine("<T>\t{0}", DateTime.Now.ToString("T"));
            Console.WriteLine("<u>\t{0}", DateTime.Now.ToString("u"));
            Console.WriteLine("<U>\t{0}", DateTime.Now.ToString("U"));
            Console.WriteLine("<m>\t{0}", DateTime.Now.ToString("m"));
            Console.WriteLine("<M>\t{0}", DateTime.Now.ToString("M"));
            Console.WriteLine("<r>\t{0}", DateTime.Now.ToString("r"));
            Console.WriteLine("<R>\t{0}", DateTime.Now.ToString("R"));
            Console.WriteLine("<y>\t{0}", DateTime.Now.ToString("y"));
            Console.WriteLine("<Y>\t{0}", DateTime.Now.ToString("Y"));
            Console.WriteLine("<o>\t{0}", DateTime.Now.ToString("o"));
            Console.WriteLine("<O>\t{0}", DateTime.Now.ToString("O"));
            Console.WriteLine("<s>\t{0}", DateTime.Now.ToString("s"));
        }
```

```
        }
    }
```

【程序分析】本例演示了如何获取当前系统的时间，并且通过标准格式符号，输出不同格式的日期。

在 Visual Studio 2017 中的运行结果如图 4-10 所示。

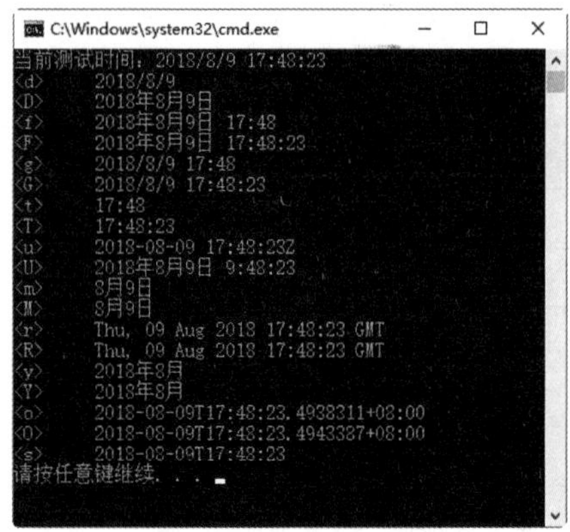

图 4-10　符号对照表

2. 自定义格式类型

自定义格式类型是通过自由组合日期代码（y、M、d、h、m、s、f）来展示丰富的日期格式。如表 4-5 所示，列出了可被合并以构造自定义的模式。这些模式是区分大小写的。例如，识别“MM”，但是不识别“mm”。

表 4-5　自定义模式

符　号	说　明	语　法
yy	年份后两位	DateTime.Now.ToString("yy")
yyyy	4 位年份	DateTime.Now.ToString("yyyy")
MM	两位月份	DateTime.Now.ToString("MM")
dd	日数	DateTime.Now.ToString("dd")
ddd	周几	DateTime.Now.ToString("ddd")
dddd	星期几	DateTime.Now.ToString("dddd")
hh	12 小时制的小时数	DateTime.Now.ToString("hh")
HH	24 小时制的小时数	DateTime.Now.ToString("HH")
mm	分钟数	DateTime.Now.ToString("mm")
ss	秒数	DateTime.Now.ToString("ss")
ff	毫秒数前 2 位	DateTime.Now.ToString("ff")
fff	毫秒数前 3 位	DateTime.Now.ToString("fff")
ffff	毫秒数前 4 位	DateTime.Now.ToString("ffff")
分隔符	可使用分隔符来分隔年月日时分秒。 包含的值可为“-、/、:”等非关键字符	DateTime.Now.ToString("yyyy-MM-dd HH:mm:ss:ffff"); DateTime.Now.ToString("yyyy/MM/dd HH:mm:ss:ffff"); DateTime.Now.ToString("yyyy/MM/dd　　HH:mm:ss:ffff dddd");

注意：用户在创建自定义模式时，长度至少为两个字符。

例如：

```
DateTime.ToString("d");    //返回 DateTime 值；"d"是标准短日期模式
DateTime.ToString("%d");   //返回月中的某天；"%d"是自定义模式
DateTime.ToString("d ");   //返回后面跟有一个空白字符的月中的某天；"d"是自定义模式
```

【例 4-8】编写程序，通过使用 DateTime 这个类来获取当前的时间，并以自定义模式输出。

（1）在 Visual Studio 2017 中，新建名称为“Project8”的文件。

（2）在代码编辑区域输入以下代码。

```
using System;
namespace Project8
{
    class Program
    {
        static void Main(string[] args)
        {
            string dt = DateTime.Now.ToString();
            Console.WriteLine(dt);
            Console.WriteLine("<yy>\t{0}",DateTime.Now.ToString("yy"));
            Console.WriteLine("<MM>\t{0}", DateTime.Now.ToString("MM"));
            Console.WriteLine("<dd>\t{0}", DateTime.Now.ToString("dd"));
            Console.WriteLine("<ddd>\t{0}", DateTime.Now.ToString("ddd"));
            Console.WriteLine("<dddd>\t{0}", DateTime.Now.ToString("dddd"));
            Console.WriteLine("<hh>\t{0}", DateTime.Now.ToString("hh"));
            Console.WriteLine("<HH>\t{0}", DateTime.Now.ToString("HH"));
            Console.WriteLine("<mm>\t{0}", DateTime.Now.ToString("mm"));
            Console.WriteLine("<ss>\t{0}", DateTime.Now.ToString("ss"));
            Console.WriteLine("<ff>\t{0}", DateTime.Now.ToString("ff"));
            Console.WriteLine("<fff>\t{0}", DateTime.Now.ToString("fff"));
            Console.WriteLine("<ffff>\t{0}", DateTime.Now.ToString("ffff"));
            Console.WriteLine("<yyyy-MM-dd" +
                " HH:mm:ss:ffff>\t{0}", DateTime.Now.ToString("yyyy-MM-dd HH:mm:ss:ffff"));
            Console.WriteLine("<yyyy/MM/dd" +
                " HH:mm:ss:ffff>\t{0}", DateTime.Now.ToString("yyyy/MM/dd HH:mm:ss:ffff"));
            Console.WriteLine("<yyyy/MM/dd" +
                " HH:mm:ss:ffff dddd>\t{0}", DateTime.Now.ToString("yyyy/MM/dd HH:mm:ss:ffff dddd"));
        }
    }
}
```

【程序分析】本例通过各类自定义模式，输出当前系统的时间。

在 Visual Studio 2017 中的运行结果如图 4-11 所示。

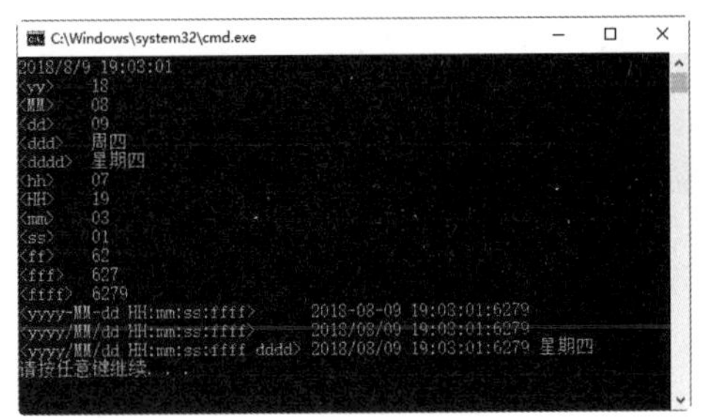

图 4-11 自定义模式

4.3.2 全局唯一标识符

全局唯一标识符（Globally Unique IDentifier），简称 GUID。它的主要目的是产生完全唯一的数字。而 GUID 的唯一缺陷在于生成的结果串会比较大，所以在理想情况下，随机生成两个相同 GUID 的可能性是非常小的，但并不为 0。通常平台会提供生成 GUID 的 API。

1. 全局唯一标识符的特点

（1）一个 GUID 为一个 128 位的整数（16 字节），在使用唯一标识符的情况下，用户可以在所有计算机和网络之间使用这一整数。

（2）GUID 的格式为“xxxxxxxx-xxxx-xxxx-xxxx-xxxxxxxxxxxx”，其中每个 x 是 0～9 或 a～f 范围内的一个十六进制的数字。例如，337c7f2b-7a34-4f50-9141-bab9e6478cc8 即为有效的 GUID 值。

（3）世界上的任何两台计算机都不会生成重复的 GUID 值。GUID 主要用于在拥有多个节点、多台计算机的网络或系统中，分配必须具有唯一性的标识符。

（4）在 Windows 平台上，GUID 应用非常广泛，如注册表、类及接口标识、数据库，甚至自动生成的机器名、目录名等。

2. 在.NET 中使用 GUID

当 Windows 开发人员需要一个唯一数值时，他们通常使用到一个全局唯一标识符。微软采用 GUID 术语来表示这一唯一数值，而这一数值能够标识一个实体，例如一个 Word 文档。

在.NET Framework 中的基本 System 类，包括 GUID 数值类型。除此之外，这一数值类型包含处理 GUID 数值的方法。通过使用 NewGuid 方法允许用户很容易地生成一个新的 GUID。

【例 4-9】 编写程序，通过使用 NewGuid 方法，生成一个 GUID。

（1）在 Visual Studio 2017 中，新建名称为“Project9”的文件。

（2）在代码编辑区域输入以下代码。

```
using System;
namespace Project9
{
    class Program
    {
        static void Main(string[] args)
        {
            Console.WriteLine("GUID: {0}" ,Guid.NewGuid().ToString());
        }
    }
}
```

【程序分析】本例通过调用 NewGuid 方法，获取一个全局唯一标识符。

在 Visual Studio 2017 中的运行结果如图 4-12 所示。

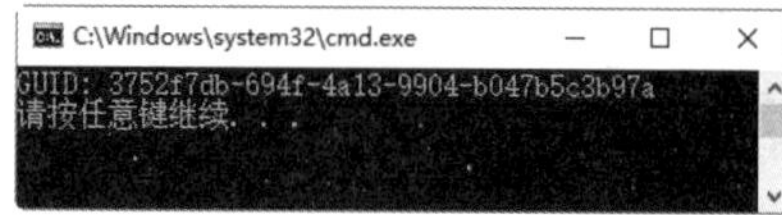

图 4-12　全局唯一标识符

4.3.3　统一资源标识符

在计算机术语中，统一资源标识符（Uniform Resource Identifier，URI）是用来标识资源名称的字符串。URI 由指定具体的语法和相关的协议组成。其中最常见的一种 URI 的形式就是 URL（Uniform Resource Locator，统一资源定位符），通常代表一个网址。不常见的应用是 URN（Uniform Resource Name，统一资源名称），是 URLs 在识别特定命名空间机制的一个补充。

1. 统一资源标识符

URI 即统一资源标识符，是一个用于标识某一互联网资源名称的字符串。该种标识允许用户对任何（包括本地和互联网）的资源通过特定的协议进行交互操作。

2. 组成

协议 URI 由 3 部分组成：存放资源的主机名、片段标识符和相对 URI。

（1）主机名，存放资源自身的名称，由路径表示。

（2）标识符，有的 URI 指向一个资源的内部，这种 URI 以“#”结束，并跟着一个 anchor 标识符（称为片段标识符）。

（3）相对 URI，这一部分不包括任何命名规范，路径代表同一机器上的资源。

语法格式如下：

```
协议名称://域名.根域名/目录/文件名.后缀
```

例如：

```
https://example.org/absolute/URI/with/absolute/path/to/resource.txt
```

上例说明如下。

协议：https

主机名：example.org

目录：/absolute/URI/with/absolute/path/to

文件名：resource.txt

3. 统一资源定位符

URL 是统一资源定位符，是对可以从互联网上得到的资源的位置和访问方法的一种简洁的表示，是互联网上标准资源的地址。互联网上的每个文件都有一个唯一的 URL，它包含的信息指出文件的位置以及浏览器应该怎么处理它。

（1）URL 由三部分组成：资源类型、存放资源的主机域名、资源文件名。

URL 的一般语法格式为：

```
protocol://hostname[:port]/path/[;parameters][?query]#fragment
```

注意：带方括号[]的为可选项。

（2）格式说明。

protocol（协议）：指定使用的传输协议，如表 4-6 所示列出了 protocol 属性的有效方案名称。最常用的是 HTTP，它也是目前 WWW 中应用最广的协议。

表 4-6　protocol 属性的有效方案名称

协议名称	说　明	格　式
file	资源是本地计算机上的文件	file:///，后边应是三个斜杠
ftp	通过 FTP 访问资源	FTP://
gopher	通过 Gopher 协议访问该资源	
http	通过 HTTP 访问该资源	HTTP://
https	通过安全的 HTTPS 访问该资源	HTTPS://
mailto	资源为电子邮件地址，通过 SMTP 访问	mailto:
MMS	通过支持 MMS（流媒体）协议的播放该资源	MMS://
ed2k	通过支持 ed2k（专用下载链接）协议的 P2P 软件访问该资源	ed2k://，例如：电驴
Flashget	通过支持 Flashget（专用下载链接）协议的 P2P 软件访问该资源	Flashget://，例如：快车
thunder	通过支持 thunder（专用下载链接）协议的 P2P 软件访问该资源	thunder://，例如：迅雷
news	通过 NNTP 访问该资源	

hostname（主机名）：是指存放资源的服务器的域名系统（DNS）主机名或 IP 地址。有时，在主机名前也可以包含连接到服务器所需的用户名和密码（格式：username:password@hostname）。

port（端口号）：整数，可选，省略时使用方案的默认端口，各种传输协议都有默认的端口号，如 http 的默认端口为 80。如果输入时省略，则使用默认端口号。有时候出于安全或其他考虑，可以在服务器上对端口进行重定义，即采用非标准端口号，此时，URL 中就不能省略端口号这一项。

path（路径）：由零个或多个“/”符号隔开的字符串，一般用来表示主机上的一个目录或文件地址。

parameters（参数）：这是用于指定特殊参数的可选项。

query（查询）：可选，用于给动态网页（如使用 CGI、ISAPI、PHP/JSP/ASP/ASP、.NET 等技术制作的

网页）传递参数，可有多个参数，用“&”符号隔开，每个参数的名和值用“=”符号隔开。

fragment（信息片断）：字符串，用于指定网络资源中的片断。例如一个网页中有多个名词解释，可使用 fragment 直接定位到某一名词解释。

（3）用 URL 表示文件时，服务器方式用 file 表示，后面要有主机 IP 地址、文件的存取路径（即目录）和文件名等信息。有时可以省略目录和文件名，但“/”符号不能省略。

例如：ftp://a:1234/b/c/d.txt

代表获取资源使用 FTP，资源目标是 a 主机的 1234 端口的 b 目录下的 c 目录下的 d.txt。

4. 统一资源名称

URN 是 URI 一种用来通过特定的命名空间产生的名字，用于标注资源。URN 不需要指定其资源的位置或者是如何访问。

URN 可以提供一种机制，用于查找和检索定义特定命名空间的架构文件。尽管普通的 URL 可以提供类似的功能，但是在这方面，URN 更加强大并且更容易管理，因为 URN 可以引用多个 URL。与 URL 不同，URN 与地址无关。

5. URI、URL 和 URN 的关系

URL 和 URN 是 URI 的子集。其中，URN 函数就像是一个人的名字，URL 就像是一个人的住址。换句话说就是，URN 提供定义，而 URL 就是提供一个方法来找到它。

4.4 运算符

运算符是处理和操作数据的一种符号单元，其作用是标识出数据与数据之间的运算关系，帮助程序来操作这些数据的运算过程。

运算符，又称为操作符。在 C#中有 6 种运算符，包括算术运算符、赋值运算符、关系运算符、逻辑运算符、位运算符和特殊运算符。本节将逐一讲解各类运算符的使用。

4.4.1 算术运算符

算术运算符的作用是对整数型，或者实数型变量进行各种基本的算术运算。在 C#中，算术运算符包括 7 种，如表 4-7 所示显示了 C#支持的所有算术运算符。

表 4-7 算术运算符

运 算 符	描 述	实例（A=10;B=20）
+	把两个操作数相加	A+B 将得到 30
-	从第一个操作数中减去第二个操作数	A-B 将得到-10
*	把两个操作数相乘	A*B 将得到 200
/	分子除以分母	B/A 将得到 2
%	取模运算符，整除后的余数	B%A 将得到 0
++	自增运算符，整数值增加 1，将新值赋予原变量	A++将得到 11
--	自减运算符，整数值减少 1，将新值赋予原变量	A--将得到 9

【例 4-10】编写程序，声明两个变量，对这两个变量进行算术运算操作。

（1）在 Visual Studio 2017 中，新建名称为“Project10”的文件。

（2）在代码编辑区域输入以下代码。

```
using System;
namespace Project10
{
    class Program
    {
        static void Main()
        {
            int a = 11;
            int b = 20;
            int c;
            c = a + b;        //加法运算
            Console.WriteLine("表达式 1 - c 的值是 {0}", c);
            c = a - b;        //减法运算
            Console.WriteLine("表达式 2 - c 的值是 {0}", c);
            c = a * b;        //乘法运算
            Console.WriteLine("表达式 3 - c 的值是 {0}", c);
            c = a / b;        //除法运算
            Console.WriteLine("表达式 4 - c 的值是 {0}", c);
            c = a % b;        //求余运算
            Console.WriteLine("表达式 5 - c 的值是 {0}", c);
        }
    }
}
```

【程序分析】本例演示了算术运算符的操作。在代码中，首先定义三个变量，分别为 a、b、c，并对变量 a 和 b 进行赋值；接着将运算的结果赋给变量 c。

在 Visual Studio 2017 中的运行结果如图 4-13 所示。

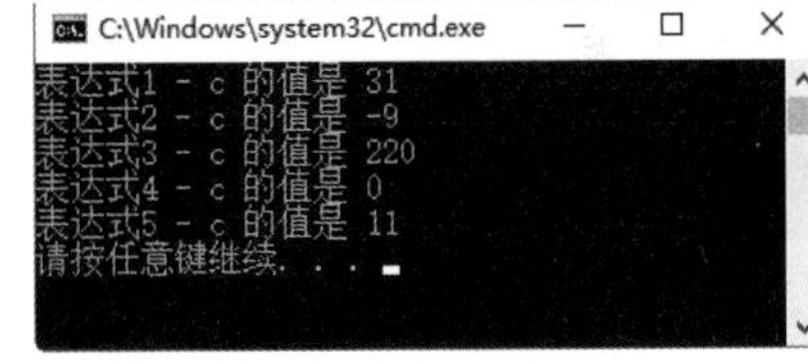

图 4-13 算术运算符

自增自减运算符是两个特殊的一元运算符。所谓元，是指操作数的数量，一个操作数为一元，两个操作数为两元，以此类推。

自增自减运算符除了分别进行加法运算和减法运算，还有赋值的功能，下面以自增运算符为例。

（1）后缀方式，变量先赋值再进行加法运算。

例如：

```
int a=5,b;
b=a++;
```

该段语句表示，先把 a 的值赋给 b，然后再对 a 进行自增运算。所以，最后的结果 a 为 6，b 为 5。

（2）前缀方法，变量先进行加法运算再赋值。

例如：

```
int a=5,b;
b=++a;
```

该段语句表示，先对 a 进行自增运算，然后再把 a 的值赋给 b。所以，最后的结果 a 为 6，b 也为 6。

【例 4-11】编写程序，对一个变量进行自增自减运算。

（1）在 Visual Studio 2017 中，新建名称为“Project11”的文件。

（2）在代码编辑区域输入以下代码。

```
using System;
namespace Project11
{
```

```
    class Program
    {
        static void Main()
        {
            int a = 1;
            int b;
            Console.WriteLine("后缀方式: ");
            //a++ 先赋值再进行自增运算
            b = a++;
            Console.WriteLine("a = {0}", a);
            Console.WriteLine("b = {0}", b);
            Console.ReadLine();
            //a-- 先赋值再进行自减运算
            a = 1;  //重新初始化 a
            b = a--;
            Console.WriteLine("a = {0}", a);
            Console.WriteLine("b = {0}", b);
            Console.ReadLine();
            Console.WriteLine("前缀方式: ");
            //++a 先进行自增运算再赋值
            a = 1; //重新初始化 a
            b = ++a;
            Console.WriteLine("a = {0}", a);
            Console.WriteLine("b = {0}", b);
            Console.ReadLine();
            //--a 先进行自减运算再赋值
            a = 1;  //重新初始化 a
            b = --a;
            Console.WriteLine("a = {0}", a);
            Console.WriteLine("b = {0}", b);
        }
    }
}
```

【程序分析】本例演示了自增自减运算符的使用。在代码中首先定义两个整型变量 a 和 b，接着对变量 a 赋值为 1。

当变量 a 和 b 以自增自减运算符的后缀方式进行操作时，语句“b=a++;”表示先将 a 的值赋给 b，然后再对变量 a 进行自加 1，所以，输出 a 的值为 2，b 的值为 1；然后将 a 初始化为 1，语句“b=a--;”表示先将 a 的值赋给变量 b，然后再对变量 a 进行自减 1，所以输出 a 的值为 0，b 的值为 1。

当变量 a 和 b 以自增自减运算符的前缀方式进行操作时，先将变量 a 初始化为 1，语句“b=++a”表示先将 a 进行自加 1，再赋给变量 b，所以输出 a 的值为 2，b 的值也为 2；然后再将 a 初始化为 1，语句“b=--a”表示先对 a 进行自减 1 运算，然后赋给变量 b，所以最后输出 a 为 0，b 也为 0。

在 Visual Studio 2017 中的运行结果如图 4-14 所示。

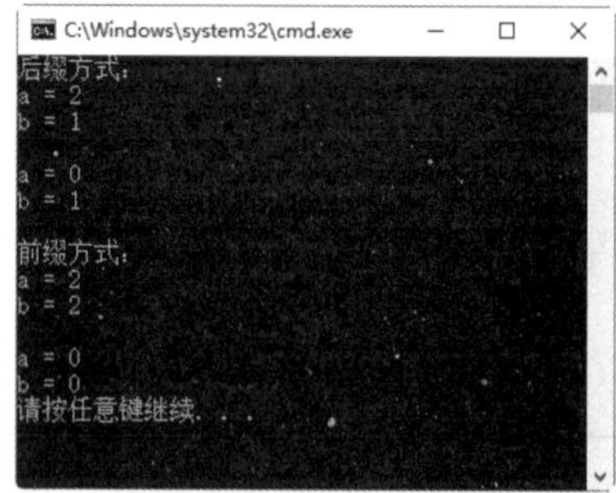

图 4-14　自增自减运算符

4.4.2　赋值运算符

赋值运算符的作用是对常量和变量进行初始化，或者为变量赋予一个新的值。赋值运算符不仅可以在变量被声明时赋值，还可以对已经初始化的变量赋值。

例如：

```
Type VariableName = Value
```

```
VariableName = NewValue
```

如果为某个变量多次赋值，改变量的值以最新的赋值为标准。表 4-8 列出了 C#支持的赋值运算符。

表 4-8 赋值运算符

运 算 符	描 述	实 例
=	简单的赋值运算符，把右边操作数的值赋给左边操作数	C=A+B 将把 A+B 的值赋给 C
+=	加且赋值运算符，把右边操作数加上左边操作数的结果赋值给左边操作数	C+=A 相当于 C=C+A
-=	减且赋值运算符，把左边操作数减去右边操作数的结果赋值给左边操作数	C-=A 相当于 C=C-A
*=	乘且赋值运算符，把右边操作数乘以左边操作数的结果赋值给左边操作数	C*=A 相当于 C=C*A
/=	除且赋值运算符，把左边操作数除以右边操作数的结果赋值给左边操作数	C/=A 相当于 C=C/A
%=	求模且赋值运算符，求两个操作数的模赋值给左边操作数	C%=A 相当于 C=C%A
<<=	左移且赋值运算符	C<<=2 等同于 C=C<<2
>>=	右移且赋值运算符	C>>=2 等同于 C=C>>2
&=	按位与且赋值运算符	C&=2 等同于 C=C&2
^=	按位异或且赋值运算符	C^=2 等同于 C=C^2
|=	按位或且赋值运算符	C|=2 等同于 C=C|2

【例 4-12】编写程序，定义两个变量，对这两个变量进行赋值运算。

（1）在 Visual Studio 2017 中，新建名称为“Project12”的文件。

（2）在代码编辑区域输入以下代码。

```
using System;
namespace Project12
{
    class Program
    {
        static void Main(string[] args)
        {
            int a = 11;
            int c;
            c = a;
            Console.WriteLine("表达式 1:  =   c 的值 = {0}", c);
            c += a;
            Console.WriteLine("表达式 2:  +=  c 的值 = {0}", c);    //等价于: c=c+a
            c -= a;
            Console.WriteLine("表达式 3:  -=  c 的值 = {0}", c);    //等价于: c=c-a
            c *= a;
            Console.WriteLine("表达式 4:  *=  c 的值 = {0}", c);    //等价于: c=c*a
            c /= a;
            Console.WriteLine("表达式 5:  /=  c 的值 = {0}", c);    //等价于: c=c/a
            c = 100;
            c %= a;
            Console.WriteLine("表达式 6:  %=  c 的值 = {0}", c);  //等价于: c=c%a
            c <<= 2;
            Console.WriteLine("表达式 7:  <<=  c 的值 = {0}", c);  //等价于: c=c<<a
            c >>= 2;
```

```
                Console.WriteLine("表达式 8:  >>=  c 的值 = {0}", c);  //等价于: c=c>>a
                c &= 2;
                Console.WriteLine("表达式 9:  &=   c 的值 = {0}", c);  //等价于: c=c&a
                c ^= 2;
                Console.WriteLine("表达式 10:  ^=  c 的值 = {0}", c);  //等价于: c=c^a
                c |= 2;
                Console.WriteLine("表达式 11:  |=  c 的值 = {0}", c);  //等价于: c=c|a
            }
        }
    }
```

【程序分析】本例演示了赋值运算符的使用。在代码中，首先定义两个整型变量 a、c，并初始化赋值；然后通过赋值运算符对这两个变量进行赋值运算。

在 Visual Studio 2017 中的运行结果如图 4-15 所示。

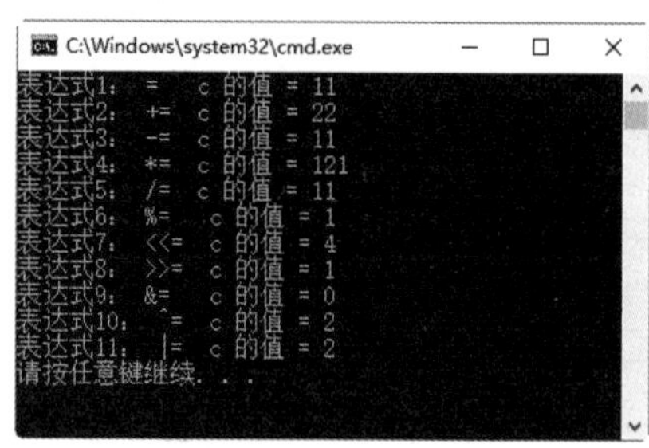

图 4-15　赋值运算符

4.4.3　关系运算符

关系运算符又称为比较运算符，其作用是对运算符两侧的表达式进行比较，获取一个比较后的结果，若成立返回逻辑真 true，否则返回逻辑假 false。通常作为条件分支控制语句。表 4-9 显示了 C#支持的所有关系运算符。

表 4-9　关系运算符

运 算 符	描　　述	实例（A=10;B=20）
==	检查两个操作数的值是否相等，如果相等则条件为真	(A==B)不为真
!=	检查两个操作数的值是否相等，如果不相等则条件为真	(A!=B)为真
>	检查左操作数的值是否大于右操作数的值，如果是则条件为真	(A>B)不为真
<	检查左操作数的值是否小于右操作数的值，如果是则条件为真	(A<B)为真
>=	检查左操作数的值是否大于或等于右操作数的值，如果是则条件为真	(A>=B)不为真
<=	检查左操作数的值是否小于或等于右操作数的值，如果是则条件为真	(A<=B)为真

【例 4-13】编写程序，通过关系运算符对两个整数进行判断。

（1）在 Visual Studio 2017 中，新建名称为“Project13”的文件。

（2）在代码编辑区域输入以下代码。

```
using System;
namespace Project13
{
    class Program
    {
        static void Main(string[] args)
```

```
            {
                int a = 10;
                int b = 20;
                if (a == b)
                {
                    Console.WriteLine("表达式 1:  a 等于 b");
                }
                else
                {
                    Console.WriteLine("表达式 1:  a 不等于 b");
                }
                if (a < b)
                {
                    Console.WriteLine("表达式 2:  a 小于 b");
                }
                else
                {
                    Console.WriteLine("表达式 2:  a 不小于 b");
                }
                if (a > b)
                {
                    Console.WriteLine("表达式 3:  a 大于 b");
                }
                else
                {
                    Console.WriteLine("表达式 3:  a 不大于 b");
                }
                /* 改变 a 和 b 的值 */
                a = 5;
                b = 15;
                if (a <= b)
                {
                    Console.WriteLine("表达式 4:  a 小于或等于 b");
                }
                if (b >= a)
                {
                    Console.WriteLine("表达式 5:  b 大于或等于 a");
                }
            }
        }
    }
```

【程序分析】本例演示了关系运算符的使用。在代码中，首先定义两个整型变量 a 和 b，并初始化赋值；然后通过使用关系运算符对这两个变量进行判断，最后输出判断的结果。

在 Visual Studio 2017 中的运行结果如图 4-16 所示。

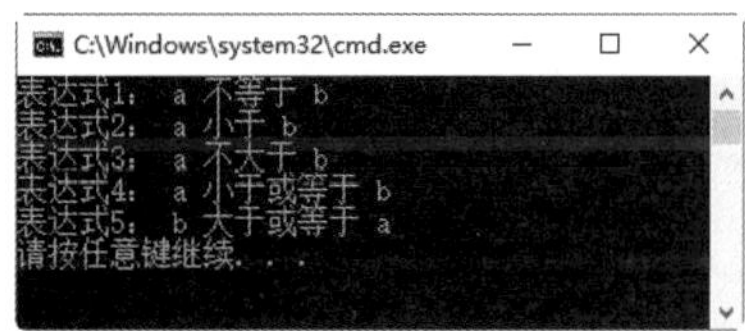

图 4-16　关系运算符

4.4.4　逻辑运算符

逻辑运算符用来连接多个 bool 类型表达式，实现多个条件的复合判断。如表 4-10 所示显示了 C#支持的所有逻辑运算符。

表 4-10　逻辑运算符

运　算　符	描　　述	实例（A 为 true;B 为 false）
&&	逻辑与运算符。如果两个操作数都非零，则条件为真	(A&&B)为假
||	逻辑或运算符。如果两个操作数中有任意一个非零，则条件为真	(A||B)为真
!	逻辑非运算符。用来逆转操作数的逻辑状态。如果条件为真则逻辑非运算符将使其为假	!(A&&B)为真

【例 4-14】编写程序，通过逻辑运算符对两个 bool 值进行判断。

（1）在 Visual Studio 2017 中，新建名称为“Project14”的文件。

（2）在代码编辑区域输入以下代码。

```
using System;
namespace Project14
{
    class Program
    {
        static void Main(string[] args)
        {
            bool a = true;
            bool b = true;
            if (a && b)
            {
                Console.WriteLine("表达式 1： 条件为真");
            }
            if (a || b)
            {
                Console.WriteLine("表达式 2： 条件为真");
            }
            /* 改变 a 和 b 的值 */
            a = false;
            b = true;
            if (a && b)
            {
                Console.WriteLine("表达式 3： 条件为真");
            }
            else
            {
                Console.WriteLine("表达式 3： 条件不为真");
            }
            if (!(a && b))
            {
                Console.WriteLine("表达式 4： 条件为真");
            }
        }
    }
}
```

【程序分析】本例演示了逻辑运算符的使用。在代码中，定义两个 bool 类型的变量 a 和 b，首先对这两个值都赋予 true 值；然后通过 if 语句进行判断，由于 a 和 b 都为真，所以 a&&b、a||b 都为真；接着，对变量 a 赋予 false 值，对 b 赋予 true 值；最后再通过 if 语句进行判断，由于 a 值为假，b 值为真，所以 a&&b 为假，但是!(a&&b)则为真。

在 Visual Studio 2017 中的运行结果如图 4-17 所示。

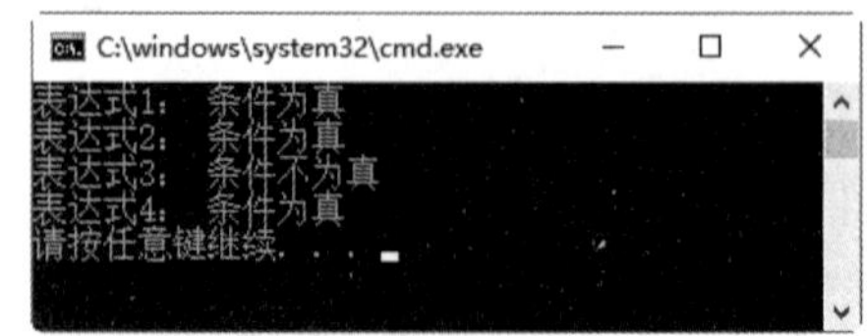

图 4-17　逻辑运算符

4.4.5　位运算符

在 C#中可以对整型数据按位进行逻辑操作。位运算符&（与）、|（或）和^（异或）的真值表如表 4-11 所示。

表 4-11　真值表

p	q	p&q	p|q	p^q
0	0	0	0	0
0	1	0	1	1
1	1	1	1	0
1	0	0	1	1

1. 位逻辑与运算（&）

位逻辑与运算将两个运算对象按位进行与运算。与运算的规则：1 与 1 等于 1，1 与 0 等于 0，0 与 0 等于 0。

例如，有两个整型变量 A 和 B，其中，A=76，B=231，然后对这两个变量进行按位与计算。

经过计算，十进制数 76 的二进制表达是 0100 1100，十进制数 231 的二进制表达是 1110 0111。对按位与操作符来说，只要对应的两个二进制位有一个为 0 时，结果就为 0，如图 4-18 所示。

A=76	0	1	0	0	1	1	0	0
B=231	1	1	1	0	0	1	1	1
A&B=68	0	1	0	0	0	1	0	0

图 4-18　& 运算

将得到的 0100 0100 转换成十进制数就是 68，用 C#语言表示就是：

```
int result = 76 & 231;
```

2. 位逻辑或运算（|）

位逻辑或运算将两个运算对象按位进行或运算。或运算的规则是：1 或 1 等于 1，1 或 0 等于 1，0 或 0 等于 0。

例如，有两个整型变量 A 和 B，其中，A=38，B=53，然后对这两个变量进行按位或计算。

经过计算，十进制数 38 的二进制表达是 0010 0110，十进制数 53 的二进制表达是 0011 0101。对按位或操作符来说，只要对应的两个二进制位有一个为 1 时，结果就为 1，如图 4-19 所示。

A=38	0	0	1	0	0	1	1	0
B=53	0	0	1	1	0	1	0	1
A|B=55	0	0	1	1	0	1	1	1

图 4-19　| 运算

将得到的 0011 0111 转换成十进制就是 55，用 C#表示就是：

```
int result = 38 | 53;
```

3. 位逻辑异或运算（^）

位逻辑异或运算将两个运算对象按位进行异或运算。异或运算的规则是：1 异或 1 等于 0，1 异或 0 等于 1，0 异或 0 等于 0。即：相同得 0，相异得 1。

例如，有两个整型变量 A 和 B，其中，A=138，B=43，然后对这两个变量进行按位异或计算。

经过计算，十进制数 138 的二进制表达是 1000 1010，十进制数 43 的二进制表达是 0010 1011。对按位异或操作符来说，当两个对应的二进位相异时，结果为 1，如图 4-20 所示。

A=138	1	0	0	0	1	0	1	0
B=43	0	0	1	0	1	0	1	1
A^B=161	1	0	1	0	0	0	0	1

图 4-20　^ 运算

将得到的 1010 0001 转换成十进制就是 161，用 C#语言表示就是：

```
int result = 138 ^ 43;
```

按位进行逻辑运算的意义在于，依次取被运算对象的每个位，进行逻辑运算，每个位的逻辑运算结果是结果值的每个位。

在进行&（与）、|（或）和^（异或）运算时，如果两个运算对象的类型一致，则运算结果的类型就是运算对象的类型。例如对两个 int 类型变量 a 和 b 做与运算，运算结果的类型还是 int 型。如果两个运算对象的类型不一致，则 C#要对不一致的类型进行类型转换，变成一致的类型，然后进行运算。类型转换的规则同算术运算中整型量的转换规则一致。如表 4-12 所示列出了 C#支持的位运算符。

表 4-12　位运算符

运　算　符	描　　述	实例（A=60;B=13）
&	如果同时存在于两个操作数中，二进制 AND 运算符复制 1 到结果中	（A&B）将得到 12，即为 0000 1100
|	如果存在于任一操作数中，二进制 OR 运算符复制 1 到结果中	（A|B）将得到 61，即为 0011 1101
^	如果存在于其中一个操作数中但不同时存在于两个操作数中，二进制异或运算符复制 1 到结果中	（A^B）将得到 49，即为 0011 0001
~	按位取反运算符是一元运算符，具有“翻转”位效果，即 0 变成 1，1 变成 0，包括符号位	（~A）将得到-61，即为 1100 0011，一个有符号二进制数的补码形式
<<	二进制左移运算符。左操作数的值向左移动右操作数指定的位数	A<<2 将得到 240，即为 1111 0000
>>	二进制右移运算符。左操作数的值向右移动右操作数指定的位数	A>>2 将得到 15，即为 0000 1111

4. 位逻辑非运算（~）

位逻辑非运算是单目的，只有一个运算对象。位逻辑非运算按位对运算对象的值进行非运算，即：如果某一位等于 0，就将其转变为 1；如果某一位等于 1，就将其转变为 0。

例如，有个十进制数 52 进行取反计算。

经过计算，十进制数 52 的二进制表达是 0011 0100，对取反操作符来说，对应的二进制数按位求反，0 变成 1，1 变成 0，如图 4-21 所示。

A=52	0	0	1	1	0	1	0	0
~A	1	1	0	0	1	0	1	1

图 4-21　~ 运算

把得到的 1100 1011 转换成十进制就是 203，用 C#语言表示就是：

```
int result = ~52;
```

5. 移位运算符

“<<”和“>>”运算符用于执行移位运算，分别称为左移位运算符和右移位运算符。对于 X<<N 和 X>>N 形式的运算，含义是将 X 向左或向右移动 N 位，得到的结果的类型与 X 相同。此处，X 的类型只能是 int、uint、long 或 ulong，N 的类型只能是 int，N 的类型只能是 int，或者显式转换为这些类型之一，否则编译程序时会出现错误。

（1）左移位运算符（<<）。

使用左移位运算符可以将二进制数据向左移位。其作用是所有的位都向左移动指定的次数，高次位就会丢失，低位以 0 来填充，移位操作从不导致溢出，如图 4-22 所示。

A=154	1	0	0	1	1	0	1	0
A<<1	0	0	1	1	0	1	0	0
A<<6	1	0	0	0	0	0	0	0
A<<7	0	0	0	0	0	0	0	0

图 4-22　<< 运算

（2）右移位运算符（>>）。

右移位运算符是把二进制数据向右移位，其作用是所有的位都向右移动指定的次数。

注意：如果第一个操作数是 int 或 uint（32 位数），则移位数由第二个操作数的低 5 位给出，如果第一个操作数是 long 或 ulong（64 位数），则移位数由第二个操作数的低 6 位给出。如果第一个操作数为 int 或 long，则右移位是算术移位（高序空位设置为符号位）。如果第一个操作数是 uint 或 ulong 类型，则右移位是逻辑移位（高位填充 0），如图 4-23 所示。

A=155	1	0	0	1	1	0	1	1
A>>1	0	1	0	0	1	1	0	1
A>>7	0	0	0	0	0	0	0	1
A>>8	0	0	0	0	0	0	0	0

图 4-23 >> 运算

【例 4-15】编写程序，使用位运算符，对两个变量进行运算。

（1）在 Visual Studio 2017 中，新建名称为“Project15”的文件。

（2）在代码编辑区域输入以下代码。

```
using System;
namespace Project15
{
    class Program
    {
        static void Main(string[] args)
        {
            int a = 60;                /* 60 = 0011 1100 */
            int b = 13;                /* 13 = 0000 1101 */
            int c = 0;
            c = a & b;                 /* 12 = 0000 1100 */
            Console.WriteLine("表达式 1:  c 的值是 {0}", c);
            c = a | b;                 /* 61 = 0011 1101 */
            Console.WriteLine("表达式 2:  c 的值是 {0}", c);
            c = a ^ b;                 /* 49 = 0011 0001 */
            Console.WriteLine("表达式 3:  c 的值是 {0}", c);
            c = ~a;                    /*-61 = 1100 0011 */
            Console.WriteLine("表达式 4:  c 的值是 {0}", c);
            c = a << 2;                /* 240 = 1111 0000 */
            Console.WriteLine("表达式 5:  c 的值是 {0}", c);
            c = a >> 2;                /* 15 = 0000 1111 */
            Console.WriteLine("表达式 6:  c 的值是 {0}", c);
        }
    }
}
```

【程序分析】本例演示了位运算符的使用。在代码中，首先定义三个 int 类型的变量 a、b、c；然后对 a 赋值为 60，b 赋值为 13；接着，使用位运算符将变量 a 和 b 的运算结果赋给变量 c。

在 Visual Studio 2017 中的运行结果如图 4-24 所示。

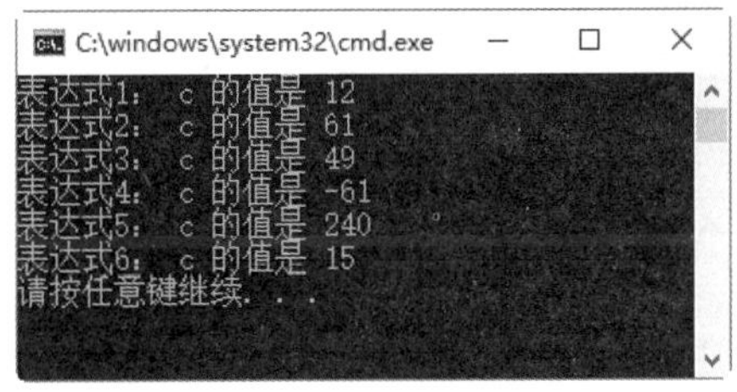

图 4-24 移位运算符

4.4.6 特殊运算符

和 C 语言相比，在 C#中多了一些特殊的运算符，如 typeof、is 和 as。表 4-13 列出了 C#支持的其他一些重要的运算符。

表 4-13 特殊运算符

运 算 符	描 述	实 例
sizeof()	返回数据类型的大小	sizeof(int)，将返回 4
typeof()	返回 class 的类型	typeof(StreamReader);
&	返回变量的地址	&a; 获取变量的实际地址
*	变量的指针	*a; 将指向一个变量
?:	条件表达式	如果条件为真 ? 则为 X : 否则为 Y
is	判断对象是否为某一类型	if(Ford is Car)//检查 Ford 是否是 Car 类的一个对象
as	强制转换，即使转换失败也不会抛出异常	Object obj = new String Reader("Hello"); StringReader r=obj as String Reader;

1. sizeof 运算符

sizeof 运算符用于获取值类型的字节大小。例如，可以检索 int 类型的大小：

```
int intSize = sizeof(int);
Console.WriteLine(intSize);
```

注意：

（1）sizeof 运算符仅适用于值类型，而不适用于引用类型。

（2）不能重载 sizeof 运算符。

2. typeof 运算符

typeof 运算符用于获得指定类型在 system 名字空间中定义的类型名字。typeof 表达式采用以下格式：

```
System.Type type = typeof(x);
```

注意：

（1）typeof(x)中的 x，必须是具体的类名、类型名称等，不可以是变量名称。

（2）不能重载 typeof 运算符。

【例 4-16】编写程序，利用 typeof 运算符获取类型的信息。

（1）在 Visual Studio 2017 中，新建名称为“Project16”的文件。

（2）在代码编辑区域输入以下代码。

```
using System;
namespace Project16
{
    class Program
    {
        static void Main(string[] args)
        {
            Console.WriteLine("char 类型的对象: {0}", typeof(char));
            Console.WriteLine("int 类型的对象: {0}", typeof(int));
            Console.WriteLine("float 类型的对象: {0}", typeof(float));
            Console.WriteLine("double[] 类型的对象: {0}", typeof(double[]));
            Console.WriteLine("string 类型的对象: {0}", typeof(string));
        }
    }
}
```

【程序分析】typeof 运算符的主要作用是将类型的信息当作字符串返回。而在本段代码中，通过使用 typeof，把 char、int、float、double[]和 string 类型的对象信息当作字符串输出。

在 Visual Studio 2017 中的运行结果如图 4-25 所示。

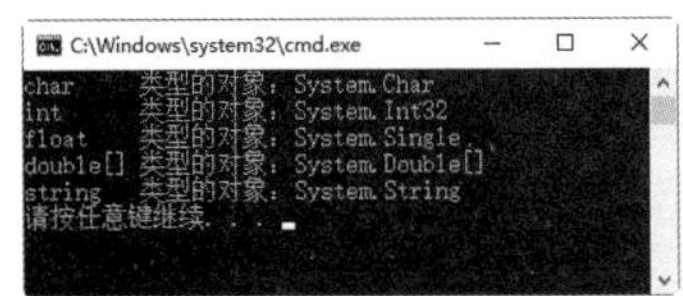

图 4-25　typeof 运算符

3. &和*运算符

（1）&运算符既可作为一元运算符也可作为二元运算符。在当作一元运算符时称为取地址运算符，用于返回变量的地址。在当作二元运算符时，对两个整型数据进行逻辑按位与操作。

（2）*运算符同样既可作为一元运算符也可作为二元运算符。在作为一元运算符时，称为取消引用运算符或者间接寻址运算符，用于对指针执行读取和写入操作。在作为二元运算符时，用于表示乘法运算符。

注意：&和*在作为一元运算符使用时，仅可用于不安全的上下文，通过使用 unsafe 关键字表示，并且需要/unsafe 编译器选项。

在设置编译器选项时，首先在 Visual Studio 2017 开发环境中打开项目的“属性”页，接着单击“生成”属性页，最后选中“允许不安全代码”复选框即可。

【例 4-17】编写程序，获取一个变量的地址，并输出该地址所指向的值。

（1）在 Visual Studio 2017 中，新建名称为“Project17”的文件。

（2）在代码编辑区域输入以下代码。

```
using System;
namespace Project17
{
    class Program
    {
        unsafe static void Main(string[] args)
        {
            int i = 5;         //定义整型变量 i，并赋值为 5
            Console.WriteLine("变量 i 的地址：{0}",(int)&i);  //通过&运算符获取变量 i 的地址
            int* p = &i;       //定义指针 p，然后对 i 的地址赋予 p，表示指针 p 指向变量 i
            Console.WriteLine("指针 p 的地址：{0}",(int)p);
            Console.WriteLine("地址中的值：   {0}", *p);
        }
    }
}
```

【程序分析】本例演示了&和*运算符的使用。在代码中，首先定义一个整型变量 i，并赋值为 5；然后使用取地址运算符&，获取变量 i 的地址；接着，再定义一个指针 p，将 i 地址赋给指针 p，并输出指针 p 所指向的地址；最后通过间接寻址运算符*，获取地址所指向的值，也就是变量 i 的值。

在 Visual Studio 2017 中的运行结果如图 4-26 所示。

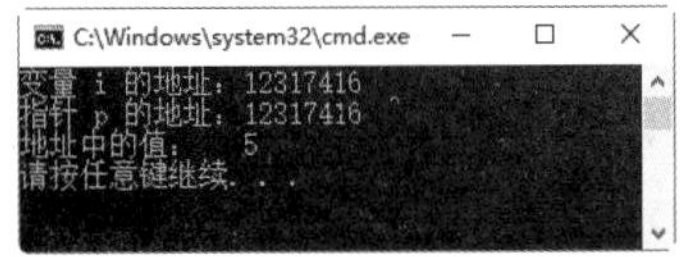

图 4-26　&和*运算符

4. is 和 as 运算符

在 C#中关于类型的判断和转换有 is 和 as 这两个操作符。

（1）is 运算符用于检查变量是否为指定的类型。如果是，就返回 true，否则就会返回 false。

【例 4-18】编写程序，判断整型变量 a 是否为整型。

① 在 Visual Studio 2017 中，新建名称为“Project18”的文件。

② 在代码编辑区域输入以下代码。

```
using System;
namespace Project18
{
    class Program
    {
        static void Main(string[] args)
        {
            int a = 1;
            bool x = a is float;
            Console.WriteLine("判断 a 是否为 float 类型: {0}", x);
            bool y = a is int;
            Console.WriteLine("判断 a 是否为 int 类型: {0}", y);
        }
    }
}
```

【程序分析】本例演示了 is 运算符的使用。在代码中，首先定义一个 int 类型的变量 a，并赋值为 1；然后再定义两个 bool 类型的变量 x 和 y；接着将判断变量 a 为 float 类型的结果赋给 x，将判断变量 a 为 int 类型的结果赋给 y；最后输出判断结果。

在 Visual Studio 2017 中的运行结果如图 4-27 所示。

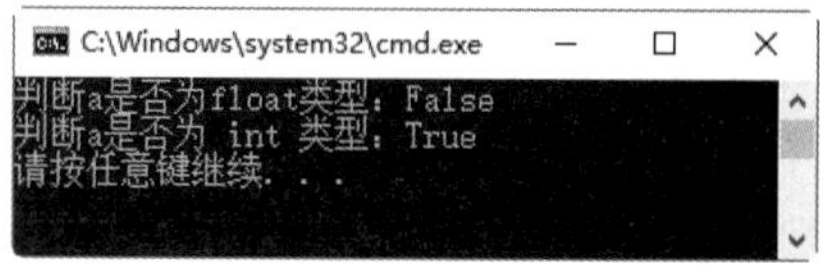

图 4-27　is 运算符

（2）as 运算符主要用于在兼容的引用类型之间执行转换。如果要转换的类型与指定类型兼容，转换就会成功，如果类型不兼容，则返回 null，并且不抛出异常，因此转换是否成功可以通过结果是否为 null 进行判断。

【例 4-19】编写程序，对一个引用类型的变量进行类型转换。

① 在 Visual Studio 2017 中，新建名称为“Project19”的文件。

② 在代码编辑区域输入以下代码。

```
using System;
namespace Project19
{
    class Program
    {
        static void Main(string[] args)
        {
            object o = "Hello C#!";
            string s = o as string; //执行类型兼容性检查，并返回结果
            if (s != null)
            {
                Console.WriteLine("转换成功\n{0}\n{1}", o, s);
            }
            else
            {
                Console.WriteLine("转换失败! ");
```

```
            }
        }
    }
}
```

【程序分析】本例演示了 as 运算符的使用。在代码中，首先定义一个 object 类型的变量 o，并进行初始化赋值；然后通过 as 运算符将变量 o 转换为 string 类型，再赋给变量 s；最后输出这两个变量。

在 Visual Studio 2017 中的运行结果如图 4-28 所示。

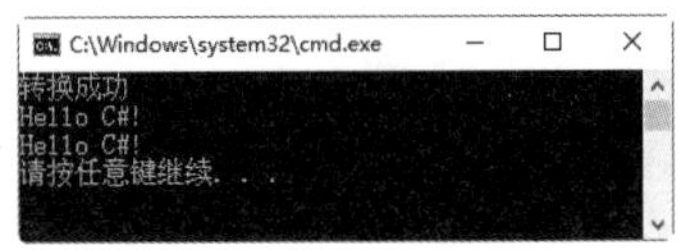

图 4-28 as 运算符

5. 条件运算符

条件运算符“?:”是 C#中唯一的一个三元运算符，其语法格式如下：

```
条件表达式? 表达式 1: 表达式 2;
```

该语句表示首先求出条件表达式的值（bool 类型），为 true 时调用表达式 1，为 false 时调用表达式 2。其逻辑为“如果条件为真执行第一个，否则执行第二个”。

【例 4-20】编写程序，使用条件运算符为变量赋予相应的值。

（1）在 Visual Studio 2017 中，新建名称为“Project20”的文件。

（2）在代码编辑区域输入以下代码。

```
using System;
namespace Project20
{
    class Program
    {
        static void Main(string[] args)
        {
            int a, b;
            a = 10;
            b = (a == 1) ? 20 : 30;
            Console.WriteLine("b 的值是 {0}", b);
            b = (a == 10) ? 20 : 30;
            Console.WriteLine("b 的值是 {0}", b);
        }
    }
}
```

【程序分析】本例演示了条件运算符的使用。在代码中，首先定义两个整型变量 a 和 b，并为 a 赋值为 10；然后进行判断，如果 a 值为 1 条件成立，将 20 赋给变量 b，否则就将 30 赋给变量 b；接着判断 a 值为 10 的条件是否成立；最后输出两次的运算结果。

在 Visual Studio 2017 中的运行结果如图 4-29 所示。

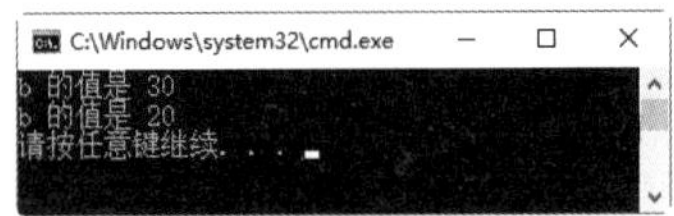

图 4-29 条件运算符

4.4.7 运算符优先级

运算符的优先级确定表达式中项的组合，这会影响到一个表达式如何计算。某些运算符比其他运算符

有更高的优先级，例如，乘除运算符具有比加减运算符更高的优先级。

例如，x=7+6*2，在这里，x 被赋值为 19，而不是 15，因为运算符“*”具有比“+”更高的优先级，所以首先计算乘法“6*2”，然后再加上 7。

如表 4-14 所示，按运算符优先级从高到低列出各个运算符，具有较高优先级的运算符出现在表格的上面，具有较低优先级的运算符出现在表格的下面。在表达式中，较高优先级的运算符会优先被计算。

表 4-14　运算符优先级

类　别	运　算　符	结　合　性
后缀	() [] -> . ++ --	从左到右
一元	+ - ! ~ ++ -- (type) * & sizeof	从右到左
乘除	* / %	从左到右
加减	+ -	从左到右
移位	<< >>	从左到右
关系	< <= > >=	从左到右
相等	== !=	从左到右
位与 AND	&	从左到右
位异或 XOR	^	从左到右
位或 OR	|	从左到右
逻辑与 AND	&&	从左到右
逻辑或 OR	||	从左到右
条件	?:	从右到左
赋值	= += -= *= /= %= >>= <<= &= ^= |=	从右到左
逗号	,	从左到右

【例 4-21】编写程序，使用运算符计算出表达式的值。

（1）在 Visual Studio 2017 中，新建名称为“Project21”的文件。

（2）在代码编辑区域输入以下代码。

```
using System;
namespace Project21
{
    class Program
    {
        static void Main(string[] args)
        {
            int x = 20;
            int y = 10;
            int z = 15;
            int n = 5;
            int m;
            m = (x + y) * z / n;       //( 30 * 15 ) / 5
            Console.WriteLine("(x + y) * z / n 的值是 {0}", m);
            m = ((x + y) * z) / n;    //(30 * 15 ) / 5
            Console.WriteLine("((x + y) * z) / n 的值是 {0}", m);
            m = (x + y) * (z / n);    //(30) * (15/5)
            Console.WriteLine("(x + y) * (z / n) 的值是 {0}", m);
            m = x + (y * z) / n;      //20 + (150/5)
```

```
            Console.WriteLine("x + (y * z) / n 的值是 {0}", m);
            Console.ReadLine();
        }
    }
}
```

【程序分析】本例演示了运算符的优先级。在代码中首先定义了 5 个 int 类型的变量 x、y、z、m 和 n，并为 x 赋值为 20，y 赋值为 10，z 赋值为 15，n 赋值为 5；接着使用算术运算符和括号运算符将这 4 个赋值后的变量连接起来，并将运算后的值赋给变量 m。

在 Visual Studio 2017 中的运行结果如图 4-30 所示。

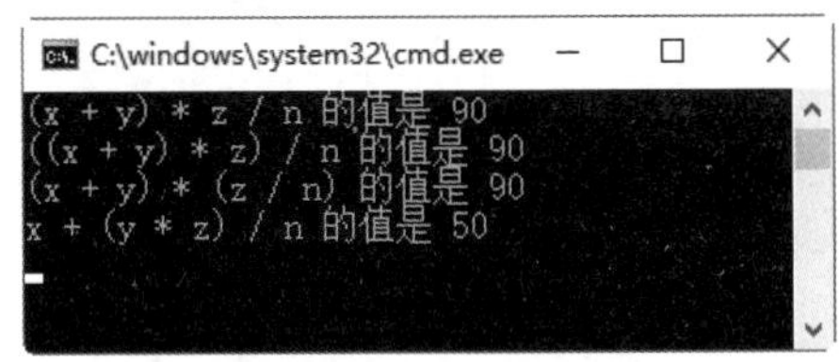

图 4-30　运算符优先级

4.5　就业面试技巧与解析

C#中运算符和表达式数量之多，在高级语言中是少见的。正是丰富的运算符和表达式使 C#功能十分完善，这也是 C#的主要特点之一，这一部分也是考官容易问到的。

4.5.1　面试技巧与解析（一）

面试官：语句“Console.ReadLine();”的用法？

应聘者：该语句用于接收用户的输入，输入类型默认为字符串 string 类型。

例如：

```
Console.WriteLine("请问你喜欢吃什么水果？");
string fruits = Console.ReadLine();
Console.WriteLine("哈哈，我也喜欢吃{0}", fruits);
```

对于“Console.WriteLine();”语句来说，括号里双引号的内容可原样输出，但是转义字符及索引号“{ }”除外。

面试官：&、|、^除了用于位运算，还可以用于什么运算？请详细介绍。

应聘者：还可以用于逻辑运算，它们分别对应与、或、异或。

（1）对于 bool 操作数，与运算符（&）计算其操作数的逻辑 AND；即，当且仅当其两个操作数皆为 true 时，结果才为 true。

例如：

```
Console.WriteLine(true & false);    //返回 false
Console.WriteLine(true & true);     //返回 true
```

（2）对于 bool 操作数，或运算符（|）会计算其操作数的逻辑 OR；即，当且仅当其两个操作数皆为 false 时，结果才为 false。

例如：

```
Console.WriteLine(true | false);    //返回 true
```

```
Console.WriteLine(false | false);  //返回 false
```

（3）对于 bool 操作数，异或运算符（^）计算其操作数的逻辑异或；即，当且仅当其一个操作数为 true 时，结果才为 true。

例如：

```
Console.WriteLine(true ^ false);   //返回 true
Console.WriteLine(false ^ false);  //返回 false
Console.WriteLine(true ^ true);    //返回 false
```

4.5.2 面试技巧与解析（二）

面试官：运算符&、|的运算结果和运算符&&、||有什么区别？

应聘者：C#为整型和布尔型预定义了二进制“&”运算符。对于整型，“&”计算操作数的按位与；对于布尔操作数，“&”计算操作数的逻辑与，当且仅当两个操作数均为 true 时，其结果才为 true。

而“&&”则是这样：条件 1 为 false 时不去理会条件 2，因为即使条件 2 为 true，结果还是 false，“&”则会去判断条件 2。

例如：

```
bool a = true;
bool b = false;
bool c = a || b;
```

检查第一个操作数 a 时已经得出 c 为 true，就不用再处理第二个操作数 b 了。

第 2 篇

核心应用

在学习了 C#的基本概念和基础知识后，已经能进行简单程序编写。在本篇将学习 C#编程的核心应用技术，包括程序流程控制、数组的使用、面向对象编程、类与对象以及面向对象的重要特征等技术。通过本篇的学习，读者将对 C#编程的核心应用进行更深入的学习，编程能力会有进一步的提高。

- **第 5 章** C#程序开发基础——程序流程控制
- **第 6 章** C#基本数据结构——数组
- **第 7 章** 面向对象编程——类与对象
- **第 8 章** 深入了解面向对象——面向对象的重要特征

第 5 章

C#程序开发基础——程序流程控制

学习指引

通过前面几章的学习，我们发现 C#程序的执行都是一行接一行、自上而下地进行，不遗漏任何代码。因此，在默认情况下，程序的语句是顺序执行的，但是，如果一个程序只有顺序执行的语句，那么程序可能什么也做不了。为了让程序能按照开发者所设计的流程执行，必然需要进行条件判断、循环和跳转等过程，这就需要实现流程控制。在 C#中的流程控制包含顺序语句、分支选择语句、循环语句和跳转语句。通过这些语句可以控制程序代码的执行次序，提高程序的灵活性，从而完成比较复杂的功能。

重点导读

- 熟悉顺序语句。
- 掌握分支选择语句。
- 掌握循环语句。
- 掌握嵌套循环语句。
- 掌握跳转语句。
- 熟悉其他语句。

5.1 顺序语句

厨师在烧制菜肴时，都会先购买所需的材料，然后按照菜谱的顺序和要求来制作出美味可口的菜肴。那么在编程世界中，程序就相当于“菜谱”，是计算机动作执行的过程，而程序的流程便是“菜谱”中规定的执行顺序，即先做什么，后做什么，而这种按顺序执行的过程称为顺序语句。

例如：

```
double z;
int x = 3;
int y = 4;
z = x + y;
```

顺序结构是程序代码中最基本的结构，是指程序中的所有语句都是按书写顺序逐一执行的，代码从main()函数开始运行，从上到下，一行一行地执行，不漏掉代码。

【例 5-1】 编写程序，计算两个整数之和。

（1）在 Visual Studio 2017 中，新建名称为“Project1”的文件。

（2）在代码编辑区域输入以下代码。

```
using System;
namespace Project1
{
    class Program
    {
        static void Main(string[] args)
        {
            Console.WriteLine("请输入第一个整数: ");
            int a = Convert .ToInt32(Console.ReadLine());
            Console.WriteLine("请输入第二个整数: ");
            int b = Convert.ToInt32(Console.ReadLine());
            Console.WriteLine("{0}+{1}={2}",a,b,a+b);
        }
    }
}
```

【程序分析】本例演示了代码的执行顺序。在代码中首先定义了两个整型变量 a 和 b，并为其赋值；最后输出两个整数的和。

在 Visual Studio 2017 中的运行结果如图 5-1 所示。

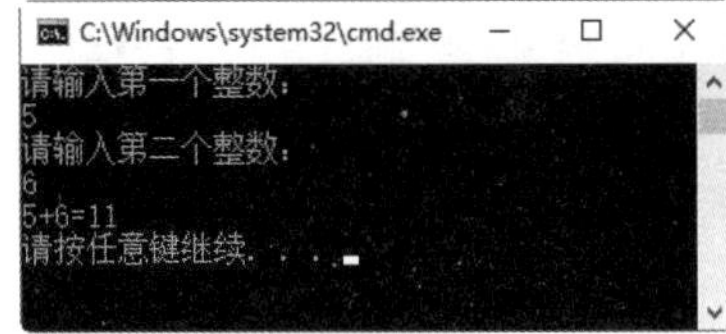

图 5-1　顺序语句

5.2　分支选择语句

分支选择语句可以根据条件是否满足或者根据表达式的值，来控制代码的执行流程。C#有两种控制代码分支的结构，分别是 if 语句和 switch 语句。

5.2.1　if 条件语句

一个 if 语句的条件可以是布尔变量，也可以是表达式，但如果是表达式，则得到的结果必须是布尔值。

1. 单选择 if 语句

if 语句的语法格式如下：

```
if(布尔表达式)
{
    /* 如果布尔表达式为真将执行的语句 */
}
```

如果布尔表达式为 true，则 if 语句内的代码块将被执行。如果布尔表达式为 false，则 if 语句结束后的第一组代码将被执行。

【例 5-2】 编写程序，使用 if 语句，判断一个变量是否符合条件。

（1）在 Visual Studio 2017 中，新建名称为“Project2”的文件。

（2）在代码编辑区域输入以下代码。

```
using System;
namespace Project2
{
```

```
    class Program
    {
        static void Main(string[] args)
        {
            /* 局部变量定义 */
            int a = 10;
            /* 使用 if 语句检查布尔条件 */
            if (a > 20)
            {
                /* 如果条件为真，则输出下面的语句 */
                Console.WriteLine("a 大于 20");
            }
            Console.WriteLine("a 的值是 {0}", a);
        }
    }
}
```

【程序分析】本例演示 if 语句的用法。在代码中，首先定义一个 int 类型的变量 a，并赋值为 10；然后使用 if 语句对变量 a 进行判断，如果变量 a 大于 20 条件成立，就输出字符串"a 大于 20"；如果不成立就不输出该字符串，只输出 a 的值。本例的流程如图 5-2 所示。

在 Visual Studio 2017 中的运行结果如图 5-3 所示。

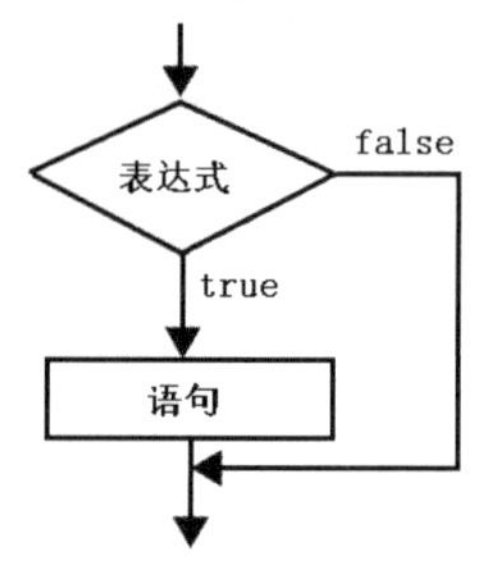

图 5-2　if 语句的流程图

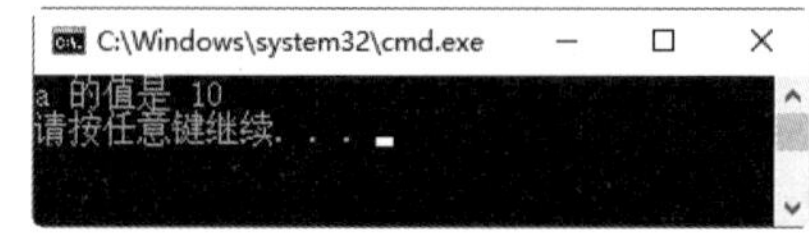

图 5-3　if 语句

2. if…else 语句

一个 if 语句后可以跟一个 else 语句。当布尔表达式为假，才会执行 else 后面的语句。

if…else 的语法格式如下：

```
if(布尔表达式)
{
    /* 如果布尔表达式为真将执行的语句 */
}
else
{
    /* 如果布尔表达式为假将执行的语句 */
}
```

如果布尔表达式为 true，则执行 if 块内的代码；如果布尔表达式为 false，则执行 else 块内的代码。在前面的章节中讲解了条件运算符（?:），可以用来替代 if…else 语句。

它的一般形式如下：

```
<表达式> ? <resultIfTrue> : <resultIfFalse>
```

其中，计算表达式可得到一个布尔值，运算符的结果根据这个值来确定是<resultIfTrue>，还是<resultIfFalse>。

例如：

```
int a = 8;
string b = (a < 10) ? "小于10" : "大于10";
```

该段代码表示，如果变量 a 小于 10 条件成立，就将字符串“小于 10”赋予变量 b，否则就将字符串“大于 10”赋予变量 b。这里需要注意冒号的使用和位置。

【例 5-3】编写程序，使用 if…else 语句，判断一个变量的大小。

（1）在 Visual Studio 2017 中，新建名称为“Project3”的文件。

（2）在代码编辑区域输入以下代码。

```
using System;
namespace Project3
{
    class Program
    {
        static void Main(string[] args)
        {
            /* 局部变量定义 */
            int a = 50;
            /* 检查布尔条件 */
            if (a < 10)
            {
                /* 如果条件为真，则输出下面的语句 */
                Console.WriteLine("a 小于 10");
            }
            else
            {
                /* 如果条件为假，则输出下面的语句 */
                Console.WriteLine("a 大于 10");
            }
            Console.WriteLine("a 的值是 {0}", a);
        }
    }
}
```

【程序分析】本例演示 if…else 语句的使用。在代码中首先定义一个 int 类型的变量 a，并赋值为 50；然后对 a 进行判断，如果 a<10，条件成立就输出字符串“a 小于 10”，否则就输出字符串“a 大于 10”；最后输出 a 的值。本例的流程如图 5-4 所示。

在 Visual Studio 2017 中的运行结果如图 5-5 所示。

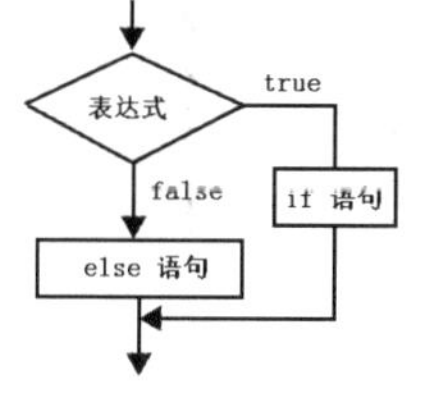

图 5-4　if…else 流程图

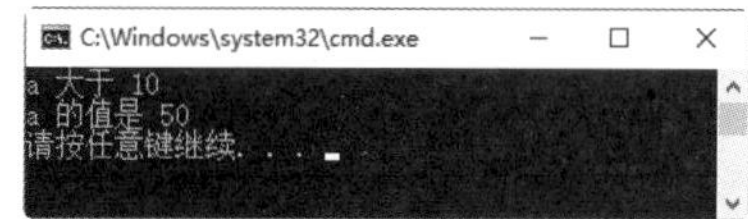

图 5-5　if…else 语句

3. if…else if…else 语句

一个 if 语句后可跟一个可选的 else if…else 语句。该语句用于执行多种条件。

语法格式如下：

```
if(布尔表达式 1)
{
    /* 当布尔表达式 1 为真时执行 */
}
else if(布尔表达式 2)
{
    /* 当布尔表达式 2 为真时执行 */
```

```
}
else if(布尔表达式 3)
{
    /* 当布尔表达式 3 为真时执行 */
}
else
{
    /* 当上面条件都不为真时执行 */
}
```

在使用 if…else if…else 语句时，需要注意以下几点。

（1）一个 if 后可跟零个或一个 else，它必须在任何一个 else if 之后。

（2）一个 if 后可跟零个或多个 else if，它们必须在 else 之前。

（3）if 语句是自上而下执行，只要有一个条件成立就不会去判断其他任何条件。

其中，else if 语句的个数不受限制，但是如果 else if 语句的个数较多，则应该考虑另一种分支结构：switch 语句。

【例 5-4】 编写程序，输入一位同学的成绩，并输出相应的评价。

（1）在 Visual Studio 2017 中，新建名称为“Project4”的文件。

（2）在代码编辑区域输入以下代码。

```
using System;
namespace Project4
{
    class Program
    {
        static void Main(string[] args)
        {
            Console.WriteLine("请输入学生成绩: ");
            string s = Console.ReadLine();
            int a;
            a = int.Parse(s);        //将字符串转换为 int 型数据
            /* 检查布尔条件 */
            if (a >= 90)
            {
                /* 如果 if 条件为真，则输出下面的语句 */
                Console.WriteLine("成绩优秀");
            }
            else if (a >= 80)
            {
                /* 如果 else if 条件为真，则输出下面的语句 */
                Console.WriteLine("成绩优良");
            }
            else if (a >= 70)
            {
                /* 如果 else if 条件为真，则输出下面的语句 */
                Console.WriteLine("成绩中等");
            }
            else if (a >= 60)
            {
                /* 如果 else if 条件为真，则输出下面的语句 */
                Console.WriteLine("再接再励");
            }
            else
            {
                /* 如果上面条件都不为真，则输出下面的语句 */
                Console.WriteLine("继续努力");
            }
        }
```

```
        }
    }
```

【程序分析】本例演示了 if…else if…else 语句的使用。在代码中首先定义一个 string 类型的变量 s；然后输入一个学生的成绩赋给该变量，并通过 Parse()方法，将变量 s 转换成 int 类型的数据赋给变量 a；最后对 a 进行判断，输出对应的评价语句。本例的流程如图 5-6 所示。

在 Visual Studio 2017 中的运行结果如图 5-7 所示。

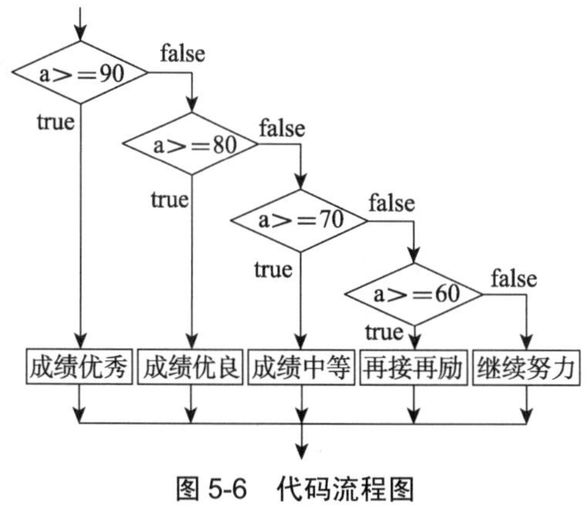

图 5-6 代码流程图

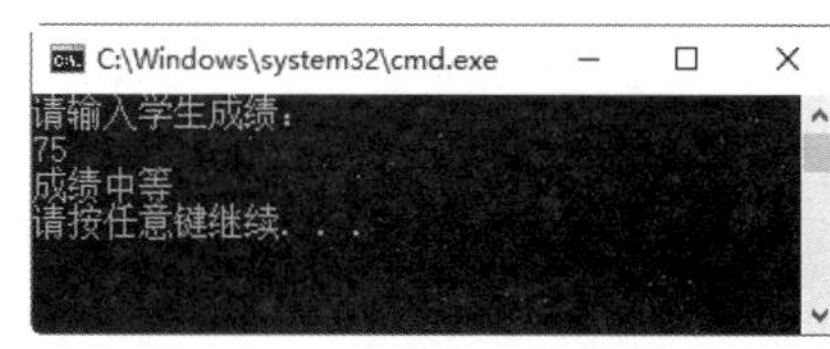

图 5-7 if…else if…else 语句

4. 嵌套 if 语句

在 C#中，嵌套 if…else 语句是合法的，这意味着用户可以在一个 if 或 else if 语句内使用另一个 if 或 else if 语句。

C#中嵌套 if 语句的语法格式如下：

```
if(布尔表达式 1)
{
    /* 当布尔表达式 1 为真时执行 */
    if(布尔表达式 2)
    {
        /* 当布尔表达式 2 为真时执行 */
    }
}
```

也可以嵌套 else if…else 语句，该方式与嵌套 if 语句相似。

【例 5-5】编写程序，使用嵌套的 if 语句，计算出打折后的机票价格。

（1）在 Visual Studio 2017 中，新建名称为“Project5”的文件。

（2）在代码编辑区域输入以下代码。

```
using System;
namespace Project5
{
    class Program
    {
        static void Main(string[] args)
        {
            Console.WriteLine("************************************************** ");
            Console.WriteLine("*                 机票预订                        *");
            Console.WriteLine("* 注意事项:                                       *");
            Console.WriteLine("* 5-10 月为旺季，头等舱打 9 折，经济舱打 7.5 折    *");
            Console.WriteLine("* 其他时间为淡季，头等舱打 6 折，经济舱打 3 折     *");
            Console.WriteLine("*                                                 *");
            Console.WriteLine("**************************************************");
```

```
            Console.WriteLine("请输入机票原价: ");
            string str1 = Console.ReadLine();
            double money = double.Parse(str1);
            Console.WriteLine("请输入月份: ");
            string str2 = Console.ReadLine();
            int month = int.Parse(str2);
            Console.WriteLine("选择仓位: 1.头等舱   2.经济舱");
            string str3 = Console.ReadLine();
            int type = int.Parse(str3);
            if (month >= 5 && month <= 10)             //旺季
            {
               if (type == 1)                          //头等舱
               {
                  Console.WriteLine("您的机票价格为:{0}", money * 0.9);
               }
               else if (type == 2)                     //经济舱
               {
                  Console.WriteLine("您的机票价格为:{0}", money * 0.75);
               }
            }
            else
            {
               if (type == 1)                          //头等舱
               {
                  Console.WriteLine("您的机票价格为:{0}", money * 0.6);
               }
               else if (type == 2)                     //经济舱
               {
                  Console.WriteLine("您的机票价格为:{0}", money * 0.3);
               }
            }
         }
      }
   }
```

【程序分析】本例演示了嵌套 if 语句的使用。在代码中，定义了三个变量 money、month、type，分别用于表示机票价格、月份和飞机仓位；然后通过嵌套的 if 语句，计算出某个月份预订机票的打折价格。本例的流程如图 5-8 所示。

在 Visual Studio 2017 中的运行结果如图 5-9 所示。

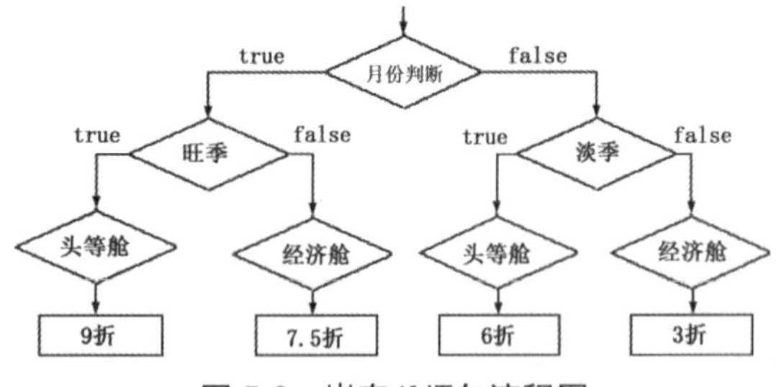

图 5-8　嵌套 if 语句流程图

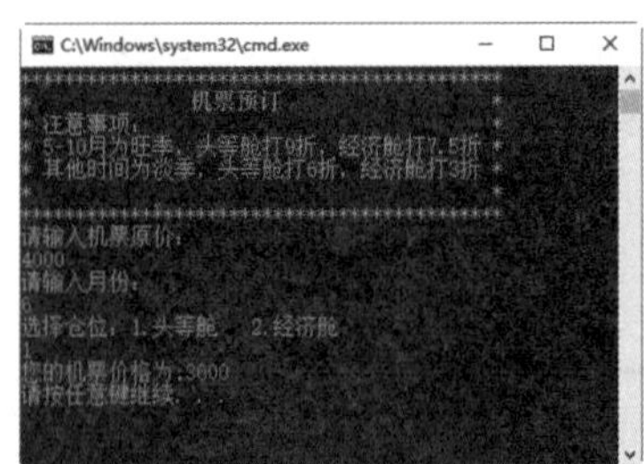

图 5-9　嵌套 if 语句

5.2.2　switch 语句

一个 switch 语句允许测试一个变量等于多个值时的情况。每个值称为一个 case，且被测试的变量会对每个 case 进行检查。

switch 语句的语法格式如下：

```
switch(控制表达式)
{
    case 测试值 1:
        当控制表达式的值等于测试值 1 时的执行代码;
        break;
    case 测试值 2:
        当控制表达式的值等于测试值 2 时的执行代码;
        break;
    case 测试值 3:
        当控制表达式的值等于测试值 3 时的执行代码;
        break;
    ... /* 用户可以有任意数量的 case 语句 */
    case 测试值 n:
        当控制表达式的值等于测试值 n 时的执行代码;
        break;
    default:
          当控制表达式的值不等于以上任何测试值时的执行代码;
        break;
}
```

在 switch 语句的开始，首先计算控制表达式的值，如果该值符合某个 case 语句中指定的“测试值”，就跳转到该 case 内的语句执行；当控制表达式的值没有任何匹配的“测试值”时，则执行 default 内的代码，执行完后退出 switch 语句，继续执行下面的代码。其中，测试值只能是某个整数类型或字符类型，并且各个测试值不能相同。default 是可选的，没有 default 语句时，如果控制表达式的值不等于任何“测试值”，程序一样会退出 switch 而执行后面的代码。

【例 5-6】编写程序，使用 switch 语句完成一个简单的计算器程序，用户输入两个数字，用四则运算符计算结果并显示在控制台上。

（1）在 Visual Studio 2017 中，新建名称为“Project6”的文件。

（2）在代码编辑区域输入以下代码。

```
using System;
namespace Project6
{
    class Program
    {
        static void Main(string[] args)
        {
            Console.WriteLine("请输入第一个数字: ");
            int x = Convert.ToInt32(Console.ReadLine());
            Console.WriteLine("请输入运算类型: ");
            char z = char.Parse(Console.ReadLine());
            Console.WriteLine("请输入第二个数字: ");
            int y = int.Parse(Console.ReadLine());
            switch (z)
            {
                case '+':
                    Console.WriteLine("计算结果为: {0}", x + y);
                    Console.ReadKey();
                    break;
                case '-':
                    Console.WriteLine("计算结果为: {0}", x - y);
                    Console.ReadKey();
                    break;
                case '*':
                    Console.WriteLine("计算结果为: {0}", x * y);
                    Console.ReadKey();
                    break;
```

```
                case '/':
                    Console.WriteLine("计算结果为：{0}", x / y);
                    Console.ReadKey();
                    break;
                default:
                    Console.WriteLine("运算类型输入错误！");
                    Console.ReadKey();
                    break;
            }
        }
    }
}
```

【程序分析】本例演示了 switch 语句的使用。在代码中首先定义三个变量 x、y、z。其中，x 和 y 用来接收用户输入的两个数字，变量 z 用来接收运算类型。利用 switch 语句，判断用户输入的运算符号，在控制台显示相应的运算成果。其中，default 用来显示如果运算符号输入有误的相关信息。本例的流程如图 5-10 所示。

在 Visual Studio 2017 中的运行结果如图 5-11 所示。

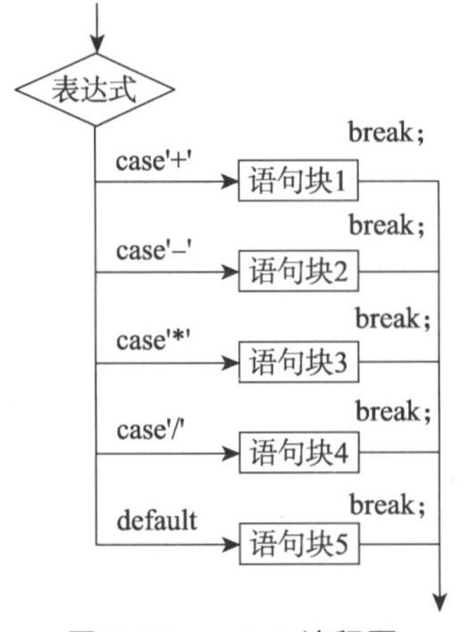

图 5-10　switch 流程图

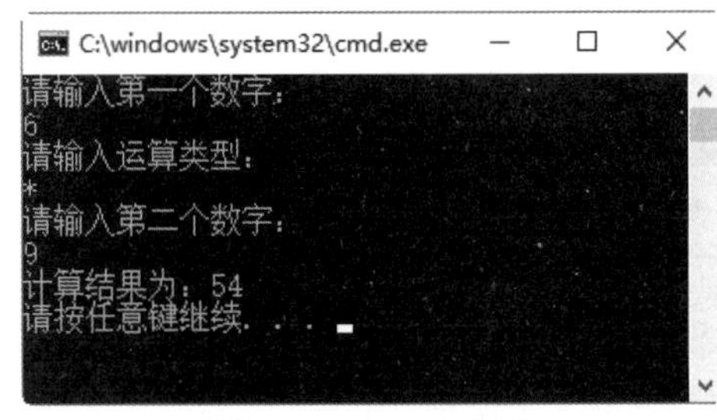

图 5-11　switch 语句

用户可以把一个 switch 语句嵌套在另一个 switch 语句内。即使内部和外部 switch 的 case 常量包含共同的值，也是没有矛盾的。

例如：

```
int a = 1;
int b = 2;
switch (a)
{
case 1:
Console.WriteLine("此处 a 是外部 switch 的一部分");
switch (b)
{
case 1:
Console.WriteLine("此处 b 是内部 switch 的一部分");
break;
case 2: /* 内部 b case 代码 */
break;
}
break;
case 2: /* 外部 b case 代码 */
break;
}
```

【例 5-7】编写程序，使用嵌套的 switch 语句，输出 case 后面的内容。

（1）在 Visual Studio 2017 中，新建名称为“Project7”的文件。

（2）在代码编辑区域输入以下代码。

```
using System;
namespace Project7
{
    class Program
    {
        static void Main(string[] args)
        {
            char c1 = 'A';
            char c2 = 'B';
            switch (c1)
            {
                case 'A':
                    Console.WriteLine("这是外部 switch 的一部分");
                    switch (c2)
                    {
                        case 'B':
                            Console.WriteLine("这是内部 switch 的一部分");
                            break;
                    }
                    break;
            }
            Console.WriteLine("c1 的字符为 {0}", c1);
            Console.WriteLine("c2 的字符为 {0}", c2);
        }
    }
}
```

【程序分析】本例演示了嵌套的 switch 语句。在代码中，首先定义两个 char 型的变量 c1 和 c2，并分别赋值为'A'和'B'；然后通过 switch 语句对 c1 进行判断，当遇到符合的 case 时，就输出字符串“这是外部 switch 的一部分”；接着又嵌套了一个 switch 语句，并对 c2 进行判断，当遇到符合的 case 时，就输出字符串“这是内部 switch 的一部分”；最后再输出 c1 和 c2 的值。

在 Visual Studio 2017 中的运行结果如图 5-12 所示。

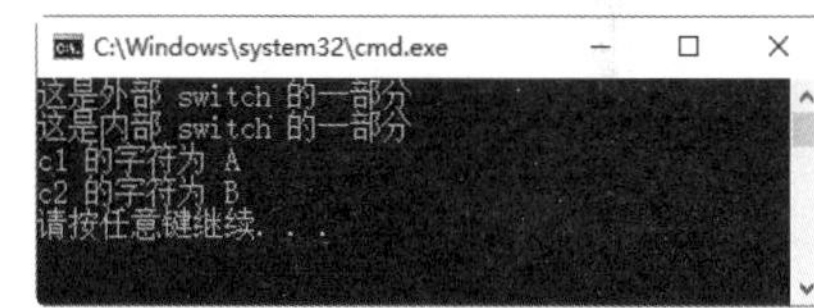

图 5-12　switch 语句的嵌套

switch 语句是非常有用的，但是在使用时必须谨慎。所写的任何 switch 语句都必须遵循以下规则。

（1）只能针对基本数据类型使用 switch，这些类型包括 int 和 string 等。对于其他类型，则必须使用 if 语句。

（2）case 标签必须是常量表达式，如 37 或者“37”。如果需要在运行时计算 case 标签的值，必须使用 if 语句。

（3）case 标签必须是唯一性的表达式；也就是说，不允许两个 case 具有相同的值。

（4）可以连续写下一系列 case 标签（中间不能间插额外的语句），从而指定自己希望在多种情况下都运行相同的语句。如果像这样写，那么最后一个 case 标签之后的代码将适用于所有 case。然而，假如一个标签关联了一条或多条语句，又没有使用 break 语句跳出，那么执行就不能贯穿到后续的标签，而且编译器会报告一个错误。

例如：

```
int a = 2;
int x,y,z;
switch (a)
{
case 1:
```

```
case 2:                                    //允许贯穿 — 标签之间无额外代码
case 3:
Console.WriteLine("1 或者 2 或者 3");       //针对 1、2 和 3 这三种情况都会执行的代码
x = a;
Console.WriteLine("x={0}",x);
break;
case 4:
y = a;
case 5:                                    //出错——标签之间有额外代码，而且没有使用 break 跳出
z = a;
break;
}
```

注意：由于 C#存在不准贯穿的规则，所以需要一条跳转语句来阻止贯穿，而 break 语句则是最常见的方式，但是也可以用一条 return 语句或者一条 throw 语句来替代它。

5.3 循环语句

一般情况下，语句是顺序执行的，函数中的第一条语句先执行，接着是第二条语句，以此类推。在 C#中提供了允许重复执行同一代码块的循环语句，有 while 语句、do…while 语句、for 语句和 foreach 语句。

5.3.1 while 循环语句

只要给定的条件为真，C#中的 while 循环语句会重复执行一条目标语句。

while 循环语句的语法格式如下：

```
while(表达式)
{
    语句或语句块;
}
```

while 循环是先判断表达式的值，然后再执行语句或语句块，直到表达式的值为 false。如果循环刚开始表达式的值就为 false，那么语句或语句块就不会被执行。

【例 5-8】编写程序，使用 while 语句，循环输出一组数据。

（1）在 Visual Studio 2017 中，新建名称为“Project8”的文件。

（2）在代码编辑区域输入以下代码。

```
using System;
namespace Project8
{
    class Program
    {
        static void Main(string[] args)
        {
            /* 局部变量定义 */
            int x = 3;
            /* while 循环执行 */
            while (x < 13)
            {
                Console.WriteLine("x 的值: {0}", x);
                x++;
            }
        }
    }
}
```

【程序分析】本例演示了 while 语句的使用。在代码中，首先定义一个 int 类型的变量 x，并赋值为 3；然后通过 while 语句进行判断，如果变量 x 小于 13，则依次循环输出 x 的值。当条件被测试且结果为 false 时，就会跳过循环主体，直接执行紧接着 while 循环的下一条语句。本例的流程如图 5-13 所示。

在 Visual Studio 2017 中的运行结果如图 5-14 所示。

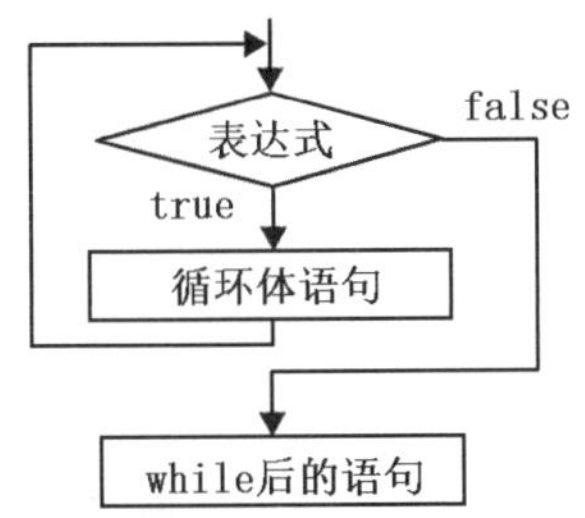

图 5-13 while 语句的流程图

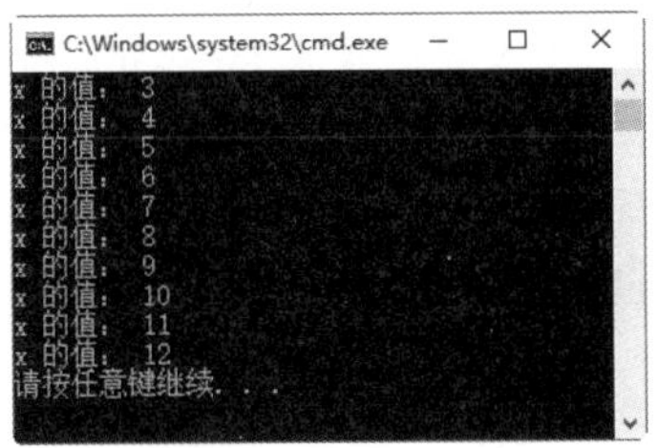

图 5-14 while 语句

使用 while 语句时要注意以下几点。

（1）while 语句中的表达式一般是关系表达式或逻辑表达式，只要表达式的值为真（非 0）即可继续循环。

（2）循环体包含一条以上语句时，应用“{}”括起来，以复合语句的形式出现；否则，它只认为 while 后面的第 1 条语句是循环体。

（3）循环前，必须给循环控制变量赋初值，如上例中的（int x=3;）。

（4）循环体中，必须有改变循环控制变量值的语句，如上例中的（x++;），否则循环永远不结束，形成所谓的死循环。

5.3.2 do…while 循环语句

do…while 循环与 while 循环类似，但是 do…while 循环会确保至少执行一次循环。其语法格式如下：

```
do
{
   语句或语句块;
}while (表达式);
```

do…while 循环是先执行语句或语句块，然后再判断表达式的值，如果表达式的值为 true，则继续执行循环，直到表达式的值为 false。

注意：do…while 循环刚执行的时候不管表达式的值为 true 或者是 false 它都要先执行一次语句或语句块，然后再来判断表达式的值。也就是说，如果一开始表达式的值为 false，它也会执行一次循环。另外，while 语句后面必须使用分号（;）。

【例 5-9】编写程序，使用 do…while 语句，循环输出一组数据。

（1）在 Visual Studio 2017 中，新建名称为“Project9”的文件。

（2）在代码编辑区域输入以下代码。

```
using System;
namespace Project9
{
   class Program
   {
      static void Main(string[] args)
      {
         /* 局部变量定义 */
         int x = 6;
         /* do 循环执行 */
```

```
            do
            {
                Console.WriteLine("x 的值: {0}", x);
                x = x + 1;
            } while (x < 16);
        }
    }
}
```

【程序分析】本例演示了 do…while 语句的使用。在代码中，首先定义一个整型变量 x，并赋值为 6；然后执行循环体，并对变量 x 进行判断，查看是否小于 16。如果条件为真，控制流会跳转回上面的 do，然后重新执行循环体。这个过程会不断重复，直到给定条件变为假为止。本例的流程如图 5-15 所示。

在 Visual Studio 2017 中的运行结果如图 5-16 所示。

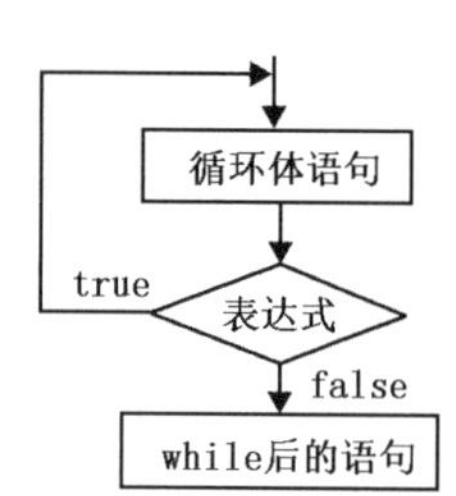

图 5-15　do…while 流程图

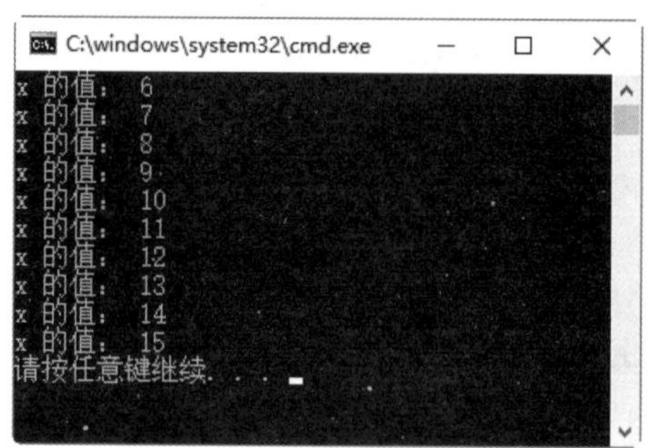

图 5-16　do…while 语句

使用 do…while 语句应注意以下几点。

（1）do…while 语句是先执行“循环体语句”，后判断循环终止条件，与 while 语句不同。二者的区别在于：当 while 后面的表达式开始的值为 0（假）时，while 语句的循环体一次也不执行，而 do…while 语句的循环体至少要执行一次。

（2）在书写格式上，循环体部分要用“{}”括起来，即使只有一条语句也如此；do…while 语句最后以分号结束。

（3）通常情况下，do…while 语句是从后面控制表达式退出循环。但它也可以构成无限循环，此时要利用 break 语句或 return 语句直接从循环体内跳出循环。

5.3.3　for 循环语句

一个 for 循环是一个允许用户编写执行特定次数的循环控制结构。在 C#中，for 循环的语法如下：

```
for(<初始化表达式>;<条件表达式>;<迭代表达式>)
{
    语句或语句块;
}
```

初始化表达式：可以在该位置定义一个变量并为其赋一个初始值，也可以使用 for 循环前面定义的变量，但是使用 for 循环前面定义的变量必须在该位置为其重新赋一个初始值。

注意：在该位置定义一个变量并为其赋一个起始值，这种用法定义的变量的作用域仅在 for 循环语句中，也就是说，for 循环语句后面的代码不能使用该变量；但是用 for 循环前面定义的变量这种用法定义的变量，在 for 循环语句后面的代码也能被使用。

条件表达式：如果条件表达式为真，则执行循环主体；如果为假，则不执行循环主体，且控制流会跳转到紧接着 for 循环的下一条语句。

迭代表达式：执行完语句或语句块后就执行迭代表达式，然后再执行条件表达式判断循环是否继续。

【例 5-10】编写程序，使用 for 循环输出一组数据。

（1）在 Visual Studio 2017 中，新建名称为“Project10”的文件。

（2）在代码编辑区域输入以下代码。

```
using System;
namespace Project10
{
    class Program
    {
        static void Main(string[] args)
        {
            /* for 循环执行 */
            for (int x = 10; x < 20; x++)
            {
                Console.WriteLine("x 的值: {0}", x);
            }
        }
    }
}
```

【程序分析】本例演示了 for 语句的使用。在 for 循环的括号中，表达式“int x=10;”用于初始化变量 x；表达式“x<20;”用于设置循环次数，不能超过 20 次；在执行完 for 循环主体后，控制流会跳转到语句“x++;”，该语句用于更新变量 x。该语句可以留空，只要在条件后有一个分号出现即可。本例的流程如图 5-17 所示。

在 Visual Studio 2017 中的运行结果如图 5-18 所示。

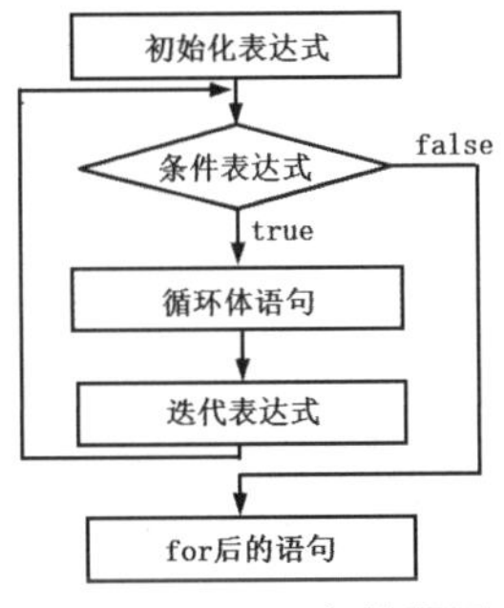

图 5-17 for 语句流程图

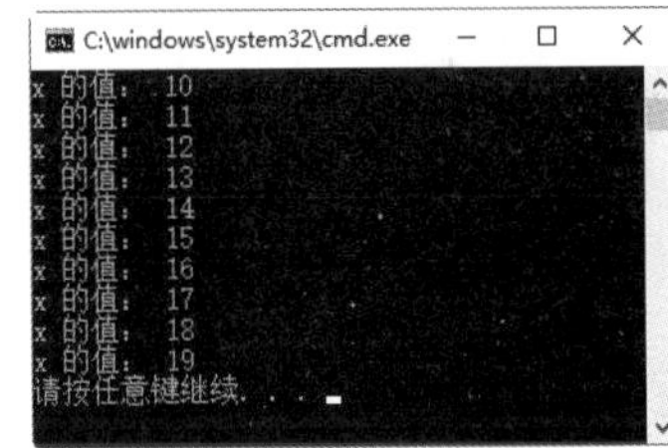

图 5-18 for 语句

for 循环语句中的 3 个表达式都是可以省略的，但“;”不能省略。

（1）省略<初始化表达式>，此时应在 for 语句之前给该变量赋初值。

例如：

```
int x = 10;
for (; x < 20; x++)
{
    Console.WriteLine("x 的值: {0}", x);
}
```

（2）省略<条件表达式>，表示不判断循环条件，循环无终止地进行下去，也可以认为<条件表达式>始终为真。

例如：

```
for (int x = 10; ; x++)
{
    Console.WriteLine("x 的值: {0}", x);
}
```

该语句将无休止地执行循环体，一直输出变量 x 的值，成为死循环。为了终止循环，就要在循环体中加入 break 语句和 return 语句等。

（3）省略<迭代表达式>，此时应在循环体内部实现循环变量的增量，以保证循环能够正常结束。

例如：

```
for (int x = 10; x<20; )
{
    Console.WriteLine("x 的值: {0}", x);
    x++;
}
```

相当于把<迭代表达式>写在了循环体内部，作为循环体的一部分。

（4）省略<初始化表达式>和<条件表达式>，此时只给出了循环条件。

例如：

```
int x = 10;
for (; x<20; )
{
    Console.WriteLine("x 的值: {0}", x);
    x++;
}
```

相当于把<初始化表达式>放在了循环的外面，<条件表达式>作为循环体的一部分。这种情况与前面介绍的 while 语句完全相同。

例如：

```
int x = 10;
while (x<20)
{
    Console.WriteLine("x 的值: {0}", x);
    x++;
}
```

（5）3 个表达式都省略，既不设初值，也不判断条件，循环变量不增值，无终止地执行循环体。

例如：

```
for(; ;)
{
     循环体语句
}
```

注意：表达式可以省略，但中间的两个分号不能省略。

5.3.4 foreach 循环语句

foreach 循环用于列举出集合中所有的元素，foreach 语句中的表达式由关键字 in 隔开的两个项组成。in 右边的项是集合名，in 左边的项是变量名，用来存放该集合中的每个元素。

foreach 循环语句的语法格式如下：

```
foreach(类型 标识符 in 集合)
{
   循环代码;
}
```

foreach 语句括号中的类型和标识符用来声明该语句的循环变量，标识符即循环变量的名称。循环变量相当于一个只读的局部变量。在每一次循环时，都会从集合中取出一个新的元素值，放到只读变量中去，如果括号中的整个表达式返回值为 true，foreach 块中的语句就能够执行。一旦集合中的元素都已经被访问到，整个表达式的值为 false，控制流程就转入到 foreach 块后面的执行语句。

注意：循环变量的类型必须与集合的类型相同。集合内元素的个数决定循环内程序段重复执行的次数。

【例 5-11】编写程序，通过 foreach 循环找出字符数组中 0 和 1 的个数并输出。

（1）在 Visual Studio 2017 中，新建名称为“Project11”的文件。

（2）在代码编辑区域输入以下代码。

```
using System;
namespace Project11
{
    class Program
    {
        static void Main(string[] args)
        {
            int x = 0, y = 0;
            char[] ch = new char[] { '0', '1', '0', '1', '1', '1', '0', '0', '1', '0', '0' };
            foreach (char a in ch)
            {
                if (a == '0')
                    x++;
                else
                    y++;
            }
            Console.WriteLine(ch);
            Console.WriteLine("0 的个数为: {0}\n1 的个数为: {1}", x, y);
        }
    }
}
```

【程序分析】本例演示了 foreach 语句的使用。在代码中，首先初始化了两个变量 x 和 y，分别用来表示 0 和 1 的个数；之后声明一个字符类型的数组，用 foreach 循环判断字符格式，如果遍历到 0，则将 x 的值加 1，否则就将 b 的值加 1；最后输出 x 和 y 的值。

在 Visual Studio 2017 中的运行结果如图 5-19 所示。

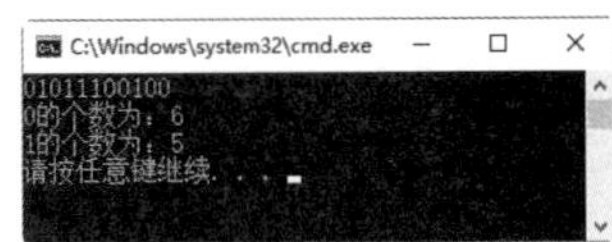

图 5-19 foreach 语句

5.4 嵌套循环语句

嵌套循环语句，是指一个循环结构的循环体内又包含另一个完整的循环结构。内嵌的循环中还可以嵌套循环，这样就构成了多层嵌套循环。

1. C#中嵌套 for 循环语句

其语法格式如下：

```
for (< 初始化表达式 1 >;< 条件表达式 1 >;< 迭代表达式 1 >)
{
    语句或语句块;
    for (< 初始化表达式 2 >;< 条件表达式 2 >;< 迭代表达式 2 >)
    {
        语句或语句块;
    }
}
```

2. C#中嵌套 while 循环语句

其语法格式如下：

```
while(表达式 1)
{
    while(表达式 2)
```

```
    {
        语句或语句块;
    }
        语句或语句块;
}
```

3. C#中嵌套 do…while 循环语句

其语法格式如下：

```
do
{
    语句或语句块;
    do
    {
        语句或语句块;
    }while (表达式 2);
}while (表达式 1);
```

【例 5-12】编写程序，使用嵌套的 for 循环输出一个由“*”组成的金字塔图形。

（1）在 Visual Studio 2017 中，新建名称为“Project12”的文件。

（2）在代码编辑区域输入以下代码。

```
using System;
namespace Project12
{
    class Program
    {
        static void Main(string[] args)
        {
            Console.WriteLine("请输入要打印的行数：");
            int n = Convert.ToInt32(Console.ReadLine());
            //这层循环控制打印的行数
            for (int x = 1; x <= n; x++)
            {
                //这层循环控制每行前面打印的空格数
                for (int y = 1; y <= n - x; y++)
                {
                    Console.Write(" ");
                }
                //这层循环控制每行前面打印*的个数
                for (int z = 1; z <= 2 * x - 1; z++)
                {
                    Console.Write("*");
                }
                //每打印完一行换一行
                Console.Write("\n");
            }
        }
    }
}
```

【程序分析】本例演示了嵌套 for 循环的使用。在代码中利用双重 for 循环，外层循环通过变量 x 控制行数。内层有两个 for 循环，第一个 for 循环通过变量 y 控制每行前面打印的空格数，每降低一行就会少一个空格，所以与行之间的关系用 y=n−x 表示；第二个 for 循环通过变量 z 控制星号的个数，每行的星号数是不同的，与行的关系可以用公式 z=2*x−1 表示。

在 Visual Studio 2017 中的运行结果如图 5-20 所示。

图 5-20　嵌套 for 循环

关于嵌套循环有一点值得注意，用户可以在任何类型的循环内嵌套其他任何类型的循环。例如，一个 for 循环可以嵌套在一个 while 循环内，反之亦然。

【例 5-13】编写程序，接收用户输入的一个正整数，然后程序会计算这个数的阶乘并输出，接着用户可以再输入另一个整数计算它的阶乘，直到输入一个负数时，程序终止。

（1）在 Visual Studio 2017 中，新建名称为“Project13”的文件。

（2）在代码编辑区域输入以下代码。

```
using System;
namespace Project13
{
    class Program
    {
        static void Main(string[] args)
        {
            int x = 0;
            do
            {
                Console.WriteLine("输入一个整数: ");
                x = int.Parse(Console.ReadLine());
                long y = 1;
                for (int i = 1; i <= x; i++)
                {
                    y *= i;
                }
                Console.WriteLine(y);
            }while (x >= 0);
        }
    }
}
```

【程序分析】本例演示了循环嵌套语句的使用。在代码中，变量 x 接收用户输入的数值，变量 y 通过嵌套的 for 循环计算用户输入值的阶乘，直到输入一个负数为止。

在 Visual Studio 2017 中的运行结果如图 5-21 所示。

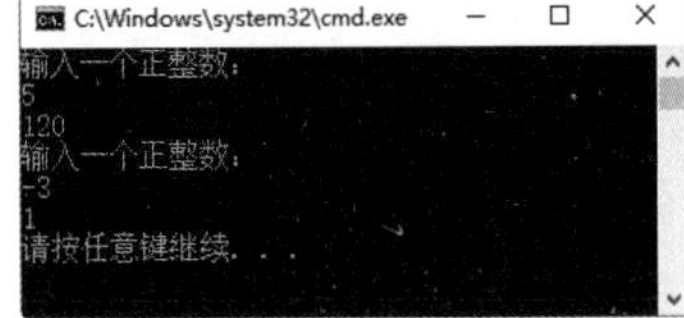

图 5-21 循环嵌套

5.5 跳转语句

C#中还有一种结构，可以使程序在执行过程中跳转到指定位置，将其称为跳转语句。跳转可以更改执行的正常序列。当执行离开一个范围时，所有在该范围中创建的自动对象都会被销毁。C#提供的跳转语句有 break 语句、continue 语句和 return 语句。本节将对其进行详细介绍。

5.5.1 break 跳转语句

C#中 break 语句有以下两种用法：

（1）当 break 语句用于 do…while、for、while 等循环语句中时，可使程序终止循环而执行循环后面的语句。通常 break 语句总是与 if 语句连在一起，即满足条件时便跳出循环。

（2）它可用于终止 switch 语句中的一个 case。

如果用户使用的是嵌套循环，break 语句会停止执行最内层的循环，然后开始执行该块之后的下一行代码。

break 语句的语法格式如下：

```
break;
```

【例 5-14】编写程序，使用 break 语句终止循环。

（1）在 Visual Studio 2017 中，新建名称为“Project14”的文件。

（2）在代码编辑区域输入以下代码。

```
using System;
namespace Project14
{
    class Program
    {
        static void Main(string[] args)
        {
            /* 局部变量定义 */
            int x = 1;
            /* while 循环执行 */
            while (x < 100)
            {
                Console.WriteLine("x 的值： {0}", x);
                x++;
                if (x > 5)
                {
                    /* 使用 break 语句终止循环 */
                    break;
                }
            }
        }
    }
}
```

【程序分析】本例演示了 break 语句的使用。在代码中，首先定义 int 型变量 x，并赋值为 1；然后使用 while 循环遍历 1～100，其中通过 if 语句判定如果数值遍历到 5，则跳出循环。本例的流程如图 5-22 所示。

在 Visual Studio 2017 中的运行结果如图 5-23 所示。

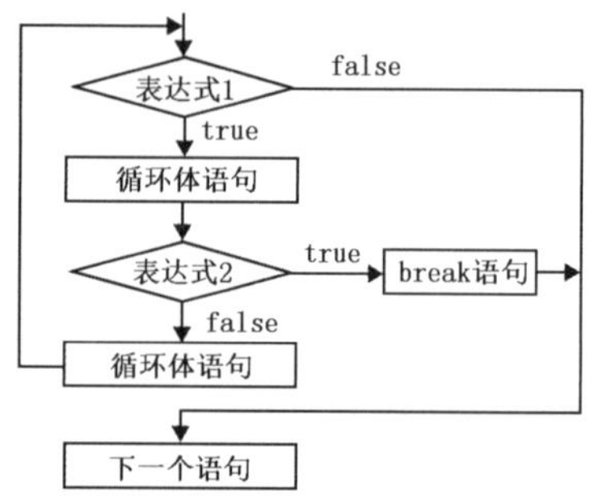

图 5-22　break 语句的流程图

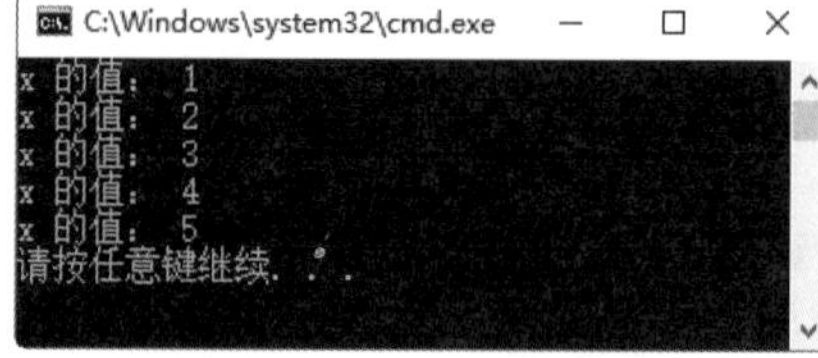

图 5-23　break 语句

5.5.2　continue 跳转语句

C#中的 continue 语句有点像 break 语句，但它不是强迫终止。continue 会跳过当前循环中的代码，强迫开始下一次循环。

对于 for 循环，continue 语句会导致执行条件测试和循环增量部分。对于 while 和 do…while 循环，continue 语句会导致程序控制回到条件测试上。通常情况下，continue 语句总是与 if 语句连在一起，用来加速循环。

continue 语句的语法格式如下：

```
continue;
```

【例 5-15】编写程序，输出 10～30 所有不能被 3 和 7 同时整除的整数。

（1）在 Visual Studio 2017 中，新建名称为“Project15”的文件。

（2）在代码编辑区域输入以下代码。

```
using System;
namespace Project15
{
    class Program
    {
        static void Main(string[] args)
        {
            Console.WriteLine("10～30 不能被 3 和 7 同时整除的数: ");
            int i, n = 0;                                  /*n 计数*/
            for (i = 10; i <= 30; i++)
            {
                if (i % 3 == 0 && i % 7 == 0)          /*如果能同时整除 3 和 7，不打印*/
                {
                    continue;                          /*结束本次循环未执行的语句，继续下次判断*/
                }
                Console.Write("{0}  ",i);
                n++;
                if (n % 10 == 0)                       /*10 个数输出一行*/
                    Console.WriteLine('\n');
            }
        }
    }
}
```

【程序分析】本例演示了 continue 语句的使用。在代码中首先定义两个变量 i 和 n，变量 i 作为循环变量，变量 n 用于计数。只有当 i 的值能同时被 3 和 7 整除时，才执行 continue 语句，执行后越过后面的语句，直接判断循环条件 i<=30，再进行下一次循环。本例的流程如图 5-24 所示。

在 Visual Studio 2017 中的运行结果如图 5-25 所示。

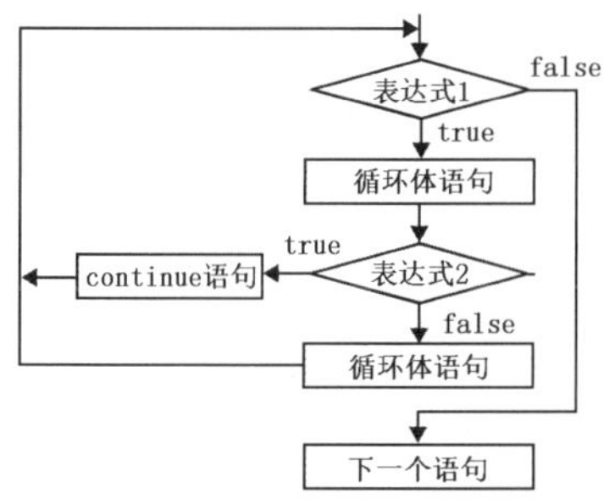

图 5-24　continue 语句的流程图

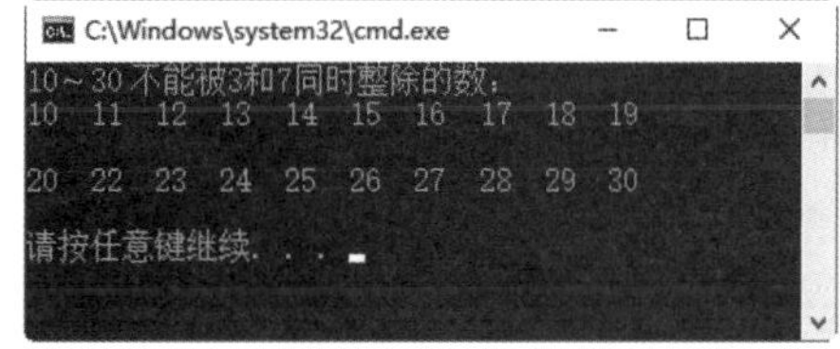

图 5-25　continue 语句

5.5.3　return 跳转语句

return 语句就是用于指定函数返回的值。return 语句只能出现在函数体内，出现在代码中的其他任何地方都会造成语法错误。

return 语句后面可以是常量、变量、表达式、方法，也可以什么都不加。一个方法中也可以出现多条 return 语句，但只有一条会执行。当 return 语句后面什么都不加时，返回的类型为 void。

例如：

```
return 1;
return a;
return a+b;
return Add(a+b);
return;
```

【例 5-16】编写程序，返回一个方法的值。

（1）在 Visual Studio 2017 中，新建名称为"Project16"的文件。

（2）在代码编辑区域输入以下代码。

```
using System;
namespace Project16
{
    class Program
    {
        static double Area(int r)
        {
            double area = r * r * Math.PI;          //面积计算公式
            return area;                            //返回面积值
        }
        static void Main()
        {
            int r = 5;                              //定义半径，并赋值为 5
            /* 调用 Area()函数，将 r 作为参数，传入该函数中，并将返回值赋给变量 result*/
            double result = Area(r);
            Console.WriteLine("当 r=5 时，圆的面积为： {0:0.00}", result);
        }
    }
}
```

【程序分析】本例演示了 return 语句的使用。在代码中首先定义两个变量 r 和 result，变量 r 作为函数 Area 的参数，变量 result 用来接收来自 Area 函数的返回值。

在 Visual Studio 2017 中的运行结果如图 5-26 所示。

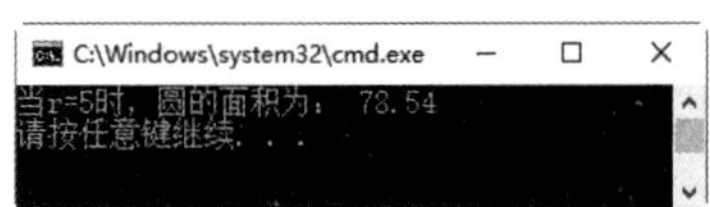

图 5-26 return 语句

5.5.4 goto 语句

goto 是跳转到的意思，它的作用是当程序执行到 goto 语句时，程序会直接跳转到标识符所标识的程序位置，继续执行代码。

goto 语句的语法格式如下：

```
goto 标识符;
```

例如：

```
int i = 5;
goto tab;
i = 100;
tab: Console.WriteLine(i);      //标识符
```

本段代码的意思是，首先定义了一个变量 i，然后跳转到标签为 tab 的语句，接下来就输出 i 的结果。可以看出第三条语句是无意义的，因为没有被执行，而直接跳到了标签位置。所以最后输出的值是 5，而不是 100。

goto 跳转的语句，并不是一定要跳转到之后的语句。也就是说，goto 还可以跳到前面去执行。

例如：

```
int i = 0;
tab: Console.WriteLine(i);
goto tab;
```

本段代码的意思是，首先定义变量 i，然后执行标签 tab 输出变量 i 的值，最后再跳转到标签 tab 输出变量。因为每次输出 i 以后，都又跳转回到标签 tab，所以程序会不停地输出 i。

【例 5-17】编写程序，利用 goto 语句选择出 6！的正确答案。

（1）在 Visual Studio 2017 中，新建名称为“Project17”的文件。

（2）在代码编辑区域输入以下代码。

```
using System;
namespace Project17
{
    class Program
    {
        static void Main(string[] args)
        {
            int a = 0;
            Console.WriteLine("选择题：6 的阶乘等于几？根据以下选项选择正确答案。按回车确认：");
            Console.WriteLine("1. 6!=6\n2. 6!=36\n3. 6!=120\n4. 6!=720");
            error:      //设置回答错误的标签
            {
                a++;    //对选项进行自加 1
                if (a > 1)
                {
                    Console.WriteLine("很遗憾，回答错误！");
                }
                int option = int.Parse(Console.ReadLine());  //等待用户输入一个选项
                switch (option)
                {
                    case 1:
                    case 2:
                    case 3: goto error;
                    case 4: goto right;
                    default:
                        Console.WriteLine("您输入的选项不存在！");
                        goto end;
                }
            }
            right:      //设置回答正确的标签
            Console.WriteLine("恭喜您，回答正确！");
            end:
            Console.ReadKey();
        }
    }
}
```

【程序分析】本例演示了 goto 语句的使用。在代码中，首先定义一个整型变量 a 并初始化为 0，该变量用于表示选项；接着，设置一个回答错误的标签，在错误标签的大括号里，先对变量 a 进行自加 1，并对其进行判断；再定义一个变量 option，用于表示用户输入的选项，并通过 switch 语句对其进行判断。由于 6 的阶乘等于 720，所以用户输入 1、2 或 3 时，都会通过 goto 语句跳转到 error 标签，当选择 4 时，才会跳转到 right 标签。

在 Visual Studio 2017 中的运行结果如图 5-27 所示。

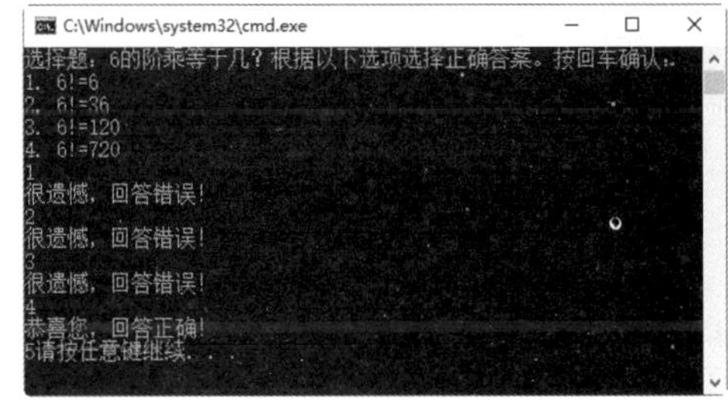

图 5-27　goto 语句

注意： goto 语句的一个好处就是可以保证程序存在唯一的出口，避免了过于庞大的 if 嵌套。但是，在 C#中还是建议少使用，因为它会使代码的易读性下降。

5.6　就业面试技巧与解析

流程控制是程序的基本问题。通过流程控制，编程者可以完成业务逻辑和模块的整合等。在 C#语言中，程序的基本结构分为顺序、循环、分支、跳转等，在编程的时候，通过判断、分支和循环来对程序的流程进行控制，很多程序在设计的时候也会做出流程图，以方便开发者更好地理解程序的流程，更准确地判断采取怎样的控制方式。

5.6.1 面试技巧与解析（一）

面试官：for 循环语句的计算顺序是什么？

应聘者：for 语句的执行顺序是先从左至右执行循环条件语句，如果循环条件语句的判断语句为 true，则在循环条件语句执行之后继续执行一次循环执行语句，然后再回到循环条件语句。如果循环语句判断条件为 false，则停止循环。

面试官：while 循环与 do…while 循环有什么区别？

应聘者：while 循环与 do…while 循环的主要区别在于，如果循环条件语句为 false，while 语句不会执行循环，而 do…while 保证循环体执行一次。

面试官：if 语句中的条件表达式可以是任意合法的表达式吗？switch 语句中 break 的作用是什么？

应聘者：可以是任意数值。在 switch 语句中，break 语句可使流程立即跳出 switch 语句体不执行其他的 case。

5.6.2 面试技巧与解析（二）

面试官：三种循环结构中的条件是循环进行的条件还是循环结束的条件？循环结构中，break 语句和 continue 语句的作用是什么？二者有何区别？

应聘者：for 语句、while 语句是循环进行的条件；do…while 语句是循环结束的条件。

循环结构中，break 可用于 switch 语句，表示跳出整个 switch 块，而 continue 则不能用于 switch 语句。它们都可用于循环语句的循环体，break 用于立即退出当前循环，而 continue 仅跳过当次循环，本次循环体内不执行 continue 语句后的其他语句，但下次循环还会执行。

面试官：C#中的跳转语句都有哪些？各自的作用是什么？

应聘者：C#中的跳转语句包括 break、continue、goto、return 和 throw。这些语句可以及时、有效地跳转，将有助于提升程序的执行效率。其中，throw 语句是用来处理程序异常，在后面章节会详细介绍。

跳转语句的说明如下：

break 语句用于终止最近的封闭循环或它所在的 switch 语句。控制传递给终止语句后面的语句。

continue 语句将控制权传递给它所在的封闭迭代语句的下一次迭代。

goto 语句将程序控制直接传递给标记语句。goto 的一个通常用法是将控制传递给特定的 switch…case 标签或 switch 语句中的默认标签。goto 语句还用于跳出深嵌套循环。

return 语句终止它出现在其中的方法的执行并将控制返回给调用方法。它还可以返回一个可选值。如果方法为 void 类型，则可以省略 return 语句。

throw 语句用于发出在程序执行期间出现反常情况（异常）的信号。通常 throw 语句与 try…catch 或 try…finally 语句一起使用。当引发异常时，程序查找处理此异常的 catch 语句。也可以用 throw 语句重新引发已捕获的异常。

第 6 章

C#基本数据结构——数组

学习指引

数组是相同类型的对象的集合。由于数组几乎可以为任意长度，因此可以使用数组存储数千乃至数万个对象，但必须在创建数组时就确定其大小。数组中的每项都按索引进行访问，索引是一个数字，指示对象在数组中的存储位置。数组既可用于存储引用类型，也可用于存储值类型。

重点导读

- 熟悉数组。
- 掌握一维数组的声明和使用。
- 掌握二维数组的声明和使用。
- 熟悉特殊数组。
- 熟悉传递数组给函数。
- 掌握参数数组。
- 掌握 Array 类的使用。

6.1 数组概述

通过学习，我们发现目前所使用的变量都有一个共同的特点，就是每个变量只能存储一个数据。

例如，定义三个变量：

```
int num;
doulbe height;
char name;
```

这三个变量属于不同的数据类型，所以只能一次定义一个变量。如果这三个变量属于同一种数据类型，就可以使用数组一起定义多个变量，而数组的作用就是用来存储和处理相同类型变量的集合。

声明数组变量并不是声明 number0、number1、…、number99 这样一个个单独的变量，而是声明一个像 numbers 这样的变量，然后使用 numbers[0]、numbers[1]、…、numbers[99]来表示一个个单独的变量。数组中某个指定的元素是通过索引来访问的。

所有的数组都是由连续的内存位置组成的。最低的地址对应第一个元素，最高的地址对应最后一个元素，如图 6-1 所示。

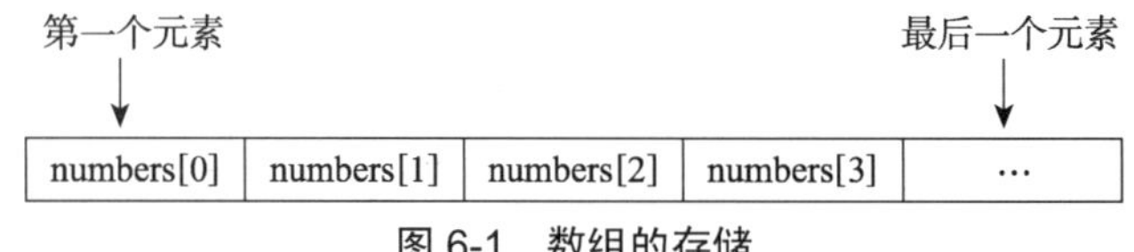

图 6-1　数组的存储

数组在 C#中有着特殊的地位，它有很多特性，例如，它的存储是连续的，数组的名称就是数组的地址等。

6.2　一维数组的声明和使用

一维数组是使用同一个数组名存储一组数据类型相同的数据，用索引或下标区别数组中的不同元素。本节介绍一维数组的声明以及使用方法。

6.2.1　一维数组的声明

C#声明数组时，方括号[]必须跟在类型后面，而不是标识符后面。

1. 声明一维数组

C#数组的大小不是其类型的一部分，而在 C 语言中却是数组类型的一部分。语法格式如下：

```
datatype[] arrayName;
```

其中，datatype 用于指定被存储在数组中的元素的类型；“[]”指定数组的秩（维度），秩指定数组的大小；arrayName 指定数组的名称。

2. 初始化一维数组

声明一个数组时不会在内存中初始化数组。当初始化数组变量时，用户可以给数组变量赋值。数组是一个引用类型，所以 C#数组的初始化方式有以下两种。

（1）在声明数组时为数组的元素赋初值。

例如：

```
int[] myArray = { 5, 9, 15, 22, 30 };
string[] myStrArr = { "diagram", "league", "brambling" };
```

（2）在声明数组时指定数组的大小（即数组的长度或数组元素的个数），这种方式需要使用 new 关键字来创建数组的实例。

例如：

```
int[] myArray = new int[4];     //声明数组类型，并使用 new 关键字为它分配内存空间
/*上述声明可分解为以下两步*/
int[] myArray;                  //声明数组类型
myArray = new int[4];           //使用 new 关键字为它分配内存空间
```

当然不一定非是数值，也可以是带有常量（const）关键字的变量。

例如：

```
const int arrSize = 5;
int[] myArray = new int[arrSize];
```

```
string[] myStrArr = new string[arrSize];
```

3. 为一维数组赋值

（1）可以通过使用索引号赋值给一个单独的数组元素。

例如：

```
int[] a = new int[10];      //声明一个整型数组，并使用 new 关键字为它分配 10 个内存空间
a[3] = 100;                 //为数组 a 的第三个元素赋值为 100
```

（2）可以在声明数组的同时给数组赋值。

例如：

```
double[] b = { 3.14, 6.28, 9.42 };   //声明一个 double 类型的数组 b，并存入三个元素
```

（3）可以创建并初始化一个数组。

例如：

```
int[] a = new int[5] { 29, 28, 22, 27, 25 };
```

在上述情况下，也可以省略数组的大小，例如：

```
int [] a = new int[]  { 29, 28, 22, 27, 25 };
```

用户也可以赋值一个数组变量到另一个目标数组变量中。在这种情况下，目标和源会指向相同的内存位置：

```
int[] x = new int[] { 10, 11, 17, 13, 15 };
int[] y = x;
```

当用户创建一个数组时，C#编译器会根据数组类型隐式初始化每个数组元素为一个默认值。例如，int 数组的所有元素都会被初始化为 0。

6.2.2 一维数组的使用

元素是通过带索引的数组名称来访问的，就是将元素的索引放置在数组名称后的方括号中来实现的。

（1）通过 for 循环来访问一维数组元素。

【例 6-1】 编写程序，声明一个数组，并对其进行赋值和访问操作。

① 在 Visual Studio 2017 中，新建名称为“Project1”的文件。

② 在代码编辑区域输入以下代码。

```
using System;
namespace Project1
{
    class Program
    {
        static void Main(string[] args)
        {
            int[] a = new int[5];     /* a 是一个带有 5 个整数的数组 */
            int i, j;                 /* 表示循环变量 */
            /* 初始化数组 a 中的元素 */
            for (i = 0; i < 5; i++)
            {
                a[i] = i + 50;
            }
            /* 输出每个数组元素的值 */
            for (j = 0; j < 5; j++)
            {
                Console.WriteLine("第[{0}]个元素是： = {1}", j, a[j]);
            }
            Console.WriteLine("数组长度为：{0}",a.Length );
```

```
            }
        }
    }
```

【程序分析】本例演示一维数组的赋值与访问。在代码中，首先，声明一个 int 类型的数组 a，并使用 new 关键字为其分配 5 个内存空间；接着再定义两个整型变量 i 和 j，用于表示循环变量；然后，使用 for 循环为数组 a 初始化赋值；最后，再使用 for 循环和数组元素对应的下标来访问数组中的元素。

在 Visual Studio 2017 中的运行结果如图 6-2 所示。

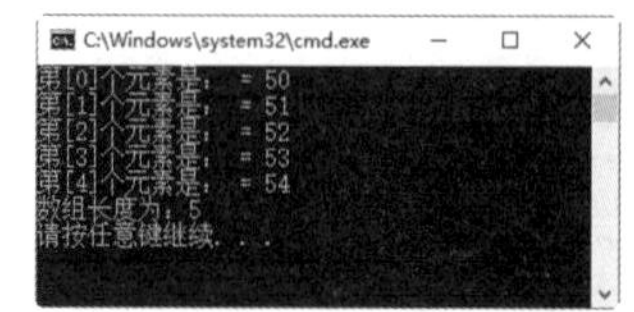

图 6-2　for 循环访问一维数组

（2）通过 foreach 来访问一维数组。

注意：foreach 循环对数组的内容进行只读访问，所以不能改变任何元素的值。

【例 6-2】编写程序，声明一个数组，并对其进行访问。

① 在 Visual Studio 2017 中，新建名称为“Project2”的文件。

② 在代码编辑区域输入以下代码。

```
using System;
namespace Project2
{
    class Program
    {
        static void Main(string[] args)
        {
            int[] myArray = { 5, 9, 15, 22, 30 }; //声明一个数组 myArry，并为其初始化赋值
            foreach (int num in myArray)
            {
                Console.WriteLine("数组元素为：{0}", num);
            }
        }
    }
}
```

【程序分析】本例演示一维数组的访问。在代码中，首先声明整型的一维数组 myArry，并为其初始化赋值；然后使用 foreach 语句，输出该数组中的元素。

在 Visual Studio 2017 中的运行结果如图 6-3 所示。

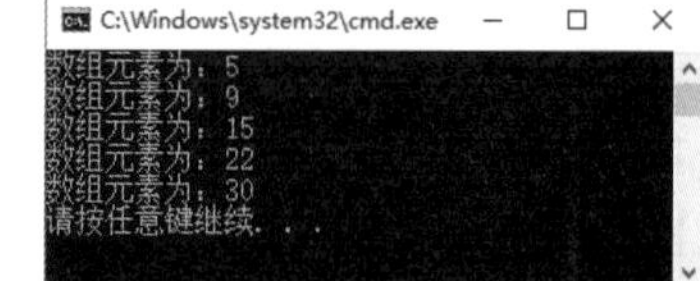

图 6-3　foreach 循环访问一维数组

6.3　二维数组的声明和使用

前面介绍的数组只有一个下标，称为一维数组，其数组元素也称为单下标变量。在实际问题中有很多量是二维的或多维的，因此 C#允许构造多维数组。多维数组元素有多个下标，以标识它在数组中的位置，所以也称为多下标变量。本节只介绍二维数组，多维数组可由二维数组类推而得到。

6.3.1　二维数组的声明

1. 声明二维数组

二维数组的语法格式如下：

```
datatype[,] arrayName;
```

其中，datatype 用于表示二维数组存储数据的类型，arryName 用于表示二维数组名。

例如：

```
int[,] myIntArray;
string[,] myStrArray;
```

2. 初始化二维数组

二维数组的初始化有以下两种形式。

（1）在声明数组时为数组的元素赋初值。

例如：

```
int[,] arry = { { 3, 4 }, { 5, 6 } };
```

（2）可以通过 new 运算符创建数组并将数组元素初始化为它们的默认值。

例如：

```
int[,] arry = new int[2, 2] { { 3, 4 }, { 5, 6 } };
```

也可以在初始化数组时不指定行数和列数，编译器可以根据初始化的数量来自动计算数组的行数和列数。

例如：

```
int[,] arry = new int[, ] { { 3, 4 }, { 5, 6 } };
```

3. 二维数组的存储形式

C#的二维数组，在本质上是一个一维数组的列表。一个二维数组可以被认为是一个带有 i 行和 j 列的表格。声明一个二维数组，包含 3 行和 4 列，它在内存中的形式如图 6-4 所示。

因此，数组中的每个元素是使用形式为 a[i,j]的元素名称来标识的，其中，a 是数组名称，i 和 j 是唯一标识 a 中每个元素的下标。

	Column 0	Column 1	Column 2	Column 3
Row 0	a[0][0]	a[0][1]	a[0][2]	a[0][3]
Row 1	a[1][0]	a[1][1]	a[1][2]	a[1][3]
Row 2	a[2][0]	a[2][1]	a[2][2]	a[2][3]

图 6-4　二维数组的存储形式

4. 二维数组的赋值

二维数组可以通过在括号内为每行指定值来进行赋值。下面是一个带有 3 行 4 列的数组。

```
int [,] a = new int [3,4] {
   {0, 1, 2, 3} ,   /* 初始化索引号为 0 的行 */
   {4, 5, 6, 7} ,   /* 初始化索引号为 1 的行 */
   {8, 9, 10, 11}   /* 初始化索引号为 2 的行 */
};
```

二维数组中的元素是通过使用下标（即数组的行和列）来访问，并为其赋值的。

例如：

```
a[2, 1] = 25;
```

同样，以下实例将获取特定数组元素的值并将其赋予变量 Value。

```
int Value = a[2, 1];
```

6.3.2　二维数组的使用

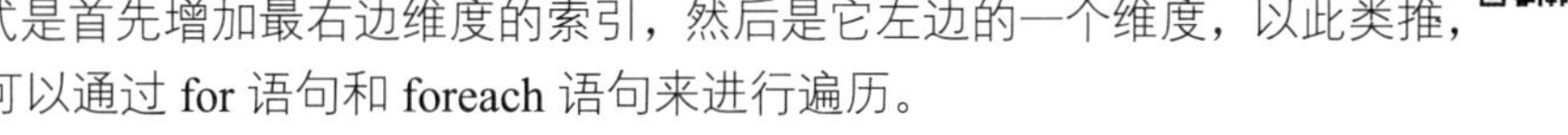

对于二维数组，遍历元素的方式是首先增加最右边维度的索引，然后是它左边的一个维度，以此类推，向左遍历元素。二维数组的元素也可以通过 for 语句和 foreach 语句来进行遍历。

【例 6-3】编写程序，对一个二维数组进行遍历。

（1）在 Visual Studio 2017 中，新建名称为“Project3”的文件。

（2）在代码编辑区域输入以下代码。

```
using System;
namespace Project3
{
    class Program
    {
        static void Main(string[] args)
        {
            /* 一个带有 3 行 4 列的数组 */
            int[,] a = new int[3, 4] {
                {0, 1, 2, 3} ,
                {4, 5, 6, 7} ,
                {8, 9, 10, 11}
            };
            int i, j;
            /* 输出数组中每个元素的值 */
            for (i = 0; i < 3; i++)
            {
                for (j = 0; j < 4; j++)
                {
                    Console.Write("a[{0},{1}] = {2}\t", i, j, a[i, j]);
                }
                Console.WriteLine();
            }
        }
    }
}
```

【程序分析】本例演示二维数组的遍历。在代码中，首先声明一个二维数组 a，并使用 new 关键字为其分配空间，接着对它进行初始化；然后再定义两个整型变量 i 和 j，用于表示二维数组的行和列；最后，通过嵌套的 for 循环输出该二维数组。

在 Visual Studio 2017 中的运行结果如图 6-5 所示。

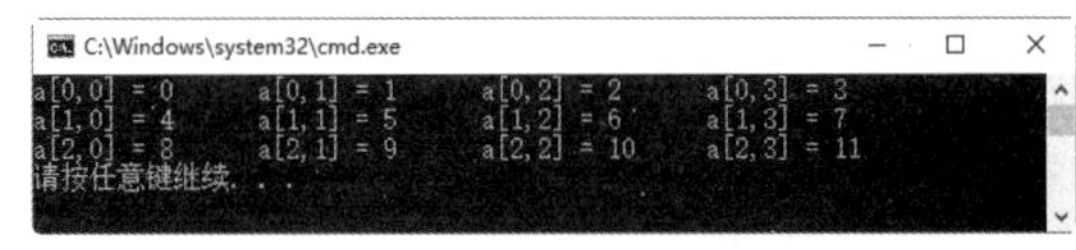

图 6-5　二维数组

【例 6-4】编写程序，使用 foreach 语句遍历一个二维数组。

（1）在 Visual Studio 2017 中，新建名称为“Project4”的文件。

（2）在代码编辑区域输入以下代码。

```
using System;
namespace Project4
{
    class Program
    {
        static void Main(string[] args)
        {
            int[,] a = new int[3, 4] {
                {0, 1, 2, 3} ,
                {4, 5, 6, 7} ,
                {8, 9, 10, 11}
            };
            foreach (int i in a)
            {
                Console.WriteLine("{0} ", i);
            }
        }
    }
}
```

【程序分析】在代码中，首先声明一个二维数组 a，并使用 new 关键字为其分配空间，接着对它进行初始化，然后使用 foreach 语句输出该数组。

在 Visual Studio 2017 中的运行结果如图 6-6 所示。

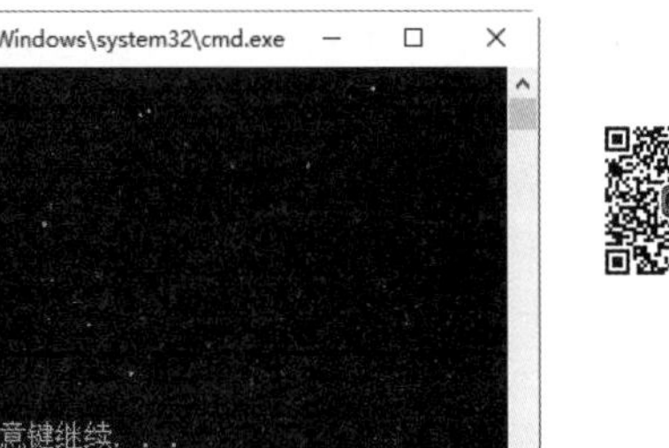

图 6-6 foreach 语句遍历二维数组

6.3.3 动态二维数组的声明及使用

所谓动态数组，就是指程序在运行过程中将数组的定义部分和初始化部分分别写在不同的语句中。动态数组的初始化也需要使用关键字 new 为数组元素分配内存空间，并为数组元素赋初值。

1. 声明

声明动态数组的语法格式如下：

```
type[,] arrayName;
arrayName = new type[n1,n2];
```

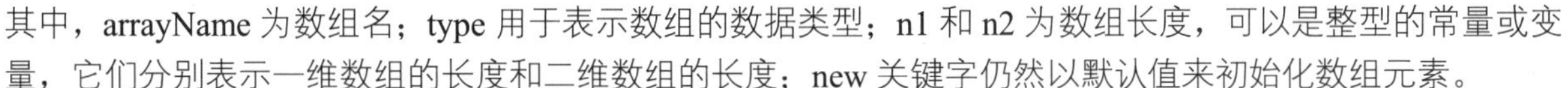

其中，arrayName 为数组名；type 用于表示数组的数据类型；n1 和 n2 为数组长度，可以是整型的常量或变量，它们分别表示一维数组的长度和二维数组的长度；new 关键字仍然以默认值来初始化数组元素。

2. 初始化

声明一个动态的二维数组：

```
int x = 2;
int y = 3;
int[,] arry;
arry = new int[x, y];
```

这里需要注意，x 和 y 可以为任意值。

【例 6-5】编写程序，用户输入一个二维数组的行数和列数，然后遍历出该数组。

（1）在 Visual Studio 2017 中，新建名称为“Project5”的文件。

（2）在代码编辑区域输入以下代码。

```
using System;
namespace Project5
{
    class Program
    {
        static void Main(string[] args)
        {
            Console.Write("请输入动态数组的行数: ");
            int x = Convert.ToInt32(Console.ReadLine());    //定义 x 表示行数
            Console.Write("请输入动态数组的列数: ");
            int y = Convert.ToInt32(Console.ReadLine());    //定义 y 表示列数
            int[,] arr = new int[x, y];            //定义数组 arr，使用 new 关键字分配 x 行 y 列的空间
            Console.WriteLine("遍历数组 arr: ");
            for (int i = 0; i < x; i++)                     //遍历行元素
            {
                for (int j = 0; j < y; j++)                 //遍历列元素
                {
                    Console.Write(i + j.ToString() + " ");  //" "是空格
                }
                Console.ReadLine();
            }
        }
    }
}
```

【程序分析】本例演示了动态二维数组的使用。在代码中，首先定义两个整型变量 x 和 y，分别用于表

示行数和列数；然后将键盘上输入的数据转换为整型数据并赋给变量 x 和 y，这样就得到了行数和列数的确定值；接着使用关键字 new 为数组 arr 分配 x 行 y 列的空间；最后通过 for 循环将数组的行索引和列索引以字符串的形式合并在一起，作为动态二维数组的元素值输出。

在 Visual Studio 2017 中的运行结果如图 6-7 所示。

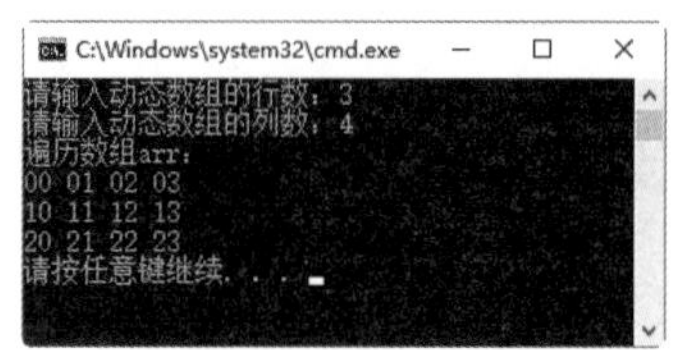

图 6-7　动态二维数组

6.4　特殊数组

在二维数组中数据一般都是按矩形排列，而有一种多维数组中的数据是按不规则的矩形排列。

6.4.1　多维数组

在 C#中声明多维数组，需要在方括号中加上逗号。数组在初始化时应指定每一维度的大小。

1. 声明

例如，声明创建一个 4 行 2 列的二维数组：

```
int[,] a = new int[4, 2];              //声明一个 4 行 2 列的二维数组 a
```

另外，再声明创建一个三维数组：

```
int[,,] a = new int[2, 2, 2];          //声明一个 2 行 2 列 2 纵深的三维数组 a
```

2. 初始化

（1）可以在声明数组时将其初始化。

例如：

```
int[,,] a1 = new int[,,] { { { 1, 2, 3 } }, { { 4, 5, 6 } } };
int[,,] a2 = new int[2, 2, 2] { { { 1, 2 }, { 3, 4 } }, { { 5, 6 }, { 7, 8 } } };
```

（2）也可以初始化数组但不指定级别。

例如：

```
int[,] a3 = {{1,2},{3,4},{5,6},{7,8}};
```

（3）如果选择声明一个数组变量但不将其初始化，必须使用 new 运算符将一个数组分配给此变量。

例如：

```
int[,,] a4;
a4 = new int[,,] {{{1,2},{3,4}},{{5,6},{7,8}},{{9,10},{11,12}}};  //合法
a4 = {{{1,2},{3,4}},{{5,6},{7,8}},{{9,10},{11,12}}};              //不合法
```

（4）也可以给多维数组的单个元素进行初始化。

例如：

```
a4[0,1,1] = 25;
```

【例 6-6】编写程序，使用 for 语句遍历一个三维数组。

① 在 Visual Studio 2017 中，新建名称为“Project6”的文件。

② 在代码编辑区域输入以下代码。

```
using System;
namespace Project6
```

```
{
    class Program
    {
        static void Main()
        {
            int[,,] a;                          //定义一个三维数组 a，并为其赋值
            a = new int[,,] {
                { { 1, 2 }, { 3, 4 } },
                { { 5, 6 }, { 7, 8 } },
                { { 9, 10 }, { 11, 12 } }
            };
            int i, j, k;
            for (i = 0; i < 3; i++)             //索引纵深
            {
                for (j = 0; j < 2; j++)         //索引行数
                {
                    for (k = 0; k < 2; k++)     //索引列数
                    {
                        Console.Write("a[{0}][{1}][{2}]={3}\t", i, j, k, a[i, j, k]);
                    }
                    Console.WriteLine();
                }
                Console.WriteLine();
            }
        }
    }
}
```

【程序分析】本例演示了三维数组的输出。在代码中，首先声明一个三维数组 a，并使用 new 关键字为其分配空间，接着将其初始化为 2 行 2 列 3 纵深的三维数组，然后再定义三个循环变量 i，j，k，最后使用三层嵌套的 for 循环遍历出数组 a 中的元素。

在 Visual Studio 2017 中的运行结果如图 6-8 所示。

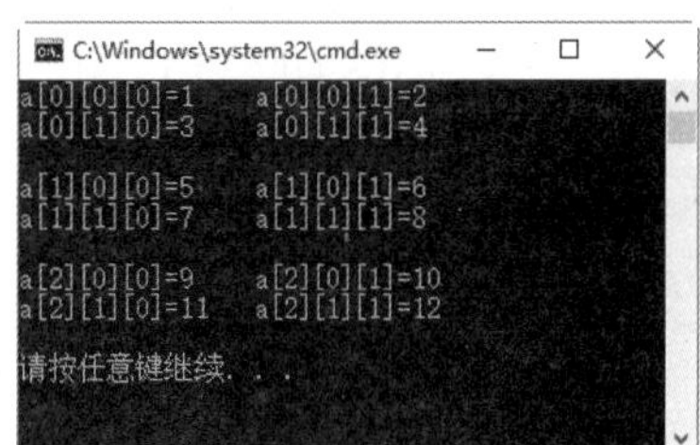

图 6-8　三维数组

6.4.2　交错数组

交错数组也称锯齿形数组，是一种不规则的二维数组，它与矩形数组（二维数组）最大的差异在于数组中每一行的长度并不相同，可以把它想象成由不同长度的一维数组组合而成的矩形数组，所以交错数组也被称为“数组中的数组”，它比矩形数组更加节省内存空间，当然同时也要在创建和使用时按照其特点进行操作。

创建交错数组所使用的语法不同于前面的矩形数组，必须使用两个“[]”运算符，第一个代表行数，如图 6-9 所示。

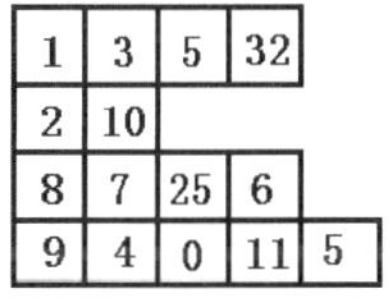

图 6-9　交错数组

（1）如果采用分布声明数组元素方式，元素的个数必须书写，因为交错数组的行是固定的，而每行的列是不固定的，所以在初始化时必须在第一个“[]”中写明行数。

例如：

```
int[][] jaggedArray = new int[4][];
```

（2）对交错数组每行进行初始化。

例如：

```
jaggedArray[0] = new int[5];
jaggedArray[1] = new int[4];
jaggedArray[2] = new int[2];
jaggedArray[3] = new int[3];
```

在对每行进行初始化时，可以看出每行都是一个一维数组。

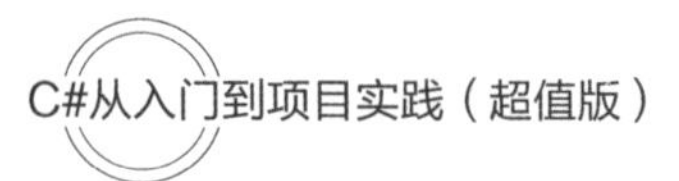

（3）采用索引赋值法，给单个元素赋值。

例如：

```
jaggedArray[2][0] = 25;
jaggedArray[3][1] = 32;
```

（4）直接给交错数组初始化赋值。

例如：

```
jaggedArray[0] = new int[] { 1, 3, 5, 32};
jaggedArray[1] = new int[] { 2, 10 };
jaggedArray[2] = new int[] { 8, 7, 25, 6};
jaggedArray[3] = new int[] { 9, 4, 0, 11, 5};
```

（5）可以在声明数组时将其初始化。

例如：

```
int[][] jaggedArray = new int[][]
{
    new int[] { 1 , 3 , 5 , 32 },
    new int[] { 2 , 10 },
    new int[] { 8 , 7 , 25 , 6 },
    new int[] { 9 , 4 , 0 , 11 , 5 }
};
```

【例 6-7】编写程序，遍历出交错数组。

① 在 Visual Studio 2017 中，新建名称为“Project7”的文件。

② 在代码编辑区域输入以下代码。

```
using System;
namespace Project7
class MyClass
{
    static void Main()
    {
        int[][] arr = new int[4][];
        arr[0] = new int[] { 1, 3, 5, 32 };
        arr[1] = new int[] { 2, 10 };
        arr[2] = new int[] { 8, 7, 25, 6 };
        arr[3] = new int[] { 9, 4, 0, 11, 5 };
        foreach (int[] i in arr)
        {
            foreach (int j in i)
            {
                Console.Write("{0}  ",j);
            }
            Console.WriteLine();
        }
    }
}
```

【程序分析】本例演示了交错数组的遍历。在 Main 方法中，用户自定义一个不规则的二维数组 arr，然后为该数组进行初始化，最后通过 foreach 循环进行遍历。

在 Visual Studio 2017 中的运行结果如图 6-10 所示。

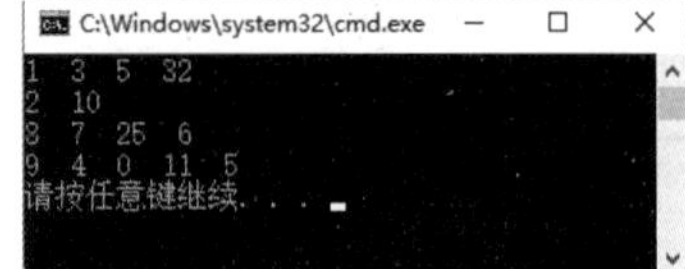

图 6-10 遍历交错数组

6.5 传递数组给函数

在 C#中，用户可以传递数组作为方法的参数。用户可以通过指定不带索引的数组名称来给函数传递一个指向数组的指针。

【例 6-8】编写程序，用户自定义方法 getAverage，用于求出一个整型数组的平均值。

（1）在 Visual Studio 2017 中，新建名称为“Project8”的文件。

（2）在代码编辑区域输入以下代码。

```
using System;
namespace Project8
{
    class Program
    {
        public static  double getAverage(int[] arr, int size)
        {
            int i;
            double avg;
            int sum = 0;
            for (i = 0; i < size; ++i)
            {
                sum += arr[i];
            }
            avg = (double)sum / size;
            return avg;
        }
        static void Main(string[] args)
        {
            //一个带有 5 个元素的 int 数组
            int[] arr = new int[] { 29, 32, 43, 17, 50 };
            double avg;
            //传递数组的指针作为参数
            avg = getAverage(arr, 5);
            //输出返回值
            Console.WriteLine("平均值是： {0} ", avg);
        }
    }
}
```

【程序分析】本例演示了如何传递数组给函数。在代码中，用户首先自定义一个静态的 double 类型的方法 getAverage，该方法的作用是接收从 Main 方法传递过来的数据进行求和并计算出平均值，最后将平均值作为该方法的返回值。在 Main 方法中，首先定义一个整型数组 arr，并为其初始化赋值，接着将数组名 arr 作为 getAverage 方法的实参进行传递。

在 Visual Studio 2017 中的运行结果如图 6-11 所示。

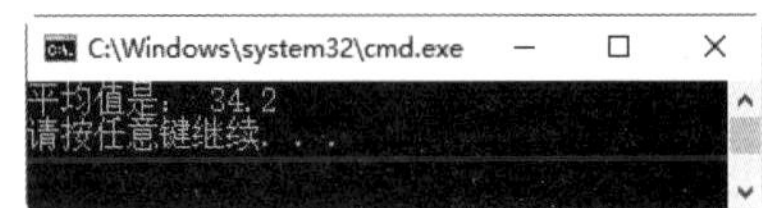

图 6-11　传递数组给函数

6.6　参数数组

有时，当声明一个方法时，用户不能确定要传递给函数作为参数的参数数目。C#参数数组解决了这个问题，参数数组通常用于传递未知数量的参数给函数。

参数数组通过关键字 params 定义。params 类型参数主要用于在对数组长度未知的情况下进行函数声明，调用时可以传入个数不同的实参，具有很好的灵活性。

params 的使用格式为：

```
public 返回类型 方法名称( params 类型名称[] 数组名称 )
```

【例 6-9】编写程序，用户自定义方法 AddMethod，用于计算未知数量的数组所有元素的和。

（1）在 Visual Studio 2017 中，新建名称为“Project9”的文件。

（2）在代码编辑区域输入以下代码。

```
using System;
namespace Project9
{
    class Program
    {
        public static  int AddMethod(params int[] arr)
        {
            int sum = 0;
            foreach (int i in arr)
            {
                sum += i;
            }
            return sum;
        }
        static void Main(string[] args)
        {
            int sum = AddMethod(53, 72, 50, 67, 89);
            Console.WriteLine("总和是： {0}", sum);
        }
    }
}
```

【程序分析】本例演示了如何使用参数数组。在代码中，用户首先自定义一个静态的 int 类型的方法 AddMethod，该方法用于计算一个数组中所有元素的和，并将结果作为该方法的返回值。由于是接收一个未知个数的数组，所以将 AddMethod 方法的形参数组 arr，用 params 进行修饰。在 Main 方法中，直接对 AddMethod 方法输入 5 个实参的值，最后返回这 5 个数据的和。

在 Visual Studio 2017 中的运行结果如图 6-12 所示。

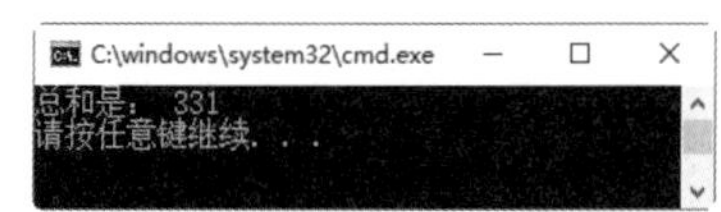

图 6-12　参数数组

6.7　Array 类

C#数组是由 System.Array 类派生而来的引用对象，可以使用 Array 类的属性来对数组进行各种操作。

6.7.1　Array 类的属性及方法

用方括号声明数组是 C#中使用 Array 类的表示法。在后台使用 C#语法，会创建一个派生自抽象基类 Array 的新类。这样，就可以使用 Array 类为每个 C#数组定义的方法和属性了。

1. Array 类的属性

Array 类中最常用的属性如表 6-1 所示。

表 6-1　Array 类的属性

属　性	说　明
IsFixedSize	获取一个值，该值指示数组是否带有固定大小
IsReadOnly	获取一个值，该值指示数组是否只读
Length	获取一个 32 位整数，该值表示所有维度的数组中的元素总数
LongLength	获取一个 64 位整数，该值表示所有维度的数组中的元素总数
Rank	获取数组的秩（维度）

【例 6-10】编写程序，使用 Array 类，输出一个数组的相关属性。

（1）Visual Studio 2017 中，新建名称为“Project10”的文件。

（2）在代码编辑区域输入以下代码。

```
using System;
namespace Project10
{
    class Program
    {
        static void Main(string[] args)
        {
            int[] intArry = new int[5];
            for (int x = 1; x <= 5; x++)
            {
                intArry[x - 1] = x;
            }
            Console.WriteLine("显示数组中的数据");
            for (int i = 1; i <= 5; i++)
            {
                Console.Write("{0} ", intArry[i - 1]);
            }
            Console.WriteLine("\n");
            Console.WriteLine("数组是否带有固定大小: " + intArry.IsFixedSize);
            Console.WriteLine("数组是否只读: " + intArry.IsReadOnly); //是否只读
            Console.WriteLine("数组的长度: "+intArry.Length);           //数组的长度
            Console.WriteLine("数组的长度: "+intArry.LongLength);       //数组的长度
            Console.WriteLine("数组的维度: "+intArry.Rank);             //数组的维数
        }
    }
}
```

【程序分析】本例演示通过 Array 类输出数组的相关属性。在代码中，首先定义一个 int 类型的数组 intArry；然后通过 for 循环为其赋值，并打印出来；最后调用 Array 类的属性，输出该数组的长度、维度、是否只读，以及是否带有固定大小。

在 Visual Studio 2017 中的运行结果如图 6-13 所示。

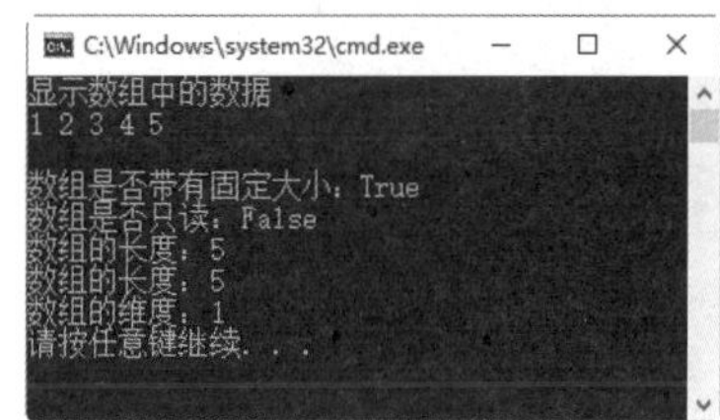

图 6-13 数组的相关属性

2. Array 类的方法

Array 类中最常用的方法如表 6-2 所示。

表 6-2 Array 类的方法

方 法	描 述
Clear	根据元素的类型，设置数组中某个范围的元素为零、为 false 或者为 null
Copy(Array,Array,Int32)	从数组的第一个元素开始复制某个范围的元素到另一个数组的第一个元素位置。长度由一个 32 位整数指定
CopyTo(Array,Int32)	从当前的一维数组中复制所有的元素到一个指定的一维数组的指定索引位置。索引由一个 32 位整数指定
GetLength	获取一个 32 位整数，该值表示指定维度的数组中的元素总数
GetLongLength	获取一个 64 位整数，该值表示指定维度的数组中的元素总数
GetLowerBound	获取数组中指定维度的下界
GetType	获取当前实例的类型。从对象（Object）继承

续表

方　法	描　述
GetUpperBound	获取数组中指定维度的上界
GetValue(Int32)	获取一维数组中指定位置的值。索引由一个 32 位整数指定
IndexOf(Array,Object)	搜索指定的对象，返回整个一维数组中第一次出现的索引
Reverse(Array)	逆转整个一维数组中元素的顺序
SetValue(Object,Int32)	给一维数组中指定位置的元素设置值。索引由一个 32 位整数指定
Sort(Array)	使用数组的每个元素的 IComparable 实现来排序整个一维数组中的元素
ToString	返回一个表示当前对象的字符串。从对象（Object）继承

6.7.2　遍历数组

遍历数组就是将数组元素依次进行输出。

【例 6-11】 编写程序，遍历一个 5 行 2 列的二维数组。

（1）Visual Studio 2017 中，新建名称为“Project11”的文件。

（2）在代码编辑区域输入以下代码。

```
using System;
namespace Project11
{
    class Program
    {
        static void Main(string[] args)
        {
            //5 行 2 列
            string[,] Student = { { "张三","2 班"}, { "李四", "1 班" }, { "王五", "5 班" }, { "赵六",
              "3 班" }, { "孙七", "未知" }};
            //正序遍历
            Console.WriteLine("以下是正序输出");
            for (int i = 0; i < 5; i++)
            {
                for (int j = 0; j < 2; j++)
                {
                    Console.Write(Student[i, j] + "\t");
                }
                Console.WriteLine();
            }
            //倒序遍历
            Console.WriteLine("以下是倒序输出");
            for (int i = 4; i >= 0; i--)
            {
                for (int j = 1; j >= 0; j--)
                {
                    Console.Write(Student[i, j] + "\t");
                }
                Console.WriteLine();
            }
            Console.WriteLine("以下为 Length 属性: 数组包含元素的总个数");
            Console.WriteLine(Student.Length);
            //获取数组中指定维度的下界
            Console.WriteLine(Student.GetLowerBound(0));
            //获取数组中指定维度的上界
            Console.WriteLine(Student.GetUpperBound(0));
```

```
            }
        }
    }
```

【程序分析】本例演示了如何遍历数组。在代码中，首先定义一个 string 类型的二维数组 Student，并为其初始化赋值；接着通过 for 循环，进行正序遍历和倒序遍历；然后通过 Length 属性，获取数组包含元素的总个数；调用 GetLowerBound 方法，获取数组中指定维度的下界为第 0 行，再调用 GetUpperBound 方法，获取数组中指定维度的上界为第 4 行。

在 Visual Studio 2017 中的运行结果如图 6-14 所示。

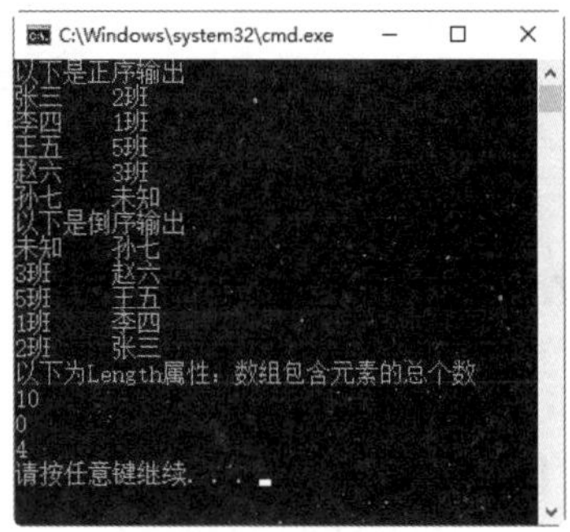

图 6-14　遍历数组

6.7.3　查找数组元素

查找数组元素可以解决两类问题。第一类可以查看这个数组是否存在某个元素；第二类则可以获取已知存在元素的索引值。

【例 6-12】编写程序，查找某数组中某个元素的索引值。

（1）Visual Studio 2017 中，新建名称为“Project12”的文件。

（2）在代码编辑区域输入以下代码。

```
using System;
namespace Project12
{
    class Program
    {
        static void Main(string[] args)
        {
            //定义数组 myintArray
            int[] myintArray = { 11, 5, 89, 35, 24, 9, 17, 20, 63, 12, 18, 9, 29, 37, 14 };
            //定义两个变量 first 和 last，用于存储元素 9 第一次出现的索引值和最后一次出现的索引值
            int first, last;
            first = Array.IndexOf(myintArray, 9);
            last = Array.LastIndexOf(myintArray, 9);
            if (first < 0)
            {
                Console.WriteLine("未找到元素 9");
            }
            cloc
            {
                Console.WriteLine("找到元素 9");
            }
            Console.WriteLine("该元素第一次出现的索引值是：{0}， 最后一次出现的索引值是：{1}",Array.IndexOf
               (myintArray,9),Array.LastIndexOf(myintArray,9));
        }
    }
}
```

【程序分析】本例演示了如何查找数组中的元素。在代码中，定义 int 类型的数组 myintArray 并初始化赋值。IndexOf 方法可以查找元素首次出现的位置，而 LastIndexOf 方法则可以查找元素最后一次出现的位置，元素的位置都是从 0 开始的索引值。

这里需要注意，IndexOf 与 LastIndexOf 方法都有两个参数，第一个参数是用户要查找的数据，第二个参数是要查找的元素，并且它们都返回一个 int 类型的索引值。在使用 if 语句判断时，如果要查找的元素不存在，则 IndexOf 和 LastIndexOf 方法会返回-1。

在 Visual Studio 2017 中的运行结果如图 6-15 所示。

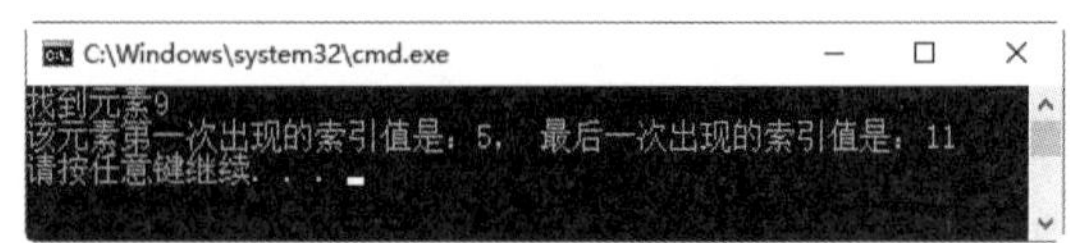

图 6-15　查找数组元素

6.7.4　数组排序

Array 类提供了两种方法 Sort 和 Reverse 用于数组排序。

【例 6-13】编写程序，定义一个整型数组，使用 Sort 和 Reverse 方法对其进行排序。

（1）Visual Studio 2017 中，新建名称为“Project13”的文件。

（2）在代码编辑区域输入以下代码。

```
using System;
namespace Project13
{
    class Program
    {
        static void Main(string[] args)
        {
            int[] myintArray = { 11, 5, 89,  17, 20, 63, 12, 18, 9, 29, 37, 14 };
            Console.WriteLine("原数组是: ");
            foreach (int outin in myintArray)
            {
                Console.Write(outin+"  ");
            }
            //利用 Sort 实现升序的排序，并且更改原数组的存储位置
            Console.WriteLine("\n 数组实现升序后是: ");
            Array.Sort(myintArray);
            foreach (int outint in myintArray)
            {
                Console.Write(outint + "  ");
            }
            //利用 Reverse 实现降序的排序，并且更改原数组的存储位置
            Console.WriteLine("\n 数组实现降序后是: ");
            Array.Reverse(myintArray);
            foreach(int outint in myintArray)
            {
                Console.Write(outint + "  ");
            }
            Console.WriteLine();
        }
    }
}
```

【程序分析】本例演示了如何对数组进行排序。在代码中，定义了一个 int 类型的一维数组 myintArray 并初始化，然后分别使用 Sort 和 Reverse 对其进行升序和降序的排列。

在 Visual Studio 2017 中的运行结果如图 6-16 所示。

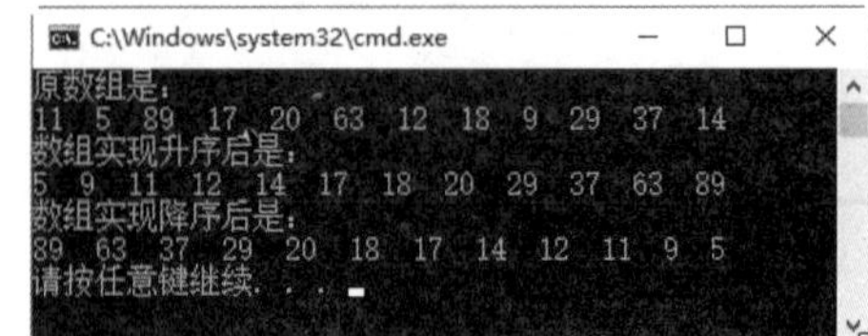

图 6-16　数组的排序

6.7.5　数组合并与拆分

数组的拆分与合并并不是针对一个数组进行操作的，而是将两个数组合并到第三个数组中去。在 C#中数组的拆分与合并是通过 Array 类提供的 Copy 方法实现的。

Copy 有四种重载形式：

```
Copy(Array, Int64, Array, Int64, Int64)      //长度和索引指定为 64 位整数
Copy(Array, Int32, Array, Int32, Int32)      //长度和索引指定为 32 位整数
```

复制 Array 中的一系列元素（从指定的源索引开始），并将它们粘贴到另一 Array 中（从指定的目标索引开始）。

```
Copy(Array, Array, Int64)                    //长度指定为 64 位整数
Copy(Array, Array, Int32)                    //长度指定为 32 位整数
```

从第一个元素开始复制 Array 中的一系列元素，将它们粘贴到另一个 Array 中（从第一个元素开始）。

【例 6-14】 编写程序，定义两个数组，并对这两个数组进行拆分与合并的操作。

（1）Visual Studio 2017 中，新建名称为“Project14”的文件。

（2）在代码编辑区域输入以下代码。

```
using System;
namespace Project14
{
    class Program
    {
        static void Main(string[] args)
        {
            int[] arr1 = { 9,1,2,3,4,5,6,7,8};
            int[] arr2 = { 11,12,13,14,15,16,17,18,19};
            Console.WriteLine("原 arr1 数组为: ");
            foreach (int outarr in arr1)
            {
                Console.Write(outarr+"  ");
            }
            Console.WriteLine("\n 原 arr2 数组为: ");
            foreach (int outarr in arr2)
            {
                Console.Write(outarr+"  ");
            }
            Console.WriteLine("\n 合并 arr1 与 arr2");
            int[] NumArr1 = new int[18];
            //表示将 arr1 中的数组元素从索引值 0 开始，取 9 个元素，放入 NumArr1 数组中
            //注意：在 NumArr1 中从索引值 0 开始存放
            Array.Copy(arr1, NumArr1, 9);
            //数组 arr2 索引值从 0 开始取 9 个长度，放入到 NumArr1 中，并从索引值 9 开始存放
            Array.Copy(arr2, 0, NumArr1, 9, 9);
            foreach (int outarr in NumArr1)
            {
                Console.Write(outarr + "  ");
            }
            Console.WriteLine("\n 拆分数组");
            int[] NumArr2 = new int[5];
            //数组 NumArr1 索引值从 11 开始取 5 个长度，放入到 NumArr2 中，并从索引值 0 开始存放
            Array.Copy(NumArr1, 11, NumArr2, 0,5);
            Console.WriteLine("拆分后的结果");
            foreach (int outarr in NumArr2)
            {
                Console.Write(outarr + "  ");
            }
            Console.WriteLine();
        }
    }
}
```

【程序分析】本例演示了如何对数组进行拆分与合并。在代码中，首先定义两个数组 arr1 和 arr2，并为其进行初始化赋值；接着使用 foreach 循环遍历出两个数组；然后使用 Copy 方法，进行合并操作，首先将

arr1 中的数组元素从索引值 0 开始，取 9 个元素，放入 NumArr1 数组中，再通过 Copy 方法将数组 arr2 索引值从 0 开始取 9 个长度，放入到 NumArr1 中，并从索引值 9 开始存放；进行拆分操作时也使用 Copy 方法，将数组 NumArr1 索引值从 11 开始取 5 个长度，放入到 NumArr2 中，并从索引值 0 开始存放。

在 Visual Studio 2017 中的运行结果如图 6-17 所示。

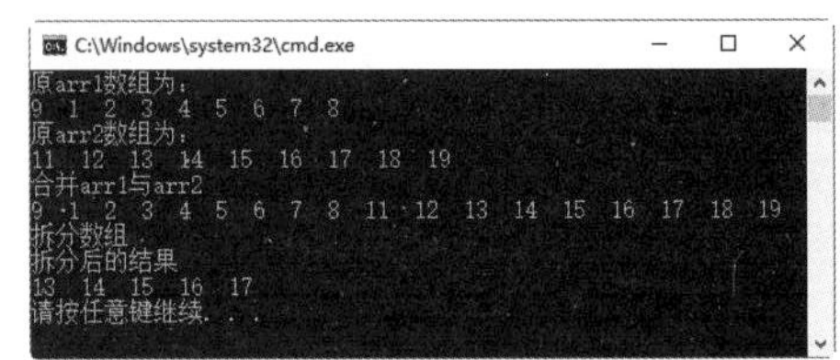

图 6-17　数组的拆分与合并

6.8　就业面试技巧与解析

本章对数组分类进行了详细的介绍，同时还对数组的各种操作举例说明。读者应熟练掌握数组和 Array 类的使用，并能将其应用于实际开发中。

6.8.1　面试技巧与解析（一）

面试官： C#中数组作为参数传递时会遇到哪些问题？

应聘者： 如果参数在使用过程中被意外修改，将会带来不可预知的结果，而且这种错误很难被检查到，所以用户在设计方法参数的时候，要充分考虑传递引用类型参数或者引用方式传递引用类型参数可能带来的后果。

面试官： 交错数组和多维数组有何区别？

应聘者： 交错数组是元素为数组的数组。交错数组元素的维度和大小可以不同。交错数组有时称为“数组的数组”。二维数组的每一行元素的个数是一样的，或者说每一行长度是一样的，但交错数组的每一行可以是不同的。二维数组有点像唐诗，每一句字数都是一样的，交错数组有点像宋词，每一句字数可以是不同的。

6.8.2　面试技巧与解析（二）

面试官： 什么是数组访问越界？

应聘者： 用户通过数组的下标来得到数组内指定索引的元素，这称做对数组的访问。如果一个数组定义为有 n 个元素，那么，对这 n 个元素（下标为 0～n-1 的元素）的访问都合法，如果对这 n 个元素之外的访问，就是非法的，称为“越界。

数组占用了一段连续的内存空间，用户可以通过指定数组下标来访问这块内存里的不同位置。因此，当下标过大时，访问到的内存就不再是这个数组“份内”的内存，访问的将是其他变量的内存了。

面试官： 访问越界会出现什么结果？

应聘者： 首先，它并不会造成编译错误！就是说，C#的编译器并不判断和指出用户的代码“访问越界”了。一个明明是错误的东西，就这样“顺利”地通过了编译。

数组访问越界在运行时，它的表现是不定的，有时似乎什么事也没有，程序一直运行；有时则是程序一下子崩溃。因此在使用数组时，一定要在编程中判断是否越界以保证程序的正确性。

常见的错误就是数组的 size 值和下标访问值弄错，数组的下标是从 0 开始的，最大的访问值是 size−1。

第 7 章

面向对象编程——类与对象

学习指引

结构是从过程化程序设计中保留下来的一种数据类型，而类则是面向对象程序设计中最基本也是最重要的一个概念。类的方法和属性是C#程序中两个重要的组成部分。其中，属性提供灵活的机制来读取、编写或计算私有字段的值，而方法则是以一部分代码构成代码块的形式存在，用来实现一部分特定的功能。

重点导读

- 掌握方法的使用。
- 掌握类与对象、字段和属性的使用。
- 掌握构造函数与析构函数的使用。
- 掌握虚方法的使用。
- 掌握方法的重载。
- 熟悉结构体与类的区别。

7.1　方法

方法是一种用于实现可以由对象（或类）执行的计算机或者操作的成员，是一个已命名的语句集。每个方法都有一个名称和一个主体。

在 C#中，每个执行的指令均在方法的上下文中执行。Main 方法是每个 C#应用程序的入口点，并在启动程序时由公共语言运行时（CLR）进行调用。

7.1.1　方法的声明

方法在类或结构中声明，声明时需要指定修饰符、返回类型、方法名称以及参数。方法的参数放在括号中，并用逗号隔开。空括号表示方法不需要参数。

定义方法的语法如下：

```
<访问修饰符> <返回类型> <方法名称>(参数列表)
{
    //方法主体
}
```

访问修饰符：主要用于决定变量或方法对于另一个类的可见性。

返回类型：一个方法可以返回一个值。返回类型是方法返回的值的数据类型。如果方法不返回任何值，则返回类型为 void。

方法名称：必须是一个有意义的标识符，并且区分大小写。该标识符应该描述出方法的用途，但是不能与类中声明的其他标识符相同。

参数列表：是指在方法名后面括号内的一系列参数，这些参数是用来传递和接收方法的数据。

方法主体：包含调用方法时的实际执行语句。

用户可以为大多数方法提供一些数据来处理，并让其返回一些有用的信息。同时方法还是一种基本的、功能强大的编译机制。

例如，计算 5 的阶乘：

```
static void Function()
{
    int factorial = 1;
    for (int i = 5; i > 0; i--)
    {
        factorial *= i;
    }
    Console.WriteLine("5 的阶乘={0}\n", factorial);
}
```

该例中，关键字 static 是一个静态修饰符，而 void 表示没有返回值，如果用户需要定义一个有返回值的方法，直接用对应的类型替换 void 即可。

7.1.2 C#中调用方法

在前面章节中，读者所学的代码都是以单个代码块的形式出现的。其中包含一些重复执行的循环代码以及有条件的分支语句。如果要对数据执行某种操作，就应把所需要的代码放在合适的位置。因此，调用代码中的方法，可以简化大量重复性的操作。

【例 7-1】 编写程序，分别计算 7、6、5、4 的阶乘。

（1）在 Visual Studio 2017 中，新建名称为“Project1”的文件。

（2）在代码编辑区域输入以下代码。

```
using System;
namespace Project1
{
    class Program
    {
        static void Main(string[] args)
        {
            //求 7 的阶乘
            int factorial = 1;
            for (int i = 7; i > 0; i--) factorial *= i;
            Console.WriteLine("7!  ={0}\n", factorial);
            //求 6 的阶乘
            factorial = 1;
            for (int i = 6; i > 0; i--) factorial *= i;
```

```
            Console.WriteLine("6!  ={0}\n", factorial);
            //求 5 的阶乘
            factorial = 1;
            for (int i = 5; i > 0; i--) factorial *= i;
            Console.WriteLine("5!  ={0}\n", factorial);
            //求 4 的阶乘
            factorial = 1;
            for (int i = 4; i > 0; i--) factorial *= i;
            Console.WriteLine("4!  ={0}\n", factorial);
        }
    }
}
```

【程序分析】本例演示了在 Main 方法中，计算整数的阶乘。在代码中首先定义一个整型变量 factorial，用于阶乘的计算。由于每计算一次阶乘，变量 factorial 都需要进行一次初始化，这种重复性的操作不但复杂，而且容易出错。

在 Visual Studio 2017 中的运行结果如图 7-1 所示。

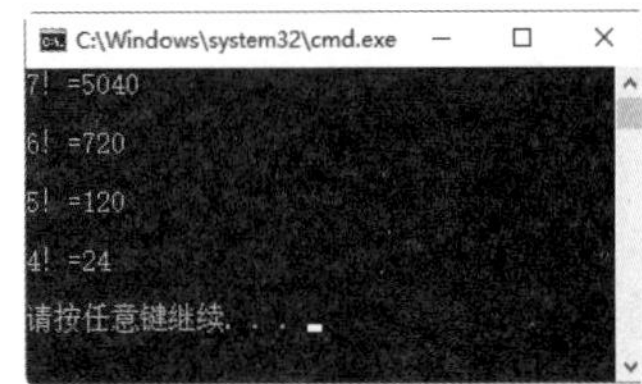

图 7-1　计算阶乘

【例 7-2】编写程序，通过对方法的调用，对例 7-1 进行优化。

（1）在 Visual Studio 2017 中，新建名称为“Project2”的文件。

（2）在代码编辑区域输入以下代码。

```
using System;
namespace Project2
{
    class Program
    {
        static void Factorial(int a)
        {
            int factorial = 1;
            for(int i=a;i>0;i--)
            {
                factorial *= i;
            }
            Console.WriteLine("{0}的阶乘={1}\n", a, factorial);
        }
        static void Main(string[] args)
        {
            Factorial(7);
            Factorial(6);
            Factorial(5);
            Factorial(4);
        }
    }
}
```

【程序分析】本例演示了对方法的调用。在代码中，用户首先自定义了一个方法 Factorial，并且在括号里定义了形参 a。而该方法的功能就是通过形参 a 接收一个整数，并计算出该整数的阶乘。由于 Main 方法是整个程序的入口点，所以在 Main 方法中调用 Factorial，并依次求出 7、6、5、4 的阶乘。

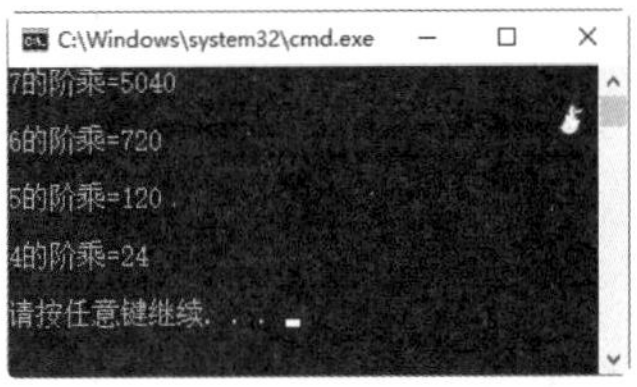

在 Visual Studio 2017 中的运行结果如图 7-2 所示。

图 7-2　对方法进行调用

在 C#语言中，除了 Main 方法以外，其他所有的方法都允许调用其他方法或者被其他方法调用。同时方法还可以对自身进行调用，所以对调用自身的方法又称之为递归调用。

【例 7-3】编写程序，使用递归调用，求出 8 的阶乘。

（1）在 Visual Studio 2017 中，新建名称为“Project3”的文件。

（2）在代码编辑区域输入以下代码。

```
using System;
namespace Project3
{
    class Program
    {
        static int Method(int n)                    //用户自定义求阶乘的方法
        {
            int num = 0;
            if (n == 0)
            {
                return 1;
            }
            else
            {
                num = n * Method(n - 1);            //在Method方法中调用自身
            }
            return num;
        }
        static void Main(string[] args)
        {
            Console.WriteLine("递归调用 8!={0}", Method(8));
        }
    }
}
```

【程序分析】本例演示了递归调用的方法。在代码中首先自定义一个方法 Method，在其括号内声明一个参数 n，用于接收数据；然后对接收到的数据 n 进行判断，如果 n 等于 0 则返回 1，否则就对方法 Method 调用 n−1 次；最后在 Main 方法中，输入 n 的值并计算出阶乘。

在 Visual Studio 2017 中的运行结果如图 7-3 所示。

```
C:\windows\system32\cmd.exe
递归调用8!=40320
请按任意键继续. . .
```

图 7-3　递归调用

7.1.3　传递参数

参数用于向方法传递值或者引用。参数有两种形式：用户自定义方法括号里面的变量名，称为形式参数，简称形参；在 Main 方法中调用另一个方法时，方法名后面括号中的参数称为实际参数，简称实参。方法的参数从方法被调用时指定的实参获取它们的实际值。

参数可以通过以下四种类型进行传递。

1. 按值参数传递

按值参数进行传递时，方法中的变量修改不会影响参数列表。因为在传值过程中会为每个参数创建一个新的存储位置，并且实际参数的值会复制给形参，因此实参和形参使用的是两个不同内存中的值。所以，当形参的值发生改变时，不会影响实参的值，从而保证了实参数据的安全。

【例 7-4】编写程序，将变量 y 按值传递给方法 Method。

（1）在 Visual Studio 2017 中，新建名称为“Project4”的文件。

（2）在代码编辑区域输入以下代码。

```
using System;
namespace Project4
{
    class Program
    {
        public void Method(int x)    //形参 x 是通过值传递的
        {
```

```
            x *= x;                      //对 x 的更改不会影响 x 的原始值
            Console.WriteLine("Method 方法内的值: {0}", x);
        }
        static void Main()
        {
            Program n = new Program();
            int y = 9;
            Console.WriteLine("调用 Method 方法之前的值: {0}", y);
            n.Method(y);                 //实参 y 是通过值传递变量
            Console.WriteLine("调用 Method 方法后的值: {0}", y);
        }
    }
}
```

【程序分析】本例演示了按值传递值类型的参数。在代码中，变量 y 是值类型，它的值为 9。在调用 Method 时，y 的内容复制到参数 x 中，并计算 x 的平方值。但是在 Main 中，y 的值在调用 Method 方法之后与之前相同。所以，在方法内发生的更改只影响本地变量 x，无法影响到该变量的原始值。

在 Visual Studio 2017 中的运行结果如图 7-4 所示。

图 7-4　按值传递值类型

2. 按引用参数传递

该方式就是对变量内存位置的引用。与值参数不同的是，它不会为这些参数创建一个新的存储位置。引用参数与提供给方法的实际参数具有相同的内存位置。在 C#中，使用 ref 关键字声明引用参数。

【例 7-5】编写程序，将变量 y 按引用传递给方法 Method。

（1）在 Visual Studio 2017 中，新建名称为“Project5”的文件。

（2）在代码编辑区域输入以下代码。

```
using System;
namespace Project5
{
    class Program
    {
        public void Method(ref int x)           //形参 x 通过引用传递
        {
            x *= x;                             //对 x 的改变会影响 x 的原始值
            Console.WriteLine("Method 方法内部的值: {0}", x);
        }
        static void Main()
        {
            Program n = new Program();
            int y = 7;
            Console.WriteLine("Main 方法内部的值: {0}", y);
            n.Method(ref y);                    //实参 y 是通过引用传递变量
            Console.WriteLine("通过引用传递变量: {0}", y);
        }
    }
}
```

【程序分析】本例演示了按引用传递的参数。在代码中，传递的不是 y 的值，而是传递 y 的引用，也就是变量 y 在内存中的地址。参数 x 是一个 int 类型的地址，在这种情况下，是对 y 的引用。因此，当 x 在 Method 方法中进行平方计算时，实际求平方值的就是 x 所指的 y。

在 Visual Studio 2017 中的运行结果如图 7-5 所示。

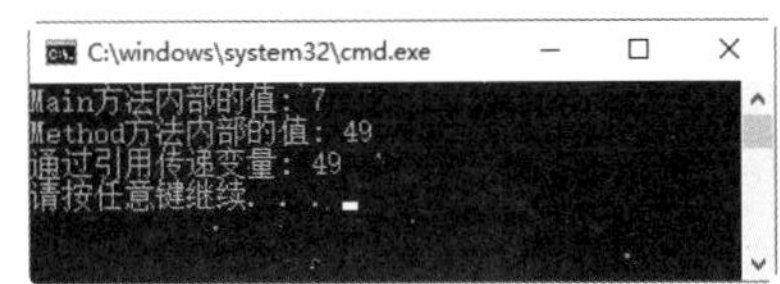

图 7-5　按引用传递值类型

3. 按输出参数传递

用户自定义的方法一般可以通过 return 语句返回一个值。如果希望方法返回多个值，可以按输出参数的方式进行传递参数。对于输出参数来说，调用方提供的实参的初始值并不重要，除此之外，输出参数与引用参数类似。输出参数是用 out 修饰符声明的。

【例 7-6】 编写程序，求出数组中的最大值进行返回，并返回最大值的一个索引。

（1）在 Visual Studio 2017 中，新建名称为“Project6”的文件。

（2）在代码编辑区域输入以下代码。

```
using System;
namespace Project6
{
    class Program
    {
        //需要返回两个参数，一个是数组元素的最大值，另一个是最大值的索引
        static int MaxNum(int[]arr,out int num)
        {
            //声明变量 maxNum 为最大值，并且假定数组的第一个元素为最大值
            int maxNum = arr[0];
            num = 0;      //因此这个索引值也为 0
            for (int i = 0; i < arr.Length; i++)
            {
                if (maxNum < arr[i])
                {
                    maxNum = arr[i];
                    num = i;
                }
            }
                return maxNum;
        }
        static void Main(string[] args)
        {
            int[] myArr = { 12, 4, 567, 3, 9, 6, 8 };
            int max;
            Console.WriteLine("数组 myArr 最大的元素值是{0}，其索引值是{1}", MaxNum(myArr, out max), max);
        }
    }
}
```

【程序分析】本例演示了按输出参数进行传递。在代码中自定义 MaxNum 方法，该方法的功能是选出一个数组中的最大值和最大值的索引，所以在该方法的括号里声明了两个参数，分别为数组 arr，用于接收数组元素；以及变量 num，由于不确定最大值的个数，所以需要使用 out 进行声明。在 MaxNum 方法中，首先声明变量 maxNum 用于表示最大值，并且假定数组的第一个元素为最大值，所以将 arr[0]赋给该变量；接着通过 for 循环遍历数组 arr，并且使用 if 语句判断出该数组中的最大值；然后将最大值 arr[i]赋给变量 maxNum，将最大值的索引值赋给变量 num；最后在 Main 方法中，调用 MaxNum 方法，输出数组 myArr 的最大元素值和与其对应的索引值。

在 Visual Studio 2017 中的运行结果如图 7-6 所示。

注意： *若要使用 out 参数，方法定义和调用方法均必须显式使用 out 关键字。*

图 7-6　输出参数

4. 按参数数组传递

当声明一个方法时，用户不能确定要传递的参数个数时，可使用 params 关键字来定义。在 C#中使用参数数组可以简化代码，因为在调用代码时就可以不必传递数组，而是传递同类型的几个参数。

【例 7-7】 编写程序，用于计算整型元素的和。

（1）在 Visual Studio 2017 中，新建名称为“Project7”的文件。

（2）在代码编辑区域输入以下代码。

```
using System;
namespace Project7
{
    class Program
    {
        static int Add(params int[] arr)
        {
            int sum = 0;
            foreach (int outarr in arr)
            {
                sum+=outarr;
            }
            return sum;
        }
        static void Main(string[] args)
        {
            int[] myArr = { 1, 2, 3, 4, 5, 6, 7, 8, 9 };
            Console.WriteLine("myArr 数组中所有元素的和为："+Add(myArr));
        }
    }
}
```

【程序分析】本例演示了参数数组的使用。在代码中，首先自定义一个 Add 方法，在该方法的括号里使用关键字 params，并对数组 arr 进行修饰；接着在方法体内使用 foreach 语句，对数组 arr 的所有元素进行相加求和；然后在 Main 方法中定义数组 myArr 并为其赋值；最后调用 Add 方法，将数组 myArr 作为实际参数进行传递。

在 Visual Studio 2017 中的运行结果如图 7-7 所示。

```
C:\windows\system32\cmd.exe
myArr数组中所有元素的和为：45
请按任意键继续. . .
```

图 7-7　参数数组

7.1.4　方法的分类

方法分为静态方法和实例方法。其中，使用 static 修饰符声明的方法称为静态方法，而不使用 static 修饰符声明的方法称为实例方法。

1. 静态方法

静态方法不对特定实例进行操作，并且只能访问类中的静态成员，而且不能使用实例成员。访问静态方法时可以直接访问，也可以使用类名而不需要创建对象，也不能使用对象名来引用。

2. 实例方法

实例方法对特定实例进行操作，并且能够访问静态成员和实例成员。在调用实例方法的实例上，可以通过 this 显式地访问该实例。而在静态方法中引用 this 是错误的。

【例 7-8】编写程序，演示静态方法与实例方法的使用。

（1）在 Visual Studio 2017 中，新建名称为“Project8”的文件。

（2）在代码编辑区域输入以下代码。

```
using System;
namespace Project8
{
    class Program
    {
        int exampleVer;            //实例成员
        static int staticVer;      //静态成员
        void exampleMethod()       //实例方法
```

```
        {
            //在实例方法中，可以访问静态成员，也能访问实例成员
            exampleVer = 1;             //等价于this.exampleVer = 1;
            staticVer = 1;
            Console.WriteLine("实例成员：{0}", exampleVer);
            Console.WriteLine("静态成员：{0}", staticVer);
        }
        static void staticMethod()    //静态方法
        {
            //在静态方法中，可以访问静态成员，但不能访问实例成员
            staticVer = 2;
            Console.WriteLine("静态成员：{0}", staticVer);
        }
        static void Main(string[] args)
        {
            //访问静态方法
            //调用静态方法有两种，一种可以直接调用，另一种是使用类名
            Program.staticMethod();
            //访问实例方法
            Program p = new Program();
            p.exampleMethod();
        }
    }
}
```

【程序分析】本例演示了静态方法与实例方法的使用。在代码中首先定义两个变量 exampleVer 和 staticVer，其中，使用 static 关键字声明的变量称为静态成员，而不被关键字声明的都称为实例成员。

用户自定义的 exampleMethod 方法没有被 static 声明，所以它是一个实例方法。在实例方法中，可以访问静态成员，也能访问实例成员，同时也可以使用 this 关键字来访问实例成员。在调用实例方法时，则必须使用类的实例或对象来引用。

用户自定义的 staticMethod 方法是一个静态方法。在该方法中可以访问静态成员，但不能访问实例成员。在访问静态方法时，可直接访问也可以使用类名进行访问。但是不能使用类的实例或对象来访问。

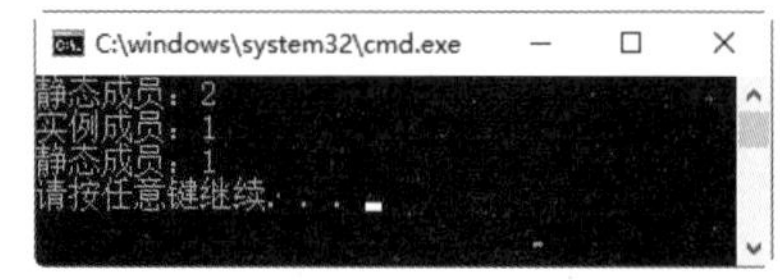

图 7-8　静态方法与实例方法

在 Visual Studio 2017 中的运行结果如图 7-8 所示。

之所以不允许静态方法访问实例成员变量，是因为实例成员变量是属于某个对象的，而静态方法在执行时，并不一定存在对象。同样，因为实例方法可以访问实例成员变量，如果允许静态方法调用实例方法，将间接地允许静态方法使用实例成员变量，这是错误的。基于同样的道理，静态方法中也不能使用关键字 this。

7.1.5　外部方法

当方法声明包含 extern 修饰符时，称该方法为外部方法。外部方法是在外部实现的，编程语言通常是使用 C#以外的语言。外部方法不可以是泛型。

extern 修饰符通常与“Dll Import”属性一起使用，从而使外部方法可以由 DLL（动态链接阵）实现。执行环境可以支持其他用来提供外部方法实现的机制。当外部方法包含“Dll Import”属性时，该方法声明必须同时包含一个 static 修饰符。

【例 7-9】编写程序，利用 extern 修饰符和“Dll Import”属性，调用“User32.dll”库文件，实现自定义信息提示框的功能。

（1）在 Visual Studio 2017 中，新建名称为“Project9”的文件。

（2）在代码编辑区域输入以下代码。

```
using System;
//使用 DllImport 属性之前应该引入命名空间
using System.Runtime.InteropServices;
namespace Project9
{
    class Program
    {
        [DllImport("User32.dll")]
        public static extern int MessageBox(int h, string m, string c, int type);
        static int Main(string[] args)
        {
            Console.Write("请输入您的姓名: ");
            string name = Console.ReadLine();
            return MessageBox(0,"您好: "+name+"\n\n"+"欢迎学习 C#","信息提示",0);
        }
    }
}
```

【程序分析】本例演示了外部方法的使用。外部方法是通过关键字 extern 声明的，由于配合“DLLImport”属性使用，所以必须包含 static 关键字。在本段代码中的 Program 类里，定义了一个外部方法 MessageBox，并声明好对应的形式参数。最后在 Main 方法中进行调用。这里需要注意，对话框是利用 return 强行弹出的，所以需要将 Main 方法改为有返回值。

在 Visual Studio 2017 中的运行结果如图 7-9 所示。

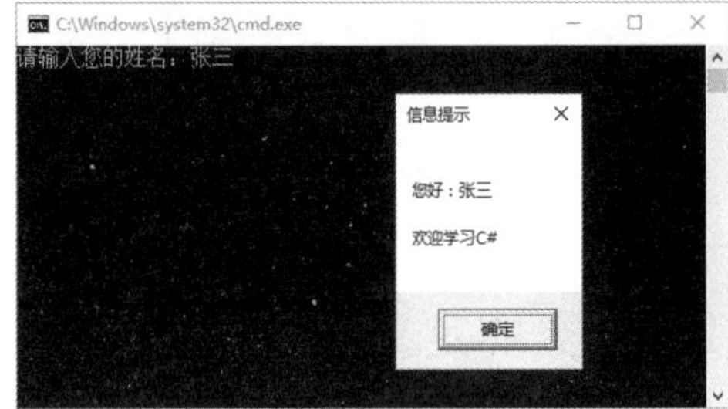

图 7-9　外部方法

7.1.6　Main 方法

Main 方法是程序的入口点。程序从这里开始，也是从这里结束。C#的 Main 方法必须是一个类的静态成员。Main 方法可以是 void 类型也可以是非 void 类型，并可以接受字符串数组形式的命令行参数。

1. Main 方法的执行过程

当程序在执行编写的源代码时，会先找 Main 方法，然后开始执行 Main 方法中“{”开始后的第一句代码，并依次执行。如果遇到 Main 方法中有调用其他的方法时，便会根据方法名称找到定义方法的代码，然后执行这个方法内的代码，执行完这个方法后，再返回到 Main 方法继续执行，直到遇到 Main 方法的结束符“}”，执行程序结束。

2. Main 方法的四种表现形式

（1）静态的无返回值的 Main 方法。

```
static void Main()
```

（2）静态的有返回值的 Main 方法。

```
static int Main()
```

（3）静态的无返回值，并且有参数的 Main 方法。

```
static void Main(string[] args)
```

（4）静态的有返回值，并且有参数的 Main 方法。

```
static int Main(string[] args)
```

上述有返回值 int 时，可以用于表示应用程序的终止方式，通常用做一种错误提示。一般情况下，返回“0”表示程序“正常”终止（即应用程序执行完毕，并安全地终止）。

Main 的可选参数 args 是从应用程序的外部接受信息的方法，这些信息在运行应用程序时以命令行参数的形式指定。

注意：

（1）当创建一个项目的时候，编译器会默认创建一个第三种形式的 Main 方法，并且默认使用这个 Main 方法。

（2）在一个程序中，Main 方法只能有一个，并且该方法的位置不必固定，C#编译器找到 Main 方法，并将其作为这个程序的入口。

（3）在编写程序时，尽量不要修改编译器自动生成的 Main 方法。

7.2　类与对象

现实世界中，当读者想要描述一个对象时，可以通过描述其特征和行为来进行说明。如果读者在代码中想要描述一个对象时，则可以通过描述这个对象的属性和方法。

因此，我们把这些具有相同属性和相同方法的对象进行封装，就抽象出来类这个概念。类就是个模子，确定了对象应该具有的属性和方法。对象是根据类创建出来的。类不占内存，对象占内存。

7.2.1　类的定义

类是一种数据结构，可以包含数据成员（常量和字段）、函数成员（方法、属性、事件、索引器、运算符、实例构造函数、静态构造函数和析构函数）以及嵌套类型。

C#中一切类型都为类，除了引用的命名空间外，所有的语句都必须位于类（或者结构）内，不存在任何处于类（或结构）之外的语句。因此，类是 C#语言的核心和基本构成模块。默认代码中包含一个 Program 类。

当用户定义一个类时，相当于定义了一个数据类型的蓝图。这实际上并没有定义任何的数据，但是它定义了类的名称，也就是说，类的对象由什么组成以及在这个对象上可执行什么操作。对象是类的实例，构成类的方法和变量称为类的成员。

类定义的语法结构如下：

```
<访问修饰符> class <类名> { 类成员（字段、属性、方法、事件）}
```

举例说明，例如“人类”就是一个类，可以包含属性，例如性别、种族、国家等。除了包含属性之外，还包含一些其他功能，例如吃饭、睡觉等，可以理解为类的方法。

例如：

```
public class Person
{
    public string gender { get; set; }
    public string race { get; set; }
    public string Country { get; set; }
    public string Eat(string strCountry)
    {
        switch (strCountry)
        {
            case "中餐":
```

```
                return "回锅肉";
            case "西餐":
                return "牛奶面包";
            default:
                return "美食";
        }
    }
}
```

class 关键字前面是访问修饰符。因为此例中使用的是 public，所以任何人都可以创建此类的实例。定义的其余部分是类的主体，其中，字段、属性、方法和事件统称为类成员。

所有类型和类型成员都具有可访问性级别，该级别可以控制是否可以从自己的程序集或其他程序集中的其他代码中使用它们。可以使用如表 7-1 所示的访问修饰符在进行声明时指定类型或成员的可访问性。

表 7-1 访问修饰符

访问修饰符	说　明
public	公有访问。不受任何限制
private	私有访问。只限于本类成员访问，子类、实例都不能访问
protected	保护访问。只限于本类和子类访问，实例不能访问
internal	内部访问。只限于本项目内访问，其他不能访问
protected internal	内部保护访问。只限于本项目或是子类访问，其他不能访问

注意：

（1）类的命名空间默认修饰符为：public。

（2）类默认的访问修饰符为：public。

（3）类的成员默认的访问修饰符为：private。

（4）类成员的作用域永远超不出包含它的类。

（5）可以声明一个静态类 static class ClassName，但是它的成员必须全部显式定义为静态。

7.2.2 类的实例化

类的实例化就是创建一个真实的对象。可通过使用 new 关键字，后跟对象要基于的类的名称。

实例化对象的语法格式如下：

```
<类名> <对象名> = new <类名>([构造函数的参数])
```

例如上面定义的人类，是一个类，而具体的某一个人，就是人类的实例。从类到类的实例的这个过程，叫做类的实例化。

例如：

```
Person p = new Person();
```

（1）把定义好的类当作类型来使用，称为引用类型。如果声明引用类型的变量，此变量就会一直包含值 null。

例如：

```
Person p;      //引用类型的变量p是一个null值
```

（2）使用 new 运算符能显式创建出类的实例。

例如：

```
Person p = new Person();    //创建对象p
```

或者为引用类型的变量分配已在其他位置创建的对象，例如：

```
Person p2= p;
```

7.2.3 类的成员

类具有表示其数据和行为的成员。类的成员包括在类中声明的所有成员，以及在该类的继承层次结构中的所有类中声明的所有成员（构造函数和析构函数除外）。基类中的私有成员被继承，但不能从派生类访问。

类的成员如表 7-2 所示。

表 7-2 类的成员

成 员	描 述
字段	字段是在类范围声明的变量。字段可以是内置数值类型或其他类的实例。例如，日历类可能具有一个包含当前日期的字段
常量	常量是在编译时设置其值并且不能更改其值的字段或属性
属性	属性是类中可以像类中的字段一样访问的方法。属性可以为类字段提供保护，以避免字段在对象不知道的情况下被更改
方法	方法定义类可以执行的操作。方法可接受提供输入数据的参数，并可通过参数返回输出数据。方法还可以不使用参数而直接返回值
事件	事件向其他对象提供有关发生的事情（如单击按钮或成功完成某个方法）的通知。事件是使用委托定义和触发的
运算符	重载运算符被视为类成员。在重载运算符时，在类中将该运算符定义为公共静态方法。预定义的运算符（+、*、<等）不被视为成员。有关详细信息，请参阅可重载运算符
索引器	使用索引器可以用类似于数组的方式为对象建立索引
构造函数	构造函数是首次创建对象时调用的方法。它们通常用于初始化对象的数据
终结器	C#中很少使用终结器。终结器是当对象即将从内存中移除时由运行时执行引擎调用的方法。它们通常用来确保任何必须释放的资源都得到适当的处理
嵌套类型	嵌套类型是在其他类型中声明的类型。嵌套类型通常用于描述仅由包含它们的类型使用的对象

7.2.4 字段的使用

字段是在类或结构中直接声明的任意类型的变量。通常字段是用来存放数据，它可以存放多个值，而变量只能存放一个值。字段的命名规范采用的是 camelCase，为了与变量区分，最好在前面加一个下画线“_”。

1. 声明字段

声明字段时，可以使用赋值运算符为字段指定一个初始值。

例如，为_day 字段赋值“Monday”：

```
public class Date
{
    public string _day = "Monday";
    //...
}
```

2. 访问字段

若要访问对象中的字段，需要在对象名称后添加一个句点，后跟字段的名称。

例如：

```
Date birthday = new Date();                          //创建对象 birthday
birthday._day = "Saturday";                          //访问字段 day，并赋值
Console.WriteLine("我的生日在{0}",this._day);         //this 关键字也可以不添加
```

注意：this 关键字表示当前已被实例化的对象，同时，也可使程序更具完整性。

【例 7-10】编写程序，声明一个职员类，用于存放员工的个人信息。

（1）在 Visual Studio 2017 中，新建名称为“Project10”的文件。

（2）在代码编辑区域输入以下代码。

```
using System;
namespace Project10
{
    enum Gender                                      //将性别声明为一个枚举
    {
        男,
        女
    }
   class Clerk
    {
        public string _name;                         //姓名
        public Gender _gender;                       //性别
        public int _age;                             //年龄
        public string _department;                   //部门
        public int _workYears;                       //工作年限
        public void Write()                          //定义非静态方法
        {
            Console.WriteLine("我叫{0},我是{1}生,我{2}岁了,我在{3}任职,我工作了{4}年",_name, _gender,
                _age, _department, _workYears);
        }
    }
    class Program
    {
        static void Main(string[] args)
        {
            //将类实例化
            Clerk zs = new Clerk();
            zs._name = "张三";
            zs._gender = Gender.男;
            zs._age = 25;
            zs._department = "人力部";
            zs._workYears = 5;
            zs.Write();                              //调用非静态方法
            Clerk ls = new Clerk();
            ls._name = "李四";
            ls._gender = Gender.女;
            ls._age = 35;
            ls._department = "财务部";
            ls._workYears = 3;
            ls.Write();                              //调用非静态方法
            Console.WriteLine(zs._name);             //字段
            Console.WriteLine(ls._name);
        }
    }
}
```

【程序分析】本例演示了字段的使用。在代码中，首先自定义一个关于职员的类 Clerk，并且在该类中声明了五个字段和一个非静态的方法；接着，在类 Program 中的 Main 方法里，将类 Clerk 进行实例化；然后创建两个对象，分别为 zs 和 ls；最后使用对象名，为每个字段进行赋值并输出。

在 Visual Studio 2017 中的运行结果如图 7-10 所示。

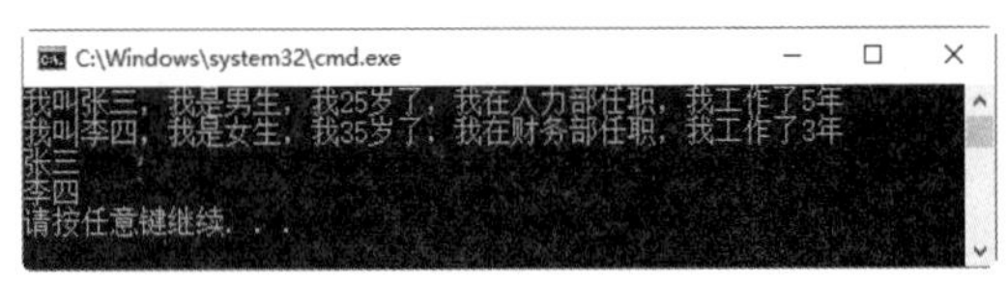

图 7-10　字段

字段是在类或结构中直接声明的任意类型的变量。通常情况下，应仅对具有 private 或 protected 可访问性的变量使用字段。

7.2.5　属性

使程序员可以创造新的声明性信息的种类，称为属性。属性是对现实世界中实体特征的抽象，是为访问自定义类型的注释信息提供通用的访问方式。

属性是字段的自然扩展。属性和字段都是类的成员，都具有相关的类型，并且用于访问字段和属性的语法也相同。然而，与字段不同的是属性不会被归类为变量。因此，不能将属性作为 ref 或 out 参数传递。但是，属性有访问器，这些访问器指定在它们的值被读取或写入时需执行的语句。

对于类的实现者来说，属性是两个代码块，表示 get 访问器和 set 访问器。读取属性时，执行 get 访问器的代码块；向属性赋予新值时，执行 set 访问器的代码块。通常将不带 set 访问器的属性视为只读；将不带 get 访问器的属性视为只写；将具有以上两个访问器的属性视为读写。

1. 属性的定义

自定义的属性在类模块中首先要指定属性的访问修饰符，后面是属性的数据类型，接下来是属性的名称，然后是声明 get 访问器和（或）set 访问器的代码块。

属性声明的语法格式如下：

```
访问修饰符 数据类型 属性名
{
    get     //读访问器，通过它外部用户可以读取属性的值
    {
        return 字段;
    }
    /*写访问器，通过它外部用户可以为属性赋值，用户输入的值就存放在 value 关键字中，并可以进行输入值验证*/
    set
    {
        字段 = value;
    }
}
```

2. 属性的使用

程序中调用属性的语法格式如下：

```
对象名.属性名
```

注意：

（1）如果要在其他类中调用定义好的属性，必须将该属性的访问修饰符设置为 public，字段设置为 private。

（2）如果属性为只读属性，则不能在调用时为其赋值，否则将产生异常。

3. get 访问器

get 访问器与 Main 方法类似，它必须返回属性类型的值。执行 get 访问器等效于读取字段的值。

例如，通过 get 访问器，返回私有字段_name 的值：

```
class Person
{
    private string _name;   //声明 string 类型的_name 字段为私有成员，防止用户直接访问
    public string Name      //声明 string 类型的 Name 属性为公有成员
    {
        get
        {
            return _name;   //读访问器，通过它外部用户可以读取属性的值
        }
    }
}
```

引用属性时，除了作为赋值目标外，还调用 get 访问器读取属性值。

例如：

```
Person per = new Person();
Console.Write(per.Name);
```

注意：

（1）get 访问器必须以 return 或 throw 语句结尾。

（2）使用 get 访问器更改对象的状态是一种糟糕的编程风格。

例如：

```
private int _num=15;
public int Num
{
    get
    {
        return _num++;
    }
}
```

如果以该方式编写程序，get 访问器每次访问_num 字段时，其值都会发生改变。

（3）get 访问器可以用于返回字段值或计算并返回字段值。

例如：

```
class Person
{
    private string _name;
    public string Name
    {
        get
        {
            return _name != null ? name : "张三";
        }
    }
}
```

4. set 访问器

set 访问器类似于返回类型为 void 的方法。它使用名为 value 的隐式参数，该参数的类型为属性的类型。

例如：

```
class Person
{
    private string _name;          //声明 string 类型的_name 字段为私有成员
    public string Name             //声明 string 类型的 Name 属性为公有成员
    {
```

```
        get
        {
            return _name;
        }
        set
        {
            _name = value;
        }
    }
}
```

向属性赋值时，通过使用提供新值的自变量调用 set 访问器。

例如：

```
Person per = new Person();
person.Name = "张三";
Console.WriteLine(per.Name);
```

【例 7-11】编写程序，定义两个属性，对员工的信息进行修改。

（1）在 Visual Studio 2017 中，新建名称为“Project11”的文件。

（2）在代码编辑区域输入以下代码。

```
using System;
namespace Project11
{
    public class Clerk                          //创建一个员工的类
    {
        private string _name="张三";          //定义 string 类型的字段，用来记录员工姓名
        private int _age;                       //定义 int 类型的字段_age，用来记录员工年龄
        public int Age                          //用户定义年龄属性，该属性用于对输入的年龄进行限定
        {
            get
            {
                return _age;
            }
            set                                 //可以用于对赋值进行限定
            {
                //如果输入的年龄不在 18 到 60，就给 value 赋值为 0
                if (value < 18 || value > 60)
                {
                    value = 0;
                }
                _age = value;
            }
        }
        private char _gender;                   //定义 char 类型的字段_gender，用来记录员工性别
        public char Gender                      //用户定义性别属性，该属性用于选取员工的性别进行限定
        {
            get                                 //可以用于对取值进行限定
            {
                //员工性别只有‘男’和‘女’，不管输入什么，性别只选取‘男’
                if (_gender != '男' || _gender != '女')
                {
                    _gender = '男';
                }
                return _gender;
            }
            set
            {
                _gender = value;
            }
        }
```

```
        public void Write()                 //非静态方法
        {
            Console.WriteLine("新入职员工: \n 姓名: {0}\t 年龄: {1}\t 性别: {2}", _name, Age,Gender);
        }
    }
    class Program
    {
        static void Main()
        {
            Clerk n = new Clerk();          //创建对象
            n.Age = 66;                     //通过属性名来为字段进行赋值
            n.Gender = '女';
            n.Write();
            Console.WriteLine("修改员工信息");
            n.Age = 45;
            n.Write();
        }
    }
}
```

【程序分析】本例演示属性的使用。在代码中，首先创建一个关于员工的类 Clerk，在该类中定义了三个字段_name、_age、_gender，并对_age 和_gender 进行属性定义，同时还定义了一个非静态方法 Write，用于输出员工信息。当字段_age 和_gender 有了属性以后，用户一般都会通过属性来访问字段，所以在类 Program 的 Main 方法中，员工的年龄和性别使用 Age 和 Gender 来进行赋值。

在 Visual Studio 2017 中的运行结果如图 7-11 所示。

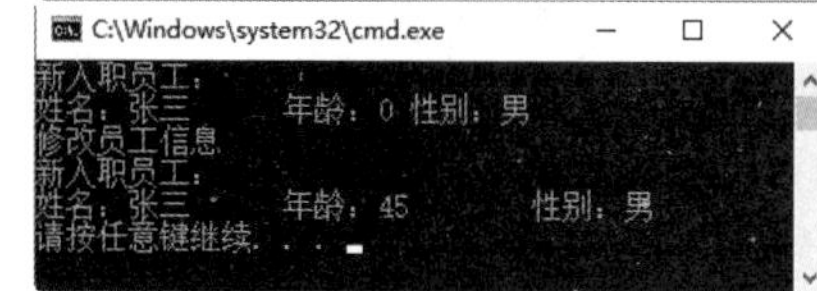

图 7-11 属性的使用

7.2.6 分部类与方法

将同一个类编写在多个文件中，类的各个文件名不同，类名相同，类名前加 partial 关键字，这种类型叫做分部类。在分部类中可以建立分部方法，也需要在方法名前加关键字 partial。分部方法只能将方法分成两部分，即声明部分和实现部分。分部方法必须在分部类或分部结构中声明，并且必须私有访问。

分部方法有着严格的限制：

（1）方法必须返回 void，只能默认为 private。

（2）分部方法不能为 virtual 和 extern 方法。

（3）分部方法可以有 ref 参数，但不能有 out 参数。

因为任何针对没有被实现的分部方法的调用，都会简单地被忽略。所以说这些限制是非常有必要的。

【例 7-12】编写程序，在分部类中实现分部方法。

（1）在 Visual Studio 2017 中，新建名称为“Project12”的文件。

（2）在代码编辑区域输入以下代码。

```
using System;
namespace Project12
{
   public partial class Program
    {
        partial void Write();     //分部方法的声明
        partial void Write()      //分部方法的实现
        {
            Console.WriteLine("这是一个分部方法");
        }
    }
    public partial class Program
```

```
    {
        static void Main(string[] args)
        {
            //调用分部方法
            Program p = new Program();
            p.Write();
        }
    }
}
```

【程序分析】本例演示分部类的使用。在代码中，首先通过partial修饰符把Program类分为两部分，在第一部分中定义一个分部方法，然后在另一部分中去引用该方法。

在Visual Studio 2017中的运行结果如图7-12所示。

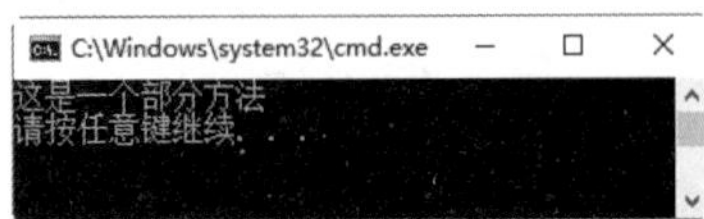

图7-12　分部类与方法

7.3　构造函数和析构函数

构造函数和析构函数有一个共性，那就是在编写代码时，如果没有提供它们，则编译器会自动添加。

7.3.1　构造函数

类的构造函数是类的一个特殊的成员函数，当创建类的新对象时就会执行构造函数。构造函数的作用是帮助用户初始化对象（给对象的每个属性依次赋值），并且构造函数的名称与类的名称完全相同，它没有任何返回类型。

【例7-13】编写程序，输出类中默认的构造函数。

（1）在Visual Studio 2017中，新建名称为“Project13”的文件。

（2）在代码编辑区域输入以下代码。

```
using System;
namespace Project13
{
    class Line                                  //创建一个关于线条的类Line
    {
        private double length;                  //线条的长度
        public Line()                           //定义构造函数
        {
            Console.WriteLine("这是构造函数");
        }
        public void setLength(double len)       //设置线条长度的方法
        {
            length = len;
        }
        public double getLength()               //获取线条长度的方法
        {
            return length;
        }
        static void Main(string[] args)
        {
            Line line = new Line();             //创建对象
            line.setLength(10.0);               //为线条长度赋值
            Console.WriteLine("线条的长度： {0}", line.getLength());
        }
    }
}
```

【程序分析】本例演示构造函数的创建。在代码中首先创建一个关于线条的类 Line，在该类里面定义了一个变量 length 用于表示线条的长度。由于构造函数的名称必须跟类名一样，所以直接用 Line 进行创建，而 Main 方法是所有函数的入口点，因此构造函数 Line 只能使用 public 进行修饰。接着定义方法 setLength，用于输入线条的长度；定义方法 getLength 用于获取线条长度。最后在 Main 方法中调用 getLength 方法时，同时也会输出构造函数。

在 Visual Studio 2017 中的运行结果如图 7-13 所示。

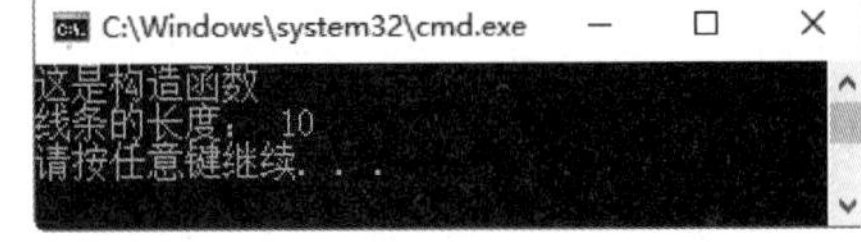

图 7-13 默认的构造函数

默认的构造函数是没有任何参数。要想使程序看起来更加简洁，可以为构造函数设置参数。这种技术可以帮助用户在创建对象的同时给对象赋初始值。

【例 7-14】编写程序，在类中创建一个带参数的构造函数。

（1）在 Visual Studio 2017 中，新建名称为“Project14”的文件。

（2）在代码编辑区域输入以下代码。

```
using System;
namespace Project14
{
    public class Clerk                      //创建一个员工的类
    {
        public enum Gender
        { 男, 女 }
        private string _name;               //声明字段_name
        public string Name                  //定义字段_name 的属性为 Name
        {
            get
            { return _name; }
            set
            { _name = value; }
        }
        private int _age;                   //声明字段_age
        public int Age                      //定义字段_age 的属性为 Age
        {
            get
            { return _age; }
            set
            { _age = value; }
        }
        private Gender _gender;             //声明字段_gender
        public Gender Gen                   //定义字段_gender 的属性为 Gen
        {
            get
            { return _gender; }
            set
            { _gender = value; }
        }
        public void Write()                 //定义非静态方法
        {
            Console.WriteLine("入职新员工：\n 姓名：{0}\t 年龄：{1}\t 性别：{2}",Name,Age,Gen);
        }
        public Clerk(string name,int age,Gender gender)  //创建构造函数
        {
            this.Name = name;
            this.Age = age;
            this.Gen = gender;
        }
    }
    class Program
```

```
        {
            static void Main()
            {
                Clerk zs = new Clerk("张三", 24, Clerk.Gender.男);
                zs.Write();
            }
        }
    }
```

【程序分析】本例演示带参数的构造函数。在代码中，首先声明了三个字段_name、_age和_gender，再分别定义相关的属性Name、Age和Gender；接着，还定义了一个非静态的方法Write，用于输出员工的信息；然后创建一个构造函数，并且在括号里添加对应的形式参数，完成之后就可以将形参接收到的数据赋给属性；最后在Main方法中，创建对象的同时就可以在括号里输入对应的参数。

在Visual Studio 2017中的运行结果如图7-14所示。

```
C:\Windows\system32\cmd.exe
入职新员工：
姓名：张三        年龄：24        性别：男
请按任意键继续. . .
```

图7-14　带参数的构造函数

7.3.2　析构函数

析构函数的作用是用于实现销毁类的实例的方法成员，并且不能继承或重载。析构函数不能有参数，不能有任何修饰符而且不能被调用。析构函数与构造函数的标识符不同，特点是在析构函数前面需要加上前缀“~”以示区别。

如果系统中没有指定析构函数，那么编译器由GC（Garbage Collection，垃圾回收机制）来决定什么时候进行释放资源。

【例7-15】编写程序，在类中创建一个带参数的构造函数。

（1）在Visual Studio 2017中，新建名称为“Project15”的文件。

（2）在代码编辑区域输入以下代码。

```
using System;
namespace Project15
{
    class Line
    {
        private double length;        //线条的长度
        public Line()                 //构造函数
        {
            Console.WriteLine("对象已创建");
        }
        ~Line()                       //析构函数只能存在于类中并且与类同名，但是不能有任何修饰符
        {
            Console.WriteLine("对象已删除");
        }
        public void setLength(double len)
        {
            length = len;
        }
        public double getLength()
        {
            return length;
        }
        static void Main(string[] args)
        {
            Line line = new Line();
            line.setLength(10.0);     //设置线条长度
            Console.WriteLine("线条的长度： {0}", line.getLength());
        }
```

```
        }
    }
```

【程序分析】本例演示析构函数的作用。在代码中首先创建一个关于线条的类 Line，在该类里面定义了两个关于线条的方法 setLength 与 getLength，以及构造函数和析构函数；接着在 Main 方法中，使用 new 关键字创建线条类的对象 line，此时程序就会执行 Line 类中的构造函数；然后，调用类中的两个方法，并输出线条的长度。当调用完毕之后，系统就会自动执行析构函数，删除创建好的对象 line。因此析构函数往往是用来做“清理善后”的工作。

在 Visual Studio 2017 中的运行结果如图 7-15 所示。

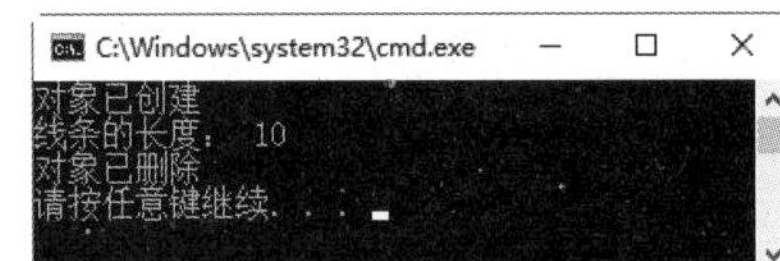

图 7-15 析构函数

构造函数与析构函数虽然是一个类中形式上较简单的函数，但它们的使用决非看上去那么简单，因此灵活正确地使用构造函数与析构函数能够帮助用户更好地理解 CLR 的内存机制以及更好地整理系统中的资源。

7.4 虚方法与重写方法

若一个实例方法的声明中含有 virtual 修饰符，则称该方法为虚方法。若其中没有 virtual 修饰符，则称该方法为非虚方法。

虚方法可以在派生类中重写。当某个实例方法声明包括 override 修饰符时，该方法将重写所继承的具有相同名称的虚方法。虚方法声明用于引入新方法，而重写方法声明则用于使现有的继承虚方法专用化。

【例 7-16】编写程序，在一个类中创建一个虚方法和一个非虚方法，然后分别通过另一个类继承，并比较它们的调用结果

（1）在 Visual Studio 2017 中，新建名称为“Project16”的文件。

（2）在代码编辑区域输入以下代码。

```
using System;
namespace Project16
{
    class myClass1
    {
        //创建一个虚方法，虚方法的作用是能够在派生类中重写
        public virtual void virtualMethod()
        {
            Console.WriteLine("这是一个虚方法");
        }
        public void notVirtualMethod()        //非虚方法
        {
            Console.WriteLine("这是一个非虚方法");
        }
    }
    //将 class2 继承于 class1，继承的目的是用来演示虚方法的重写
    class myClass2:myClass1
    {
        //使用关键字 override，重写一下虚方法
        public override void virtualMethod()
        {
            Console.WriteLine("这是一个新的虚方法");
        }
        public new void notVirtualMethod()    //在派生类中定义一个非虚方法
        {
```

```
            Console.WriteLine("这是一个新的非虚方法");
        }
    }
    class Program
    {
        static void Main(string[] args)
        {
            myClass1 c1 = new myClass1();       //将对象c1进行实例化
            c1.virtualMethod();                  //调用myClass1类中的虚方法
            c1.notVirtualMethod();               //调用myClass1类中的非虚方法
            myClass2 c2 = new myClass2();       //将对象c2进行实例化
            c2.virtualMethod();                  //调用myClass2类中重写的虚方法
            c2.notVirtualMethod();               //调用myClass2类中的非虚方法
            c1 = c2;                             //将对象c2的值赋给对象c1
            c1.virtualMethod();                  //调用的是myClass2类中重写的虚方法
            c1.notVirtualMethod();               //调用的是myClass1类中的非虚方法
        }
    }
}
```

【程序分析】本例演示虚方法与重写方法的调用。在代码中首先创建一个类 myClass1，在该类中定义一个虚方法 virtualMethod 和一个非虚方法 notVirtualMethod；接着再定义一个类 myClass2 并继承于 myClass1；然后在派生类 myClass2 中使用关键字 override，对虚方法 virtualMethod 进行重写，用做对比，我们在该类中再定义一个非虚方法 notVirtualMethod；最后在 Main 方法中，对这两个类中的所有方法进行调用。

通过对比发现，创建对象 c1 和 c2 后，都能够正常调用相应类中的虚方法与非虚方法。但是将 c2 的值赋给 c1 后，调用的是 myClass2 类中重写的虚方法，而非虚方法则调用的是 myClass1 类中的非虚方法。

因此可以得出结论，非虚方法的实现是一成不变的，无论该方法是在声明它类的实例上调用，还是在派生类的实例上调用，实现均相同。与此相反，虚方法的实现可以由派生类进行重写来取代。

在 Visual Studio 2017 中的运行结果如图 7-16 所示。

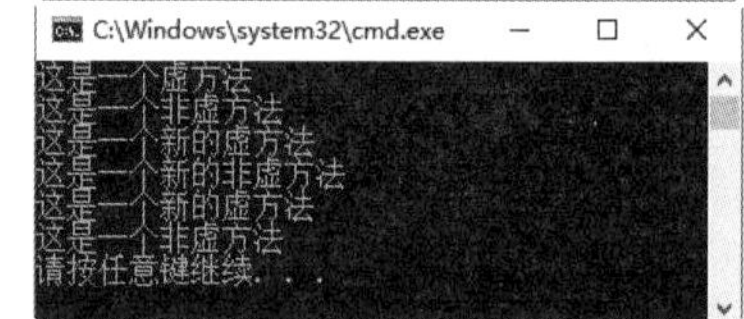

图 7-16　虚方法与重写方法

重写方法的作用是用来修改它的实现方式，或者说在派生类中对它进行重新编写。通常，派生类继承基类的方法，在调用对象继承方法的时候，调用和执行的是基类的实现。但是，有时候也需要对派生类中的继承方法进行实现，所以就需要对该方法进行重写。

重写方法需要注意以下几点：

（1）重写基类的方法要用到 override 关键字。

（2）要重写基类的方法，前提是基类中要被重写的方法必须声明为 virtual 或者是 abstract 类型。给基类中要被重写的方法添加 virtual 关键字表示可以在派生类中重写它的实现。

【例 7-17】编写程序，对虚函数进行重写操作。

（1）在 Visual Studio 2017 中，新建名称为“Project17”的文件。

（2）在代码编辑区域输入以下代码。

```
using System;
namespace Project17
{
    class myClass1                          //新建一个类用于存放虚方法
    {
        public virtual void Write()         //虚方法
        {
            Console.WriteLine("这是一个虚方法，可以被重写");
        }
```

```
    }
    class myClass2 : myClass1                    //再新建一个继承类用于重写方法
    {
        public override sealed void Write()   //重写方法
        {
            Console.WriteLine("这是一个重写的方法，被称为已经重写了的基方法");
        }
    }
    class Program
    {
        static void Main(string[] args)
        {
            myClass1 c1 = new myClass1();
            c1.Write();
            myClass2 c2 = new myClass2();
            c2.Write();
        }
    }
}
```

【程序分析】本例演示重写方法的作用。在代码中首先创建一个类 MyClass1，用于存放一个虚方法 Write；接着，再创建一个类 MyClass2，并继承于 MyClass1；然后在类 MyClass2 中使用关键字 override 对虚方法 Write 进行重写；最后在 Main 方法中创建对象 c1 和 c2，并对虚方法和重写方法进行调用，输出相应的内容。

在 Visual Studio 2017 中的运行结果如图 7-17 所示。

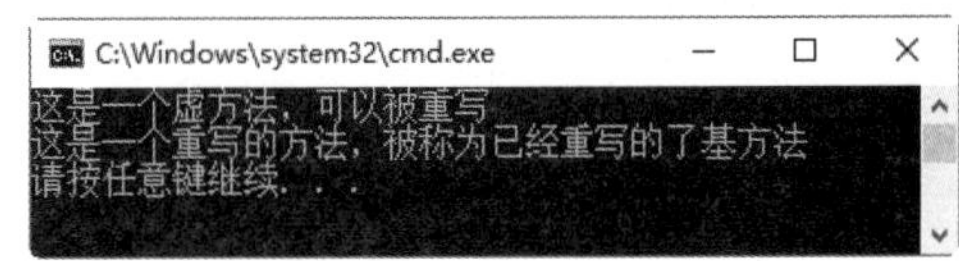

图 7-17 重写方法

注意：*重写声明和已重写了的基方法具有相同的声明可访问性。换句话说，虚方法的访问修饰符是 public，而重写方法必须也是 public。*

7.5 方法的重载

方法重载允许同一类中的多个方法具有相同名称，条件是这些方法具有唯一的签名。在编译一个重载方法的调用时，编译器使用重载决策确定要调用的特定方法。重载决策将查找与参数最佳匹配的方法，如果没有找到任何最佳匹配的方法则报告错误信息。

【例 7-18】编写程序，利用方法的重载，求出圆、三角形、矩形的面积。

（1）在 Visual Studio 2017 中，新建名称为“Project18”的文件。

（2）在代码编辑区域输入以下代码。

```
using System;
namespace Project18
{
    class Program
    {
        //决定方法是否构成重载有三个条件
        //(1)在同一个类中
        //(2)方法名相同
        //(3)参数列表不同
        static void writeArea(int radius)
        {
            double area = System.Math.PI * radius * radius;
            Console.WriteLine("您求的圆面积是: {0}", area);
        }
        static void writeArea(int l,int w)
```

```
            {
                int area = l * w;
                Console.WriteLine("您求的矩形面积是：{0}" , area);
            }
            static void writeArea(int a,int b,int c)
            {
                double x = (a + b + c) / 2;
                double area = System.Math.Sqrt(x * (x - a) * (x - b) * (x - c));
                Console.WriteLine("您求的三角形面积是：{0}" , area);
            }
            static void Main(string[] args)
            {
                writeArea(6, 8, 10);
                writeArea(5, 7);
                writeArea(4);
            }
        }
    }
```

【程序分析】本例演示了方法的重载。如果要构成方法的重载，必须要将定义好的方法存放在同一个类中，并且它们的方法名相同，参数列表不同。在本段代码中就定义了三个同名的方法 writeArea，而这三个方法的参数列表都不相同。最后在 Main 方法中，分别对这三个同名的方法进行调用，最后求出圆、矩形和三角形的面积。

在 Visual Studio 2017 中的运行结果如图 7-18 所示。

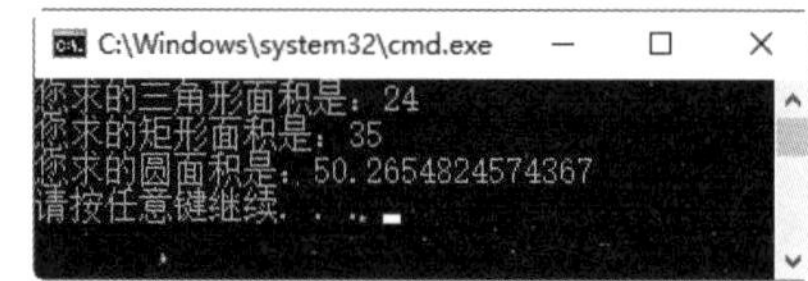

图 7-18　方法的重载

7.6　结构体

在 C#中，结构体是值类型数据结构。它使得一个单一变量可以存储各种数据类型的相关数据。struct 关键字用于创建结构体。

7.6.1　结构体的定义和使用

结构体就是将不同类型的数据组合成一个有机的整体，以供用户方便地使用。这些组合在一个整体中的数据是互相联系的。例如，一位职工的姓名、年龄、部门、性别等项，都是这个员工的属性。

【例 7-19】编写程序，通过结构输出一名员工的信息。

（1）在 Visual Studio 2017 中，新建名称为“Project19”的文件。

（2）在代码编辑区域输入以下代码。

```
using System;
namespace Project19
{
    public struct Clerk
    {
        public string name;
        public int age;
        public string department;
        public char gender;
    }
    class Program
    {
        static void Main(string[] args)
        {
            Clerk zs = new Clerk();
```

```
            zs.name = "张三";
            zs.age = 25;
            zs.department = "人力部";
            zs.gender='女';
            Console.WriteLine("我叫{0}，今年{1}岁了，在{2}上班，我是{3}生",zs.name,zs.age,zs.
                department,zs.gender);
        }
    }
}
```

【程序分析】本例演示了结构体的使用。在代码中，定义了一个名为 Clerk 的结构体，该结构体的成员变量包括 name、age、department 和 gender，为了便于访问，都将它们设置为 public 成员。接着，在 Main 方法中，通过 Clerk 结构体定义了一个对象 zs，并为所有成员赋值。最后进行输出。

在 Visual Studio 2017 中的运行结果如图 7-19 所示。

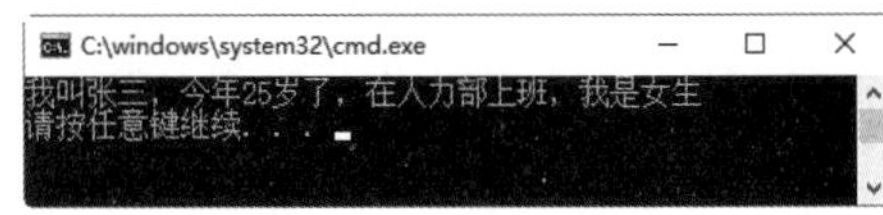

图 7-19　结构体

在 C#中的结构与传统的 C 或 C++中的结构不同。C#中的结构具有以下特点：

（1）结构可带有方法、字段、索引、属性、运算符方法和事件。

（2）结构可定义构造函数，但不能定义析构函数。

（3）与类不同，结构不能继承其他的结构或类。

（4）结构不能作为其他结构或类的基础结构。

（5）结构可实现一个或多个接口。

（6）结构成员不能指定为 abstract、virtual 或 protected。

（7）当用户使用 new 操作符创建一个结构对象时，会调用适当的构造函数来创建结构。与类不同，结构可以不使用 new 操作符即可被实例化。

（8）如果不使用 new 操作符，只有在所有的字段都被初始化之后，字段才被赋值，对象才被使用。

7.6.2　类与结构体的区别

C#中结构类型和类类型在语法上非常相似，它们都是一种数据结构，都可以包括数据成员和方法成员。

1. 类与结构体的区别

（1）语法定义上的区别。定义类使用关键字 class，定义结构体使用关键字 struct。

定义类的语法：

```
class Person
{
    private string name;          //成员变量
    private int age;              //成员变量
    public void Show()            //成员方法
    {
        Console.WriteLine("My Name is " + this.name + ",My Age is " + this.age);
    }
}
```

定义结构体的语法：

```
struct Rectangle
{
    private int width;            //成员变量
    private int height;           //成员变量
    public int GetArea()          //成员方法
```

```
    {
        return this.width * height;
    }
}
```

注意：从语法上来看，它们的语法都大同小异，类里面的成员几乎都可以定义在结构体中，但是析构函数除外。

（2）在结构体中可以声明字段，但是声明字段的时候是不能给初始值的。

例如：

```
struct test001
{
    private int aa = 1;
}
```

执行以上代码将出现“结构中不能实例属性或字段初始值设定”的报错，而类中无此限制，代码如下：

```
class test002
{
    private int aa = 1;
}
```

（3）如果在一个类中，用户没有为类写任意的构造函数，那么C#编译器在编译的时候会自动为这个类生成一个无参数的构造函数，该构造函数称为隐式构造函数。但是一旦用户为这个类写了任意的一个构造函数的时候，这个隐式的构造函数就不会自动生成。而在结构中就不是这样，在结构中隐式的构造函数无论如何都存在。

例如：

```
struct RectangleSt                  //矩形
{
    private int width ;
    private int height;
    public RectangleSt()            //编译器发出警告“结构不能包含显式的无参数构造函数”
    {
        this.width = this.height = 5;
    }
}
```

（4）创建结构体对象可以不使用 new 关键字，直接声明一个变量就可以。但是这样的话，结构体对象中的字段是没有初始值的，所以在使用字段之前必须要为这个字段赋值。

例如：

```
struct RectangleSt
{
    public int width;               //成员变量
    public int height;              //成员变量
    public int GetArea()            //成员方法
    {
        return this.width * height;
    }
};
class Program
{
    static void Main(string[] args)
    {
        RectangleSt rst;
        rst.height = 15;            //使用字段之前，为字段赋值
        rst.width = 13;
        int area = rst.GetArea();
        Console.WriteLine(area);
    }
}
```

这是因为声明的时候就不能给初始值，虽然构造函数中为对象的字段赋值，但是此种方式创建结构体对象，没有调用构造函数，所以必须要程序员在使用之前手动赋值。

另外一种创建结构体对象的方式和类一样，即使用 new 关键字来创建，与不使用 new 关键字创建不同的是，通过使用 new 关键字创建结构体对象后，这个结构体对象的字段就已经有值了。原因不难理解，new 关键字调用了构造函数，而结构体构造函数要求必须要为所有的字段赋值。

例如：

```
RectangleSt rst = new RectangleSt();
Console.WriteLine(rst.height);
Console.WriteLine(rst.width);
```

所以可以得出结论：结构体的无参数的构造函数做了什么事情，在无参数的构造函数中为所有的字段赋值，值类型的字段赋值 0，给引用类型的字段赋值 null。

（5）结构体与类之间最大的区别是：结构体是值类型，类是引用类型。

结构体是值类型，当其作为一个局部变量的时候，变量是存储在栈空间中的，其对象的字段是直接存储在这个变量中的。

与引用类型的类不一样，引用类型的变量中存储的是对象在堆空间中的地址，所以当用户传递一个引用类型的变量的时候，其实传递的是变量的值（对象的地址），传递完以后对变量的修改会影响到另外一个变量指向的对象的值。

2. 结构和类的适用场合分析

（1）当堆栈的空间很有限，且有大量的逻辑对象时，创建类要比创建结构好一些。

（2）对于点、矩形和颜色这样的轻量对象，假如要声明一个含有许多个颜色对象的数组，则 CLR 需要为每个对象分配内存，在这种情况下，使用结构的成本较低。

（3）在表现抽象和多级别的对象层次时，类是最好的选择，因为结构不支持继承。

7.7 就业面试技巧与解析

本章对类的方法、属性以及构造函数与析构函数进行了详细介绍，深入地阐述了面向对象的编程，同时讲解了类与结构体的区别。读者应熟练掌握本章内容，以便代码后期的开发应用。

7.7.1 面试技巧与解析（一）

面试官：在属于类的使用时，需要注意哪些问题？

应聘者：需要注意以下几点：

（1）为 set 访问器中的本地变量声明使用隐式参数名 value 是错误的。

（2）可以将属性标记为 public、private、protected、internal、protected internal 或 private protected。这些访问修饰符定义该类的用户访问该属性的方式。相同属性的 get 和 set 访问器可以具有不同的访问修饰符。例如，get 可能为 public 允许从类型外部进行只读访问；而 set 可能为 private 或 protected。

（3）可以通过使用 static 关键字将属性声明为静态属性。这使属性可供调用方在任何时候使用，即使不存在类的任何实例。

（4）可以通过使用 virtual 关键字将属性标记为虚拟属性。这可使派生类使用 override 关键字重写属性行为。

（5）重写虚拟属性的属性也可以是 sealed，指定对于派生类，它不再是虚拟的。最后，可以将属性声明为 abstract。这意味着类中没有实现，派生类必须写入自己的实现。

（6）在 static 属性的访问器上使用 virtual、abstract 或 override 修饰符是错误的。

面试官：输出参数与引用参数的区别？

应聘者：out 关键字通过引用传递参数。它与 ref 关键字相似，只不过 ref 要求在传递之前初始化变量。它也类似于 in 关键字，只不过 in 不允许通过调用方法来修改参数值。若要使用 out 参数，方法定义和调用方法均必须显式使用 out 关键字。

7.7.2 面试技巧与解析（二）

面试官：在使用字段时，需要注意哪些问题？

应聘者：需要注意以下几点：

（1）字段会在对象实例的构造函数被调用之前即刻初始化。如果构造函数分配了字段的值，则它将覆盖在字段声明期间给定的任何值。

（2）字段初始化表达式不能引用其他实例字段。

（3）可以将字段标记为 public、private、protected、internal、protected internal 或 private protected。这些访问修饰符定义该类的用户访问该字段的方式。

（4）可以使用 static 修饰符声明的字段定义了一个静态字段。一个静态字段只标识一个存储位置。对一个类无论创建了多少个实例，它的静态字段永远都只有一个副本。

不使用 static 修饰符声明的字段定义了一个实例字段。类的每个实例都包含该类的所有实例字段的一个单独副本。

（5）可以将字段声明为只读。只能在初始化期间或在构造函数中为只读字段赋值。static readonly 字段非常类似于常量，只不过 C#编译器在编译时不具有对静态只读字段的值的访问权限，而只有在运行时才具有访问权限。

面试官：静态方法与实例方法的区别？

应聘者：静态方法不对特定实例进行操作，静态方法只能访问类中的静态成员，而不能使用实例成员。访问静态方法只能使用类名，而不需要创建对象，也不能使用对象名来引用。

实例方法可以使用类的任何成员。调用实例方法时，必须使用类的实例或对象来引用。实例方法对类的某个给定的实例进行操作，在实例方法类中可以使用 this 来访问该实例。调用实例方法时，必须先创建一个对象。

第 8 章
深入了解面向对象——面向对象的重要特征

学习指引

面向对象编程代表了一种全新的程序设计思路，与传统的面向过程开发方法不同，面向对象的程序设计和问题求解更符合人们的思维习惯。

面向对象编程技术是按照现实世界的特点来管理复杂的事物，把它们抽象为对象，具有自己的状态和行为，通过对消息的反应来完成一定的任务。这种编程方法提供了非常强大的多样性，大大增加了代码的重用机会，增加了程序开发的速度；同时降低了维护负担，将具备独立性特制的程序代码包装起来，修改部分程序代码时不至于影响到程序的其他部分。

面向对象的三个基本特征分别为封装、继承、多态。

重点导读

- 熟悉面向对象的编程思想。
- 掌握类的继承与派生的使用。
- 掌握类的封装，几种访问修饰符的区别。
- 掌握多态的使用。
- 熟悉抽象类和密封类。

8.1 面向对象概述

对象是现实世界中的实体，它有三个基本要素，分别为封装、继承和多态。而类则是将具有相似属性和方法的对象集合起来。

在学习 C#的类之前，读者需要区分面向过程和面向对象这两种重要的思想。

1. 面向过程

面向过程是分析解决问题的步骤，然后用函数把这些步骤一步一步地实现，接着在使用时一一调用即可。强调的是完成这件事的动作，更接近于读者日常处理事情的思维。就好比将一个项目从头到尾按顺序一步一步完成，先做什么后做什么，一直到结束。

2. 面向对象

面向对象是把构成问题的事务分解成各个对象，而建立对象的目的也不是为了完成一个个步骤，而是为了描述某个事物在解决整个问题的过程中所发生的行为。意在写出通用代码，加强代码重用。例如，将一个项目分成更小的项目，每一部分负责某方面的功能，最后由这些部分组成一个整体，这种方法适合多人工作。

3. 类与对象的关系

类是一种抽象的数据类型，但是其抽象程度可能不同；而对象就是一个类的实例，例如车是一个类，而张三的一辆奔驰车就是一个对象，车的颜色就是它的属性，启动、停止这些动作则可以定义为车的方法。从这里可以看出，如果张三想要换另一辆车，就可以将其抽象出一个数据类型，此处抽象为车类。这样只要将车这个数据类型编写好，程序中就可以方便地创建出大众车或者越野车这样的对象。在代码需要修改时，只需要对车类型进行修改即可。

综上所述，可以看出类与对象的关系：类是对象的抽象，而对象是某一类的具体化实例，每一个类都是具有某些共同特征的对象。

8.2 类的继承

继承是面向对象程序设计中最重要的概念之一。继承允许用户根据一个类来定义另一个类，这使得创建和维护应用程序变得更容易，同时也有利于重用代码和节省开发时间。

当创建一个类时，程序员不需要完全重新编写新的数据成员和成员函数，只需要设计一个新的类，继承已有类的成员即可。这个已有的类被称为基类，这个新的类被称为派生类。

8.2.1 基类和派生类

在类的继承中，被继承的类叫做基类或父类，继承的类叫做派生类或子类。一个类可以派生自多个类或接口，这意味着它可以从多个基类或接口继承数据和方法。

C#中创建派生类的语法如下：

```
<访问修饰符> class <基类>
{
   ...
}
   class <派生类> : <基类>
{
   ...
}
```

当一个类从另一个类派生出来时，派生类就自然具有基类的数据成员、属性和方法等。在基类中定义的这些成员，已经不需要在派生类定义中重写。在派生类的定义中，只需编写基类所不具有的代码即可。

【例 8-1】编写程序，通过图形的基类，派生出一个矩形的类，并计算出它的面积。

（1）在 Visual Studio 2017 中，新建名称为“Project1”的文件。

（2）在代码编辑区域输入以下代码。

```
using System;
namespace Project1
{
    class Shape                          //图形
    {
        public void setWidth(int w)
        {
            width = w;
        }
        public void setHeight(int h)
        {
            height = h;
        }
        protected int width;
        protected int height;
    }
    class Rectangle : Shape              //长方形继承于Shape
    {
        public int getArea()
        {
            return (width * height);
        }
    }
    class Program
    {
        static void Main(string[] args)
        {
            Rectangle Rect = new Rectangle();
            Rect.setWidth(6);
            Rect.setHeight(8);
            Console.WriteLine("总面积: {0}", Rect.getArea());
        }
    }
}
```

【程序分析】本例演示类的继承。在代码中，首先创建一个基类 Shape，在该类中声明了两个成员变量 height 与 width，用于表示长和宽，同时还定义了两个获取长和宽的方法 setWidth 和 setHeight；接着，根据基类 Shape 派生出一个矩形类 Rectangle；然后在派生类 Rectangle 中定义一个计算面积的方法 getArea；最后在 Main 方法中，调用 setWidth 和 setHeight 方法，并传入参数，通过计算输出矩形的面积。

在 Visual Studio 2017 中的运行结果如图 8-1 所示。

```
C:\Windows\system32\cmd.exe
总面积: 48
请按任意键继续. . .
```

图 8-1　类的继承

8.2.2　继承的特性

继承是在类之间建立的一种相交关系，使得新定义的派生类的实例，可以继承已有的基类的特征，并且可以添加新的功能。下面是继承的一些特征。

（1）派生类只能继承一个基类，所以 C#并不支持多重继承，但一个基类可以有多个直接派生类。

【例 8-2】编写程序，通过继承的方式，打印出一个公司里三位员工的自我介绍。

① 在 Visual Studio 2017 中，新建名称为“Project2”的文件。

② 在代码编辑区域输入以下代码。

```
using System;
namespace Project2
{
    class Clerk                          //创建一个职员的类
    {
        private string _name;            //定义职员姓名的字段
```

```
        public string Name           //定义职员姓名的属性
        {
            get
            { return _name; }
            set
            { _name = value; }
        }
        private string _department;  //定义职员部门的字段
        public string Department     //定义职员部门的属性
        {
            get
            { return _department; }
            set
            { _department = value; }
        }
        public void CSeyHello()
        {
            Console.WriteLine("大家好，我是{0}的{1}", Department, Name);
        }
    }
    class Sales : Clerk              //创建销售类Sales，继承于Clerk
    {
        private int _salesTarget;    //定义职员销售目标的字段
        public int SalesTarget       //定义职员销售目标的属性
        {
            get
            { return _salesTarget; }
            set
            { _salesTarget = value; }
        }
        public void SSayHello()
        {
            Console.WriteLine("大家好，我是{0}的{1}，我的销售目标是{2}元", Department, Name,
              SalesTarget);
        }
    }
    //创建技术支持类TechnicalSupport，继承于Clerk
    class TechnicalSupport : Clerk
    {
        private double _satisfactionRate;     //定义职员服务满意度的字段
        public double SatisfactionRate        //定义职员服务满意度的属性
        {
            get
            { return _satisfactionRate; }
            set
            { _satisfactionRate = value; }
        }
        public void TSSayHello()
        {
            Console.WriteLine("大家好，我是{0}的{1}，我的服务满意率为{2}分", Department, Name,
              SatisfactionRate);
        }
    }
    class Program
    {
        static void Main(string[] args)
        {
            Clerk zs = new Clerk();
            zs.Name = "张三";
            zs.Department = "人力部";
            zs.CSeyHello();
            Sales ls = new Sales();
```

```
            ls.Name = "李四";
            ls.Department = "销售部";
            ls.SalesTarget = 5000;
            ls.SSayHello();
            TechnicalSupport zh = new TechnicalSupport();
            zh.Name = "周红";
            zh.Department = "技术支持部";
            zh.SatisfactionRate = 9.8;
            zh.TSSayHello();
        }
    }
}
```

【程序分析】本例演示继承的单一特征。在代码中，首先创建一个职员的类 Clerk，在该类中定义了字段_name 与_department 以及相关的属性，用于表示职员的姓名和部门；接着，再创建一个关于销售的类 Sales，在该类中定义了字段_salesTarget 和相关属性，用于表示销售目标；然后，再创建 TechnicalSupport 类，在该类中定义了_satisfactionRate 和相关属性，用于表示服务的满意度。

由于 Sales 类和 TechnicalSupport 类具有两个相同的属性，分别为姓名和部门。所以将 Sales 类继承于 Clerk 类，TechnicalSupport 类也继承于 Clerk 类，这样 Sales 类和 TechnicalSupport 类就都具有了 Clerk 类的字段与属性。

在 Visual Studio 2017 中的运行结果如图 8-2 所示。

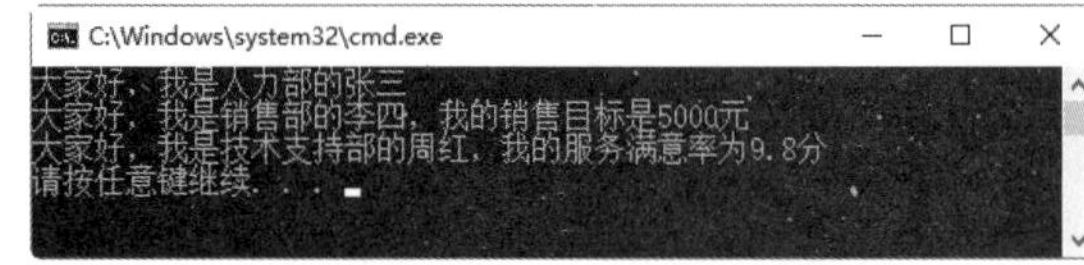

图 8-2 派生类只能继承一个基类

（2）继承是可以传递的。如果 Sales 类从 Clerk 类中派生，TechnicalSupport 类又从 Sales 类中派生，那么 TechnicalSupport 类不仅继承了 Sales 类中声明的成员，同样也继承了 Clerk 类中声明的成员。

（3）如果签名相同的方法在基类和派生类中都进行了声明，但该方法没有分别声明为 virtual 和 override，派生类方法就会隐藏基类方法。

【例 8-3】编写程序，在派生类中隐藏与基类同名的方法。

① 在 Visual Studio 2017 中，新建名称为“Project3”的文件。

② 在代码编辑区域输入以下代码。

```
using System;
namespace Project3
{
    class myClass1
    {
        public void Write()
        {
            Console.WriteLine("这里是基类");
        }
    }
    class myClass2 : myClass1
    {
        public new void Write()   //隐藏方法
        {
            Console.WriteLine("这里是派生类");
        }
    }
    class Program
    {
        static void Main(string[] args)
        {
            myClass2 b = new myClass2();
            myClass1 a = b;
            a.Write();
```

```
            b.Write();
        }
    }
}
```

【程序分析】本例演示派生类中隐藏基类成员的特征。在代码中，首先创建一个基类 myClass1；接着再派生类 myClass2；然后在这两个类中分别定义一个同名的方法 Write。

此时，编译器会对 myClass2 类中的 Write 方法发出警告："myClass2.Write()隐藏继承的成员 myClass1.Write()。如果是有意隐藏，请使用关键字 new"。因为在大多数情况下，是要重写方法，而不是隐藏方法，并且隐藏方法会造成给定类的实例调用到错误的方法。所以，C#语法会在编译时收到这个潜在的错误警告。

在 Visual Studio 2017 中的运行结果如图 8-3 所示。

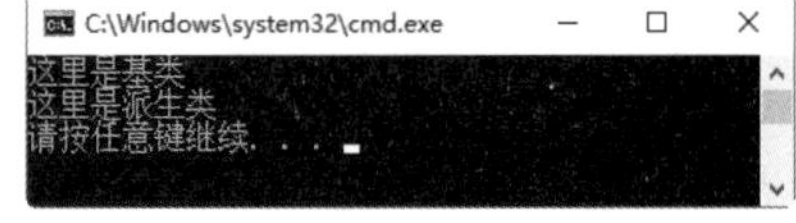

图 8-3　隐藏基类方法

8.2.3　调用基类的构造函数

众所周知，基类的初始化工作由基类的构造函数完成，派生类的初始化工作则由派生类的构造函数完成，但是这样就产生了派生类构造函数的执行顺序问题。那么用户该如何获得基类的构造函数和自身的构造函数呢？本节将通过实例一一验证。

（1）当基类中没有定义构造函数时，派生类会默认地调用基类的默认构造函数。

例如：

```
public class myClass1
{
}
public class myClass2 : myClass1
{
    public myClass2()
    {
        Console.WriteLine("这是派生类无参构造函数");
    }
    public myClass2(int a)
    {
        Console.WriteLine("这是派生类带一个参数的构造函数");
    }
    public myClass2(int a, int b)
    {
        Console.WriteLine("这是派生类带两个参数的构造函数");
    }
}
```

此时，实例化派生类的对象，就会调用基类的默认构造函数。

（2）当基类中编写一个有参构造函数后，再实例化派生类的对象，程序就会调用基类中无参的构造函数，如果该函数存在就调用它，否则编译器就会发出错误警告。因此，不论程序调用派生类中的哪个构造函数，都是在寻找基类中无参的构造函数，如果没有则报错，而非参数匹配。

例如：

```
public class myClass1
{
    public myClass1(int a)
    {
        Console.WriteLine("这是基类带一个参数的构造函数");
    }
    //public myClass1()   实例化派生类对象后，会寻找基类的无参构造函数
    //{
    //Console.WriteLine("这是基类无参数的构造函数");
```

```
    //}
}
public class myClass2 : myClass1
{
    public myClass2()
    {
        Console.WriteLine("这是派生类无参构造函数");
    }
    public myClass2(int a)
    {
        Console.WriteLine("这是派生类带一个参数的构造函数");
    }
    public myClass2(int a, int b)
    {
        Console.WriteLine("这是派生类带两个参数的构造函数");
    }
}
```

（3）基类中编写了构造函数，可以通过 base 关键字，指定创建派生类实例时应调用的基类构造函数。

【例 8-4】编写程序，在派生类中可以指定调用基类的某个构造函数。

① 在 Visual Studio 2017 中，新建名称为“Project4”的文件。

② 在代码编辑区域输入以下代码。

```
using System;
namespace Project4
{
    public class myClass1                           //基类
    {
        int Number;
        public myClass1()                           //构造函数
        {
            Console.WriteLine("派生类调用基类的第一个构造函数");
        }
        public myClass1(int a)
        {
            Number = a;
            Console.WriteLine("派生类调用基类的第二个构造函数");
        }
        public int GetNumber()
        {
            return Number;
        }
    }
    public class myClass2 : myClass1                //派生类
    {
        //这个构造函数调用第一个基类的构造函数
        public myClass2(): base()                   //派生类的构造函数
        {
        }
        //这个构造函数调用第二个基类的构造函数
        public myClass2(int a): base(a)             //派生类的第二个构造函数
        {
        }
        static void Main()
        {
            myClass2 bs1 = new myClass2();
            myClass2 bs2 = new myClass2(1);
        }
    }
}
```

【程序分析】本例演示 base 关键字的使用。在代码中，创建一个基类 myClass1，并且定义两个构造函数，一个带参另一个不带参，再定义一个 GetNumber 方法，用于返回变量 Number 的值。接着，通过基类 myClass1 派生出类 myClass2，并在该类中也分别定义一个带参和一个不带参的构造函数。然后实例化派生类的对象，通过 base 关键字指定调用基类的某个构造函数。

在 Visual Studio 2017 中的运行结果如图 8-4 所示。

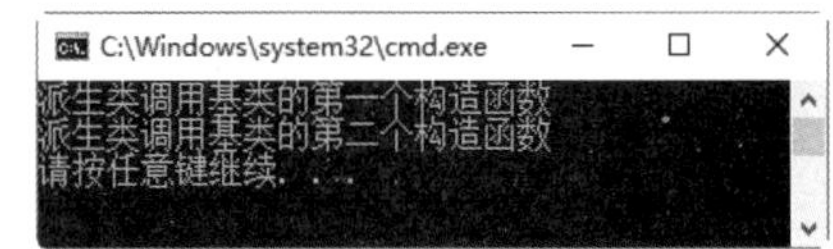

图 8-4　调用基类的构造函数

base 关键字还可以用于从派生类中访问基类的成员。

【例 8-5】编写程序，调用基类上已被其他方法重写的方法。

① 在 Visual Studio 2017 中，新建名称为“Project5”的文件。

② 在代码编辑区域输入以下代码。

```
using System;
namespace Project5
{
    public class Person
    {
        protected string tel = "444-55-6666";
        protected string name = "张三";
        public virtual void GetInfo()
        {
            Console.WriteLine("姓名: {0}", name);
            Console.WriteLine("电话号码: {0}", tel);
        }
    }
    class Employee : Person
    {
        public string id = "ABC567EFG";
        public override void GetInfo()
        {
            base.GetInfo();          //调用基类 Getinfo 方法
            Console.WriteLine("学号: {0}", id);
        }
    }
    class Program
    {
        static void Main()
        {
            Employee E = new Employee();
            E.GetInfo();
        }
    }
}
```

【程序分析】本例演示 base 关键字的使用。在代码中，首先定义一个 Person 类，该类中定义了两个变量 tel 和 name，分别用于表示人的电话号码与姓名，还定义了 GetInfo 方法，用于显示 tel 和 name 的信息；然后再定义一个类 Employee 继承于 Person 类，在该类中，定义了变量 id，用于表示人的身份信息，接着通过 base 关键字调用基类中的 GetInfo 方法；最后在 Main 方法中进行实例化，输出所有身份信息。

在 Visual Studio 2017 中的运行结果如图 8-5 所示。

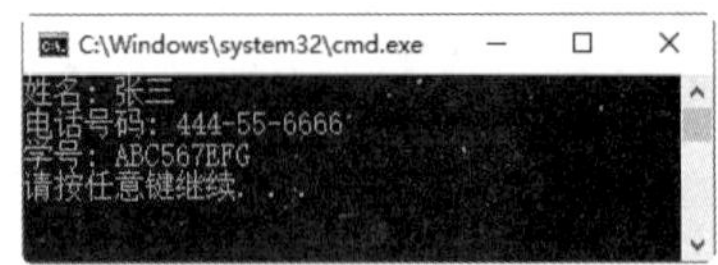

图 8-5　base 关键字

8.3　类的封装

封装是实现面向对象程序设计的第一步，封装就是将数据或方法等集合在一个个的单元中。被封装的对象通常被称为抽象数据类型。抽象和封装都是面向对象程序设计的相关特性。抽象允许相关信息可视化，封装则使开发者实现所需级别的抽象。

C#封装根据具体的需要，设置使用者的访问权限，并通过访问修饰符来实现。一个访问修饰符定义了一个类成员的范围和可见性。

8.3.1　public 公开的

public 允许一个类将其成员变量和成员函数暴露给其他的函数和对象。任何公有成员都可以被外部的类访问。

【例 8-6】 编写程序，访问类中的公有成员。

（1）在 Visual Studio 2017 中，新建名称为“Project6”的文件。

（2）在代码编辑区域输入以下代码。

```
using System;
namespace Project6
{
    class myClass
    {
        //公有成员
        public int length;
        public int width;
        public int getArea()
        {
            return length * width;
        }
        public void Display()
        {
            Console.WriteLine("长度： {0}", length);
            Console.WriteLine("宽度： {0}", width);
            Console.WriteLine("面积： {0}", getArea());
        }
    }
    class Program
    {
        static void Main(string[] args)
        {
            myClass r = new myClass();
            r.length = 6;
            r.width = 3;
            r.Display();
        }
    }
}
```

【程序分析】本例演示公有成员的访问。在代码中，成员变量 length 和 width 被声明为 public，所以它们可以被 Main 方法使用 myClass 类的实例 r 访问。方法 Display 和 GetArea 可以直接访问这些变量。而方法 Display 也被声明为 public，所以它也能被 Main 方法使用 myClass 类的实例 r 访问。

在 Visual Studio 2017 中的运行结果如图 8-6 所示。

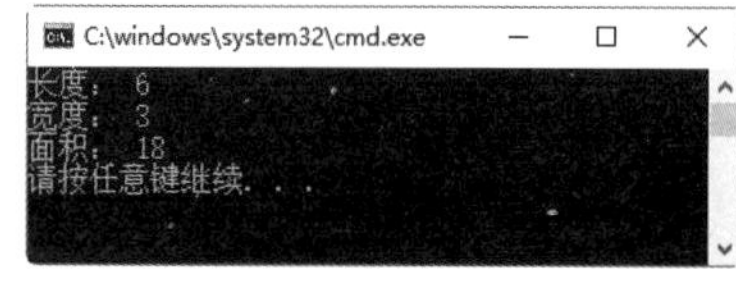

图 8-6　public 成员

8.3.2　private 私有的

private 访问修饰符允许一个类将其成员变量和成员函数对其他的函数和对象进行隐藏。只有同一个类中的函数可以访问它的私有成员。即使是类的实例也不能访问它的私有成员。

【例 8-7】编写程序，将一个类中的成员变量设置为私有成员。

（1）在 Visual Studio 2017 中，新建名称为“Project7”的文件。

（2）在代码编辑区域输入以下代码。

```
using System;
namespace Project7
{
    class myClass
    {
        private int length;
        private int width;
        public void Import()
        {
            Console.WriteLine("请输入长度：");
            length = Convert.ToInt32(Console.ReadLine());
            Console.WriteLine("请输入宽度：");
            width = Convert.ToInt32(Console.ReadLine());
        }
        public int getArea()
        {
            return length * width;
        }
        public void Display()
        {
            Console.WriteLine("长度： {0}", length);
            Console.WriteLine("宽度： {0}", width);
            Console.WriteLine("面积： {0}", getArea());
        }
    }
    class Program
    {
        static void Main(string[] args)
        {
            myClass r = new myClass();
            r.Import();
            r.Display();
        }
    }
}
```

【程序分析】本例演示私有成员的访问。在代码中，成员变量 length 和 width 被声明为 private，所以它们不能被 Main 方法访问。成员函数 Import 和 Display 可以访问这些变量。由于成员函数 Import 和 Display 被声明为 public，所以它们可以被 Main()使用 myClass 类的实例 r 访问。

在 Visual Studio 2017 中的运行结果如图 8-7 所示。

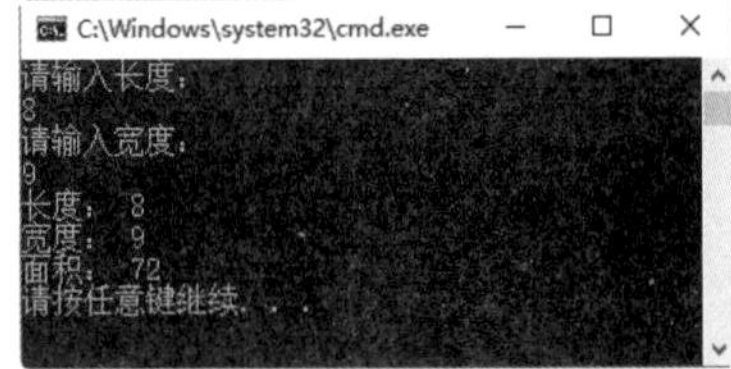

图 8-7　private 成员

8.3.3　protected 受保护的

protected 访问修饰符允许派生类访问它的基类的成员变量和成员函数，这样有助于实现继承。

【例 8-8】编写程序，通过派生类访问基类的受保护成员。

（1）在 Visual Studio 2017 中，新建名称为“Project8”的文件。

（2）在代码编辑区域输入以下代码。

```
using System;
namespace Project8
{
```

```
    class Point
    {
        protected int x;
        protected int y;
    }
    class Program:Point
    {
        static void Main(string[] args)
        {
            Program dpoint = new Program();
            //直接访问受保护的成员
            dpoint.x = 10;
            dpoint.y = 15;
            Console.WriteLine("x = {0}, y = {1}", dpoint.x, dpoint.y);
        }
    }
}
```

【程序分析】本例演示受保护成员的访问。在代码中，Program 类是从 Point 派生的。因此，可以从派生类直接访问基类的受保护成员。如果想要通过 Point 类的实例化来访问成员变量 x 与 y，编译器也是不允许的。

在 Visual Studio 2017 中的运行结果如图 8-8 所示。

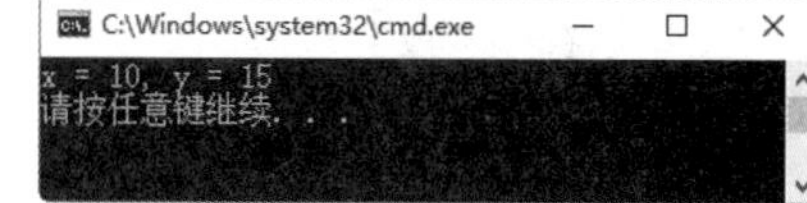

图 8-8　protected 成员

8.3.4　internal 内部访问

internal 的英文含义是“内部的”，而这个“内部的”的确切含义，是指“同一程序集”的内部，而非“同一命名空间”的内部。也就是说，internal 修饰的方法或者属性，只要是在同一个程序集中的类都可以访问，如果二者不在同一命名空间，只要使用 using 引用上相应的命名空间即可。

【例 8-9】编写程序，将类中的成员用 internal 关键字修饰。

（1）在 Visual Studio 2017 中，新建名称为“Project9”的文件。

（2）在代码编辑区域输入以下代码。

```
using System;
namespace Project9
{
    class myClass
    {
        internal int length;
        internal int width;
        int getArea()
        {
            return length * width;
        }
        public void Display()
        {
            Console.WriteLine("长度: {0}", length);
            Console.WriteLine("宽度: {0}", width);
            Console.WriteLine("面积: {0}", getArea());
        }
    }
    class Program
    {
        static void Main(string[] args)
        {
            myClass r = new myClass();
            r.length = 15;
            r.width = 8;
            r.Display();
        }
```

```
        }
    }
```

【程序分析】本例演示了内部成员的访问。在代码中，需要注意成员函数 getArea 声明的时候不带有任何访问修饰符。如果没有指定访问修饰符，则使用类成员的默认访问修饰符，即为 private。

在 Visual Studio 2017 中的运行结果如图 8-9 所示。

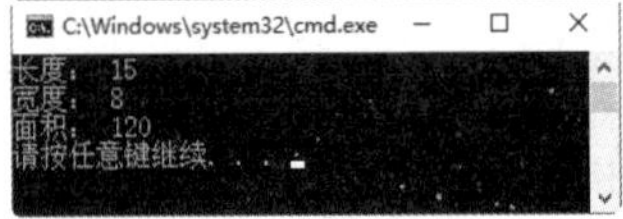

图 8-9　internal 成员

封装的意义在于保护或者防止代码（数据）被用户无意中破坏，防止对实现细节的访问。用户只提供调用类的方法，而调用者不必了解类内部怎样处理相关数据。

8.4　多态

通过继承实现的不同对象调用相同的方法，表现出不同的行为，称为多态。C#中的每种类型都是多态的。当派生类从基类继承时，它会获得基类的所有方法、字段、属性和事件。面向对象的语言使用虚方法表达多态。

众所周知，猫（Cat）、狗（Dog）、老鼠（Mouse）都是属于动物，用户可以根据这三者的共有特性提取出动物类（Animal）作为父类。猫喜欢吃鱼，狗喜欢啃骨头，老鼠喜欢吃粮食，这样用户就可以添加一个吃的方法。

【例 8-10】编写程序，表现出一个动物类吃方法的多种形态。

（1）在 Visual Studio 2017 中，新建名称为“Project10”的文件。

（2）在代码编辑区域输入以下代码。

```
using System;
namespace Project10
{
    public class Animal
    {
        public virtual void Eat()              //定义一个吃的虚方法
        {
            Console.WriteLine("我是一只小动物，我喜欢吃肉");
        }
    }
    //创建子类 Cat 后，继承父类 Animal，重写父类 Animal 中的虚方法 Eat
    public class Cat: Animal
    {
        public override void Eat()             //重写虚方法
        {
            Console.WriteLine("我是一只可爱的小猫，我喜欢吃鱼");
        }
    }
    //创建子类 Dog 后，继承父类 Animal，重写父类 Animal 中的虚方法 Eat
    public class Dog : Animal
    {
        public override void Eat()             //重写虚方法
        {
            Console.WriteLine("我是一只强壮的大狗，我喜欢啃骨头");
        }
    }
    //创建子类 Mouse 后，继承父类 Animal，重写父类 Animal 中的虚方法 Eat
    public class Mouse : Animal
```

```
    {
        public override void Eat()              //重写虚方法
        {
            Console.WriteLine("我是一只灰色的小老鼠，我喜欢吃粮食");
        }
    }
    class Program
    {
        static void Main(string[] args)
        {
       //创建一个 Animal 基类数组，添加基类 Animal 对象，Cat 对象，Dog 对象，Mouse 对象
            Animal[] animals = {
                         new Animal(),
                         new Cat(),
                         new Dog(),
                         new Mouse()
        };
            //遍历 animals 数组
            foreach (Animal animal in animals)
            {
                animal.Eat();
            }
        }
    }
}
```

【程序分析】本例演示了使用虚函数实现多态。通过本段代码，用户可以将父类与子类的关系理解为猫与动物或者狗与动物之间的关系，也就是说，猫属于动物一类，但是动物类不一定是猫。又如本例，当需要一个父类类型的对象时，可以给一个子类类型的对象；当需要一个子类类型对象时，给一个父类类型对象是不可以的！

因此，父类对象调用自己的 Eat 方法时，实际上显示的是父类类型指针指向的子类类型对象重写父类 Eat 后的方法。这就是多态。

在 Visual Studio 2017 中的运行结果如图 8-10 所示。

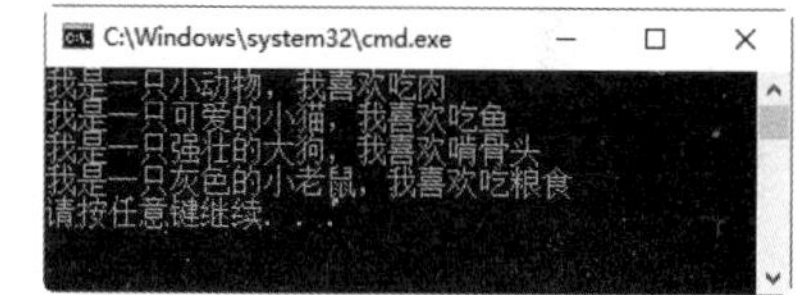

图 8-10　使用虚函数实现多态

其实多态的作用就是把不同的子类对象都当作父类来看，可以屏蔽不同子类对象之间的差异，写出通用的代码，做出通用的编程，以适应需求的不断变化。

如果其他用户需要扩展这个程序，还想再添加一只老鹰(Eagle)，很容易，只需要添加一个 Eagle 类，继承 Animal，重写 Eat 方法，添加给父类对象就可以了。至此，该程序的扩展性得到了提升，而又不需要查看源代码是如何实现的就可以扩展新功能。这就是多态带来的好处。

8.5　接口

在 C#的学习过程中，用户经常会用到接口，那什么是接口呢？其实，接口简单理解就是一种约定，使得实现接口的类或结构在形式上保持一致。

8.5.1　接口的声明

接口描述的是可属于任何类或结构的一组相关功能，所以实现接口的类或结构必须实现接口定义中指定的接口成员。接口使用 interface 关键字进行定义，可由方法、属性、事件、索引器或这四种成员类型的

任意组合构成。

接口使用 interface 关键字进行定义，可由方法、属性、事件、索引器或这四种成员类型的任意组合构成。

接口的声明格式：

```
修饰符 interface 接口名称
{
    //成员;
}
```

注意：接口名称习惯以 I 开头，跟在 I 后的第一个字符也是大写的，结尾一般以 able 结尾，如 IFlyable。

使用接口时，需要注意以下几点：

（1）接口中只能声明方法不能定义，也就是说声明的方法不能有方法体。

（2）接口不能包含常量、字段、运算符、实例构造函数、析构函数或类型，不能包含静态成员。由于不能有字段，所以属性经常被写做自动属性。

（3）接口成员都是自动公开的，且不能包含任何访问修饰符。因为接口中的方法是用来定义对象之间通信的契约，所以指定接口中的方法为私有或保护没有意义。它们默认为公有方法。

（4）接口自身可从多个接口继承，类和结构可继承多个接口，但接口不能继承类。

例如：

```
interface IProgram      //接口默认声明为 public
{
    void Write();       //接口中不能有访问修饰符，方法也不能包含方法体
    string Name         //由于接口不能有字段，所以属性经常被写做自动属性
    {
        get;
        set;
    }
}
```

8.5.2 接口的实现

接口类似于抽象基类，不能直接实例化接口；接口中的方法都是抽象方法，实现接口的任何非抽象类型都必须实现接口的所有成员。

实现接口的方式有以下两种。

（1）当隐式实现该接口的方法时，既可用接口调用方法，也可用具体类调用方法，但是实现的成员必须是公有的。

【例 8-11】编写程序，隐式实现接口的方法。

① 在 Visual Studio 2017 中，新建名称为“Project11”的文件。

② 在代码编辑区域输入以下代码。

```
using System;
namespace Project11
{
    interface IProgram
    {
        void Write();
    }
    class Program : IProgram
    {
        public void Write()
        {
         Console.WriteLine("隐式实现接口的方法");
```

```
        }
        static void Main(string[] args)
        {
            IProgram p = new Program();   //实现的方法可以通过声明接口实例访问
            p.Write();
            Program pro = new Program();  //也可以通过类实例化访问
            pro.Write();
        }
    }
}
```

【程序分析】本例演示了隐式实现接口的方法。在代码中，Write 方法必须使用 public 进行修饰。实现的成员可以通过类的实例化访问，也可以通过接口实例访问。

在 Visual Studio 2017 中的运行结果如图 8-11 所示。

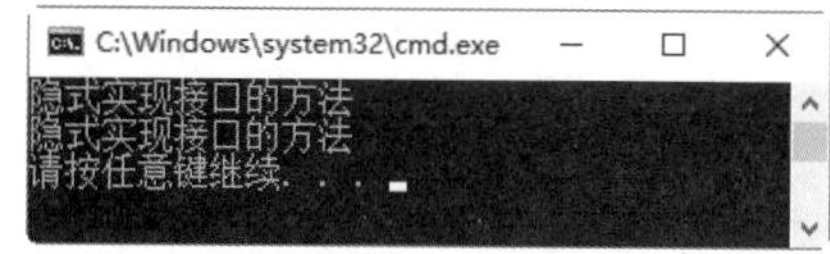

图 8-11　隐式实现接口方法

（2）当显式实现该接口的方法时，不能用访问修饰符 public，并且必须显式指定接口名称。实现的成员不能通过类实例访问，只能通过接口实例访问。

【例 8-12】编写程序，显式实现接口的方法。

① 在 Visual Studio 2017 中，新建名称为“Project12”的文件。

② 在代码编辑区域输入以下代码。

```
using System;
namespace Project12
{
    interface IProgram
    {
        void Write();
    }
    class Program : IProgram
    {
        //实现接口的方法，不能用访问修饰符public，并且必须显式指定接口名称
        void IProgram.Write()
        {
            Console.WriteLine("显式实现接口的方法");
        }
        static void Main(string[] args)
        {
            IProgram p = new Program(); //声明一个接口实例，但不是对接口进行实例化
            p.Write();
        }
    }
}
```

【程序分析】本例演示了显式实现接口的方法。在代码中，Program 类实现了 IProgram 接口，接口的实现与类的继承语法格式类似：“class Program : IProgram”。继承接口后，用户需要实现接口的方法 Write，并且方法名必须与接口定义的方法名一致。最后需要注意，在调用 Write 方法时，是声明一个接口实例，而不是对接口进行实例化

在 Visual Studio 2017 中的运行结果如图 8-12 所示。

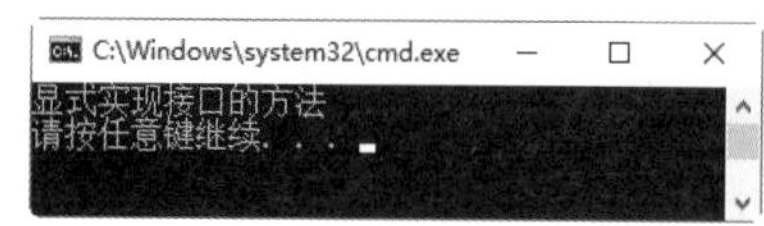

图 8-12　显式实现接口方法

实现接口可以显式实现和隐式实现，那么这两种实现到底有什么优缺点呢？一般情况下，当类或者结构要实现的是单个接口，可以使用隐式实现。如果类或者结构继承了多个接口且接口中具有相同名称成员时，就要用到显式实现。

【例 8-13】编写程序，实现两个接口中同名但是具有不同功能的方法。

① 在 Visual Studio 2017 中，新建名称为“Project13”的文件。

② 在代码编辑区域输入以下代码。

```
using System;
namespace Project13
{
    interface ImyInterface1
    {
        int add();
    }
    interface ImyInterface2
    {
        int add();
    }
    class myClass : ImyInterface1, ImyInterface2
    {
        int ImyInterface1.add()                    //显式接口的成员实现
        {
            int a = 4;
            int b = 6;
            return a + b;
        }
        int ImyInterface2.add()                    //显式接口的成员实现
        {
            int a = 4;
            int b = 6;
            int c = 10;
            return a + b + c;
        }
    }
    class Program
    {
        static void Main(string[] args)
        {
            myClass myclass = new myClass();  //实例化继承类的对象，该类继承了接口
            ImyInterface1 imy1 = myclass;     //使用继承接口类的对象实例化接口
            Console.WriteLine(imy1.add());    //使用接口对象调用接口中的方法
            ImyInterface2 imy2 = myclass;     //使用继承接口类的对象实例化接口
            Console.WriteLine(imy2.add());    //使用接口调用方法
        }
    }
}
```

【程序分析】本例演示了两个接口拥有同名的方法。在代码中，声明了两个接口 ImyInterface1 和 ImyInterface2，并且在这两个接口中都声明了一个同名的方法 add。如果在 myclass 类通过隐式实现方法时，但是这两个方法的功能不一样，就会导致其中一个接口实现不正确或者两个都不能正确实现，所以需要在类中指定各自的接口名称。

由于显式接口成员属于接口的成员，而不是类的成员，所以不能使用类对象 myclass 直接访问，只能通过接口对象（imy1 或 imy2）来访问。

在 Visual Studio 2017 中的运行结果如图 8-13 所示。

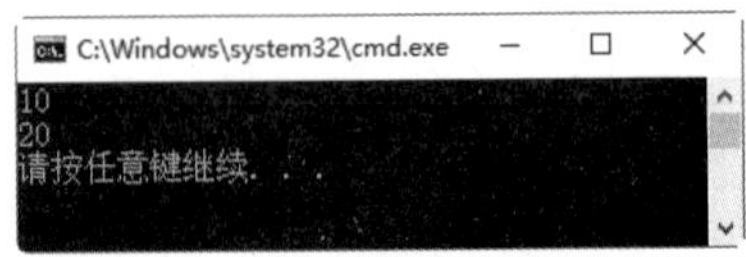

图 8-13　显式实现接口的同名方法

8.5.3　接口的继承

接口继承和类继承不同。首先，类继承不仅是说明继承，同时也是实现继承；而接口继承只是说明继承。也就是说，派生类可以继承基类的方法实现，而派生的接口只继承了父接口的成员方法说明，而没有继承父接口的实现，其次，C#中类继承只允许单继承，但是接口继承允许多继承，一个子接口可以有多个

父接口。

接口可以从零或多个接口中继承。从多个接口中继承时，用冒号“:”后跟被继承的接口名字，多个接口名之间用逗号“,”分隔。

【例 8-14】编写程序，声明三个接口分别为 IPeople、ITeacher、IStudent，其中，后两者继承于 IPeople，然后 Program 类继承这三个接口，并且实现三个接口中的所有属性和方法。

（1）在 Visual Studio 2017 中，新建名称为“Project14”的文件。

（2）在代码编辑区域输入以下代码。

```
using System;
namespace Project14
{
    interface IPeople
    {
        //由于不能有字段，所以属性经常被写做自动属性
        string Name           //声明 Name 属性
        {
            get;
            set;
        }
        string Gender         //声明 Gender 属性
        {
            get;
            set;
        }
    }
    interface ITeacher : IPeople
    {
        void teach();
    }
    interface IStudent : IPeople
    {
        void study();
    }
    class Program : IPeople, ITeacher, IStudent
    {
        string _name = "";
        string _gender = "";
        public string Name
        {
            get
            {
                return _name;
            }
            set
            {
                _name = value;
            }
        }
        public string Gender
        {
            get
            {
                return _gender;
            }
            set
            {
                _gender = value;
            }
        }
        public void teach()
        {
            Console.WriteLine("大家好，我叫{0}，我是{1}生，我是一名老师", Name, Gender);
```

```
        }
        public void study()
        {
            Console.WriteLine("大家好，我叫{0}，我是{1}生，我是一名学生", Name, Gender);
        }
        static void Main(string[] args)
        {
            ITeacher iteach = new Program();
            iteach.Name = "张三";
            iteach.Gender = "男";
            iteach.Teach();
            IStudent istu = new Program();
            istu.Name = "李四";
            istu.Gender = "女";
            istu.Study();
        }
    }
}
```

【程序分析】本例演示了接口的继承。在代码中声明了三个接口，分别为 IPeople、ITeacher 和 IStudent。接着在 IPeople 接口中声明 Name 和 Gender 属性。然后在 ITeacher 接口中声明 Teach 方法，在 IStudent 接口中声明 Study 方法。再让 Program 类继承这三个接口，并对所有接口中的方法和属性进行实现。最后在 Main 方法中，分别声明 ITeacher 和 IStudent 接口的实例，并赋值与输出。

在 Visual Studio 2017 中的运行结果如图 8-14 所示。

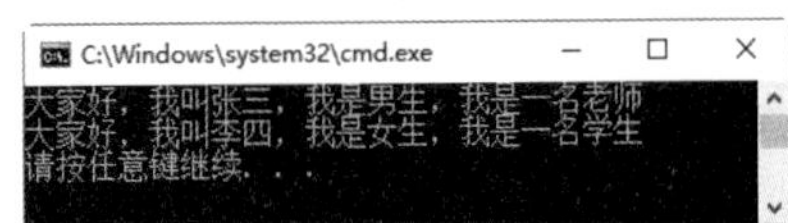

图 8-14 接口的继承

如果一个接口继承其他接口，那么实现类或结构就需要实现所有接口的成员。

【例 8-15】编写程序，让一个接口继承另一个接口。

（1）在 Visual Studio 2017 中，新建名称为“Project15”的文件。

（2）在代码编辑区域输入以下代码。

```
using System;
namespace Project15
{
    interface IFirst
    {
        void FirstMethod();
    }
    interface ISecond : IFirst
    {
        void SecondMethod();
    }
    class Program : ISecond
    {
        static void Main()
        {
            Program pro = new Program();        //实例化类的对象
            IFirst first = pro;                 //使用派生类对象实例化接口 IFirst
            ISecond second = pro;               //使用派生类对象实例化接口 ISecond
            first.FirstMethod();
            second.SecondMethod();
        }
        public void FirstMethod()
        {
            Console.WriteLine("这里是第一个接口的方法");
        }
        public void SecondMethod()
        {
            Console.WriteLine("这里是第二个接口的方法");
        }
```

```
        }
    }
```

【程序分析】本例演示了接口继承接口。在代码中声明了两个接口 IFirst 和 ISecond，接着在 IFirst 接口中声明 FirstMethod 方法；在 ISecond 接口中声明 SecondMethod 方法。然后，让 ISecond 接口继承于 IFirst，再让 Program 类继承于 ISecond。最后，在 Main 方法中实现这两个接口的方法，并且通过实例化接口，调用接口中的方法。

在 Visual Studio 2017 中的运行结果如图 8-15 所示。

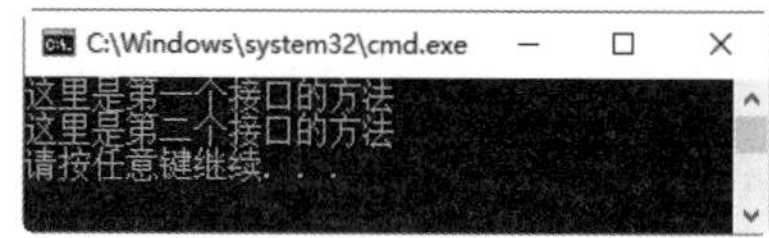

图 8-15 接口继承接口

8.6 抽象类和密封类

接口的存在可以使 C#中存在多重继承，这样使程序结构更加合理。abstract 关键字和 sealed 关键字分别实现了抽象和密封的定义，这两种方法使程序的设计更加严密。

8.6.1 抽象类和抽象方法

如果一个类不与具体的事物相联系，而只是表达一种抽象的概念，仅仅是作为其派生类的一个基类，这样的类就是抽象类，在抽象类中声明方法时，如果加上 abstract 时就是抽象方法

1. 抽象类的概述及声明

抽象类与非抽象类的主要区别：

（1）抽象类不能直接被实例化。

（2）抽象类中可以包含抽象成员，但非抽象类中不可以。

（3）抽象类不能被密封。

例如：

```
public abstract class myClass
{
    //抽象成员
}
```

2. 抽象方法的概述及声明

在抽象类中也可以使用关键字 absract 定义抽象方法，要求所有派生的非抽象类都要重载实现抽象方法，引入抽象方法的原因在于抽象类本身是一种抽象概念，有的方法并不需要具体实现，而是留下来让派生类重载实现。

声明抽象方法时需注意：

（1）抽象方法必须声明在抽象类中。

（2）声明抽象方法时，不能使用 virtual、static 和 private 修饰符。

（3）抽象方法声明引入一个新的方法，但是不提供具体的实现。

（4）当从抽象类中派生一个非抽象类时，需要在非抽象类中重写所有抽象类中的方法，提供具体实现细节，重写抽象方法时候使用 override 关键字。

例如，抽象方法为：

```
public abstract int Method();
```

则派生类重载实现为：

```
public override int Method();
{
    //…抽象方法体
}
```

在类的层次结构中，并没有“图形”这样的具体事物，所以可以将“图形”定义为抽象类，派生出“圆形”和“四边形”这样一些可以具体实例化的普通类，需要注意的是，抽象类不能被实例化，它只能作为其他类的基础类。

【例 8-16】编写程序，将图形声明成抽象类，并进行扩展。

（1）在 Visual Studio 2017 中，新建名称为“Project16”的文件。

（2）在代码编辑区域输入以下代码。

```
using System;
namespace Project16
{
    //定义基类 Shape
    public abstract class Shape                    //声明一个抽象类的图形
    {
        //protected 的作用：允许派生类访问它的基类成员
        protected string Color;                    //表示图形的颜色
        //构造函数的作用是帮助用户初始化对象，也就是给对象的每个属性依次赋值
        public Shape(string Color)                 //定义带参的构造函数，为图形的颜色赋值
        {
            this.Color = Color;
        }
        public string GetColor()                   //获取图形颜色的方法 GetColor
        {
            return Color;
        }
        public abstract double GetArea();          //表示图形的面积
        //（1）抽象方法必须声明在抽象类中。
        //（2）声明抽象方法时，不能使用 virtual、static 和 private 修饰符。
        //（3）抽象方法声明引入一个新的方法，但是不提供具体的实现。
    }
    //定义 Cirle 类，从 Shape 类中派生
    public class Circle : Shape                    //圆形
    {
        //private 的作用：只有在同一类中的方法，才能够去访问该变量
        private double Radius;                     //圆的半径
        //通过 base 关键字，指定创建派生类实例时应调用的基类构造函数。
        public Circle(string Color, double Radius):base(Color)
        {
            this.Color = Color;
            this.Radius = Radius;
        }
    //当从抽象类中派生一个非抽象类时，需要使用 override 关键字，来实现非抽象类中的方法
        public override double GetArea()           //重写抽象方法
        {
            return System.Math.PI * Radius * Radius;
        }
    }
    //派生类 Rectangular,从 Shape 类中派生
    public class Rectangular : Shape               //矩形
    {
        protected double Length, Width;            //声明长和宽
        public Rectangular(string Color, double Length, double Width) :base(Color)  //构造函数
```

```
        {
            this.Color = Color;
            this.Length = Length;
            this.Width = Width;
        }
        public override double GetArea() //重写方法
        {
            return (Length * Width);
        }
        public double PerimeterIs()      //周长
        {
            return (2 * (Length + Width));
        }
    }
    //派生类 Square，从 Rectangular 类中派生
    public class Square : Rectangular    //正方形
    {
        public Square(string Color, double Side) : base(Color, Side, Side) { ;}
    }
    class Program
    {
        static void Main(string[] args)
        {
            Circle Cir = new Circle("黄色", 4.0);
            Console.WriteLine("圆 形 的颜色是：{0}，它的面积是：{1}",Cir.GetColor(),Cir.GetArea());
            Rectangular Rect = new Rectangular("红色",6.0,8.0);
            Console.WriteLine("矩 形 的颜色是：{0}，它的面积是：{1}，它的周长是：{2}",
                Rect.GetColor(),Rect.GetArea(),Rect.PerimeterIs());
            Square Squ = new Square("绿色",5.0);
            Console.WriteLine("正方形的颜色是：{0}，它的面积是：{1}，它的周长是：{2}",
                Squ.GetColor(),Squ.GetArea(),Squ.PerimeterIs());
        }
    }
}
```

【程序分析】本例演示了抽象类与抽象方法的使用。在代码中，首先使用 abstract 关键字将 Shape 类声明为抽象类，在该类中定义了变量 Color，用于表示颜色；定义了带参的构造函数，用于给变量 Color 赋值；定义了 GetColor 方法，用于获取变量 Color 的数据；还声明了一个抽象方法 GetArea，用于获取图形的面积。这里需要注意，抽象方法必须声明在抽象类中，并且不能包含方法体。

接着，通过 Shape 类派生 Circle 类和 Rectangular 类，而在这两个类中都重写了抽象方法 GetArea，才可以计算出具体面积。然后，声明 Squarc 类继承于 Rectangular 类，并通过 base 关键字，指定创建派生类实例时应调用的基类构造函数。

在 Visual Studio 2017 中的运行结果如图 8-16 所示。

```
C:\Windows\system32\cmd.exe
圆 形 的颜色是：黄色，它的面积是：50.2654824574367
矩 形 的颜色是：红色，它的面积是：48，它的周长是：28
正方形的颜色是：绿色，它的面积是：25，它的周长是：20
请按任意键继续. . .
```

图 8-16　抽象类和抽象方法

8.6.2　抽象类与接口的区别

很多 C#的初学者在编程时都容易把抽象类和接口搞混，下面就从概念上讲解抽象类和接口的区别。

1. 抽象类

含有 abstract 修饰符的 class 即为抽象类，抽象类是特殊的类，只是不能被实例化，可以创建一个变量，其类型是一个抽象类，并让它指向具体子类的一个实例；除此以外，抽象类具有类的其他特性；重要的是抽象类可以包括抽象方法，这是普通类所不能的。抽象方法只能声明于抽象类中，且不包含任何实现，派生类必须覆盖它们。另外，抽象类可以派生自一个抽象类，可以覆盖基类的抽象方法也可以不覆盖。

2. 接口

接口是引用类型，类似于类。接口和抽象类的相似之处有三点：

（1）不能实例化。

（2）包含未实现的方法声明。

（3）派生类必须实现未实现的方法，抽象类是抽象方法，接口则是所有成员（不仅是方法包括其他成员）。

接口具有如下特性：

接口除了可以包含方法之外，还可以包含属性、索引器、事件，而且这些成员都被定义为公有的。除此之外，不能包含任何其他的成员，例如常量、域、构造函数、析构函数、静态成员。一个类可以直接继承多个接口，但只能直接继承一个类（包括抽象类）。

3. 两者的语法区别

（1）抽象类可以有构造方法，接口中不能有构造方法。

（2）抽象类中可以有普通成员变量，接口中没有普通成员变量。

（3）抽象类中的抽象方法的访问类型可以是 public、protected，但接口中的抽象方法只能是 public 类型的，并且默认即为 public abstract 类型。

（4）抽象类中可以包含静态方法，接口中不能包含静态方法。

（5）一个类可以实现多个接口，但只能继承一个抽象类。

（6）抽象类实现的具体方法默认为虚方法，但实现接口的类中的接口方法却默认为非虚方法，当然用户也可以声明为虚方法。

8.6.3 密封类和密封方法

如果所有类都可以被继承，那么很容易导致继承的滥用，进而使类的层次结构体系变得十分复杂，这样会使开发人员对类的理解和使用变得十分困难。为了避免滥用继承，C#中提出了密封类的概念。

1. 密封类概述及声明

密封类可以用来限制扩展性，如果密封了某个类，则其他类不能从该类继承；如果密封了某个成员，则派生类不能重写该成员的实现。

密封类的声明格式为：

```
访问修饰符  sealed  class  类名：基类或接口
{
    //类体
}
```

说明：

（1）密封类不能作为基类被继承，但它可以继承别的类或接口。

（2）在密封类中不能声明受保护成员或虚成员，因为受保护成员只能从派生类进行访问，而虚成员只能在派生类中重写。

（3）由于密封类的不可继承性，密封类不能声明为抽象的，即 sealed 修饰符不能与 abstract 修饰符同时使用。

例如：

```
class A
{  }
```

```
sealed class B : A        //密封类B
{
                          //类体
}
class C : B               //类C无法从密封类B派生
{
                          //类体
}
```

密封类 B 可以从 A 中继承，但是没有类可以从 B 中再继承，因为此时 B 已经是密封类了。

2. 密封方法的概述及声明

并不是每个方法都可以声明为密封方法，密封方法只能用于对基类的虚方法进行实现，并提供具体的实现。所以，声明密封方法时，sealed 修饰符总是和 override 修饰符同时使用。

密封方法的声明格式为：

```
访问修饰符  sealed  override 方法名称(参数列表)
{
    //方法体
}
```

其中，访问修饰符、参数列表都是可选的。

【例 8-17】 编写程序，定义一个密封方法，并对它进行重写。

（1）在 Visual Studio 2017 中，新建名称为“Project17”的文件。

（2）在代码编辑区域输入以下代码。

```
using System;
namespace Project17
{
    public class MyClass1
    {
        public virtual void Write()
        {
            Console.WriteLine("这是一个未密封的方法");
        }
    }
    public class MyClass2:MyClass1
    {//继承之后需要对虚方法Write进行重写
        public sealed override void Write()
        {
            Console.WriteLine("这是一个密封的方法");
        }
    }
    public class MyClass3:MyClass2
    {
        //public override sealed void Write()
        //{
        //Console.WriteLine("重写密封方法");
        //}
        //继承成员“MyClass2.Write()”是密封的，所以无法进行重写
    }
    class Program
    {
        static void Main(string[] args)
        {
            MyClass2 myClass2 = new MyClass2();
            myClass2.Write();
        }
    }
}
```

【程序分析】本例演示了密封方法的使用。在代码中，声明一个类 MyClass1，该类中声明一个虚方法 Method。然后声明类 MyClass2，该类继承自 MyClass1 类，在密封类 MyClass2 中密封并重写 MyClass1 类中的虚方法 Method。如果再声明类 MyClass3，继承于 MyClass2，并重写 MyClass2 类中的密封方法 Method，编译器是不允许的。

在 Visual Studio 2017 中的运行结果如图 8-17 所示。

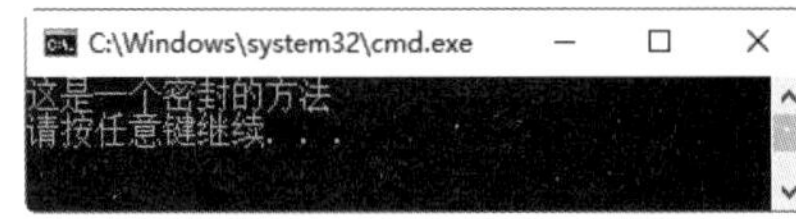

图 8-17 密封方法

3. 密封类与密封方法的使用

密封类除了不能被继承外，与非密封类的用法大致相同，而密封方法则必须通过重写基类中的虚方法来实现。

【例 8-18】编写程序，通过密封类与密封方法输出用户的基本信息。

（1）在 Visual Studio 2017 中，新建名称为“Project18”的文件。

（2）在代码编辑区域输入以下代码。

```
using System;
namespace Project18
{
    public class MyClass1
    {
        public virtual void ShowInfo()              //虚方法，用来显示信息
        {
        }
    }
    public sealed class MyClass2 : MyClass1         //密封类，继承 MyClass1
    {
        private string _id = "";
        private string _name = "";
        public string ID
        {
            get
            {
                return _id;
            }
            set
            {
                _id = value;
            }
        }
        public string Name
        {
            get
            {
                return _name;
            }
            set
            {
                _name = value;
            }
        }
        public sealed override void ShowInfo()
        {
            Console.WriteLine("我是{0}，我的 ID 是{1}" , Name , ID);
        }
    }
    class Program
    {
        static void Main(string[] args)
        {
            MyClass2 myclass2 = new MyClass2();
            myclass2.ID = "BH0001";
```

```
            myclass2.Name = "张三";
            myclass2.ShowInfo();
        }
    }
}
```

【程序分析】本例演示了密封类与密封方法的使用。在代码中，声明一个类 MyClass1，该类中声明了一个虚方法 ShowInfo，用来显示信息。然后声明一个密封类 MyClass2，继承自 MyClass1 类，在 MyClass2 密封类中声明两个公共属性，分别用来表示用户编号和名称。接着密封并重写 myClass1 基类中的虚方法 ShowInfo，并提供具体的实现。最后在主程序类 Program 的 Main 方法中实例化 MyClass2 密封类的一个对象，然后使用该对象访问 myClass2 密封类中的公共属性和密封方法。

这里需要注意的是，在声明密封方法时，必须通过重写基类中的虚方法实现。

在 Visual Studio 2017 中的运行结果如图 8-18 所示。

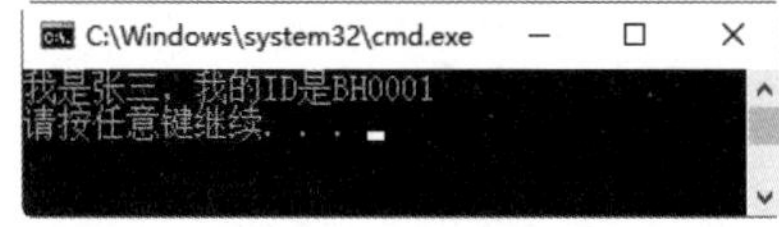

图 8-18 密封类与密封方法的使用

8.7 委托与事件

委托和事件在.NET Framework 中的应用非常广泛，然而，较好地理解委托和事件对很多接触 C#时间不长的读者来说并不容易。本文将通过范例由浅入深地讲述什么是委托以及事件的由来。

8.7.1 委托

从数据结构来讲，委托是和类一样的，是一种用户自定义类型。委托是方法的抽象，它存储的就是一系列具有相同签名和返回类型的方法的地址。调用委托的时候，委托包含的所有方法将被执行。所有的委托都派生自 System.Delegate 类。

1. 声明委托

委托是类型，就好像类也是类型一样。与类一样，委托类型必须在被用来创建变量以及类型对象之前声明。

委托的声明原型如下：

```
delegate <函数返回类型> <委托名> (<函数参数>)
```

例如：

```
public delegate void MyDelegate(int number);
```

该语句定义了一个委托 MyDelegate，它可以注册返回 void 类型且有一个 int 作为参数的方法。

注意：委托可以依赖于一个类，也可以依赖于一个 namespace 命名空间，即在类里面声明和在类外面声明都可以。其中，delegate 可以有返回类型，也可以没有返回类型。

2. 委托的实例化

一旦声明了委托类型，委托对象必须使用 new 关键字来创建，且与一个特定的方法有关。当创建委托时，传递到 new 语句的参数就像方法调用一样书写，但是不带有参数。

委托实例化的原型如下：

```
<委托类型> <实例化名>=new <委托类型>(<注册方法>)
```

在现实生活中，委托只是个命令，做事情是别人，而在程序世界里委托只是存储了各个方法的地址，而它自己也是什么也不做的。

【例 8-19】编写程序，实现 MrLi 委托 MrZhang 去帮忙买车票的情景。

（1）在 Visual Studio 2017 中，新建名称为“Project19”的文件。

（2）在代码编辑区域输入以下代码。

```
using System;
//声明一个委托，其实就是个"命令"
public delegate void MyDelegate();
namespace Project19
{
    class MrZhang
    {
        public static void BuyTicket()
        {
            Console.WriteLine("小李又让小张去给他帮忙买车票！");
        }
    }
    class MrLi
    {
        static void Main(string[] args)
        {
            //实例化委托，阐述了该委托是“MrZhang 帮 MrLi 买车票”
            MyDelegate myDele = new MyDelegate(MrZhang.BuyTicket);
            //此时委托被附上了具体的方法
            myDele();
        }
    }
}
```

【程序分析】本例演示了委托的实例化。在代码中，首先声明一个委托 MyDelegate；然后在命名空间 Project19 中，定义两个类分别为 MrZhang 和 MrLi；接着在 MrZhang 类中定义买车票的方法 BuyTicket，在 MrLi 类的 Main 方法中，对委托进行实例化，并对其进行调用。

在 Visual Studio 2017 中的运行结果如图 8-19 所示。

图 8-19　委托的实例化

3. 委托的使用

【例 8-20】编写程序，使用委托引用带有一个整型参数的方法，并返回两个整型值。

（1）在 Visual Studio 2017 中，新建名称为“Project20”的文件。

（2）在代码编辑区域输入以下代码。

```
using System;
namespace Project20
{
    delegate int NumberChanger(int n);                //声明委托
    class Program
    {
        static int num = 10;                          //定义变量
        public static int AddMethod(int a)            //定义加方法
        {
            num += a;                                 //num=num+a
            return num;
        }
        public static int MultMethod(int b)           //定义乘方法
        {
            num *= b;                                 //num=num*b
            return num;
```

```
        }
        public static int getNum()
        {
            return num;
        }
        static void Main(string[] args)
        {
           //用方法 AddMethod 实例化 NumberChanger 委托为 nc1
            NumberChanger nc1 = new NumberChanger(AddMethod);
           //用方法 MultMethod 实例化 NumberChanger 委托为 nc2
            NumberChanger nc2 = new NumberChanger(MultMethod);
            //使用委托对象调用方法
            nc1(15);
            Console.WriteLine("数据的值: {0}", getNum());
            nc2(8);
            Console.WriteLine("数据的值: {0}", getNum());
        }
    }
}
```

【程序分析】本例演示了委托的使用。在代码中，首先声明一个委托 NumberChanger，该委托的功能是返回一个带 int 类型参数的整型方法。接着在 Program 类中，定义变量 num，并赋值为 10；定义相加的方法 AddMethod，用于计算形参 a 与 num 的和；定义相乘的方法 MultMethod，用于计算形参 b 与 num 的乘积；再定义 getNum 方法，用于返回 num 的值。最后创建委托的对象 nc1 和 nc2，并注册 AddMethod 和 MultMethod 方法。

在 Visual Studio 2017 中的运行结果如图 8-20 所示。

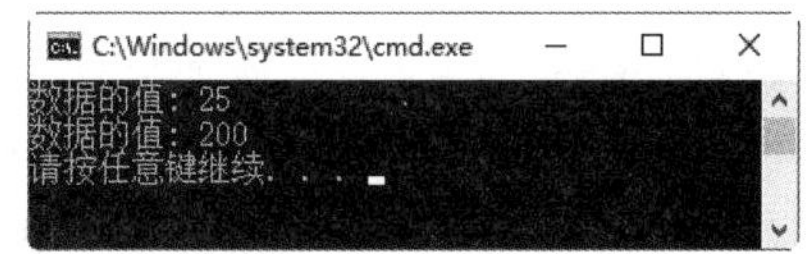

图 8-20　委托的使用

4. 委托的多播

委托对象可使用“+”运算符进行合并。一个合并委托调用它所合并的两个委托。只有相同类型的委托可被合并。“-”运算符可用于从合并的委托中移除组件委托。

委托也可以包含多个方法，这种委托称为多播委托，也叫组播。

【例 8-21】编写程序，实现委托的多播。

（1）在 Visual Studio 2017 中，新建名称为“Project21”的文件。

（2）在代码编辑区域输入以下代码。

```
using System;
public delegate int  NumberDelegate(int num1, int num2);        //委托，声明在类之外
namespace Project21
{
    public class Program
    {
        public static int AddMethod(int num1, int num2)
        {
            Console.WriteLine("Sum={0}", num1 + num2);
            return num1 + num2;
        }
        public static int SubMethod(int num1, int num2)
        {
            Console.WriteLine("Sub={0}", num1 - num2);
            return num1 - num2;
        }
        public static void Main(string[] args)
        {
            NumberDelegate nd1 = AddMethod;                      //单播
            Console.WriteLine("委托一个方法的结果为:{0}", nd1(3, 2));
            NumberDelegate nd2 = SubMethod;
```

```
            nd2 = nd1 + nd2;               //多播
            Console.WriteLine("委托两个方法的结果为:{0}", nd2(2, 4));
        }
    }
}
```

【程序分析】本例演示了委托的多播。在代码中，声明了一个委托 NumberDelegate，然后在 Main 方法里面先后注册了 AddMethod 和 SubMethod 方法。注册的方法必须与委托的参数以及返回类型相符合，否则将会提示“返回类型错误”，对于这块是直接编译无法通过的。最后在 Main 方法中，使用“+”运算符来实现添加委托。

注意：对于多播，调用委托后，按照注册顺序执行。不过对于有返回值的方法，将返回最后注册的方法执行后的返回值。

在 Visual Studio 2017 中的运行结果如图 8-21 所示。

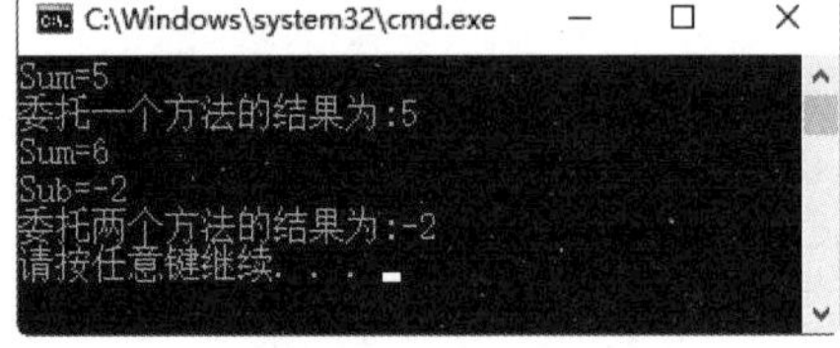

图 8-21　委托的多播

8.7.2　事件

事件（Event）是 C#中的一个高级概念，使用方法与委托相关。读者可以将事件编程分成两个部分来理解，分别为事件发生的类和事件接收处理的类。

1. 通过事件使用委托

事件发生的类，就是说在这个类中触发了一个事件，但该类并不知道是哪一个对象或方法将会接收到并处理它触发的事件。所需要的是在发送方和接收方之间存在一个媒介。这个媒介在.NET Framework 中就是委托（Delegate）。在事件接收处理的类中，用户需要有一个处理事件的方法。一般事件发生的类被称为发布器类，而接受并处理该事件的类，被称为订阅器类。

发布器（Publisher）是一个包含事件和委托定义的对象。事件和委托之间的联系也定义在这个对象中。发布器类的对象调用这个事件，并通知其他的对象。

订阅器（Subscriber）是一个接受事件并提供事件处理程序的对象。在发布器类中的委托调用订阅器类中的方法（事件处理程序）。

例如在奥运会上，参加百米的田径运动员听到枪声，比赛立即进行。其中，枪声是事件，而运动员比赛就是这个事件发生后的动作。不参加该项比赛的人对枪声没有反应。从程序员的角度分析，当裁判员枪声响起，发生了一个事件，裁判员通知该事件发生，参加比赛的运动员仔细听枪声是否发生。运动员是该事件的订阅者，没有参赛的人不会注意，即没有订阅该事件。

2. C#中使用事件的步骤

（1）创建一个委托；

（2）将创建的委托与特定事件关联（.NET 类库中的很多事件都是已经定制好的，所以它们也就有相应的一个委托，在编写关联 C#事件处理程序——也就是当有事件发生时要执行方法的时候需要和这个委托有相同的签名）；

（3）编写 C#事件处理程序；

（4）利用编写的 C#事件处理程序生成一个委托实例；

（5）把这个委托实例添加到产生事件对象的事件列表中去，这个过程又叫订阅事件。

3. 声明事件

声明事件时，发布者首先要定义委托，然后根据委托定义事件。

声明事件的语法如下：

```
<访问修饰符> event 委托名 事件名;
```

例如，定义一个发布者类，并在其内部定义 EventRun 事件。

```
class Judgement                                 //裁判类
{
    public delegate void DelegateRun();         //声明一个委托
    public event DelegateRun EventRun;          //声明一个事件
}
```

注意：声明事件时，一定要有一个委托类型，用这个委托类型来定义处理事件的方法类型。

4. 订阅事件

声明好事件之后，与该事件有关的人就会订阅事件。因此，只有订阅事件的对象才会收到发生事件的通知，没有订阅该事件的对象则不会收到通知。

订阅事件的语法如下：

```
事件名 += new 委托名(方法名);
```

事件的订阅通过“+=”操作符来实现，可以给事件加一个或多个方法委托。

5. 引发事件

一般都是在满足某个条件下引发事件，如裁判员枪声一响，引发运动员奔跑这个事件。在编程中可以用条件语句，也可以使用方法引发事件。

例如：

```
public void Begin()
{
    enentRun();
}
```

【例 8-22】奥运会上有一场短跑比赛，通过编写一个方法来让这场比赛开始。

（1）在 Visual Studio 2017 中，新建名称为“Project22”的文件。

（2）在代码编辑区域输入以下代码。

```
using System;
namespace Project22
{
    class Judgement
    {
        //定义一个委托
        public delegate void DelegateRun();
        //定义一个事件
        public event DelegateRun EventRun;
        //引发事件的方法
        public void Begin()
        {
            EventRun();//被引发的事件
        }
    }
    class RunSports
    {
        //定义事件处理方法
        public void Run()
        {
            Console.WriteLine("运动员开始比赛");
        }
    }
```

```
    class Program
    {
        static void Main(string[] args)
        {
            RunSports rs = new RunSports();           //实例化事件发布者
            Judgement judgement = new Judgement(); //实例化事件订阅者
            //订阅事件
            judgement.EventRun += new Judgement.DelegateRun(rs.Run);
            //引发事件
            judgement.Begin();
        }
    }
}
```

【程序分析】本例演示了事件的发生。在这段代码中，定义了 Judgement 类，在该类中定义了一个事件 EventRun 和引发该事件的方法 Begin；还定义了 RunSports 类，在该类中定义了处理 EventRun 事件的方法 Run。最后在 Main 方法中，通过 Begin 方法引发事件 EventRun。引发事件的语法与调用方法的语法相同，引发该事件时，将会调用订阅事件的对象的所有委托。

在 Visual Studio 2017 中的运行结果如图 8-22 所示。

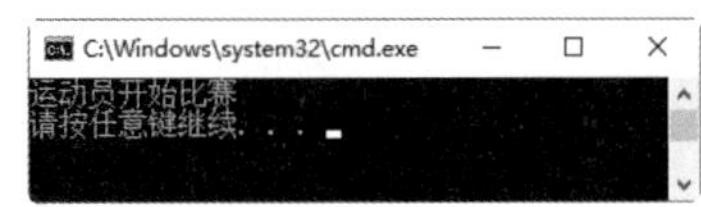

图 8-22　引发事件

8.8　匿名方法与 Lambda 表达式

委托简化代码的编写量，但是通过匿名方法与 Lambda 表达式能够使代码更加精简。

8.8.1　匿名方法

C#为委托提供一种机制，可以为委托定义匿名方法，匿名方法没有名称，编译器会指定一个名称，匿名方法中不能使用跳转语句跳转到该匿名方法的外部，也不能跳转到该方法的内部。也不能在匿名方法外部使用 ref 和 out 参数。

注意：通过使用匿名方法，可以不必创建单独的方法，因此减少了实例化委托所需的编码系统开销。

1. 编写匿名方法的语法

匿名方法是通过使用 delegate 关键字创建委托实例来声明的。

例如：

```
delegate void NumberChanger(int n);     //声明一个委托
...
NumberChanger nc = delegate(int x)
{
    Console.WriteLine("Anonymous Method: {0}", x);
};
```

该例中，语句“Console.WriteLine("Anonymous Method: {0}", x);”是匿名方法的主体。因此，声明匿名方法的语法格式如下：

```
<委托类型> <实例化名>=delegate(<函数参数>){函数体};
```

2. 匿名方法的使用

【例 8-23】编写程序，通过匿名方法实现加法和乘法运算。

（1）在 Visual Studio 2017 中，新建名称为“Project23”的文件。

（2）在代码编辑区域输入以下代码。

```
using System;
//声明委托
delegate void NumberChanger(int x, int y);
namespace Project23
{
    class Program
    {
        static int num = 0;
        //定义相加的方法 AddMethod
        public static void AddMethod(int a,int b)
        {
            num = a + b;
            Console.WriteLine("相加方法: {0}", num);
        }
        //定义相乘的方法 MultMethod
        public static void MultMethod(int m,int n)
        {
            num = m * n;
            Console.WriteLine("相乘方法: {0}", num);
        }
        static void Main(string[] args)
        {
            //使用匿名方法创建委托实例
            NumberChanger nc = delegate (int x, int y)
            {
                Console.WriteLine("匿名方法: x={0};y={1}", x, y);
            };
            //使用匿名方法调用委托
            nc(10, 15);
            //使用 AddMethod 方法实例化委托
            nc = new NumberChanger(AddMethod);
            //使用匿名方法调用委托
            nc(10, 15);
            //使用 MultMethod 方法实例化委托
            nc = new NumberChanger(MultMethod);
            //使用匿名方法调用委托
            nc(10, 15);
        }
    }
}
```

【程序分析】本例演示了匿名方法的使用。在这段代码中，首先声明一个委托 NumberChanger，该委托用于返回 void 类型且有两个 int 作为参数的方法。接着在 Program 类中，定义一个全局变量 num 并初始化为 0；定义 AddMethod 方法，用于两个整数的相加；定义 MultMethod 方法，用于两个整数的相乘。然后，使用匿名方法创建委托实例 nc，并使用匿名方法调用委托。最后通过 MultMethod 方法和 AddMethod 方法实例化委托，计算出变量 x、y 的和与乘积。

在 Visual Studio 2017 中的运行结果如图 8-23 所示。

```
C:\Windows\system32\cmd.exe
匿名方法: x=10;y=15
相加方法: 25
相乘方法: 150
请按任意键继续. . .
```

图 8-23　匿名方法

8.8.2　Lambda 表达式

Lambda 表达式是一种可用于创建委托类型的匿名函数。通过使用 Lambda 表达式，可以写入可作为参数传递或作为函数调用值返回的本地函数。Lambda 表达式简化了开发中需要编写的代码量，对于编写 LINQ 查询表达式特别有用。

1. 创建 Lambda 表达式

若要创建 Lambda 表达式，需要在 Lambda 运算符=>左侧指定输入参数，然后在另一侧输入表达式或语句块。

【例 8-24】编写程序，创建 Lambda 表达式，计算一个整数的平方值。

（1）在 Visual Studio 2017 中，新建名称为“Project24”的文件。

（2）在代码编辑区域输入以下代码。

```
using System;
namespace Project24
{
    class Program
    {
        delegate int MyDele(int i);             //声明委托
        static void Main(string[] args)
        {
            MyDele DeleLambda = x => x * x;     //指定名为 x 的参数，并返回 x 的平方值
            int num = DeleLambda(4);
            Console.WriteLine(num);
        }
    }
}
```

【程序分析】本例演示了如何创建 Lambda 表达式。在代码中，首先声明一个委托 MyDele，该委托用于返回 int 类型且有一个 int 作为参数的方法；然后在 Main 方法中，创建 Lambda 表达式，指定名为 x 的参数，并返回 x 的平方值。

在 Visual Studio 2017 中的运行结果如图 8-24 所示。

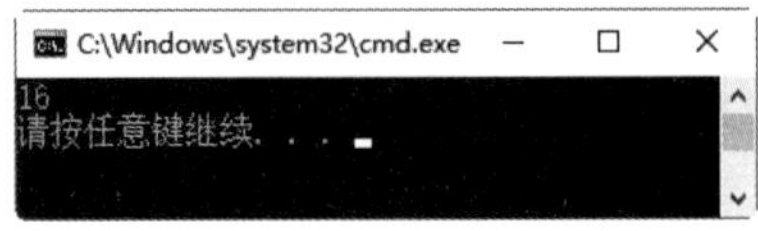

图 8-24　创建 Lambda 表达式

注意：“=>”运算符具有与赋值运算符“=”相同的优先级并且是右结合运算。

2. 表达式 Lambda

表达式位于=>运算符右侧的 Lambda 表达式称为“表达式 Lambda”。表达式 Lambda 广泛用于表达式树的构造。表达式 Lambda 会返回表达式的结果，并采用以下基本形式：

```
(input parameters) => expression
```

仅当 Lambda 只有一个输入参数时，括号才是可选的；否则括号是必需的。括号内的两个或更多输入参数使用逗号加以分隔：

```
(x, y) => x == y
```

有时，编译器难以或无法推断输入类型。如果出现这种情况，用户可以按以下实例中所示方式显式指定类型：

```
(int x, string s) => s.Length > x
```

输入参数类型必须全部为显式或全部为隐式；否则，C#将生成 CS0748 编译器错误。

使用空括号指定零个输入参数：

```
() => SomeMethod()
```

注意：表达式 Lambda 的主体可以包含一个方法调用。但是，如果要创建在.NET Framework 之外计算的表达式目录树，则不应在表达式 Lambda 中使用方法调用。

【例 8-25】编写程序，使用表达式 Lambda，计算两个整数的和。

（1）在 Visual Studio 2017 中，新建名称为“Project25”的文件。

（2）在代码编辑区域输入以下代码。

```
using System;
namespace Project25
{
    class Program
    {
        delegate int MyDele(int x, int y);   //委托类型
        static void Main()
        {
            MyDele DeleLambda = (x, y) => x + y;
            int sum = DeleLambda(1, 1);
            Console.WriteLine(sum);
        }
    }
}
```

【程序分析】本例演示了表达式 Lambda 的使用。在代码中，首先声明一个委托 MyDele，该委托用于返回 int 类型且有两个 int 作为参数的方法；然后创建 Lambda，计算两个整数的和。

在 Visual Studio 2017 中的运行结果如图 8-25 所示。

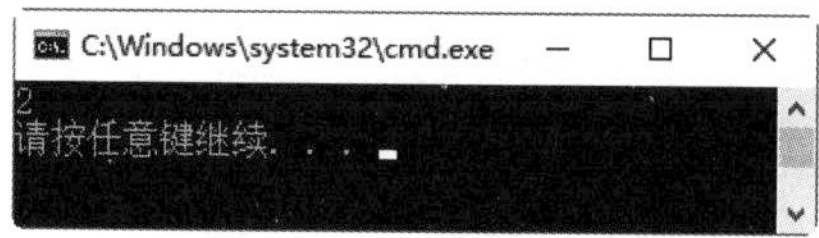

图 8-25 表达式 Lambda

8.9 就业面试技巧与解析

类的继承、封装、多态是面向对象的基本特征。本章介绍了面向对象技术的高级应用，主要包括接口、抽象类、密封类、事件与委托和匿名方法与 Lambda 表达式。

8.9.1 面试技巧与解析（一）

面试官： C#中的接口和类有什么异同？

应聘者： 接口和类之间的区别在于以下几个方面：接口不能直接实例化；其次，接口不包含方法的实现；接口可以实现多继承，而类只能是单继承；类定义可在不同的源文件之间进行拆分。

接口和类之间的相同点在于接口、类和结构可从多个接口继承。

面试官： 为什么不能指定接口中方法的修饰符？

应聘者： 接口中的方法用来定义对象之间通信的契约，指定接口中的方法为私有或保护没有意义。它们默认为公有方法。

8.9.2 面试技巧与解析（二）

面试官： 接口和抽象类的区别？

应聘者： 它们之间的区别有以下几点：

（1）抽象类是类，所以只能被单继承，但是接口却可以一次实现多个。

（2）接口中只能声明方法、属性、事件、索引器。而抽象类中可以有方法的实现，也可以定义非静态的类变量。

（3）抽象类可以提供某些方法的部分实现，接口不可以。抽象类的实例是它的子类给出的。接口的实例是实现接口的类给出的。

（4）在抽象类中加入一个方法，那么它的子类就同时有了这个方法。而在接口中加入新的方法，那么实现它的类就要重新编写。

（5）接口成员被定义为公共的，但抽象类的成员也可以是私有的、受保护的、内部的或受保护的内部成员（其中，受保护的内部成员只能在应用程序的代码或派生类中访问）。

（6）此外，接口不能包含字段、构造函数、析构函数、静态成员或常量。

（7）用户在 VS 中实现接口时会发现有两个选项，一个是实现接口，一个是显式实现接口。实现接口就是人们平常理解的实现接口，而显式实现接口的话，实现的方法是属于接口的，而不是属于实现类的。

面试官：匿名函数与 Lambda 表达式之间的区别?

应聘者：匿名函数是表示“内联”方法定义的表达式。匿名函数本身及其内部没有值或者类型，但是可以转换为兼容的委托或者表达式树类型。匿名函数转换的计算取决于转换的目标类型：如果是委托类型，则转换计算为引用匿名函数所定义的方法的委托；如果是表达式树类型，则转换将计算以对象结构形式表示方法结构的表达式树。

匿名函数有两种语法风格：Lambda 表达式和匿名方法表达式。在几乎所有情况下，Lambda 表达式都比匿名方法表达式更为简洁且具有表现力。但现在 C#语言中仍保留了后者，是为了向后兼容。

第 3 篇

核心技术

在本篇中，将结合案例示范，系统地学习 C#软件开发中的一些核心技术。例如，字符串与正则表达式、集合与泛型、C#的窗体控件、高级窗体控件等。

- **第 9 章** 字符串与正则表达式
- **第 10 章** 特殊的类——集合与泛型
- **第 11 章** 应用程序界面开发基础——窗体控件
- **第 12 章** 应用程序界面开发进阶——高级窗体控件

第 9 章

字符串与正则表达式

学习指引

本章主要介绍了 String 类、StringBuild 类和正则表达式的使用，它们经常被用于处理大量的文字数据。其中，在 String 类中处理字符串的一些方法，在开发程序时会经常用到。StringBuild 类允许使用同一个字符串对象进行字符串的维护操作，这样，可以在操作字符串数据的过程中提高效率。C#中为正则表达式的使用提供了非常强大的功能，这就是 Regex 类。

重点导读

- 熟悉字符串。
- 掌握字符串的操作。
- 掌握 StringBuild 类的使用。
- 熟悉正则表达式。
- 掌握正则表达式的匹配规则。
- 掌握正则表达式涉及的基本类。

9.1 字符串简介

字符串是由零个或多个字符组成的有限序列，是几乎所有编程语言中可以实现的非常重要和有用的数据类型。

字符串是“System.String”类的一个引用类型，但与其他引用类型不同的是，C#将字符串视为一个基本类型，可以声明为一个变量，并为其赋值。

字符串声明格式如下：

```
string 变量名="初始值";
```

例如：

```
class Program
{
    static void Main(string[] args)
    {
        //字符串可以看成一个没有上限的存储
        string str1 = "欢迎学习 C#课程";
        string str2 = "Study hard and get up every day.";
        string str3 = "123456";
        Console.WriteLine(str1);
        Console.WriteLine(str2);
        Console.WriteLine(str3);
    }
}
```

1. 字符集与字符编码

在日常编写代码过程中，常常会碰到乱码问题，一个典型的情况是浏览网页，如果网站开发者缺少经验，就会带来这种令人头疼的问题。要了解乱码的症结，就得从字符集和字符编码说起。

字符集：是一个系统支持的所有抽象字符的集合。字符是各种文字和符号的总称，包括各国家文字、标点符号、图形符号、数字等。

字符编码：是一套法则，最常规的理解就是，让程序根据这个法则对应到相应的字符集中，将 byte[] 存取为 string。

2. 常用字符集和字符编码

常见的字符集有 ASCII 字符集、GB2312 字符集、BIG5 字符集、GB18030 字符集、Unicode 字符集等。计算机要准确地处理各种字符集文字，需要进行字符编码，以便计算机能够识别和存储各种文字。

9.2　字符串的操作

C#中提供了比较全面的字符串处理方法，很多函数都进行了封装，为用户的编程工作提供了很大的便利。“System.String”是最常用的字符串操作类，可以帮助开发者完成绝大部分的字符串操作功能，使用方便。

9.2.1　字符串的大小写转换

String 类提供了方便转换字符串中所有字符大小写的方法 ToUpper 和 ToLower。这两个方法没有输入参数，使用也非常简单。

【例 9-1】编写程序，把“Hello”转换为“HELLO”，然后再变为小写形式“hello”。

（1）在 Visual Studio 2017 中，新建名称为“Project1”的文件。

（2）在代码编辑区域输入以下代码。

```
using System;
namespace Project1
{
    class Program
    {
        static void Main(string[] args)
        {
            string str = "Study hard and get up every day.";
            Console.WriteLine("大写字符串: "+str.ToUpper());
```

```
            Console.WriteLine("小写字符串: "+str.ToLower());
            char mychar = 'a';
            Console.WriteLine("大写字符: "+char.ToUpper(mychar));
            Console.WriteLine("小写字符: "+char.ToLower(mychar));
        }
    }
}
```

【程序分析】本例演示了字符串的大小写转换。在代码中首先定义一个字符串变量 str，并为其赋值；然后使用 ToUpper 和 ToLower 方法，将字符串“Study hard and get up every day.”转换成大写和小写；接着，再定义字符变量 mychar，并为其赋值一个字符 a，也可以使用 ToUpper 和 ToLower 方法转换大小写。

在 Visual Studio 2017 中的运行结果如图 9-1 所示。

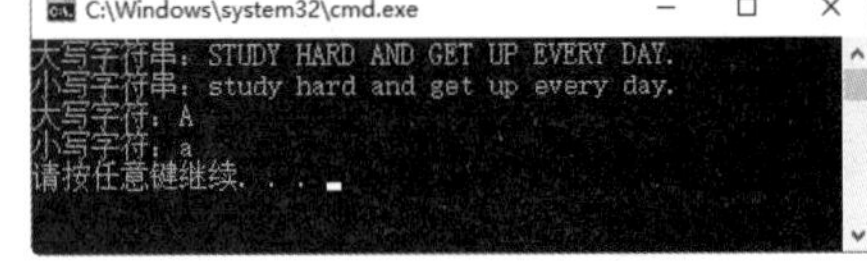

图 9-1　字符串的大小写转换

9.2.2　字符串的比较

比较字符串是指按照字典排序规则，判定两个字符的相对大小。按照字典排序规则，在一本英文字典中，出现在前面的单词小于出现在后面的单词。在 String 类中，常用的比较字符串的方法包括 Compare、CompareTo，以及 Equals，下面进行详细介绍。

1. Compare

Compare 方法是 String 类的静态方法，用于全面比较两个字符串对象，其中最常用的两种方法如下：

```
int Compare(string str1, string str2);
int Compare(string str1, string str2, bool value);
```

str1 与 str2 代表要比较的两个字符串。如果返回的整数小于 0，则说明 str1 小于 str2；如果等于 0，则说明 str1 等于 str2；如果大于 0，则说明 str1 大于 str2。value 是一个 bool 值，如果该值为 true 时，就会忽略大小写进行比较。

【例 9-2】编写程序，使用 Compare 方法比较两个字符串。

（1）在 Visual Studio 2017 中，新建名称为“Project2”的文件。

（2）在代码编辑区域输入以下代码。

```
using System;
namespace Project2
{
    class Program
    {
        static void Main(string[] args)
        {
            string str1 = "Hello";
            string str2 = "Hi";
            string str3 = "HELLO";
            Console.WriteLine(string.Compare(str1, str2));
            Console.WriteLine(string.Compare(str1, str3, true));
        }
    }
}
```

【程序分析】本例演示了 Compare 方法的使用。在代码中，定义了三个字符串变量 str1、str2 和 str3，并为 str1 赋值为“Hello”，为 str2 赋值为“Hi”，为 str3 赋值为“HELLO”。

在执行语句“string.Compare(str1, str2)”时，会输出-1，说明 str1 小于 str2，这是因为在计算机比较字符串的时候，会挨个比较单个字符，由于 str1 和 str2 的第一个字母相同，都是 H，就会比较两个字符串的第二个字母 e 和 i，因为在 ASCII 字符集中，e 的 ASCII 值小于 i 的 ASCII 值，所以就会判断 str1 小于 str2，输出-1 值。

在执行“string.Compare(str1, str3, true)”时，会输出 0，则说明两个字符串是相等的。这是因为添加了 true，此时 Compare 方法就会忽略字符串 str1 和 str2 的大小写进行比较。

在 Visual Studio 2017 中的运行结果如图 9-2 所示。

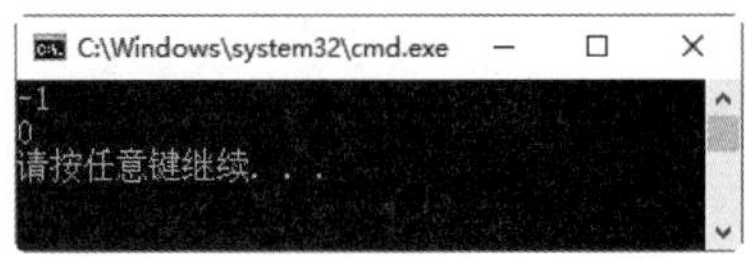

图 9-2 Compare 比较字符串

2. CompareTo

CompareTo 方法将当前字符串对象与另一个对象做比较，其作用与 Compare 类似，返回值也相同。CompareTo 与 Compare 相比，区别在于：CompareTo 不是静态方法，可以通过一个 String 对象调用；CompareTo 没有重载形式，只能按照大小写敏感方式比较两个整串。

其语法格式如下：

```
public int CompareTo(string strB)
```

例如，对 str1 和 str2 进行比较：

```
str1.Compare To(str2)
```

如果 str1 小于 str2，则返回-1；如果 str1 大于 str2，则返回 1；如果相等，则返回 0。

【例 9-3】 编写程序，使用 CompareTo 方法比较两个字符串。

（1）在 Visual Studio 2017 中，新建名称为“Project3”的文件。

（2）在代码编辑区域输入以下代码。

```
using System;
namespace Project3
{
    class Program
    {
        static void Main(string[] args)
        {
            string str1 = "HELLO";
            string str2 = "Hello";
            Console.WriteLine(str1.CompareTo(str2));
        }
    }
}
```

【程序分析】本例演示了 CompareTo 方法的使用。在代码中定义两个字符串 str1 和 str2，并为 str1 赋值为“HELLO”，为 str2 赋值为“Hello”。然后执行语句“str1.CompareTo(str2)”，会输出 1，则说明 str1 大于 str2。

在 Visual Studio 2017 中的运行结果如图 9-3 所示。

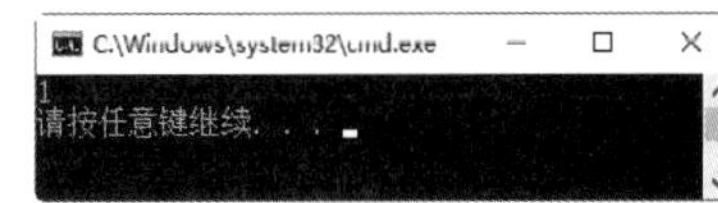

图 9-3 CompareTo 比较字符串

3. Equals

Equals 方法用于方便地判定两个字符串是否相同，有两种重载形式：

```
public bool Equals(string)
public static bool Equals(string str1,string str2)
```

如果两个字符串相等，Equals 返回值为 True；否则，返回 False。

【例 9-4】 编写程序，使用 Equals 方法比较两个字符串。

（1）在 Visual Studio 2017 中，新建名称为“Project4”的文件。

（2）在代码编辑区域输入以下代码。

```
using System;
```

```
namespace Project4
{
    class Program
    {
        static void Main(string[] args)
        {
            string str1 = "Hello";
            string str2 = "Hi";
            Console.WriteLine(Equals(str1, str2));
            Console.WriteLine(str1.Equals (str2));
        }
    }
}
```

【程序分析】本例演示了 Equals 方法的使用。在代码中定义两个字符串 str1 和 str2，并为 str1 赋值为“HELLO”，为 str2 赋值为“Hi”。接着使用 Equals 方法比较这两个字符串的大小，相同则返回 True，不同则返回 False。

在 Visual Studio 2017 中的运行结果如图 9-4 所示。

图 9-4　Equals 比较字符串

String 还支持两个比较运算符“==”和“!=”，分别用于判定两个字符是否相等和不等，并区分大小写。相对于上面介绍的方法，这两个运算符使用起来更加直观和方便。

9.2.3　字符串的格式化

Format 方法用于创建格式化的字符串以及连接多个字符串对象。Format 方法也有多个重载形式，最常用的为：

```
public static string Format(string format,params object[] args);
```

其中，参数 format()用于指定返回字符串的格式，而 args 为一系列变量参数。它的转换格式为：

```
string.format(要转换的格式,格式化的对象);
string.format(要转换的格式,格式化的对象一,格式化的对象二);
```

例如，在一个数值前面加上货币符号：

```
Console.writeLine(56.93);           //输出 56.93
Console.writeLine("{0:C}",56.93);   //输出¥56.93
```

字符串转换成数值格式符有以下几种方法，如表 9-1 所示。

表 9-1　数值格式符

方　法	适 用 类 型	含　义
C	数字类型	专用场合的货币值
D	只用于整数类型	一般整数
E	数字类型	科学计数法
F	数字类型	小数点后的位数固定
G	数字类型	一般整数
N	数字类型	通用场合数字格式
P	数字类型	百分数
X	只用于整数类型	十六进制格式

【例 9-5】编写程序，通过字符串 Format 方法对 5600 进行格式化，并输出转换后的结果。

（1）在 Visual Studio 2017 中，新建名称为“Project5”的文件。

（2）在代码编辑区域输入以下代码。

```
using System;
namespace Project5
{
    class Program
    {
        static void Main(string[] args)
        {
            Console.WriteLine("字符串的格式化输出");
            string str = string.Format("默认格式: --{0}\n" + "使用 C 格式: {0:C}\n" +
            "使用 D 格式: {0:D}\n" + "使用 E 格式: {0:E}\n" + "使用 F 格式: {0:F}\n" +
            "使用 G 格式: {0:G}\n" + "使用 N 格式: {0:N}\n" + "使用 P 格式: {0:P}\n" +
            "使用 X 格式: {0:X}\n",5600);
            Console.WriteLine(str);
        }
    }
}
```

【程序分析】本例演示了 Format 方法的使用。在代码中，首先定义一个字符串变量 str，然后通过 Format 方法与数值格式符，将数值 5600 转换成各种类型进行输出。其中，C 格式符是将数值转换成专用场合的货币值，所以在整数部分每隔三位数都会用一个逗号进行分隔；D 格式符和 G 格式符都原样输出了 5600，但是 D 格式符只用于整数类型，所以如果改成小数，输出则会报错；E 格式符是按科学计数法进行输出；F 格式符是输出整数和小数部分，小数部分默认输出两位，所以结果为 5600.00，如果想要输出三位小数，则可以写成 F3 的形式；P 格式符是保留两位小数进行输出，所以在数值后面添加了“%”。

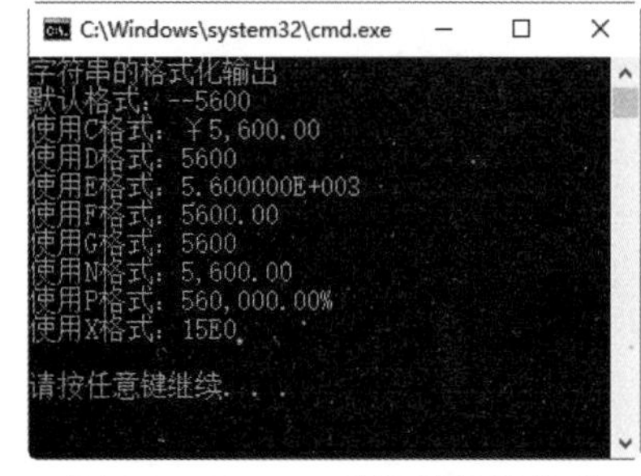

图 9-5 Format 转换数值的格式

在 Visual Studio 2017 中的运行结果如图 9-5 所示。

【例 9-6】编写程序，将 1～10 按三位数输出。

（1）在 Visual Studio 2017 中，新建名称为“Project6”的文件。

（2）在代码编辑区域输入以下代码。

```
using System;
namespace Project6
{
    class Program
    {
        static void Main(string[] args)
        {
            Console.WriteLine("使用 Format 方法，将 1~10 按三位数输出：");
            for (int i = 1; i <= 10; i++)
            {
                string str = String.Format("{0:D3}", i);
                Console.WriteLine(str);
            }
        }
    }
}
```

【程序分析】本例演示了 Format 方法的使用。在代码中，通过在数值格式符 D 的后面加上 3，然后在使用 Format 方法时就会按三位整数进行转换。所以，最后在 for 循环中都是按三位进行输出。

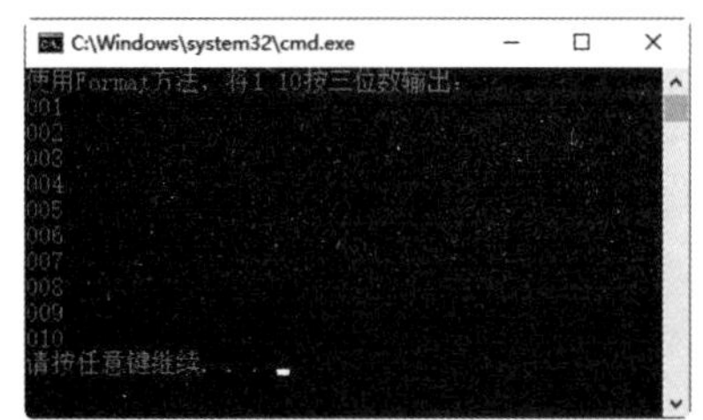

图 9-6 Format 方法的使用

在 Visual Studio 2017 中的运行结果如图 9-6 所示。

9.2.4 字符串的截取

String 类提供了一个 Substring 方法，用于截取字符串中指定位置和指定长度的字符。

语法格式如下：

```
public string Substring (int startIndex,int length)
```

其中，参数 startIndex 表示字符串的起始位置的索引，参数 length 表示字符串中的字符数。

Substring 方法也有两种重载格式：

```
字符串 1.Substring(整数 n);
```

该方法是将字符串 1 前 n 个长度的字符串截取掉，保留后面的字符串。

```
字符串 1.Substring(整数 n,整数 m);
```

该方法是保留从字符串 1 第 n 个长度开始数 m 个长度的字符串。

这两种重载格式都返回一个新的字符串。

【例 9-7】编写程序，截取一段字符串。

（1）在 Visual Studio 2017 中，新建名称为“Project7”的文件。

（2）在代码编辑区域输入以下代码。

```
using System;
namespace Project7
{
    class Program
    {
        static void Main(string[] args)
        {
            string str = "0123456789";
            string s1 = str.Substring(3);
            Console.WriteLine(s1);
            string s2 = str.Substring(2, 5);
            Console.WriteLine(s2);
        }
    }
}
```

【程序分析】本例演示了 Substring 方法的使用。在代码中，定义一个字符串变量 str，并为其赋值为“0123456789”。接着，定义字符变量 s1，并使用 Substring 方法截取 3 以后的字符，所以 s1 的值为“3456789”。然后定义字符变量 s2，使用 Substring 方法截取从第二个位置的字符开始数的 5 位字符，所以 s2 的值为“23456”。

在 Visual Studio 2017 中的运行结果如图 9-7 所示。

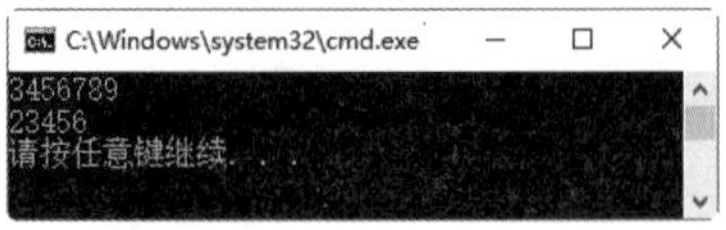

图 9-7 字符串的截取

9.2.5 字符串的分割

使用 Split 方法可以把一个完整的字符串，按照某个分隔符，分裂成一系列小的字符串。分割后返回的值是一个字符串数组。

Split 有多个重载形式，最常用的形式为：

```
public string[] Split(params char[] separator);
```

其中，参数 separator 是一个字符数组，用于包含分隔符。

【例 9-8】编写程序，对字符串进行分割。

（1）在 Visual Studio 2017 中，新建名称为“Project8”的文件。

（2）在代码编辑区域输入以下代码。

```
using System;
namespace Project8
{
    class Program
    {
        static void Main(string[] args)
        {
            string str = "大家好%，欢迎=学习 C#! ";              //定义字符串
            Console.WriteLine("原字符串为：\n" + str);
            Console.WriteLine("使用 Split 方法进行分割：");
            char[] separator = { '%', '=' };                  //定义字符数组
            string[] changeStr = str.Split(separator);        //分割字符串
            foreach (string outstr in changeStr)
            {
                Console.Write(outstr);
            }
            Console.WriteLine();
        }
    }
}
```

【程序分析】本例演示了 Split 方法的使用。在代码中，定义一个字符串变量 str，并为其赋值“大家好%，欢迎=学习 C#!”。而使用 Split 方法的作用，就是将字符串中的分隔符“%”和“=”去掉。因此，用户需要定义一个字符数组 separator，在这个数组中包含两个元素‘%’和‘=’。而 Split 方法的返回值是一个字符串数组，因此用户需要再定义一个字符串数组 changeStr，用来接收该方法。

这里需要注意，由于使用了 Split 方法分割字符串后，字符串 str 将会分为三段，分别为“大家好”“，欢迎”和“学习 C#!”，因此必须使用字符串数组（string []）来存储它们。

在 Visual Studio 2017 中的运行结果如图 9-8 所示。

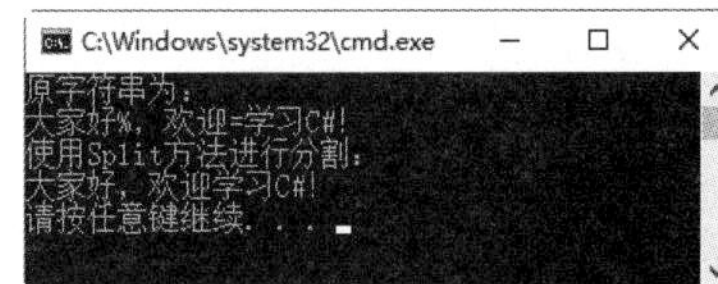

图 9-8 分割字符串

9.2.6 字符串的合并

字符串分合并可以通过以下三种方法实现。

1. 连接运算符“+”

String 支持连接运算符“+”，可以方便地连接多个字符串，例如，下例把“大家好，”和“欢迎学习 C#!”连接起来。

```
string str1 = "大家好，";
string str2 = "欢迎学习 C#! ";
string newStr = str1 + str2;
Console.WriteLine(newStr);       //输出字符串“大家好，欢迎学习 C#!”
```

2. Concat 方法

Concat 方法用于连接两个或多个字符串。Concat 方法也有多个重载形式。最常用的为：

```
public static string Concat(params string[] values);
```

其中，参数 values 用于指定所要连接的多个字符串。该方法的调用格式为：

```
string.Concat(字符串 1,字符串 2,字符串 3,…,字符串 n);
```

例如：

```
string str1 = "大家好，";
string str2 = "欢迎学习 C#! ";
string newStr = string.Concat(str1, str2);
```

```
Console.WriteLine(newStr);      //输出字符串“大家好，欢迎学习 C#!”
```

3. Join 方法

Join 方法利用一个字符数组和一个分隔符串构造新的字符串，常用于把多个字符串连接在一起，并用一个特殊的符号来分隔开。

Join 方法的常用形式为：

```
public static string Join(string separator,string[] values);
```

其中，参数 separator 为指定的分隔符，而参数 values 用于指定所要连接的多个字符串数组，该方法的调用格式如下：

```
string.Join(合并后的分隔符,字符串数组);
```

【例 9-9】编写程序，将字符串用“-”字符进行连接。

（1）在 Visual Studio 2017 中，新建名称为“Project9”的文件。

（2）在代码编辑区域输入以下代码。

```
using System;
namespace Project9
{
    class Program
    {
        static void Main(string[] args)
        {
            string str1 = "ABC";
            string str2 = "7752";
            string str3 = "#%$%";
            string newStr = string.Join("-", str1, str2, str3);
            Console.WriteLine(newStr);
        }
    }
}
```

【程序分析】本例演示了 Join 方法的使用。在代码中，定义了三个字符串 str1、str2 和 str3，并为它们赋值。然后使用 Join 方法，通过“-”字符将三个字符串连接起来，赋给字符串变量 newStr。

在 Visual Studio 2017 中的运行结果如图 9-9 所示。

图 9-9　Join 方法连接字符串

9.2.7　字符串的插入与填充

1. 插入字符串

String 类提供了一个 Insert 方法，可以向一个字符串中的任意位置插入新元素。

其语法格式如下：

```
public string Insert(int startIndex,string value);
```

参数 startIndex 用于指定所要插入的位置，从 0 开始索引；参数 value 指定所要插入的字符串。

【例 9-10】编写程序，使用 Insert 方法，补全字符串。

（1）在 Visual Studio 2017 中，新建名称为“Project10”的文件。

（2）在代码编辑区域输入以下代码。

```
using System;
namespace Project10
{
    class Program
    {
        static void Main(string[] args)
```

```
        {
            string str = "Hello,C";
            string insertStr = str.Insert(7, "#");
            Console.WriteLine(insertStr);
        }
    }
}
```

【程序分析】本例演示了 Insert 方法的使用。在代码中，定义了字符串变量 str，并为其赋值“Hello,C”。然后使用 Insert 方法，在该字符串的第 7 个位置上插入字符串“#”。

在 Visual Studio 2017 中的运行结果如图 9-10 所示。

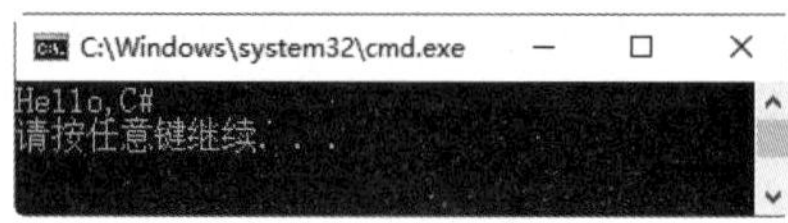

图 9-10　插入字符串

2. 填充字符串

String 类提供了填充字符串的方法，PadRight 和 PadLeft。PadRight 方法是在字符串的右侧进行字符填充，而 PadLeft 是在字符串的左侧进行填充。

其语法格式如下：

```
public string PadRight(int totalWidth,char paddingChar);
```

该方法的参数 totalWidth 用于指定填充后的字符长度，参数 paddingChar 用于指定所要填充的字符。

【例 9-11】编写程序，使用 PadRight 和 PadLeft 方法，填充字符串。

（1）在 Visual Studio 2017 中，新建名称为“Project11”的文件。

（2）在代码编辑区域输入以下代码。

```
using System;
namespace Project11
{
    class Program
    {
        static void Main(string[] args)
        {
            string str1 = "33";
            string str2 = "444";
            string str3 = "5555";
            Console.WriteLine("PadRight 用来在字符串右侧的结尾处添加指定字符，以达到指定的总长度");
            string padRightStr = str1.PadRight(5, '*') + "\n" +
                str2.PadRight(5, '*') + "\n" + str3.PadRight(5, '*');
            Console.WriteLine(padRightStr);
            Console.WriteLine("PadLeft 用来在字符串左侧的开头添加指定的字符,以达到指定的总长度");
            string padLeftStr = str1.PadLeft(5, '*') + "\n" +
                str2.PadLeft(5, '*') + "\n" + str3.PadLeft(5, '*');
            Console.WriteLine(padLeftStr);
        }
    }
}
```

【程序分析】本例演示了 PadRight 和 PadLeft 方法的使用。在代码中定义了三个字符串 str1、str2 和 str3，并为它们赋值。接着，使用 PadRight 方法，对这三个字符串的右边使用“*”进行填充，以实现右对齐。然后使用 PadLeft 方法，对左边使用“*”进行填充，实现左对齐。

在 Visual Studio 2017 中的运行结果如图 9-11 所示。

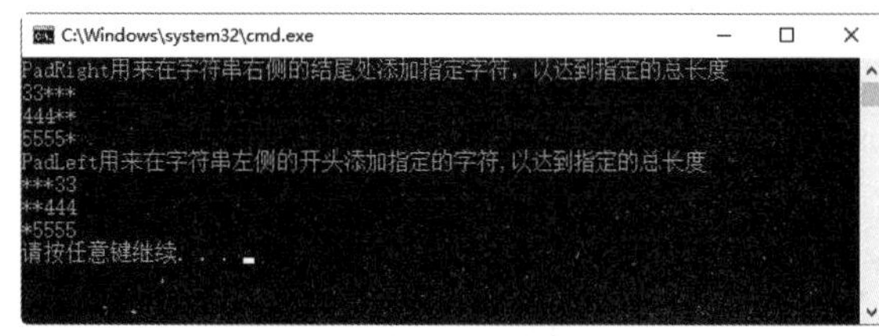

图 9-11　填充字符串

9.2.8　字符串的删除

字符串的删除是通过 Remove 方法来实现的。

其语法格式如下：

```
public string Remove(int startIndex,int count);
```

该方法有两种删除字符串的方式：第一种是将字符串开始位置后的所有字符删除；第二种是从一个字符串的指定位置开始，删除指定数量的字符。其中，参数 startIndex 用于指定开始删除的位置，从 0 开始索引；参数 count 指定删除的字符数量。

【例 9-12】编写程序，通过 Remove 方法实现字符串的移除。

（1）在 Visual Studio 2017 中，新建名称为“Project12”的文件。

（2）在代码编辑区域输入以下代码。

```
using System;
namespace Project12
{
    class Program
    {
        static void Main(string[] args)
        {
            string str = "abcd12345efg";
            string changeStr1 = str.Remove(4);
            Console.WriteLine("用一个参数实现 Remove 的结果: ");
            Console.WriteLine(changeStr1);
            string changeStr2 = str.Remove(4, 5);
            Console.WriteLine("用两个参数实现 Remove 的结果: ");
            Console.WriteLine(changeStr2);
        }
    }
}
```

【程序分析】本例演示了 Remove 方法的使用。在代码中，首先定义字符串 str，并为其赋值；接着，使用一个参数的 Remove 方法删除‘d’字符以后的字符串，赋给变量 changeStr1；然后再使用两个参数的 Remove 方法删除中间的字符串“12345”，赋给变量 changeStr2。

在 Visual Studio 2017 中的运行结果如图 9-12 所示。

图 9-12　字符串的删除

9.2.9　字符串的修剪

若想把一个字符串首尾处的一些特殊字符剪切掉，可以使用 String 的 Trim 方法，如去掉一个字符串首尾的空格等。而在 C#中有三个修剪字符串的方法 Trim、TrimStart、TrimEnd。

（1）Trim 方法删除字符串首部和尾部的空格。

（2）TrimStart 方法只删除字符串头部的空格。

（3）TrimEnd 方法只删除字符串尾部的空格。

【例 9-13】编写程序，对字符串进行修剪。

（1）在 Visual Studio 2017 中，新建名称为“Project13”的文件。

（2）在代码编辑区域输入以下代码。

```
using System;
namespace Project13
{
    class Program
    {
        static void Main(string[] args)
        {
            //字符串的修剪通过 Trim 来实现
            string str = "  Hello-World  ";
```

```
            Console.WriteLine("原字符串是: *"+str+"*");
            Console.WriteLine("把空格修剪后是: *"+str.Trim()+"*");
            //修剪开始用 TrimStart
            Console.WriteLine("修剪开始空格后是: *"+str.TrimStart()+"*");
            //修剪结束用 TrimEnd
            Console.WriteLine("修剪结束空格后是: *" + str.TrimEnd() + "*");
        }
    }
}
```

【程序分析】本例演示了 Trim、TrimStart 和 TrimEnd 方法的使用。在代码中定义了一个字符串变量 str，并为其赋值。为了区分这三种方法，在字符串的两边都添加了“*”。

在 Visual Studio 2017 中的运行结果如图 9-13 所示。

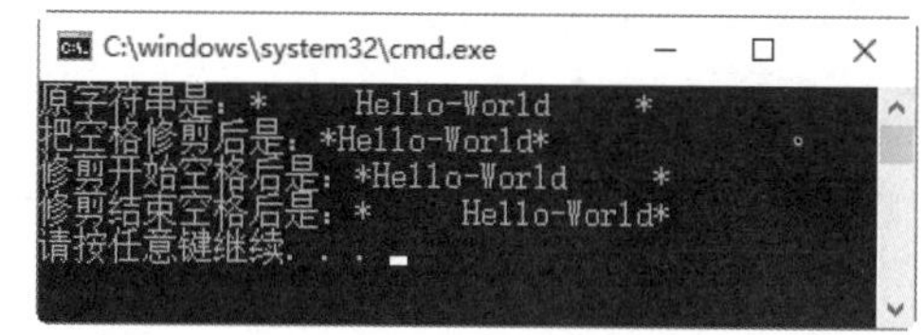

图 9-13 Trim、TrimStart 和 TrimEnd 方法的使用

Trim 方法也是有参数的，其语法格式如下：

```
public string Trim(params char[] trimChars);
```

其中，参数 trimChars 数组包含指定要去掉的字符，如果省略，则删除空格符号。

【例 9-14】 编写程序，将字符串“%#$#Hello-World@%”修剪为“Hello-World”。

（1）在 Visual Studio 2017 中，新建名称为“Project14”的文件。

（2）在代码编辑区域输入以下代码。

```
using System;
namespace Project14
{
    class Program
    {
        static void Main(string[] args)
        {
            string str = "%#$#Hello-World@%";
            Console.WriteLine("修剪其他字符的方法: "+str.Trim('%','#','$','@'));
        }
    }
}
```

【程序分析】本例演示了带参数的 Trim 方法。在代码中，首先声明字符串变量 str，并为其赋值，接着在 Trim 方法的括号里，添加要修剪的字符。

在 Visual Studio 2017 中的运行结果如图 9-14 所示。

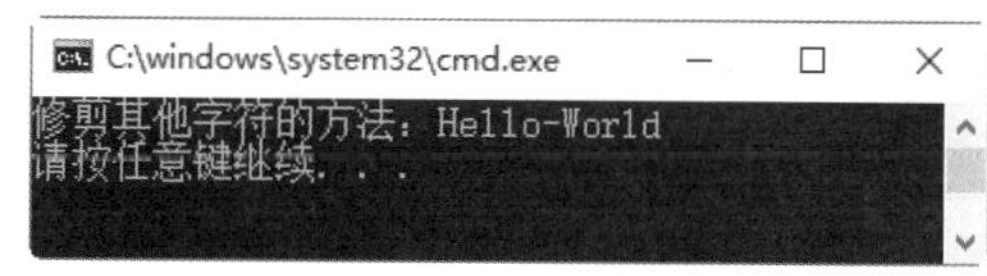

图 9-14 Trim 方法

9.2.10 字符串的复制

String 类包括复制字符串方法 Copy 和 CopyTo，可以完成对一个字符串及其一部分的复制操作。

1. Copy 方法

如果想要把一个字符串复制到另一个字符数组中，可以使用 String 的静态方法 Copy 来实现。

其语法格式如下：

```
public string Copy(string str);
```

其中，参数 str 为需要复制的源字符串，方法返回目标字符串。

2. CopyTo 方法

CopyTo 方法可以实现 Copy 同样的功能，但功能更为丰富，可以复制字符串的一部分到一个字符数组中。另外，CopyTo 不是静态方法。

其语法格式如下：

```
public void CopyTo(int sourceIndex,char[] destination,int destinationIndex,int count);
```

其中，参数 sourceIndex 为需要复制的字符起始位置，参数 destination 为目标字符数组，参数 destinationIndex 指定目标数组中的开始存放位置，而参数 count 指定要复制的字符个数。

【例 9-15】编写程序，对字符串进行赋值。

（1）在 Visual Studio 2017 中，新建名称为“Project15”的文件。

（2）在代码编辑区域输入以下代码。

```
using System;
namespace Project15
{
    class Program
    {
        static void Main(string[] args)
        {
            string str = "http://www.hao123.com";
            Console.WriteLine("Copy 实现复制的结果: ");
            string copyStr = string.Copy(str);
            Console.WriteLine(copyStr);
            Console.WriteLine("CopyTo 实现复制的结果: ");
            char[] mycharArray = new char[20];
            str.CopyTo(11, mycharArray, 0, 6);
            Console.WriteLine(mycharArray);
        }
    }
}
```

【程序分析】本例演示了 Copy 和 CopyTo 方法的作用。在使用之前，用户需要了解静态方法与非静态方法。静态方法是通过关键字进行调用的，如 string.方法名；而非静态方法是通过变量名进行调用的。而 Copy 是静态方法，CopyTo 是非静态方法。

在代码中，首先定义一个字符串变量 str，并为其赋值“http://www.hao123.com”；接着使用 Copy 方法将该字符串复制给字符串变量 copyStr。在调用 Copy 方法时，是通过关键字 string 进行的；然后，再通过变量名 str 调用 CopyTo 方法，复制字符串中的字符“hao123”，并存储到字符数组 mycharArray 中。

这里需要注意，CopyTo 方法的第二个参数是一个数组，用来存放复制好的字符串，所以在代码中定义了字符数组 mycharArray，并为其分配 20 字符的空间；CopyTo 方法的第一个参数是指需要复制的字符的起始位置，也就是字符串 str 中从 0 开始数，第 11 个字符的位置‘h’；CopyTo 方法的第三个参数是指定目标数组中的开始存放位置，也就是字符数组 mycharArray 的第 0 的位置；CopyTo 方法的第四个参数是指定要复制的字符个数，也就从字符‘h’开始数 6 个字符。最后，由于 CopyTo 方法是没有返回值的，所以不能赋给任何变量。

在 Visual Studio 2017 中的运行结果如图 9-15 所示。

```
C:\Windows\system32\cmd.exe
Copy实现复制的结果:
http://www.hao123.com
CopyTo实现复制的结果:
hao123
请按任意键继续. . .
```

图 9-15　字符串的复制

9.2.11　字符串的替换

要替换一个字符串中的某些特定字符或者某个子串，可以使用 Replace 方法来实现。

语法格式为：

```
public string Replace(char oldChar,char newChar);
public string Replace(string oldValue, string newValue);
```

其中，参数 oldChar 和 oldValue 为待替换的字符和子串，而参数 newChar 和 newValue 为替换后的新字符和新子串。

【例 9-16】编写程序，对一个字符串中的字符进行替换。

（1）在 Visual Studio 2017 中，新建名称为“Project16”的文件。

（2）在代码编辑区域输入以下代码。

```
using System;
namespace Project16
{
    class Program
    {
        static void Main(string[] args)
        {
            string oldStr = "www.hao123";
            Console.WriteLine("替换前的字符串: "+oldStr);
            string newStr = oldStr.Replace('w', 'W');
            Console.WriteLine("替换后的字符串: "+newStr);
        }
    }
}
```

【程序分析】本例演示了 Replace 方法的使用。在代码中，首先定义一个字符串变量 oldStr 并为其赋值；然后再定义一个字符串变量 newStr，并使用 Replace 方法，把字符串中的'w'替换成'W'。最后将替换好的字符串再赋给变量 newStr。

在 Visual Studio 2017 中的运行结果如图 9-16 所示。

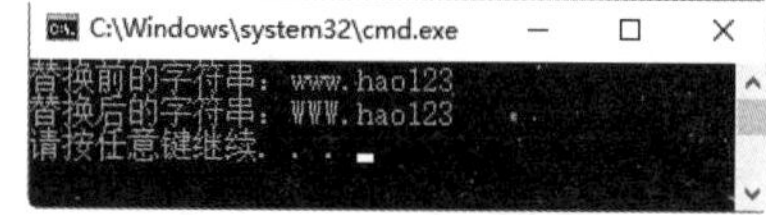

图 9-16 字符串的替换

9.2.12 字符串的查找

字符串的查找是通过 IndexOf 和 LastIndexOf 两个方法实现的。

1. IndexOf

查找字串中指定字符或字串首次出现的位置，并返回首索引值。

调用格式如下：

```
字符串 IndexOf(要查找的字符或字符串);
```

2. LastIndexOf

在字符串中从后向前定位字符和字符串，并返回最后一次在所要查找的字符串中出现的位置。用法和 IndexOf 完全相同。

调用格式如下：

```
字符串.LastIndexOf(要查找的字符或字符串);
```

注意：这两种方法均返回一个整数，如果所要查找的字符串内不包含要查找的字符或字符串则返回一个负数。

【例 9-17】编写程序，查找字符在字符串中的位置。

（1）在 Visual Studio 2017 中，新建名称为“Project17”的文件。

（2）在代码编辑区域输入以下代码。

```
using System;
namespace Project17
{
    class Program
    {
        static void Main(string[] args)
        {
```

```
            string str = "Good morning, everyone.";
            //从 0 开始数起  0123456789ABCDEFG
            int str1 = str.IndexOf('g');      //查找'g'在 str 中的索引值（位置）
            int str2 = str.IndexOf("morning");//查找"morning"的第一个字符在 str 中的索引值（位置）
            Console.WriteLine(str1+"\n"+str2);
            int str3 = str.LastIndexOf('d');
            Console.WriteLine(str3);
        }
    }
}
```

【程序分析】本例演示了 IndexOf 方法的使用。在代码中，首先定义一个字符变量 str，并为其赋值“Good morning, everyone.”；接着，调用 IndexOf 方法，查找字符'g'在 str 中的索引值，而该字符在字符串的第 11 的位置上，所以返回一个 11；再查找“morning”的位置，而该字符串的第一个字符'm'在第 5 的位置上，所以返回一个 5；最后调用 LastIndexOf 方法，查找出字符'd'的位置。

在 Visual Studio 2017 中的运行结果如图 9-17 所示。

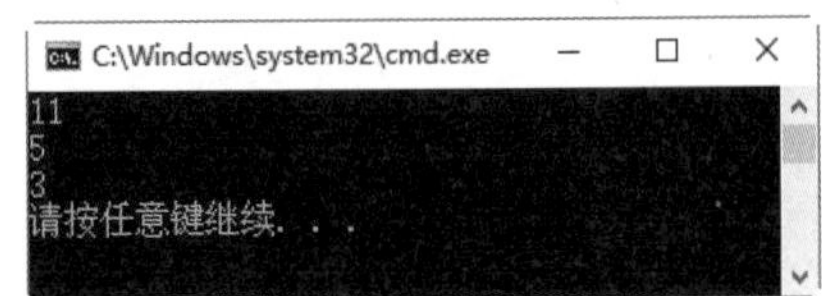

图 9-17　字符串的查找

9.3　StringBuilder 类

与 String 类相比，StringBuilder 类可以实现动态字符串。此外，动态的含义是指在修改字符串时，系统不需要创建新的对象，不会重复开辟新的内存空间，而是直接在原 StringBuilder 对象的基础上进行修改。

9.3.1　StringBuilder 类的定义

StringBuilder 类位于命名空间 System.Text 中，使用时，可以在文件头通过 using 语句引入该空间：

```
using System.Text;
```

声明 StringBuilder 对象需要使用 new 关键字，并可以对其进行初始化。

例如：

```
StringBuilder strBuilder = new StringBuilder("Hello World");
```

该语句声明了一个 StringBuilder 对象 strBuilder，并初始化为“Hello World”。

如果不使用 using 关键字在文件头引入 System.Text 命名空间，也可以通过空间限定来声明 StringBuilder 对象。

例如：

```
System.Text.StringBuilder strBuilder = new StringBuilder("Hello World");
```

注意：在声明时，也可以不给出初始值，然后通过其方法进行赋值。

9.3.2　设置 StringBuilder 类的容量

虽然 StringBuilder 对象是动态对象，允许扩充它所封装的字符串中字符的数量，但是用户可以为它可容纳的最大字符数指定一个值。此值称为该对象的容量，不应将它与当前 StringBuilder 对象容纳的字符串长度混淆在一起。

例如，可以创建 StringBuilder 类的带有字符串“Hello”（长度为 5）的一个新实例，同时可以指定该对象的最大容量为 25。当修改 StringBuilder 时，在达到容量之前，它不会为自己重新分配空间。当达到容量时，将自动分配新的空间且容量翻倍。StringBuilder 默认初始分配 16 个字符长度。

有两种方式来设置一个 StringBuilder 对象的容量。

1. 使用构造函数

StringBuilder 构造函数可以接受容量参数，例如：

```
StringBuilder strb = new StringBuilder("Hello", 100);     //使用构造函数
```

该语句声明一个 StringBuilder 对象，并设置其容量为 100。

2. 使用 Capacity 读/写属性

Capacity 属性指定 StringBuilder 对象的容量，例如：

```
StringBuilder strb = new StringBuilder("Hello");
strb.Capacity = 100;                                        //使用 Capacity 属性
```

本例语句中，首先定义一个 StringBuilder 对象 strb，然后利用 Capacity 属性设置其容量为 100。

9.3.3 追加操作

追加一个 StringBuilder 是指将新的字符串添加到当前 StringBuilder 字符串的结尾处，可以使用 Append 和 AppendFormat 方法来实现这个功能。

1. Append 方法

Append 方法实现简单的追加功能，语法格式如下：

```
public StringBuilder Append(object value);
```

其中，参数 value 既可以是字符串类型，也可以是其他的数据类型，如 bool、byte、int 等。下例中，把一个 StringBuilder 字符串“Hello”追加为“Hello World!”。

例如：

```
StringBuilder strb = new StringBuilder("Hello");
strb.Append(" World!");      //Append 方法
```

2. AppendFormat 方法

AppendFormat 方法可以实现对追加部分字符串的格式化，可以定义变量的格式，并将格式化后的字符串追加在 StringBuilder 后面。语法格式如下：

```
StringBuilder AppendFormat(string format,params object[] args);
```

其中，args 数组指定所要追加的多个变量。format 参数包含格式规范的字符串，其中包括一系列用大括号括起来的格式字符，如{0:u}。这里，0 代表对应 args 参数数组中的第 0 个变量，而“u”定义其格式。

【例 9-18】编写程序，实现对字符串的追加操作。

（1）在 Visual Studio 2017 中，新建名称为“Project18”的文件。

（2）在代码编辑区域输入以下代码。

```
using System;
using System.Text;
namespace Project18
{
    class Program
    {
        static void Main(string[] args)
        {
```

```
            Console.WriteLine("============Append方法================");
            StringBuilder strb1 = new StringBuilder("Hello");
            Console.WriteLine(strb1.Append(" World!")); //Append方法
            Console.WriteLine("========AppendFormat方法=============");
            StringBuilder strb2 = new StringBuilder("Today is ");
            strb2.AppendFormat("{0:yyyy-MM-dd}", System.DateTime.Now);//AppendFormat
            Console.WriteLine(strb2);
        }
    }
}
```

【程序分析】本例演示了对字符串的追加操作。在代码中，首先实例化 StringBuilder 类的对象 strb1，并初始化为“Hello”；接着，使用 Append 方法，为字符串后面再追加字符串“World”；然后再实例化一个对象 strb2，并初始化；最后调用 AppendFormat 方法，对追加部分的字符串进行格式化。

在 Visual Studio 2017 中的运行结果如图 9-18 所示。

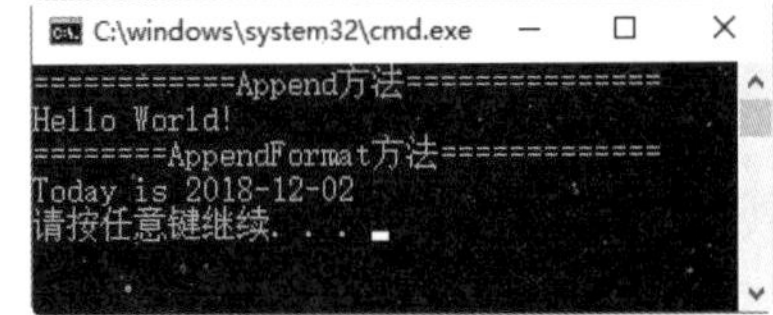

图 9-18　追加操作

9.3.4　插入操作

StringBuilder 的插入操作是指将新的字符串插入到当前的 StringBuilder 字符串的指定位置，如“Hello”变为“Hellllo”。可以使用 StringBuilder 类的 Insert 方法来实现这个功能。

其语法格式如下：

```
public StringBuilder Insert(int index, object value);
```

其中，参数 index 指定所要插入的位置，并从 0 开始索引，如 index=1，则会在原字符串的第 2 个字符之前进行插入操作；同 Append 一样，参数 value 并不只是可取字符串类型。

例如：

```
StringBuilder strb = new StringBuilder("Hello World!");
strb.Insert(6, "Beautiful ");
Console.WriteLine(strb);
```

9.3.5　删除操作

可以使用 Remove 方法从当前 StringBuilder 中移除指定数量的字符，移除过程从指定索引位开始到给定的长度结束。

其语法格式如下：

```
public StringBuilder Remove(int startIndex, int length);
```

其中，参数 startIndex 指定所要删除的起始位置，其含义同 Insert 中的 index 相同；参数 length 指定所要删除的字符数量。

例如：

```
StringBuilder strb = new StringBuilder("Hello World!");
strb.Remove(5, 7);
Console.WriteLine(strb);
```

9.3.6　替换操作

使用 Replace 方法，可以用另一个指定的字符来替换 StringBuilder 对象内的字符。该方法有两种重载方式，其语法格式如下：

```
public StringBuilder Replace(char oldChar, char newChar);
```

```
public StringBuilder Replace(string oldValue, string newValue);
```

其中，参数 oldChar 和 oldValue 为待替换的字符和子串，而参数 newChar 和 newValue 为替换后的新字符和新子串。

例如：

```
StringBuilder strb = new StringBuilder("Hello World!");
strb.Replace('!', '?');
Console.WriteLine(strb);
```

9.4 正则表达式

正则表达式（Regular Expression）是一种文本模式，包括普通字符（例如，a～z 的字母）和特殊字符（称为“元字符”）。正则表达式通过使用单个字符串来描述、匹配一系列匹配某个句法规则的字符串。许多程序设计语言都支持利用正则表达式进行字符串操作。

9.4.1 正则表达式简介

正则表达式提供了功能强大、灵活而又高效的方法来处理文本。正则表达式的全面模式匹配表示法可以快速地分析大量的文本以找到特定的字符模式；提取、编辑、替换或删除文本字符串；或将提取的字符串添加到集合以生成报告。对于处理字符串（例如 HTML 处理、日志文件分析和 HTTP 标头分析）的许多应用程序而言，正则表达式是不可缺少的工具。

9.4.2 正则表达式的组成

构造正则表达式的方法和创建数学表达式的方法一样，也就是用多种元字符与运算符将小的表达式结合在一起，创建出更为复杂的表达式。正则表达式的组件可以是单个的字符、字符集合、字符范围、字符间的选择或者所有这些组件的任意组合。

正则表达式是由普通字符（例如字符 a～z）以及特殊字符（称为“元字符”）组成的文本模式。模式描述在搜索文本时要匹配的一个或多个字符串。正则表达式作为一个模板，将某个字符模式与所搜索的字符串进行匹配。

1. 普通字符

普通字符包括所有大写和小写字母，所有数字，所有标点符号和一些其他符号。在使用普通字符时，可将字符“abcde”匹配到字符串中任何包含“abcde”的字符串。

2. 元字符

元字符可以组合成灵活通用的表达式，来匹配所有符合此表达式规律的字符串。当前，所有的文本编辑器都有一些搜索功能，通常可以打开一个对话框，在其中的一个文本框中输入要定位的字符串，如果还要同时进行替换操作，可以输入一个替换字符串，例如在 Windows 操作系统或 Office 系列的文档编辑器中，用户都会使用通配符（*和?）进行查找文件。如果用户想查找某个目录下的所有 Word 文档时，就可以使用*.doc 进行查找，在这里，*就被解释为任意字符串。和通配符类似，正则表达式也是用来进行文本匹配的工具，只不过比起通配符，它能更精确地描述用户的需求。

例如，电话号码（如 0992-3923932）通常由 3 或 4 位以 0 开头的区号和一组 7 或 8 位的数字组合而成，中间通常以连字符“-”隔开。

对于本例，首先需要介绍一下元字符“\d”，它是用来匹配一个 0～9 的数字。这样，就可以将全国的电话号码用正则表达式写成：^0\d{2,3}-\d{7,8}$。下面对该正则表达式进行分析：

（1）^表示输入字符串的开始位置；

（2）0 匹配数字“0”，\d 匹配一个数字，表示 0～9；

（3）{2,3}表示 0～9 的数字重复 2～3 次，“-”只匹配自身；

（4）接下来的“\d”同样匹配一个 0～9 的数字，而{7,8}则表示重复 7～8 次；

（5）“$”为匹配输入字符串的结束位置。

表 9-2 列出了常用元字符的列表以及相关说明。

表 9-2　常用元字符

代　码	说　明
.	匹配除换行符以外的任意字符
\w	匹配字母或数字或下画线或汉字
\W	匹配任意不是字母、数字、下画线、汉字的字符
\s	匹配任意的空白符
\S	匹配任意不是空白符的字符，等价于[^\f\n\r\t\v]
\d	匹配数字
\D	匹配任意非数字的字符，等价于[^0-9]
\b	匹配单词的开始或结束
\B	匹配不是单词开头或结束的位置
[CK]	匹配包含括号内元素的字符
[^CK]	匹配除了 CK 以外的任意字符
^	匹配行的开始
$	匹配行的结束
\	对下一个字符转义。例如$是一个特殊的字符，要匹配$的话就要用\$
|	分支条件，如 x|y 匹配 x 或 y

表 9-3 列出了特殊常用元字符的列表以及相关说明。

表 9-3　特殊元字符

代　码	说　明
\f	匹配一个换页符，等价于\x0c 和\cL
\n	匹配一个换行符，等价于\x0a 和\cJ
\r	匹配一个回车符，等价于\x0d 和\cM
\t	匹配一个制表符，等价于\x09 和\cI
\v	匹配一个垂直制表符，等价于\x0b 和\cK

限定符用来指定正则表达式的一个给定组件必须要出现多少次才能满足匹配。表 9-4 列出了常用限定符的列表以及相关说明。

表 9-4　限定符

代　码	说　明
*	匹配前面的子表达式零次或多次
+	匹配前面的子表达式一次或多次
?	匹配前面的子表达式零次或一次
{n}	n 是一个非负整数。匹配确定的 n 次
{n,}	n 是一个非负整数。至少匹配 n 次
{n,m}	m 和 n 均为非负整数，其中，n≤m。最少匹配 n 次且最多匹配 m 次

例如：

```
string+b
```

该表达式可以匹配 stringb、stringgb、stringggggb 等，+号代表前面的字符必须至少出现一次（即一次或多次）。

```
string*b
```

该表达式可以匹配 strinb、stringb、stringggb 等，*号代表字符可以不出现，也可以出现一次或者多次（即零次或一次或多次）。

```
colou?r
```

该表达式可以匹配 color 或者 colour，?代表前面的字符最多只可以出现一次（即零次或一次）。

9.4.3　正则表达式的优先级

正则表达式从左到右进行计算，并遵循优先级顺序，这与算术表达式非常类似。

相同优先级的从左到右进行运算，不同优先级的运算先高后低。表 9-5 列出了从最高到最低各种正则表达式运算符的优先级顺序。

表 9-5　正则表达式的优先级

运　算　符	描　述
\	转义符
(), (?:), (?=), []	圆括号和方括号
*, +, ?, {n}, {n,}, {n,m}	限定符
^, $, \ 任何元字符、任何字符	定位点和序列（即：位置和顺序）
|	替换

注意：“|”是或操作，该字符具有高于替换运算符的优先级，使得“m|food”匹配“m”或“food”。若要匹配“mood”或“food”，请使用括号创建子表达式，从而产生“(m|f)ood”。

9.5　正则表达式匹配规则

正则表达式描述了一种字符串匹配的模式，可以用来检查一个字符串是否含有某种子串、将匹配的子串替换或者从某个字符串中取出符合某个条件的子串等。

9.5.1 字符匹配

句点“.”匹配字符串中的各种打印或非打印字符，但是只有换行符“\n”例外。

例如：

```
/a.c/
```

该正则表达式匹配 aac、abc、acc、adc 等，以及 a1c、a2c、a-c 和 a#c 等。

若要匹配包含文件名的字符串，而句点“.”是输入字符串的组成部分，需要在正则表达式中的句点前面加反斜杠“\”字符。

例如，定义一个正则表达式用于匹配文件名 FileName.txt：

```
/FileName\.txt/
```

9.5.2 中括号表达式

若要创建匹配字符组的一个列表，需要在中括号“[”与“]”内放置一个或更多单个字符。当字符括在中括号内时，该列表称为“中括号表达式”。

使用中括号表达式需要注意以下几点。

（1）\字符继续作为转义符。若要匹配\字符，需要使用\\。

（2）括在中括号表达式中的字符，只匹配处于正则表达式中该位置的单个字符。

例如下面这个正则表达式：

```
/Chapter [12345]/
```

该正则表达式匹配 Chapter 1、Chapter 2、Chapter 3、Chapter 4 和 Chapter 5。

注意：单词 Chapter 和后面的空格的位置相对于中括号内的字符是固定的。中括号表达式指定的只是匹配紧跟在单词 Chapter 和空格后面的单个字符位置的字符集。这是第 9 个字符位置。

（3）若要使用范围代替字符本身来表示匹配字符组，需要使用连字符“-”将范围中的开始字符和结束字符分开。单个字符的字符值确定范围内的相对顺序。

下面的正则表达式包含范围表达式，该范围表达式等效于上面显示的中括号中的列表。

```
/Chapter [1-5]/
```

当以这种方式指定范围时，开始值和结束值两者都包括在范围内。还有一点请注意，排列顺序是按 Unicode 编码进行的，开始值必须在结束值的前面。

若要在中括号表达式中包括连字符，请采用下列方法之一。

（1）用反斜杠将它转义：

```
[\-]
```

（2）将连字符放在中括号列表的开始或结尾。下面的表达式匹配所有小写字母和连字符：

```
[-a-z]
[a-z-]
```

（3）创建一个范围，在该范围中，开始字符值小于连字符，而结束字符值等于或大于连字符。下面的两个正则表达式都满足这一要求：

```
[!--]
[!-~]
```

（4）若要查找不在列表或范围内的所有字符，需要插入符号“^”放在列表的开头。如果插入字符出现在列表中的其他任何位置，则它匹配其本身。

例如：

```
/Chapter [^12345]/
```

该正则表达式匹配 1、2、3、4 或 5 之外的任何数字和字符。也就是说，表达式在第 9 个位置匹配 1、2、3、4 或 5 之外的任何数字和字符。例如，Chapter 7 就是一个匹配项，Chapter 9 也是一个匹配项。

上面的表达式可以使用连字符“-”来表示：

```
/Chapter [^1-5]/
```

（5）中括号表达式的典型用途是指定任何大写或小写字母或任何数字的匹配。

例如：

```
/[A-Za-z0-9]/
```

9.5.3 重复匹配

在更多的情况下，可能要重复匹配一个单词或一组数字。一个单词由若干个字母组成，一组数字由若干个单数组成。跟在字符或字符簇后面的花括号（{}）用来确定前面的内容重复出现的次数，如表 9-6 所示。

表 9-6 重复匹配表达式

字 符 簇	描 述
^[a-zA-Z_]$	所有的字母和下画线
^[[:alpha:]]{3}$	所有的 3 个字母的单词
^a$	字母 a
^a{4}$	aaaa
^a{2,4}$	aa,aaa 或 aaaa
^a{1,3}$	a,aa 或 aaa
^a{2,}$	包含多于两个 a 的字符串
^a{2,}	如 aardvark 和 aaab，但 apple 不行
a{2,}	如 baad 和 aaa，但 Nantucket 不行
\t{2}	两个制表符
.{2}	所有的两个字符

表 9-6 描述了花括号的三种不同的用法。一个数字{x}的意思是前面的字符或字符簇只出现 x 次；一个数字加逗号{x,}的意思是前面的内容出现 x 或更多的次数；两个用逗号分隔的数字{x,y}表示前面的内容至少出现 x 次，但不超过 y 次。

例如，用户可以把模式扩展到更多的单词或数字：

```
^[-]?[0-9]+\.?[0-9]+$      //所有的浮点数
```

该正则表达式表示所有的浮点数，对表达式的说明如下：

以一个可选的负号“[-]?”开头“^”，跟着一个或更多的数字“[0-9]+”和一个小数点“\.”，再跟上一个或多个数字“[0-9]+”，并且后面没有其他任何东西“$”。

9.5.4 替换和分组

替换使用“|”字符来允许在两个或多个替换选项之间进行选择。

例如：

```
/^Chapter|Section [1-9][0-9]{0,1}$/
```

该正则表达式要么匹配行首的单词 Chapter，要么匹配行尾的单词 Section 及跟在其后的任何数字。如果输入字符串是 Chapter22，那么上面的表达式只匹配单词 Chapter。如果输入字符串是 Section 22，那么该表达式匹配 Section 22。

若要使替换的正则表达式更易于控制，可以使用括号来限制替换的范围，即确保它只应用于两个单词 Chapter 和 Section。

例如：

```
/^(Chapter|Section) [1-9][0-9]{0,1}$/
```

注意：由于括号也用于创建子表达式，并可能捕获它们以供以后使用，因此，该表达式尽管能正常工作，但“Chapter|Section”周围的括号还将捕获两个匹配字中的任一个供以后使用。由于在上面的表达式中只有一组括号，因此，只有一个被捕获的“子匹配项”。

在上面的实例中，用户只需要使用括号来组合单词 Chapter 和 Section 之间的选择。若要防止匹配被保存以备将来使用，需要在括号内正则表达式模式之前放置“?:”。

下面的修改提供相同的能力而不保存子匹配项：

```
/^(?:Chapter|Section) [1-9][0-9]{0,1}$/
```

9.6 正则表达式涉及的基本类

目前为止，许多编程语言和工具都包含对正则表达式的支持，C#也不例外。C#基础类库中包含一个命名空间“System.Text.RegularExpressions”和一系列可以充分发挥正则表达式威力的类（如 Regex、Match 等）。

9.6.1 Regex 类

Regex 类表示只读正则表达式，它包含各种静态方法，允许在不显示创建其他类的实例的情况下，使用其他正则表达式类。

1. Regex 类的常用方法

在 C#中使用正则表达式主要是通过 Regex 类来实现。其中常用方法如表 9-7 所示。

表 9-7 Regex 类的常用方法及使用

名　称	说　明
IsMatch	指示 Regex 构造函数中指定的正则表达式在指定的输入字符串中是否找到了匹配项
Match	在指定的输入字符串中搜索 Regex 构造函数中指定的正则表达式的第一个匹配项
Matches	在指定的输入字符串中搜索正则表达式的所有匹配项
Replace	在指定的输入字符串内，使用指定的替换字符串替换与某个正则表达式模式匹配的所有字符串
Split	在由 Regex 构造函数指定的正则表达式模式所定义的位置，拆分指定的输入字符串

2. 定义 Regex 类的实例

以下代码实例创建了 Regex 类的实例并在初始化对象时定义一个简单的正则表达式：

```
Regex regex = new Regex(@"\d");
```

请注意，“\d”表示匹配一个 0～9 的数字。

3. Regex 类的使用

判断一个字符串是否匹配一个正则表达式，在 Regex 对象中，可以使用 IsMatch 方法。

【例 9-19】编写程序，使用正则表达式，匹配一个字符串。

（1）在 Visual Studio 2017 中，新建名称为“Project19”的文件。

（2）在代码编辑区域输入以下代码。

```
using System;
using System.Text.RegularExpressions;
namespace Project19
{
    class Program
    {
        static void Main(string[] args)
        {
            string str = "2md13nabcttac";       //定义一个字符串 str，并赋值
             //实例化 Regex 类的对象，再定义一个简单的正则表达式“abc”
            Regex regex = new Regex("abc");
            if (regex.IsMatch(str))             //通过 IsMatch 方法，判断字符串 str 是否匹配正则表达式
            {
                Console.WriteLine("字符串中包含 abc");
            }
        }
    }
}
```

【程序分析】本例演示了如何使用正则表达式匹配一个字符串。在代码中，首先定义字符串 str，并赋值为“2md13nabcttac”；然后实例化 Regex 类的对象为 regex，再定义一个简单的正则表达式“abc”；最后使用 IsMatch 方法在 if 语句中，判断字符串 str 中是否有字符“abc”。

在 Visual Studio 2017 中的运行结果如图 9-19 所示。

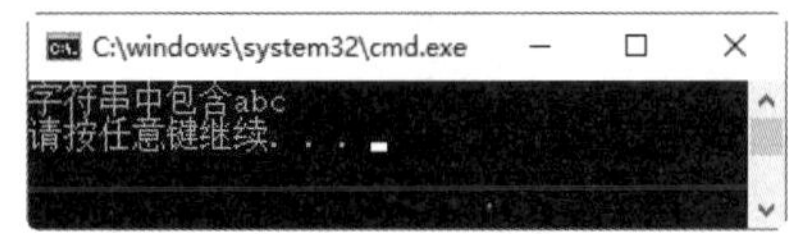

图 9-19　字符串匹配

9.6.2　Match 类

Match 类表示单个正则表达式匹配的结果，该类没有公共构造函数。

1. Match 类常用的方法及属性

表 9-8 列出了 Match 类的常用属性。

表 9-8　Match 类的常用属性

属　　性	说　　明
Captures	按从里到外、从左到右的顺序获取由捕获组匹配的所有捕获的集合（如果正则表达式用 RightToLeft 选项修改了，则顺序为按从里到外、从右到左）。该集合可以有零个或更多的项
Empty	获取空组。所有失败的匹配都返回此空匹配
Groups	获取由正则表达式匹配的组的集合

续表

属　性	说　明
Index	原始字符串中发现捕获的子字符串的第一个字符的位置
Length	获取捕获的子字符串的长度
Name	返回由当前实例表示的捕获组的名称
Success	获取一个值，该值指示匹配是否成功
Value	获取输入的字符串中捕获的子字符串

表 9-9 列出了 Match 类的常用方法。

表 9-9　Match 类的常用方法

方　法	说　明
Equals(Object)	确定指定的对象是否等于当前对象
GetType()	获取当前实例的 Type
NextMatch()	从上一个匹配结束的位置（即在上一个匹配字符之后的字符）开始返回一个包含下一个匹配结果的新 Match 对象
Result(String)	返回对指定替换模式的扩展
ToString()	通过调用 Value 属性，从输入的字符串中检索捕获的子字符串

2. 定义 Match 类的实例

可以从 Regex 类的 Match 方法得到该类的一个实例，也可以使用 Regex 类的 Matches 方法得到该类的一个集合，通过 Match 类的 Success 属性用于判断匹配是否成功，Index 属性返回第一个匹配的位置。

例如：

```
Regex r = new Regex("abc");           //定义一个 Regex 对象实例
Match m = r.Match("123abc456");       //在字符串中匹配
if (m.Success)                        //Success 属性用于判断匹配是否成功
{
    //输入匹配字符的位置
    Console.WriteLine("确定字符串匹配的位置：" + m.Index);
}
```

3. Match 类的使用

【例 9-20】编写程序，定义一个字符串，然后调用 Match(String,String)和 NextMatch 方法来一次检索一个匹配项。

（1）在 Visual Studio 2017 中，新建名称为“Project20”的文件。

（2）在代码编辑区域输入以下代码。

```
using System;
using System.Text.RegularExpressions;
namespace Project20
{
    class Program
    {
        static void Main(string[] args)
        {
            string str = "int[] values = { 1, 2, 3 };\n" +
                     "for (int ctr = values.GetLowerBound(1); ctr <= values.GetUpperBound(1);
                         ctr++)\n" +
```

```
                "{\n" +
                "   Console.Write(values[ctr]);\n" +
                "   if (ctr < values.GetUpperBound(1))\n" +
                "      Console.Write(\", \");\n" +
                "}\n" +
                "Console.WriteLine();\n";
            string pattern = @"Console\.Write(Line)?";
            //实例化 Match 类的对象为 match，并返回到 Regex.Match 的方法中
            Match match = Regex.Match(str, pattern);
            //如果匹配成功，循环进行输出
            while (match.Success)
            {
                Console.WriteLine("\""+"{0}"+"\""+"在位置的源代码中找到 {1}.",
                            match.Value, match.Index);
                match = match.NextMatch();
            }
        }
    }
}
```

【程序分析】本例演示了 Match 类的使用。在代码中，首先声明了一个字符串 input 并为其赋值；然后再定义一个字符串 pattern，用于匹配 str 中所有字符串“Console.Write(Line)”的位置；接着，实例化 Match 类的对象为 match，并返回到 Regex.Match 的方法中，表示第一个模式匹配字符串中；最后使用 while 语句，循环输出与字符串“Console.Write(Line)”匹配的位置。

在 Visual Studio 2017 中的运行结果如图 9-20 所示。

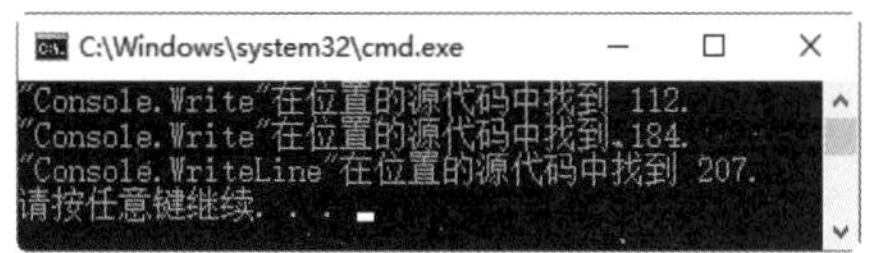

图 9-20　Match 类的使用

9.7　就业面试技巧与解析

本章介绍了用于处理字符串的 String 类、StringBuilder 类和正则表达式。在介绍这三个内容时，结合了大量实例进行讲解，使读者能够通过实例掌握每种类的用法。

9.7.1　面试技巧与解析（一）

面试官：通过 StringBuilder 设置容量有何意义？

应聘者：为 StringBuilder 设置容量的意义在于，当修改 StringBuilder 字符串时，在其实际字符长度（即字符串已有的字符数量）未达到其容量之前，StringBuilder 不会重新分配空间；在达到容量时，StringBuilder 会在原空间的基础之上，自动进行设置。StringBuilder 默认初始分配 16 个字符长度。

面试官：StringBuilder 类与 String 类的区别？

应聘者：通过本章的学习，可以看出 StringBuilder 与 String 在许多操作上（如 Insert、Remove、Replace）上是非常相似的。

在操作性能和内存效率方面，StringBuilder 要比 String 好得多，可以避免产生太多的临时字符串对象，特别是对于经常重复进行修改的情况更是如此。而另一方面，String 类提供了更多的方法，可以使开发更快地实现应用。

在两者的选择上，如果应用对于系统性能、内存要求比较严格，以及经常处理大规模的字符串，推荐使用 StringBuilder 对象；否则，可以选择使用 String。

9.7.2 面试技巧与解析（二）

面试官：“@”符号在正则表达式中的作用？

应聘者：C#中字符串常量可以以“@”开头声名，这样的优点是转义序列“不”被处理，按“原样”输出，即用户不需要对转义字符加上“\”（反斜杠），就可以轻松编码。

例如：

```
string filePath = @"c:\Docs\Source\CK.txt"
```

等价于

```
"c:\\Docs\\Source\\CK.txt"
```

如要在一个用“@”引起来的字符串中包括一个双引号，就需要使用两对双引号了。这时候就不能使用“\”来转义双引号，因为在这里“\”的转义用途已经被“@”屏蔽掉了。

例如：

```
string str=@"""Ahoy!"" cried the captain."
//输出为： "Ahoy!" cried the captain.
```

第 10 章

特殊的类——集合与泛型

学习指引

集合就像是一种容器，是用于存储、获取、操作对象的容器。如果集合中不使用泛型，意味着集合中可以添加任意类型的对象。当用户需要具体用到某一个类型时，必须强制进行类型转换才可以得到，但是这样就可能引发异常。

重点导读

- 熟悉集合。
- 掌握常用的集合类型。
- 掌握泛型。
- 熟悉泛型接口。
- 掌握泛型方法的使用。

10.1 认识集合

什么是集合呢？集合就如同数组，用来存储和管理一组具有相同性质的对象，除了基本的数据处理功能，集合直接提供了各种数据结构及算法的实现，如队列、链表、排序等，可以让用户轻易地完成复杂的数据操作。集合也是一个特殊的类，就好比容器一样将一系列相似的项组合在一起。集合中包含的对象称为集合元素。

1. 集合类的概念

集合（Collection）类是专门用于数据存储和检索的类。这些类提供了对栈（Stack）、队列（Queue）、列表（List）和哈希表（Hashtable）的支持。大多数集合类实现了相同的接口。专业的说法是所有实现了 System.Collections.IEnumerable 接口的类的对象都是集合。

集合类服务于不同的目的，如为元素动态分配内存，基于索引访问列表项等。这些类创建 Object 类的对象的集合。在 C#中，Object 类是所有数据类型的基类。

2. 集合类的特点

（1）集合类定义为 System.Collections 或 System.Collections.Generic 命名空间的一部分。

（2）大多数集合类都派生自 ICollection、IComparer、IEnumerable、IList、IDictionary 和 IDictionaryEnumerator 接口以及它们的等效泛型接口

（3）使用泛型集合类可以提供更高的类型安全性，在某些情况下还可以提供更好的性能，尤其是在存储值类型时，这些优势会体现得更明显。

10.2 常用集合类型

常用的集合类型有动态数组（ArrayList 类）、堆栈（Stack 类）、Queue 类和 Hashtable 类。

10.2.1 动态数组

动态数组（ArrayList）代表了可被单独索引的对象的有序集合。它基本上可以替代一个数组。但是，与数组不同的是，用户可以使用索引在指定的位置添加和移除项目，动态数组会自动重新调整它的大小。它也允许在列表中进行动态内存分配、增加、搜索、排序各项。

1. ArrayList 类的方法和属性

表 10-1 列出了 ArrayList 类的一些常用的属性。

表 10-1 ArrayList 类的属性

属 性	描 述
Capacity	获取或设置 ArrayList 可以包含的元素个数
Count	获取 ArrayList 中实际包含的元素个数
IsFixedSize	获取一个值，表示 ArrayList 是否具有固定大小
IsReadOnly	获取一个值，表示 ArrayList 是否只读
Item	获取或设置指定索引处的元素

表 10-2 列出了 ArrayList 类的一些常用的方法。

表 10-2 ArrayList 类的方法

序 号	方法名&描述
1	public virtual int Add (object value)；在 ArrayList 的末尾添加一个对象
2	public virtual void AddRange (ICollection c)；在 ArrayList 的末尾添加 ICollection 的元素
3	public virtual void Clear ()；从 ArrayList 中移除所有的元素
4	public virtual bool Contains (object item)；判断某个元素是否在 ArrayList 中
5	public virtual ArrayList GetRange (int index,int count)；返回一个 ArrayList，表示源 ArrayList 中元素的子集
6	public virtual int IndexOf (object)；返回某个值在 ArrayList 中第一次出现的索引，索引从零开始
7	public virtual void Insert (int index,object value)；在 ArrayList 的指定索引处，插入一个元素

续表

序　号	方法名&描述
8	public virtual void InsertRange(int index,ICollection c)；在 ArrayList 的指定索引处，插入某个集合的元素
9	public virtual void Remove (object obj)；从 ArrayList 中移除第一次出现的指定对象
10	public virtual void RemoveAt (int index)；移除 ArrayList 的指定索引处的元素
11	public virtual void RemoveRange (int index,int count)；从 ArrayList 中移除某个范围的元素
12	public virtual void Reverse ()；逆转 ArrayList 中元素的顺序
13	public virtual void SetRange (int index,ICollection c)；复制某个集合的元素到 ArrayList 中某个范围的元素上
14	public virtual void Sort ()；对 ArrayList 中的元素进行排序
15	public virtual void TrimToSize ()；设置容量为 ArrayList 中元素的实际个数

2. ArrayList 类中元素的添加

【例 10-1】编写程序，创建 ArrayList 实例，使其固定大小为 5，通过 Add 方法对其添加 5 个元素，再通过 AddRange 方法对其添加一个数组，然后遍历所有数元素。

（1）在 Visual Studio 2017 中，新建名称为“Project1”的文件。

（2）在代码编辑区域输入以下代码。

```
using System;
using System.Collections;                              //在命名空间进行引用
namespace Project1
{
    class Program
    {
        static void Main(string[] args)
        {
            //创建 ArrayList 的实例，使其固定大小为 5
            ArrayList al = new ArrayList(5);
            Console.WriteLine("------------Count 属性----------------");
            Console.WriteLine("查看 ArrayList 中实际包含的元素个数：{0}",al.Count);
            Console.WriteLine("-------------Add 方法-----------------");
            al.Add(110);                               //整数类型
            al.Add('M');                               //字符类型
            al.Add("HelloWorld");                      //string 类型
            al.Add(3.14);                              //浮点类型
            al.Add(24L);                               //长整型
            Console.WriteLine("使用 Add 方法添加 5 个元素之后，元素的个数：",al.Count);
            Console.WriteLine("------------AddRange 方法--------------");
            //定义字符串数组
            string[] myStringAL = { "张三", "李四", "王五", "赵六" };
            al.AddRange(myStringAL);
            Console.WriteLine("使用 AddRange 方法添加 4 个元素后，元素的个数：{0}",al.Count);
            Console.WriteLine("--------------遍历集合----------------");
            foreach (object outstring in al)       //定义一个任意类型的变量 outstring
            {
                Console.Write(outstring+"\t");     //按行来输出
            }
            Console.WriteLine();
        }
    }
}
```

【程序分析】本例演示了动态数组元素的添加。在代码中，首先需要引入命名空间“System.Collections;”，因为 ArrayList 类就在该命名空间中；接着，创建 ArrayList 的实例 al，使其固定大小为 5；然后使用 Count 属性，查看 ArrayList 中实际包含的元素个数，并使用 Add 方法向 ArrayList 中依次添加 5 个元素；再使用 AddRange 方法，一次性向 ArrayList 中添加 4 个元素。需要注意的是，Add 方法每次只能添加一个元素，而 AddRange 方法一次性可以添加多个元素，或者是一个数组；最后，在遍历集合元素时，可以使用 foreach 语句，由于 ArrayList 中可以添加任意类型的元素，所以需要声明一个 object 类型的变量。

在 Visual Studio 2017 中的运行结果如图 10-1 所示。

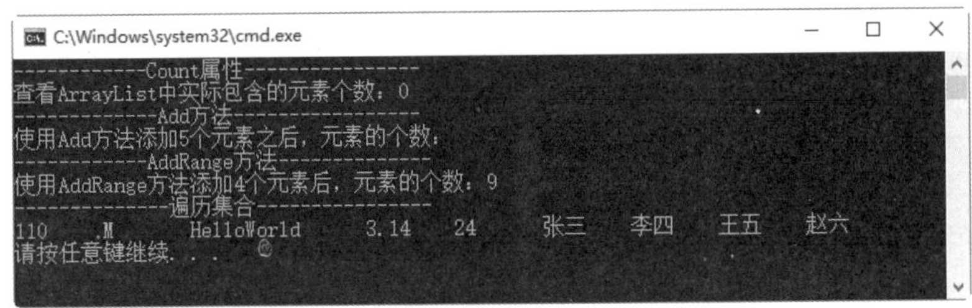

图 10-1　ArrayList 类中元素的添加

2. ArrayList 类中元素的删除

【例 10-2】编写程序，对 ArrayList 中的元素进行删除。

（1）在 Visual Studio 2017 中，新建名称为“Project2”的文件。

（2）在代码编辑区域输入以下代码。

```
using System;
using System.Collections;                                  //在命名空间进行引用
namespace Project2
{
    class Program
    {
        static void Main(string[] args)
        {
            ArrayList al = new ArrayList();                //实例化对象
            al.Add("小组评分: ");
            al.Add(88.5);
            al.Add("小组成员: ");
            string[] myStringAL = { "张三", "李四", "王五", "赵六" };
            al.AddRange(myStringAL);
            foreach (object outArry in al)
            {
                Console.Write(outArry+"\t");
            }
            Console.WriteLine("\n------------Remove方法----------------");//Remove(值)
            Console.WriteLine("指定对象, 移除张三");
            al.Remove("张三");
            foreach (object outArry in al)
            {
                Console.Write(outArry + "\t");
            }
            Console.WriteLine("\n-----------RemoveAt方法---------------");//RemoveAt(索引值)
            Console.WriteLine("指定索引值, 移除李四");
            al.RemoveAt(3);
            foreach (object outArry in al)
            {
                Console.Write(outArry + "\t");
            }
```

```
            Console.WriteLine("\n-----------RemoveRange 方法------------");//RemoveRange(开始索
               引值,要删除的个数)
            Console.WriteLine("指定某个范围，移除王五和赵六");
            al.RemoveRange(3, 2);//从第三个元素开始，删除两个元素
            foreach (object outArry in al)
            {
               Console.Write(outArry + "\t");
            }
            Console.WriteLine("\n-----------Clear 方法------------");
            Console.WriteLine("清除所有元素");
            al.Clear();
            foreach (object outArry in al)
            {
               Console.Write(outArry + "\t");
            }
            Console.WriteLine();
         }
      }
   }
```

【程序分析】本例演示了元素的删除。在代码中，首先引入命名空间“System.Collections;”，并实例化对象 al；接着，使用 Add 和 AddRange 方法，依次对 ArrayList 添加元素；最后，分别使用 Remove 方法、RemoveAt 方法、RemoveRange 方法和 Clear 方法，删除 ArrayList 中的元素。

在 Visual Studio 2017 中的运行结果如图 10-2 所示。

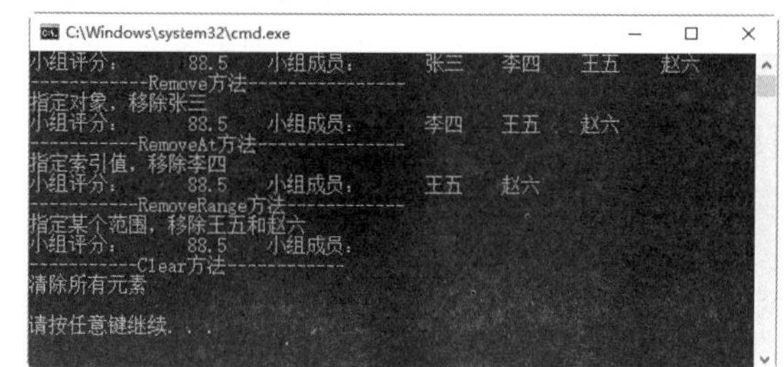

图 10-2　ArrayList 类中元素的删除

3. ArrayList 类中元素的遍历与查找

【例 10-3】编写程序，对 ArrayList 中的元素进行查找和遍历。

（1）在 Visual Studio 2017 中，新建名称为“Project3”的文件。

（2）在代码编辑区域输入以下代码。

```
using System;
using System.Collections;
namespace Project3
{
   class Program
   {
      static void Main(string[] args)
      {
         ArrayList al = new ArrayList();
         al.Add("数组: ");
         int[] alInArry = { 1, 2, 3, 4, 5, 6, 7, 8, 9 };
         al.AddRange(alInArry);
         al.Add("字符串: ");
         string[] alStringArry = { "张三", "李四", "王五", "赵六","李四" };
         al.AddRange(alStringArry);
         Console.WriteLine("------------遍历元素----------------");
         foreach (object outArry in al)
         {
            Console.Write(outArry+"  ");
         }
         Console.WriteLine("\n------------查找元素----------------");
         Console.WriteLine("\n-----------IndexOf 方法--------------");
        //IndexOf(要查找的元素)，返回一个首次出现的索引整型值，如果找不到，返回-1
         Console.WriteLine(al.IndexOf("李四"));
```

```
            Console.WriteLine("\n----------LastIndexOf 方法-----------");
            //LastIndexOf(要查找的元素)，返回一个最后一次出现的索引整型值，否则返回-1
            Console.WriteLine(al.LastIndexOf("李四"));
        }
    }
}
```

【程序分析】本例演示了元素的遍历与查找。在代码中，首先实例化对象 al。接着使用 Add 方法与 AddRange 方法往 ArrayList 中添加元素，并使用 foreach 语句遍历出该数组；然后，使用 IndexOf 方法，返回一个首次出现“李四”元素的索引值；再使用 LastIndexOf 方法，返回一个最后一次出现“李四”元素的索引整型值，如果找不到，就返回-1。

在 Visual Studio 2017 中的运行结果如图 10-3 所示。

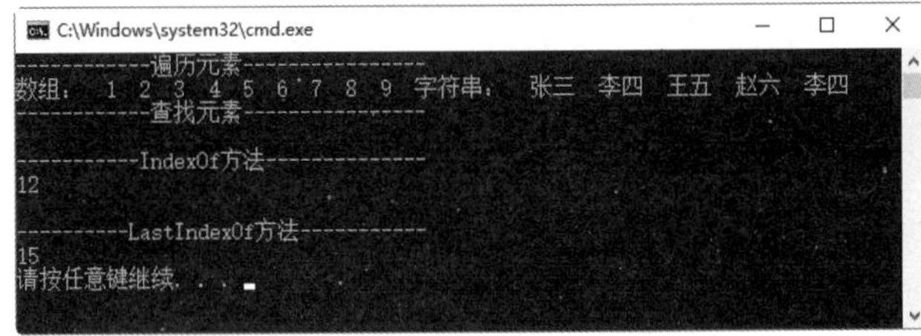

图 10-3　ArrayList 类中元素的遍历与查找

10.2.2　堆栈（Stack）类

堆栈（Stack）代表了一个后进先出的对象集合。当用户需要对各项进行后进先出的访问时，则使用堆栈。当用户在列表中添加一项时，称为推入元素，当用户从列表中移除一项时，称为弹出元素。

表 10-3 列出了 Stack 类的一些常用的方法。

表 10-3　Stack 类的方法

序　　号	方法名&描述
1	public virtual void Clear(); 从 Stack 中移除所有的元素
2	public virtual bool Contains(object obj); 判断某个元素是否在 Stack 中
3	public virtual object Peek(); 返回在 Stack 的顶部的对象，但不移除它
4	public virtual object Pop(); 移除并返回在 Stack 的顶部的对象
5	public virtual void Push(object obj); 向 Stack 的顶部添加一个对象
6	public virtual object[] ToArray(); 复制 Stack 到一个新的数组中

【例 10-4】编写程序，实现堆栈的进出。

（1）在 Visual Studio 2017 中，新建名称为“Project4”的文件。

（2）在代码编辑区域输入以下代码。

```
using System;
using System.Collections;
namespace Project4
{
    class Program
    {
        static void Main(string[] args)
        {
            Stack st = new Stack();     //实例化 st 对象
            Console.WriteLine("------------Push 方法----------------");
            Console.WriteLine("向堆栈的顶部添加四个对象");
            st.Push('a');
            st.Push('b');
            st.Push('c');
            st.Push('d');
            Console.WriteLine("------------遍历 Stack---------------");
            foreach (char c in st)
            {
                Console.Write(c + " ");
            }
            Console.WriteLine();
            Console.WriteLine("向堆栈的顶部添加两个对象");
            st.Push('V');
            st.Push('H');
            foreach (char c in st)
            {
                Console.Write(c + " ");
            }
            Console.WriteLine("\n------------Peek 方法----------------");
            Console.WriteLine("堆栈顶部的对象: {0}",st.Peek());
            Console.WriteLine("--------------Pop 方法---------------");
            Console.WriteLine("移除堆栈顶部的对象: {0}",st.Pop());
            foreach (char c in st)
            {
                Console.Write(c + " ");
            }
            Console.WriteLine("\n 移除堆栈顶部的对象: {0}", st.Pop());
            foreach (char c in st)
            {
                Console.Write(c + " ");
            }
            Console.WriteLine();
        }
    }
}
```

【程序分析】本例演示了 Stack 类的一些使用方法。在代码中，首先实例化堆栈的对象 st。接着使用 Push 方法，往堆栈放入 4 个对象，并进行遍历；再使用 Push 方法，往堆栈中放入两个对象，进行遍历；然后使用 Pop 方法弹出堆栈中的两个对象。此时，用户可以发现，堆栈的特点是先进后出。

在 Visual Studio 2017 中的运行结果如图 10-4 所示。

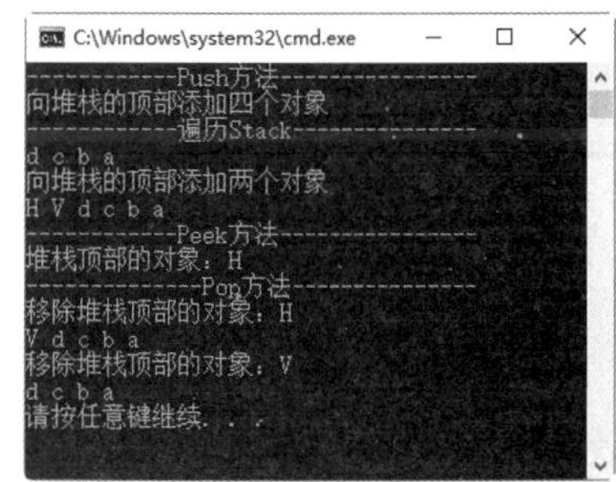

图 10-4 堆栈元素的进出

10.2.3 队列（Queue）类

队列（Queue）代表了一个先进先出的对象集合。当需要对各项进行先进先出的访问时，则使用队列。在列表中添加一项时，称为入队，从列表中移除一项时，称为出队。

表 10-4 列出了 Queue 类的一些常用的方法。

表 10-4　Queue 类的方法

序　　号	方法名&描述
1	public virtual void Clear()；从 Queue 中移除所有的元素
2	public virtual bool Contains(object obj)；判断某个元素是否在 Queue 中
3	public virtual object Dequeue()；移除并返回在 Queue 的开头的对象
4	public virtual void Enqueue(object obj)；向 Queue 的末尾添加一个对象
5	public virtual object[] ToArray()；复制 Queue 到一个新的数组中
6	public virtual void TrimToSize()；设置容量为 Queue 中元素的实际个数

【例 10-5】编写程序，实现队列的进出。

（1）在 Visual Studio 2017 中，新建名称为“Project5”的文件。

（2）在代码编辑区域输入以下代码。

```
using System;
using System.Collections;
namespace Project5
{
    class Program
    {
        static void Main(string[] args)
        {
            Queue q = new Queue();     //创建一个队列
            Console.WriteLine("------------Enqueue 方法----------------");
            Console.WriteLine("向队列的末尾依次添加对象");
            q.Enqueue('a');
            q.Enqueue('b');
            q.Enqueue('c');
            q.Enqueue('d');
            Console.WriteLine("--------------遍历队列-----------------");
            foreach (char c in q)
            {
                Console.Write(c + " ");
            }
            Console.WriteLine("\n 向队列的末尾再添加两个对象");
            q.Enqueue('V');
            q.Enqueue('H');
            foreach (char c in q)
            {
                Console.Write(c + " ");
            }
            Console.WriteLine();
            Console.WriteLine("------------Dequeue 方法----------------");
            Console.WriteLine("移除队列开头的两个对象");
            char ch = (char)q.Dequeue();
            Console.WriteLine("移除开头第一个对象: {0}", ch);
            ch = (char)q.Dequeue();
            Console.WriteLine("移除开头第二个对象: {0}", ch);
            Console.WriteLine("--------------遍历队列-----------------");
            foreach (char c in q)
            {
                Console.Write(c + " ");
            }
            Console.WriteLine();
        }
```

```
        }
    }
```

【程序分析】本例演示了 Queue 类的一些使用方法。在代码中，首先实例化队列的对象 q，接着使用 Enqueue 方法，往队列中依次放入 6 个对象，再使用 Dequeue 方法移除队列中的两个元素。通过与堆栈对比，用户可以发现，队列元素具有先进先出的特点。

在 Visual Studio 2017 中的运行结果如图 10-5 所示。

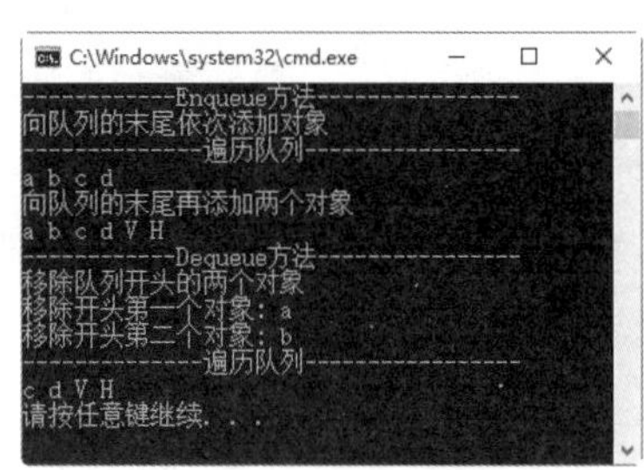

图 10-5　队列元素的进出

10.2.4　哈希表（Hashtable）类

Hashtable 被称作哈希表，该哈希表将映射到相应的值。用于处理和表现类似 key/value 的键值对，其中，key 通常可用来快速查找，同时 key 是区分大小写的；value 用于存储对应于 key 的值。

Hashtable 中 key/value 键值对均为 object 类型，所以 Hashtable 可以支持任何类型的 key/value 键值对。Hashtable 中的每个元素是一个存储在 DictionaryEntry 对象中的键值对。

1. Hashtable 类的方法和属性

表 10-5 列出了 Hashtable 类的一些常用的属性。

表 10-5　Hashtable 类的属性

属　　性	描　　述
Count	获取 Hashtable 中包含的键值对个数
IsFixedSize	获取一个值，表示 Hashtable 是否具有固定大小
IsReadOnly	获取一个值，表示 Hashtable 是否只读
Item	获取或设置与指定的键相关的值
Keys	获取一个 ICollection，包含 Hashtable 中的键
Values	获取一个 ICollection，包含 Hashtable 中的值

表 10-6 列出了 Hashtable 类的一些常用的方法。

表 10-6　Hashtable 类的方法

序　　号	方法名&描述
1	public virtual void Add(object key, object value)；向 Hashtable 添加一个带有指定的键和值的元素
2	public virtual void Clear()；从 Hashtable 中移除所有的元素
3	public virtual bool ContainsKey(object key)；判断 Hashtable 是否包含指定的键
4	public virtual bool ContainsValue(object value)；判断 Hashtable 是否包含指定的值
5	public virtual void Remove(object key)；从 Hashtable 中移除带有指定的键的元素

2. Hashtable 类中元素的添加

【例 10-6】编写程序，新建一个 Hashtable 对象，向其中添加四个元素。

（1）在 Visual Studio 2017 中，新建名称为“Project6”的文件。

（2）在代码编辑区域输入以下代码。

```
using System;
using System.Collections;
namespace Project6
{
    class Program
    {
        static void Main(string[] args)
        {
            Hashtable ht = new Hashtable();
            Console.WriteLine("------------元素添加方法一----------------");
            ht.Add(1, "星期一");
            ht.Add(2, "星期二");
            ht.Add(3, "星期三");
            ICollection key = ht.Keys;   //获取键值
            foreach (object k in key)
            {
                Console.WriteLine(k + ": " + ht[k]);
            }
            Console.WriteLine("------------元素添加方法二----------------");
            ht[4] = "星期四";
            ht[1] = "星期五";
            foreach (object k in key)
            {
                Console.WriteLine(k + ": " + ht[k]);
            }
            Console.WriteLine("---------------Count属性------------------");
            Console.WriteLine("哈希表包含键值对的个数: {0}", ht.Count);
        }
    }
}
```

【程序分析】本例演示了哈希表元素添加的两种方法。在代码中，首先创建对象 ht；然后使用第一种方法调用 Add 增加三个元素；再使用第二种方法，增加了两个元素，用此种方法对 Hashtable 去增加元素时，应该注意：如果对应的键 key 已经存值，就会达到一种重新赋值的结果；如果没有存值，才会增加对应的键值对。

因此，在语句“ht[1] = "星期五";”中，key 值为 1，value 值为“星期五”；而语句“ht.Add(1, "星期一");”中 key 值为 1，value 值为“星期一”。所以运行程序后，“星期一”被“星期五”覆盖了。最后使用 Count 属性获取 Hashtable 中包含键值对的个数为 4。

在 Visual Studio 2017 中的运行结果如图 10-6 所示。

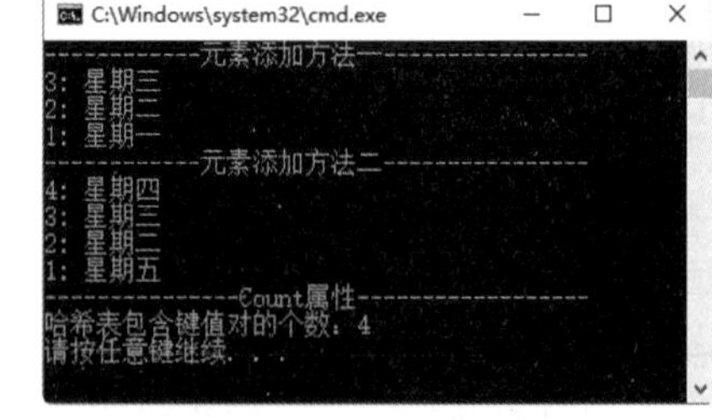

图 10-6 添加元素

3. Hashtable 元素的遍历

数组的遍历通常都采用的是 for 循环语句，但是对于集合的遍历都是采用 foreach 语句。在 C#语言中的 foreach 语句需要集合中每个元素的类型。由于 IDictionary 接口是键/值对的非泛型集合的基接口，而每个元素都是键/值对，并存储在 DictionaryEntry 对象中，因此元素类型既不是键的类型，也不是值的类型，而是 DictionaryEntry 类型。

【例 10-7】编写程序，新建 Hashtable 的对象，向其中添加四个元素，使用 foreach 进行遍历。

（1）在 Visual Studio 2017 中，新建名称为“Project7”的文件。

（2）在代码编辑区域输入以下代码。

```
using System;
using System.Collections;
namespace Project7
```

```
{
    class Program
    {
        static void Main(string[] args)
        {
            Hashtable ht = new Hashtable();
            ht.Add(1, "星期一");
            ht.Add(2, "星期二");
            ht.Add(3, "星期三");
            ht[4] = "星期四";
            Console.WriteLine("-------------方法一------------");
            foreach (DictionaryEntry obj in ht)
            {
                Console.WriteLine("键为: {0}; 值为: {1}",obj.Key,obj.Value);
            }
            Console.WriteLine("-------------方法二------------");
            foreach (object obj in ht.Keys)  //键的集合
            {
                Console.WriteLine("键为: {0}; 值为: {1}", obj, ht[obj]);
            }
        }
    }
}
```

【程序分析】本例演示了遍历哈希表的两种方法。在代码中，首先创建对象 ht，并添加四个元素；接着使用第一种方法进行遍历，将 foreach 语句中的变量 obj 声明为 DictionaryEntry 类型，并调用 Key 和 Value 进行遍历；然后使用第二种方法进行遍历，将 foreach 语句中的 obj 声明为 object 类型进行遍历。

在 Visual Studio 2017 中的运行结果如图 10-7 所示。

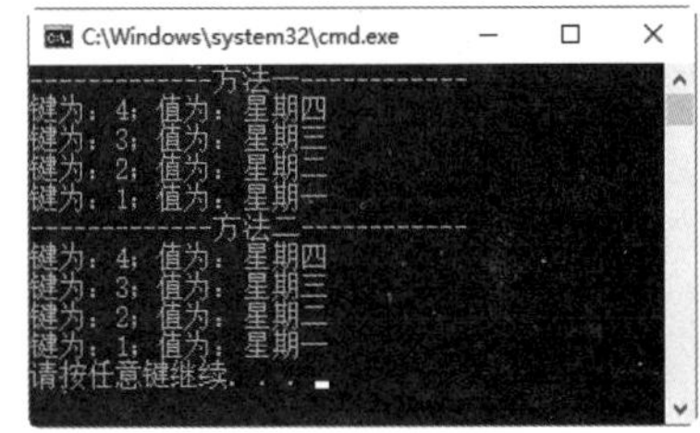

图 10-7　遍历元素

4. Hashtable 元素的删除

【例 10-8】编写程序，新建 Hashtable 的对象，向其中添加四个元素，然后进行删除。

（1）在 Visual Studio 2017 中，新建名称为“Project8”的文件。

（2）在代码编辑区域输入以下代码。

```
using System;
using System.Collections;
namespace Project8
{
    class Program
    {
        static void Main(string[] args)
        {
            Hashtable ht = new Hashtable();
            ht.Add("01", "星期一");
            ht.Add("02", "星期二");
            ht.Add("03", "星期三");
            ht.Add("04", "星期四");
            foreach (DictionaryEntry de in ht)
            {
                Console.WriteLine("键为{0}; 值为{1}",de.Key,de.Value);
            }
            Console.WriteLine("-------------Remove 方法------------");
            Console.WriteLine("移除哈希表中指定的键的元素");
            ht.Remove("04");
            foreach (DictionaryEntry de in ht)
```

```
                {
                    Console.WriteLine("键为{0}; 值为{1}", de.Key, de.Value);
                }
                Console.WriteLine("\n-------------Clear 方法------------");
                Console.WriteLine("从 Hashtable 中移除所有的元素");
                ht.Clear();
                foreach (DictionaryEntry de in ht)
                {
                    Console.WriteLine("键为{0}; 值为{1}", de.Key, de.Value);
                }
            }
        }
    }
```

【程序分析】本例演示了删除哈希表元素的两种方法。在代码中，首先创建对象 ht，并添加四个元素；然后使用 Remove 方法，删除 Hashtable 中指定的键的元素；最后使用 Clear 方法，清除 Hashtable 中的所有元素。

在 Visual Studio 2017 中的运行结果如图 10-8 所示。

图 10-8　删除元素

5. Hashtable 元素的查找

Hashtable 中键与值成对存在，键是唯一的，不能重复查找元素的时候，用户往往是依据键去查找值的。

【例 10-9】编写程序，新建 Hashtable 的对象，向其中添加四个元素，并查找键或值是否存在。

（1）在 Visual Studio 2017 中，新建名称为“Project9”的文件。

（2）在代码编辑区域输入以下代码。

```
using System;
using System.Collections;
namespace Project9
{
    class Program
    {
        static void Main(string[] args)
        {
            Hashtable ht = new Hashtable();
            ht.Add(1, "星期一");
            ht.Add(2, "星期二");
            ht.Add(3, "星期三");
            ht.Add(4, "星期四");
            foreach (DictionaryEntry de in ht)
            {
                Console.WriteLine("键为{0}; 值为{1}", de.Key, de.Value);
            }
            Console.WriteLine("-------------ContainsKey------------");
            Console.WriteLine("判断 Hashtable 是否包含的键: 3");
            if (ht.ContainsKey(3)) Console.WriteLine("存在该键");
            else Console.WriteLine("不存在该键");
            Console.WriteLine("------------ContainsValue-----------");
            Console.WriteLine("判断 Hashtable 是否包含的值: {0}",ht[1]);
            if (ht.ContainsValue("星期一")) Console.WriteLine("存在该值");
            else Console.WriteLine("不存在该值");
        }
    }
}
```

【程序分析】本例演示了查找 Hashtable 中元素的两种方法。在代码中，首先创建对象 ht，并添加四个元素；然后使用 ContainsKey 方法，判断键是否存在；再使用 ContainsValue 方法，判断值是否存在。

在 Visual Studio 2017 中的运行结果如图 10-9 所示。

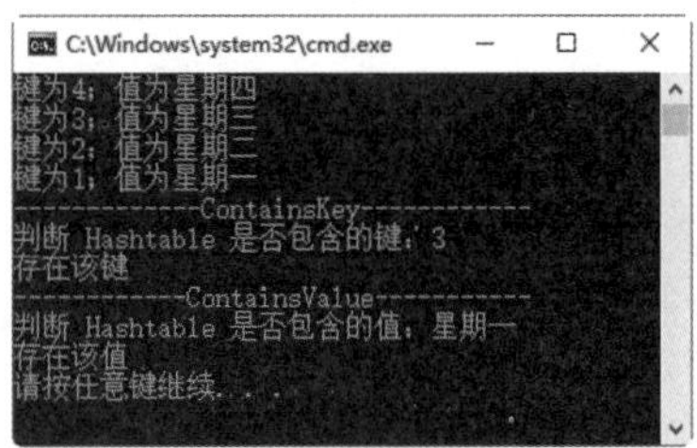

图 10-9 查找元素

10.3 泛型

泛型（Generics）是将类型作为参数传递给类、结构、接口和方法，这些参数通常被称作占位符，是类、结构、接口和方法所存储或使用的一个或多个类型的占位符。

10.3.1 泛型的概述

泛型是允许用户延迟编写类或方法中的编程元素的数据类型的规范，直到实际在程序中使用它的时候再进行确认。换句话说，泛型允许用户编写一个可以与任何数据类型一起工作的类或方法。

用户可以通过数据类型的替代参数编写类或方法的规范。当编译器遇到类的构造函数或方法的函数调用时，它会生成代码来处理指定的数据类型。

下面这个简单的实例将有助于读者理解这个概念。

【例 10-10】编写程序，创建一个泛型类 MyGenericArray，直到实际使用类中成员时，再确定成员的数据类型。

（1）在 Visual Studio 2017 中，新建名称为“Project10”的文件。

（2）在代码编辑区域输入以下代码。

```
using System;
namespace Project10
{
    public class MyGenericArray<T>        //创建泛型类
    {
        //定义未知类型的数组array
        private T[] array;
        //构造函数用于处理指定的数据类型
        public MyGenericArray(int size)
        {
            array = new T[size + 1];
        }
        //获取数组元素
        public T GetItem(int index)
        {
            return array[index];
        }
        //为数组元素赋值
        public void SetItem(int index, T value)
        {
```

```
                array[index] = value;
            }
        }
        class Program
        {
            static void Main(string[] args)
            {
                //声明一个整型数组
                MyGenericArray<int> intArray = new MyGenericArray<int>(5);
                //设置值
                for (int arr = 0; arr < 5; arr++)
                {
                    intArray.SetItem(arr, arr * 2);
                }
                //获取值
                for (int arr = 0; arr < 5; arr++)
                {
                    Console.Write(intArray.GetItem(arr) + " ");
                }
                Console.WriteLine();
                //声明一个字符数组
                MyGenericArray<char> charArray = new MyGenericArray<char>(5);
                //设置值
                for (int arr = 0; arr < 5; arr++)
                {
                    charArray.SetItem(arr, (char)(arr + 97));
                }
                //获取值
                for (int arr = 0; arr < 5; arr++)
                {
                    Console.Write(charArray.GetItem(arr) + " ");
                }
                Console.WriteLine();
            }
        }
    }
```

【程序分析】本例演示了泛型类的使用。在代码中，首先创建一个泛型类 MyGenericArray，在该类中定义的成员有数组 array、构造函数 MyGenericArray、泛型方法 GetItem 和方法 SetItem；然后在 Main 方法中声明一个 int 类型的数组 intArray，使用 for 循环调用 SetItem 方法，为该数组赋值，再使用 for 循环调用 GetItem 方法，获取该数组的值；接着，声明一个 char 类型的数组 charArray，并使用同样的方法为该数组赋值并输出。

在 Visual Studio 2017 中的运行结果如图 10-10 所示。

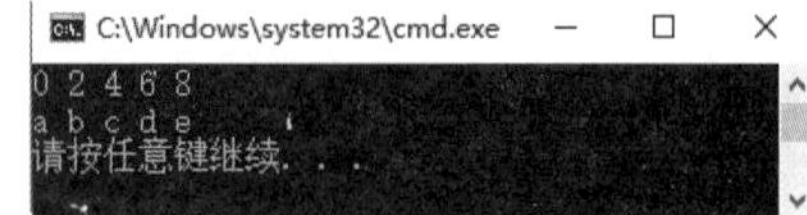

图 10-10　泛型类的使用

10.3.2　泛型的特点

泛型是一种增强程序功能的技术，具体表现在以下几个方面。

（1）泛型为开发者提供了一种高性能的编程方式，能够提高代码的重用性，并允许开发者编写非常有效的解决方案。

（2）使用泛型可以提高性能，其中一个显著的改进是.NET 框架组件，不会在值类型上使用装箱（Boxing）；使用泛型类的另一个令人惊讶的特性是可以跟踪强数据类型定义。

（3）泛型类和泛型方法同时具备可重用性、类型安全和效率高等特点，它通常用在集合或者在集合上运行的方法中。

（4）用户可以对泛型类进行约束以访问特定数据类型的方法。

（5）关于泛型数据类型中使用的类型的信息可在运行时通过使用反射获取。

（6）用户可以创建泛型集合类。.NET 框架类库在 System.Collections.Generic 命名空间中包含一些新的泛型集合类。用户可以使用这些泛型集合类来替代 System.Collections 中的集合类。

10.3.3　类型参数 T

类型参数 T 是用来定义泛型类时的占位符，T 并不是一种类型，它仅代表某种可能的类型。在定义时，T 出现的位置可以在使用时用任何类型来代替。

【例 10-11】编写程序，使用类型参数 T 来代表各种数据类型。

（1）在 Visual Studio 2017 中，新建名称为“Project11”的文件。

（2）在代码编辑区域输入以下代码。

```
using System;
using System.Collections.Generic;
namespace Project11
{
    //定义泛型类
    public class TGeneric<T>
    {
        void Exp(T input)
        {
        }
    }
    //自定义类
    public class MyClass
    { }
    class Program
    {
        static void Main(string[] args)
        {
            //实例化 TGeneric 的对象为 char、int、string 类型
            TGeneric<char> charTG = new TGeneric<char>();
            Console.WriteLine("实例化类型为 char 的 TGeneric 的 charTG 成功");
            TGeneric<int> intTG = new TGeneric<int>();
            Console.WriteLine("实例化类型为 int 的 TGeneric 的 intTG 成功");
            TGeneric<string> stringTG = new TGeneric<string>();
            Console.WriteLine("实例化类型为 string 的 TGeneric 的 stringTG 成功");
            //实例化 TGeneric 的对象为 MyClass 类类型
            TGeneric<MyClass> classTG = new TGeneric<MyClass>();
            Console.WriteLine("实例化类型为 class 的 TGeneric 的 classTG 成功");
        }
    }
}
```

【程序分析】本例演示了类型参数 T 的使用。在代码中定义了两个类，一个是泛型类 TGeneric<T>，另一个是用户自定义的类 MyClass。然后在 Program 类的 Main 方法中，实例化 TGeneric 的对象为 char、int、string 和 class 的数据类型。

在 Visual Studio 2017 中的运行结果如图 10-11 所示。

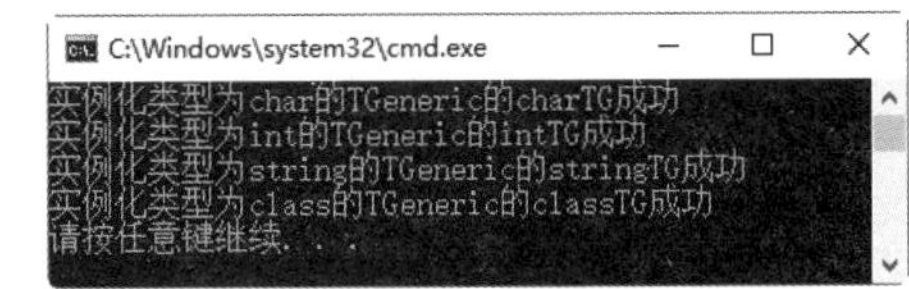

图 10-11　类型参数 T 的使用

10.3.4　泛型集合

泛型集合是可以将类型参数用作它所存储的对象的类型的占位符。

1．创建泛型集合

主要利用 System.Collections.Generic 命名空间下面的 List<T>泛型类创建集合。

其语法格式如下：

```
List<T> list= new List<T>();
```

其中，尖括号就是一个泛型的标识，而 T 是一个类型的总称，也就是 type，它既可以是简单类型，如 string、int，也可以是用户自定义类型。list 是泛型集合的名称。

【例 10-12】编写程序，创建一个泛型集合，并为该集合添加元素。

（1）在 Visual Studio 2017 中，新建名称为“Project12”的文件。

（2）在代码编辑区域输入以下代码。

```
using System;
using System.Collections.Generic;
namespace Project12
{
    class Person
    {
        private string _name;    //姓名
        private int _score;      //年龄
        //创建 Person 对象
        public Person(string Name, int Score)
        {
            this._name = Name;
            this._score = Score;
        }
        //姓名
        public string Name
        {
            get { return _name; }
        }
        //年龄
        public int Score
        {
            get { return _score; }
        }
    }
    class Program
    {
        static void Main(string[] args)
        {
            //创建 Person 对象
            Person p1 = new Person("张三", 90);
            Person p2 = new Person("李四", 80);
            Person p3 = new Person("王五", 70);
            //创建类型为 Person 的对象集合
            List<Person> list = new List<Person>();
            //将 Person 对象放入集合
            list.Add(p1);
            list.Add(p2);
            list.Add(p3);
            //输出第 2 个人的姓名和成绩
            Console.WriteLine(list[1].Name + "\t" + list[1].Score);
        }
    }
}
```

【程序分析】本例演示了泛型集合的创建。在代码中定义一个 Person 类，该类中包含表示姓名和成绩的字段，以及姓名属性、成绩属性和获取姓名和成绩的构造函数。接着在 Program 类的 Main 方法中，首先实例化 Person 类的三个对象 p1、p2 和 p3，并传入相应的参数；接着，使用 list 创建类型为 Person 的对象集合，再调用 Add 方法，将 Person 对象放入集合中。最后输出第 2 个人的姓名和成绩。

在 Visual Studio 2017 中的运行结果如图 10-12 所示。

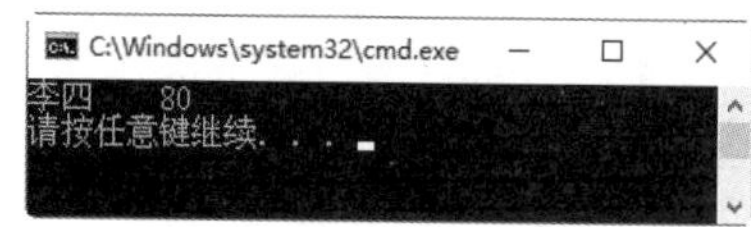

图 10-12 创建泛型集合

2. List 类的使用

【例 10-13】编写程序，将数组元素放入到 List 创建的泛型集合中，并调用各种方法对数组元素进行操作。

(1)在 Visual Studio 2017 中，新建名称为“Project13”的文件。

(2) 在代码编辑区域输入以下代码。

```
using System;
using System.Collections.Generic;   //泛型的英文名称Generic
using System.Collections;           //ArrayList
namespace Project13
{
    class Program
    {
        static void Main(string[] args)
        {
            //泛型结构的声明和初始化的一个过程，list是泛型的名称
            List<int> list = new List<int>();
            //声明之后就与ArrayList添加元素一样
            list.Add(2);
            list.Add(4);
            int[] arrInt = { 1, 2, 3, 4, 5, 6 };
            list.AddRange(arrInt);    //添加一个数组
            Console.WriteLine("\n-------------遍历元素------------");
            for (int i = 0; i < list.Count; i++)
            {
                Console.Write(list[i]+"  ");
            }
            Console.WriteLine("\n-------------清除元素------------");
            list.Remove(2);
            for (int i = 0; i < list.Count; i++)
            {
                Console.Write(list[i] + "  ");
            }
            Console.WriteLine("\n-------------倒序元素------------");
            list.Reverse();
            for (int i = 0; i < list.Count; i++)
            {
                Console.Write(list[i] + "  ");
            }
            Console.WriteLine("\n-------------排序元素------------");
            list.Sort();
            for (int i = 0; i < list.Count; i++)
            {
                Console.Write(list[i] + "  ");
            }
            Console.WriteLine();
        }
    }
}
```

【程序分析】本例演示了 List 类的使用。集合与数组相比，它的优点在于长度可以改变，并且在添加数据时，不用考虑数据具体类型，这是因为只要是存储到集合中的数据，都会给它转换成 object 类型。因此，这样就存在了一个新的问题：当用户在访问集合元素时，或者在使用对应具体元素时，往往需要将 object 类型转换成用户需要的那种类型，这样就造成了不必要的转换，而泛型集合正好可以解决这类问题，泛型

在声明的时候，就可以对元素的类型进行确切的定义。

在本例中，声明泛型结构时“List<int>”，就已经确定了集合为 int 类型。然后定义一个未知类型的数组 arrInt，并将该数组添加到集合中。最后通过类 List 调用方法，对集合进行操作。

在 Visual Studio 2017 中的运行结果如图 10-13 所示。

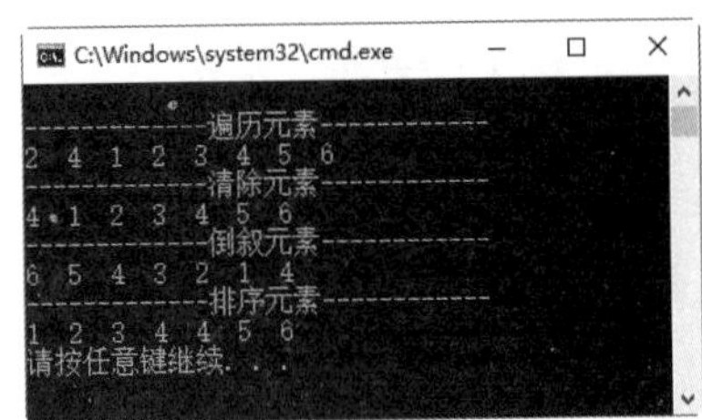

图 10-13 List 类的使用

10.3.5 Dictionary 类

在 C#中，Dictionary 提供快速的基于键值的元素查找。它的语法结构如下：

```
Dictionary<[key], [value]>
```

当用户有很多元素的时候可以使用它。它包含在 System.Collections.Generic 命名空间中。在使用前，必须声明它的键类型和值类型。

例如，以 key 的类型为 int，value 的类型为 string 为例：

```
Dictionary<int, string> dc = new Dictionary<int, string>();
```

注意：

（1）从一组键到一组值的映射，每一个添加项都是由一个值及其相关联的键组成。

（2）任何键都必须是唯一的。

（3）键不能为空引用 null，若值为引用类型，则可以为空值。

（4）Key 和 Value 可以是任何类型（string，int，class 等）。

1. Dictionary 类的方法和属性

表 10-7 列出了 Dictionary 类的一些常用的属性。

表 10-7 Dictionary 类的属性

名　称	说　明
Comparer	获取用于确定字典中的键是否相等的 IEqualityComparer<T>
Count	获取包含在 Dictionary<TKey，TValue>中的键/值对的数目
Item	获取或设置与指定的键相关联的值
Keys	获取包含 Dictionary<TKey，TValue>中的键的集合
Values	获取包含 Dictionary<TKey，TValue>中的值的集合

表 10-8 列出了 Dictionary 类的一些常用的方法。

表 10-8 Dictionary 类的方法

名　称	说　明
Add	将指定的键和值添加到字典中
Clear	从 Dictionary<TKey，TValue>中移除所有的键和值
ContainsKey	确定 Dictionary<TKey，TValue>是否包含指定的键
ContainsValue	确定 Dictionary<TKey，TValue>是否包含特定值
GetEnumerator	返回循环访问 Dictionary<TKey，TValue>的枚举器
GetType	获取当前实例的 Type

续表

名　称	说　明
Remove	从 Dictionary<TKey，TValue>中移除所指定的键的值
ToString	返回表示当前对象的字符串
TryGetValue	获取与指定的键相关联的值

2. Dictionary 类的用法

【例 10-14】编写程序，通过使用 Dictionary 类的键值对，对数据元素进行遍历、查找和移除的操作。

（1）在 Visual Studio 2017 中，新建名称为“Project14”的文件。

（2）在代码编辑区域输入以下代码。

```
using System;
using System.Collections.Generic;
namespace Project14
{
    class Program
    {
        static void Main()
        {
            //实例化类的对象
            Dictionary<int, string> dc = new Dictionary<int, string>();
            //为集合添加元素
            dc.Add(1, "C#");
            dc.Add(2, "C++");
            dc.Add(3, "ASP.NET");
            dc.Add(4, "MVC");
            Console.WriteLine("-----KeyValuePair遍历元素-----");
            foreach (KeyValuePair<int, string> kvp in dc)
            {
                Console.WriteLine("Key = {0}; Value = {1}", kvp.Key, kvp.Value);
            }
            Console.WriteLine("--------通过Key查找元素-------");
            if (dc.ContainsKey(1))
            {
                Console.WriteLine("Key:{0},Value:{1}", "1", dc[1]);
            }
            Console.WriteLine("---------仅遍历键Keys属性------");
            Dictionary<int, string>.KeyCollection keyCol = dc.Keys;
            foreach (int key in keyCol)
            {
                Console.WriteLine("Key = {0}", key);
            }
            Console.WriteLine("-------仅遍历键Values属性------");
            Dictionary<int, string>.ValueCollection valueCol = dc.Values;
            foreach (string value in valueCol)
            {
                Console.WriteLine("Value = {0}", value);
            }
            Console.WriteLine("-------Remove方法移除元素-----");
            dc.Remove(1);
            if (dc.ContainsKey(1))
            {
                Console.WriteLine("Key:{0},Value:{1}", "1", dc[1]);
```

```
                }
                else
                {
                    Console.WriteLine("不存在 Key : 1");
                }
            }
        }
    }
```

【程序分析】Dictionary 是存储键值对的集合类。在代码中，首先实例化 Dictionary 类的对象为 dc；然后调用 Add 方法，为集合添加元素；最后对集合进行查找、遍历和移除等操作。

在 Visual Studio 2017 中的运行结果如图 10-14 所示。

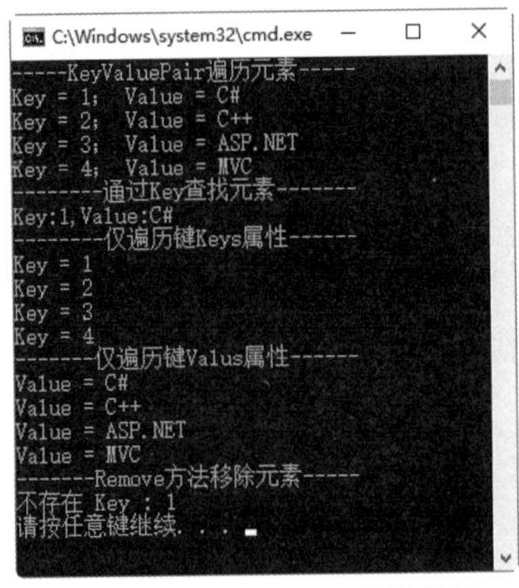

图 10-14　Dictionary 类的使用

10.4　泛型接口

为泛型集合类或表示集合中的项的泛型类定义接口通常很有用处。为避免对值类型的装箱和取消装箱操作，泛型类的首选项使用泛型接口。

在.NET Framework 类库中定义了多个泛型接口，以将其用于 System.Collections.Generic 命名空间中的集合类。

1. 泛型接口的声明

泛型接口的声明如下：

```
interface [接口名]<T>
{
    [接口体]
}
```

声明泛型接口时，与声明一般接口的区别是增加了一个“<T>”。一般来说，声明泛型接口与声明非泛型接口遵循相同规则。

2. 常用的泛型接口

（1）Collection<T>接口由集合类实现，继承于非泛型接口 IEnumerable。通过 Collection<T>可以把实现 Collection<T>的对象传送给需要将 IEnumerable 对象作为参数的方法。

（2）List<T>接口和 Collection<T>接口一样，也是继承于非泛型接口 IEnumerable。List<T>接口允许使用索引符访问集合，用户还可以在集合的任意位置插入或删除集合中的元素。

（3）IEnumerable<T>接口支持在指定类型的集合上，进行简单迭代。它定义了 GetEnumerator 方法，返回一个实现 IEnumerable<T>的枚举，如果对集合使用 foreach 语句，那么就需要用到这个接口。

（4）IEnumerators<T>接口，此接口继承了非泛型接口 IEnumerators 和 IDisposable。该接口支持在指定类型的集合上进行简单迭代，foreach 语句的使用实现了此接口的枚举访问集合中的所有元素。

（5）Dictionary<TKey，TValue>接口是由元素的一个键和一个值的集合实现的。

（6）Comparer<T>接口是为比较两个对象而实现的方法，使用 Compare 方法给集合中的元素排序。

（7）IEqualityComparer<T>接口是比较对象的第二个接口，可以对对象进行相等比较。它的 Equals 方法用于比较两对象是否相等，如相等就返回 true，否则返回 false。它的 GetHashCode 方法为每个对象返回一个唯一的值。

10.5 泛型方法

在有些情况下，一个类型中可能只有少数的方法成员用到了类型参数，这时没有必要将整个类型都定义成为泛型类。因此，就引入了泛型方法。

在 C#的泛型机制中，只支持在方法声明上包含类型参数的方法称为泛型方法。泛型方法可以在泛型类型中使用，也可以在非泛型类型中使用。

泛型方法的声明格式如下：

```
[修饰符] void [方法名]<类型参数 T>
{
   [方法体]
}
```

泛型方法与普通方法类似，只是在声明中包括类型参数 T 的方法。

例如：

```
public bool Contains<T>(T[] TArry, T TValue)
{
    foreach (T t in TArry)  //类型参数 T 可以用来定义局部变量
    {
        //判断是否存在 TValue
        if (t.Equals(TValue))
        {
           return true;
        }
    return false;
    }
}
```

本例定义了一个泛型方法 Contains，该方法也是在方法名之后将类型参数包含在一对分隔符“<>”中，如果有多个类型参数，则相互间用逗号分隔。

注意： *泛型方法定义的类型参数既可以作为方法的参数类型和返回类型，在 foreach 语句中也可以用来在方法的执行代码中定义局部变量。*

【例 10-15】 编写程序，调用泛型方法。

（1）在 Visual Studio 2017 中，新建名称为“Project15”的文件。

（2）在代码编辑区域输入以下代码。

```
using System;
namespace Project15
{
    //定义普通类
    public class MyClass
    {
        public bool Contains<T>(T[] TArry, T TValue)
        {
            foreach (T t in TArry)
            {
                //判断是否存在 TValue
                if (t.Equals(TValue))
                {
                    return true;
                }
            }
            return false;
        }
    }
    class Program
    {
        static void Main(string[] args)
        {
            //定义 int 类型的数组，并初始化
            int[] myint = new int[] { 1, 2, 3, 4, 5, 6, 7, 8, 9, 10 };
            //由于 MyClass 是一个非静态的类，所以需要进行实例化
            MyClass mc = new MyClass();
            //调用泛型方法
            bool mybool;
            int testInt = 20;
            mybool = mc.Contains<int>(myint, testInt);
            if(mybool)
                Console.WriteLine("数组中存在元素"+testInt);
            else
                Console.WriteLine("数组中不存在元素"+testInt);
        }
    }
}
```

【程序分析】本例演示了泛型方法的调用。在代码中用户自定义类 MyClass，然后在该类中定义 bool 类的泛型方法 Contains，该方法用于判断一个数组中是否存在某个元素，如果存在返回 true，否则返回 false。然后在 Program 类的 Main 方法中，定义 int 类型的数组并初始化。由于 MyClass 是一个非静态的类，所以需要实例化一个对象 mc，才能调用 Contains 方法。接着，将泛型方法的返回值赋给变量 mybool。最后通过 if 语句，判断 mybool 是否等于 20。

在 Visual Studio 2017 中的运行结果如图 10-15 所示。

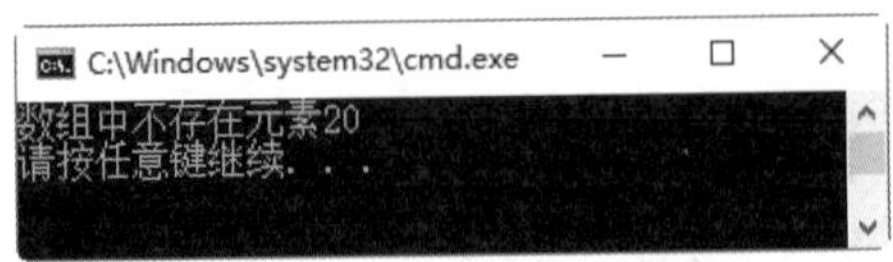

图 10-15　泛型方法的调用

10.6　就业面试技巧与解析

泛型在 C#应用程序中是一种快捷、易于使用的泛型集合类型，使用泛型编程为编写面向对象程序增加

了极大的效率和灵活性，不会强行对值类型进行装箱和拆箱，或对引用类型进行向下强制类型转换。

10.6.1 面试技巧与解析（一）

面试官：集合与数组的区别？

应聘者：集合的长度不固定，而且类型随意。而数组的长度是固定的，不能更改，类型也必须单一。

面试官：HashTable 类有哪些特点？

应聘者：HashTable 类大大降低了数据存储和查找所消耗的时间，几乎可以看成是常数时间；而代价仅仅是消耗比较多的内存。然而在当前可利用内存越来越多的情况下，用空间换时间的做法是可取的。另外，编码比较容易也是它的特点之一。

10.6.2 面试技巧与解析（二）

面试官：泛型方法与普通方法的区别？

应聘者：泛型方法与普通方法定义类似，只是在定义泛型方法时，需要在方法名之后将类型参数包含在一对分隔符“<>”中。如果有多个类型参数，则相互间用逗号分隔。之后，所定义的类型参数既可以作为方法的参数类型和返回类型，也可以用来在方法的执行代码中定义局部变量。除了类型参数之外，泛型方法的定义规则与普通方法的定义规则基本相同。

泛型方法既可以属于普通类型，也可以属于泛型类型（包括泛型类、泛型结构和泛型接口）。但在 C# 中不允许定义泛型的属性、事件、索引函数和操作符。

第 11 章

应用程序界面开发基础——窗体控件

学习指引

控件是显示数据或接受数据输入的相对独立的用户界面元素。在 C#中，为用户提供了许多 Windows 窗体控件。Windows 窗体是以.NET Framework 为基础的一个新平台，主要用来开发 Windows 应用程序。本章主要对图形和图像类控件、按钮类控件、列表类控件以及容器类控件来进行介绍。

重点导读

- 熟悉并掌握 Form 窗体的使用。
- 熟悉 MDI 窗体。
- 掌握文件类控件的使用。
- 掌握选择类控件的使用。
- 掌握分组类控件的使用。
- 掌握菜单栏、工具栏和状态栏控件的使用。

11.1 Form 窗体

在 Windows 中，窗体是向用户显示信息的可视界面，可用来向用户显示信息并接收用户的输入，窗体也是 Windows 应用程序的基本单元。

11.1.1 创建 WinForm 程序

WinForm 是 Windows Forms 的缩写，是一种智能客户端技术，用于创建传统的基于 Windows 应用程序的基本工具，可为用户提供信息、接收和输入的窗口，有着友好界面外观的程序。

1. 创建 WinForm 程序的步骤

（1）打开 Visual Stdio 2017，使用快捷键 Ctrl+Shift+N 可以快速地打开“新建项目”对话框，如图 11-1 所示。

（2）在列表框中选择“Windows 窗体应用（.NET Framework）”选项，并输入应用程序名称和选择存放的路径，单击“确定”按钮后就返回到 Windows 窗体应用界面，如图 11-2 所示。

图 11-1 “新建项目”对话框

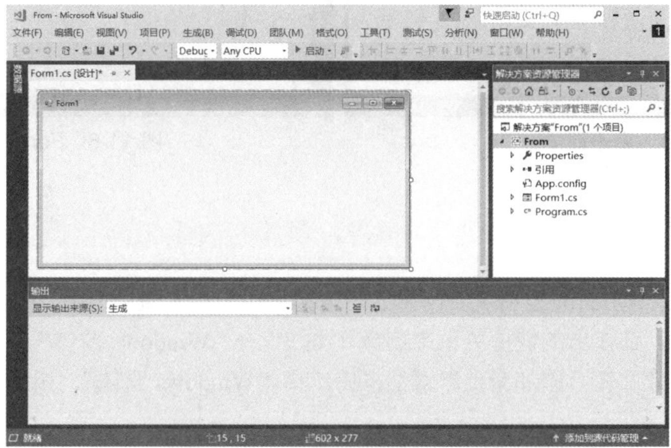

图 11-2　Windows 窗体应用界面

（3）在解决方案资源管理器中，双击 Program.cs 文件，会跳转到 Windows 控制台应用界面，在“编辑”窗口中是一段自动生成的 WinForm 程序，如图 11-3 所示。再单击“启动”按钮，会弹出一个空白的窗体，如图 11-4 所示。

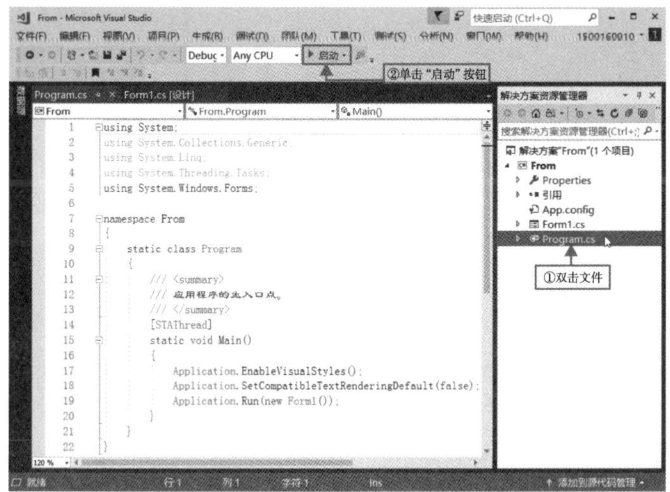

图 11-3　Windows 控制台应用界面

图 11-4　窗体

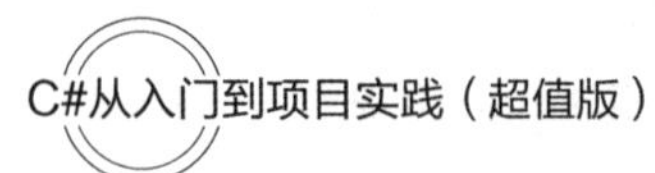

2. 创建窗体的实质

窗体的实质就是利用 System.Windows.Forms.Form 类或者是该类的派生类来创建的。当用户右击“窗体”后，选择“查看代码”命令，就会跳转到 Form1.cs 文件，如图 11-5 和图 11-6 所示。此时就会在 Form1.cs 文件中发现类 Form1 继承于 Form 类。

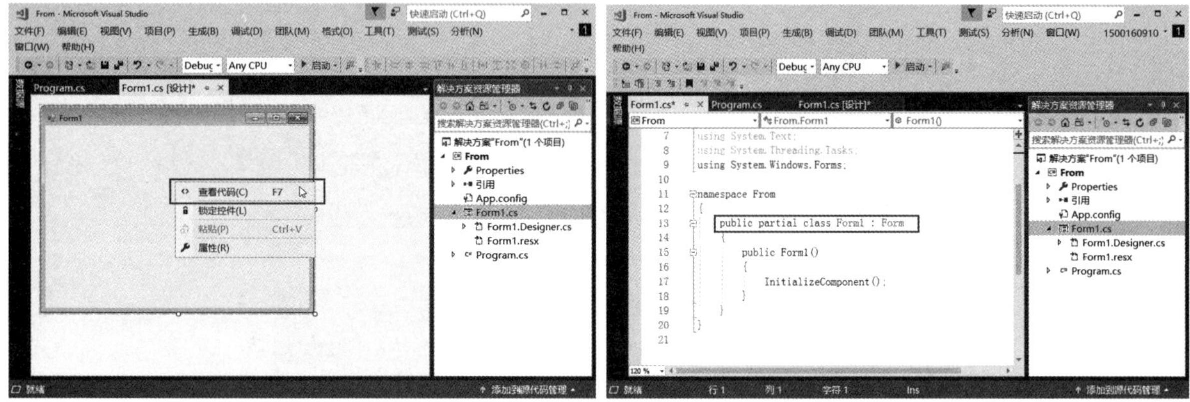

图 11-5　右击窗体　　　　图 11-6　Form1.cs 文件

11.1.2　窗体的添加与删除

在 C#中，窗体也属于控件，而控件主要用于显示数据然后与用户进行交互。因此在添加或删除窗体时，可以右击项目名称 Form，在弹出的快捷菜单中选择“添加”→“Windows 窗体”或者“添加”→“新建项”命令，如图 11-7 所示。最后在“添加新项”对话框中选择“Windows 窗体”，如图 11-8 所示。

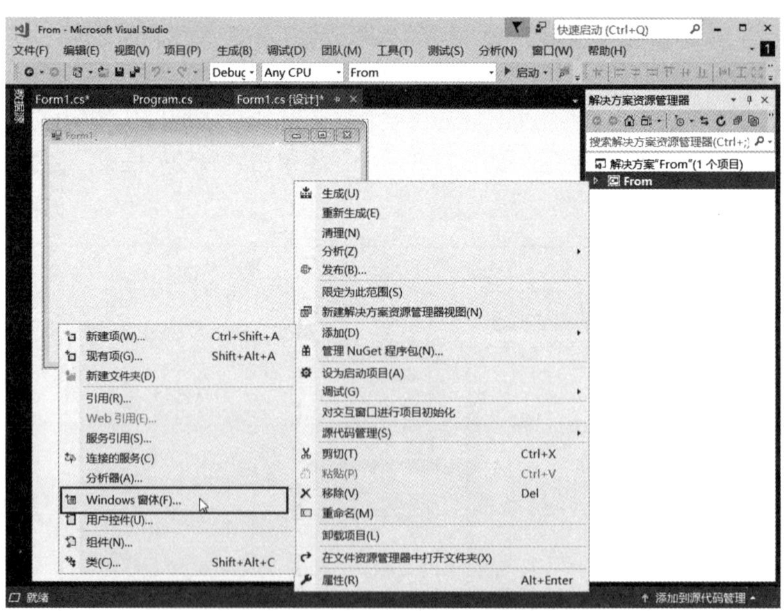

图 11-7　添加新窗体的右键菜单

如果想要删除窗体，只需要在解决方案管理器中，选中要删除的窗体名称，右击，在弹出的快捷菜单选择“删除”命令即可，如图 11-9 所示。

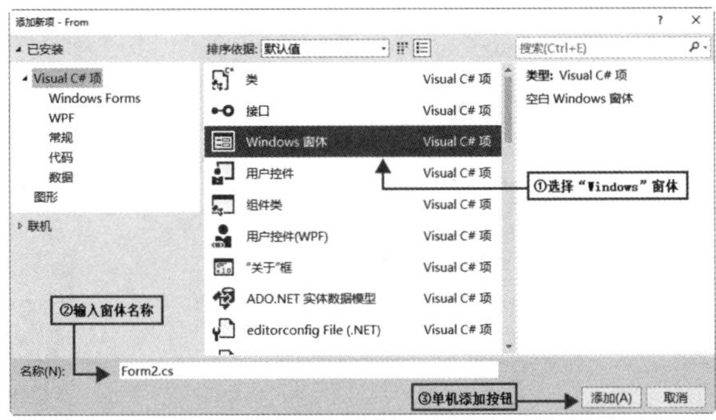

图 11-8 “添加新项”对话框

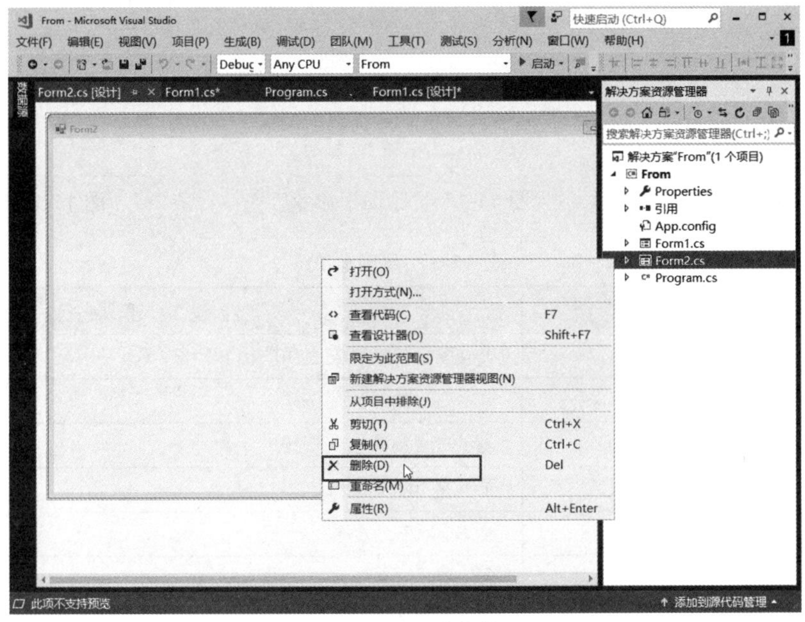

图 11-9 删除窗体

11.1.3 窗体的属性

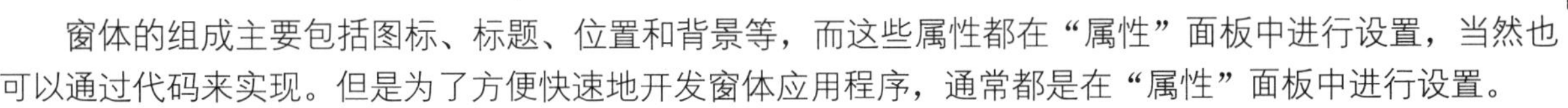

窗体的组成主要包括图标、标题、位置和背景等，而这些属性都在“属性”面板中进行设置，当然也可以通过代码来实现。但是为了方便快速地开发窗体应用程序，通常都是在“属性”面板中进行设置。

1.“属性”面板

打开“属性”面板有以下三种方法：

（1）创建 WinForm 程序之后，会有一个系统默认的窗体 Form1。然后选中该窗体，单击右键会弹出一个命令菜单，接着选择“属性”命令，就能弹出“属性”面板，如图 11-10 所示。

（2）在菜单栏中选择“视图”命令，然后选择“属性窗口”命令，也能弹出“属性”面板，如图 11-11 所示。

（3）使用快捷键 F4，可以直接弹出“属性”面板，如图 11-12 所示。

2. C# WinForm 窗体基础属性

（1）窗口样式中的属性值，可以用来更改图标、最大化窗口透明度等，如表 11-1 所示。

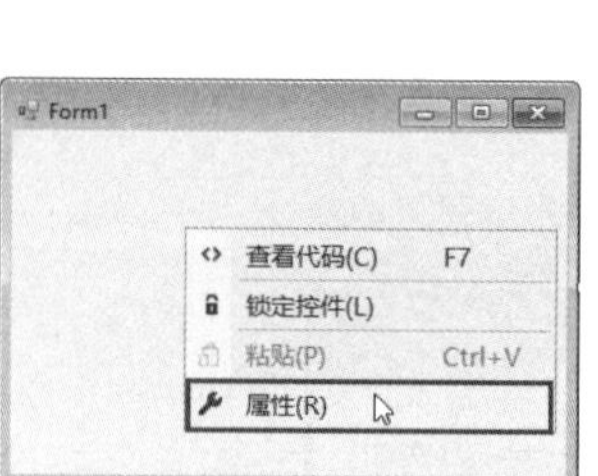

图 11-10　右键命令

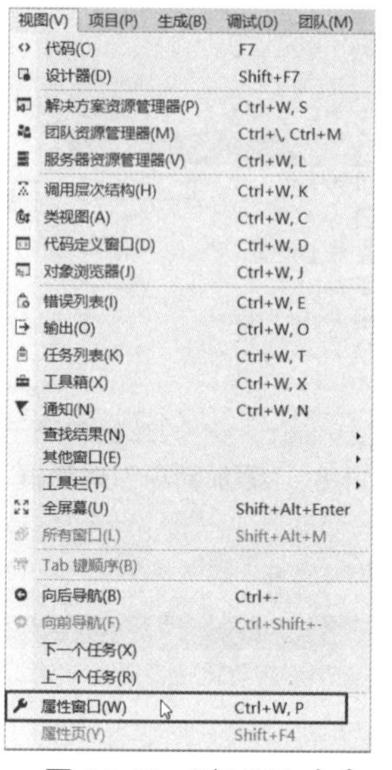

图 11-11　“视图”命令

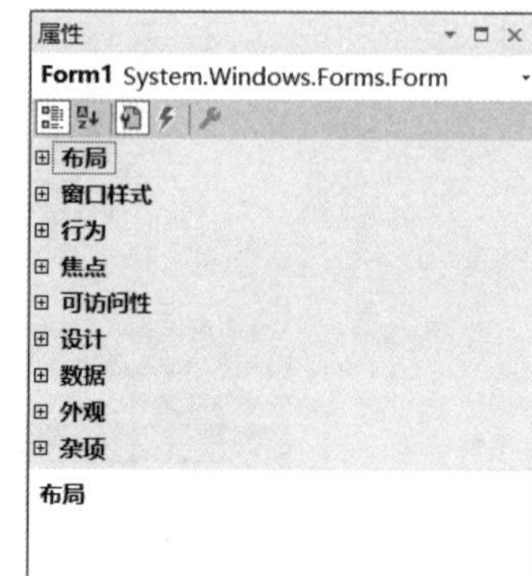

图 11-12　快捷键 F4

表 11-1　窗口样式

属　性　值	说　　明
Icon	更改图标样式（左上角图标）
MaximizeBox：true;	显示右上角最大化按钮
MinimizeBox：true;	显示右上角最小化按钮
ShowInco：true;	显示左上角小图标
ShowInTaskbar：true;	窗体显示在任务栏
TopMost：true;	窗口置顶显示
Opactiy：100%;	整个窗口透明度

（2）布局中的属性值，可以用来改变窗体的大小以及启动程序后窗体的显示位置等，如表 11-2 所示。

表 11-2　布局

属　性　值	说　　明
AutoScroll：true/false;	如果控件超出窗口是否自动显示滚动条
AutoSize：true/false;	窗口的范围是否会超出控件的大小
MaximumSize：0,0;	窗口可以拖曳的最大的大小
MinimumSize：0,0;	窗口可以拖曳的最小的大小
Size：300,300;	窗口打开时默认的大小
StartPosition：CenterScreen;	窗口打开时默认桌面位置，居中
WindowState：Maximized;	默认打开窗口最大化

（3）外观的属性值，主要用来更改窗体颜色、字体和标题等，如表 11-3 所示。

表 11-3 外观

属 性 值	说 明
Font：宋体，9pt；	可以修改字体大小，字体越大控件越大
Text：	输入文本
TextAlign：	文字位置
FormBorderStyle：FixedSingle；	窗口不可拖曳大小
FormBorderStyle：None；	隐藏窗口的边框
DropDownStyle：DropDownList；	让下拉框无法输入文本

3. 设置窗体属性

（1）窗体的图标是系统默认的图标，如图 11-13 所示。如果用户想要更改图标，可以在“属性”面板中，选择 Icon 属性，如图 11-14 所示。

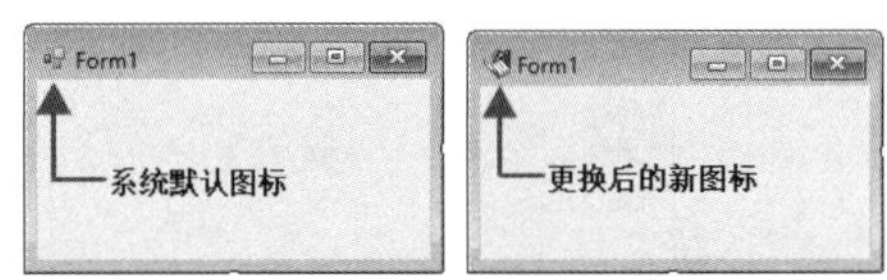

图 11-13 窗体的默认图标与更换后的图标

（2）单击...按钮，弹出“打开”对话框，选择图标文件的窗体，如图 11-15 所示。

图 11-14 窗体的 Icon 属性

图 11-15 选择图标文件的窗体

（3）用户如果觉得窗体的颜色和背景比较单调，可以通过 BackgroundImage 属性进行设置。首先选择“属性”面板中的 BackgroundImage 属性，然后单击...按钮，会弹出“选择资源”对话框，如图 11-16 和图 11-17 所示。

（4）单击“导入”按钮选择要插入的背景图片，单击“确定”按钮完成背景图片的设置。Form1 窗体背景图片设置前后对比如图 11-18 所示。

图 11-16 BackgroundImage 属性

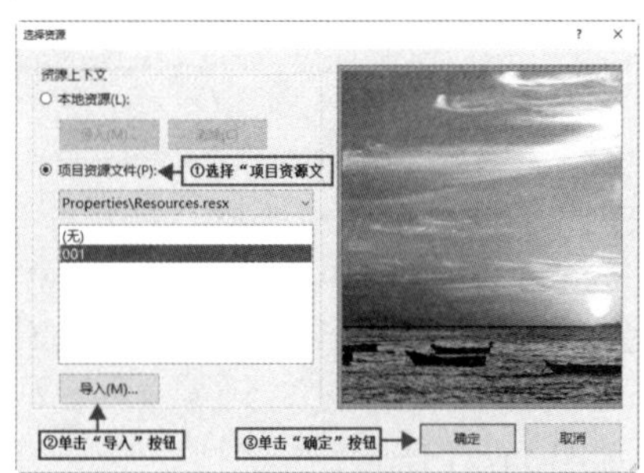

图 11-17 “选择资源”对话框

图 11-18 设置背景图片前后对比

11.1.4 窗体的常用事件

所谓事件，就是指要发生的事，可以简单地理解为用户的操作，它是由对象引发的。窗体的所有事件，都可以在“属性”面板中进行查看，如图 11-19 所示。如果想要将事件按字母顺序进行排序，可以单击按钮，如图 11-20 所示。

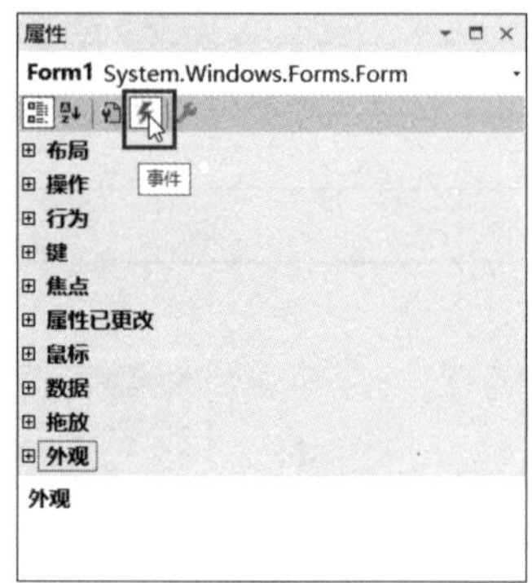

图 11-19 窗体的事件

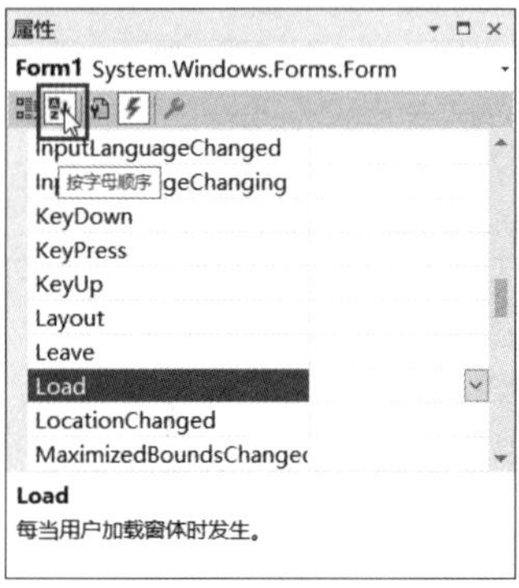

图 11-20 按字母顺序排列事件

1. 添加事件

如果要为窗体添加一个事件，只要在事件面板里选择要添加的事件，在其后面的空格里双击，相应的事件将会自动生成。

（1）窗体在加载时，就会触发一个窗体加载事件 Load。

【例 11-1】当窗体加载时，弹出提示框，显示“窗体加载完成”。

① 在 Visual Studio 2017 中，新建名称为“Form1”的文件。

② 在代码编辑区域输入以下代码。

```
using System;
using System.Windows.Forms;
namespace Form1
{
    public partial class Form1 : Form                       //窗体 Form1 继承于 Form 类
    {
        public Form1()                                      //构造函数
        {
            InitializeComponent();
        }
        private void Form1_Load(object sender, EventArgs e)    //Load 事件
        {
            MessageBox.Show("窗体加载完成");
        }
    }
}
```

【程序分析】本例演示了如何触发一个 Load 事件。本段代码是双击 Load 事件后面的空格自动生成的。然后输入语句“MessageBox.Show("窗体加载完成");”，并运行程序，就会在窗体上显示出字符串“窗体加载完成”。

在 Visual Studio 2017 中的运行结果如图 11-21 所示。

图 11-21 Load 事件

（2）单击窗体时，触发 Click（单击）事件。

【例 11-2】在窗体的 Click 事件中编写代码，实现当单击窗体时，弹出提示框。

① 在 Visual Studio 2017 中，新建名称为“Form2”的文件。

② 在代码编辑区域输入以下代码。

```
namespace Form2
{
    public partial class Form1 : Form
    {
        public Form1()
        {
            InitializeComponent();
        }
        private void Form1_Click(object sender, EventArgs e)
        {
            MessageBox.Show("单击窗体");
        }
    }
}
```

【程序分析】本例演示了如何触发一个 Click 事件。本段代码也是双击 Click 事件后的空格自动生成的。

在 Visual Studio 2017 中的运行结果如图 11-22 所示。

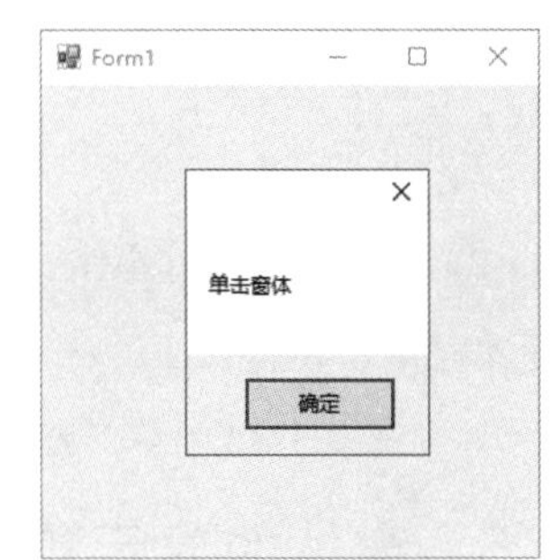

图 11-22 Click 事件

（3）关闭窗体时，触发 FormClosing（关闭）事件。

【例 11-3】在窗体的 FormClosing 事件中编写代码，实现关闭窗体之前，会弹出提示框。

① 在 Visual Studio 2017 中，新建名称为“Form3”的文件。

② 在代码编辑区域输入以下代码。

```
using System.Windows.Forms;
namespace Form3
{
    public partial class Form1 : Form
    {
        public Form1()
        {
            InitializeComponent();
        }
        private void Form1_FormClosing(object sender, FormClosingEventArgs e)
        {
            MessageBox.Show("确定要关闭窗体？");
        }
    }
}
```

【程序分析】本例演示了如何触发一个 FormClosing 事件。在运行代码后，单击窗体的“关闭”按钮，就会弹出一个提示框。

在 Visual Studio 2017 中的运行结果如图 11-23 所示。

2. 删除事件

C#中可以添加多个事件，但是有时会不小心添加了其他事件或者发现许多无用的事件。如果仅删除事件的代码是不够的。

例如，用户在 Form1 中添加一个 Label 控件时，由于不小心双击了，然后在编译窗口中自动生成了 Label 的 Click 事件，如图 11-24 所示。

代码如下：

```
private void Form1_Load(object sender, EventArgs e)
{
```

```
    }
    //双击 Label 控件，自动添加的 Click 事件
    private void label1_Click(object sender, EventArgs e)
    {
    }
```

如果仅仅是删除 label1_Click 事件后，再运行代码，编译器就会提示错误。因此，用户还需要进入设计器，删除 Label 控件的 Click 事件，如图 11-25 所示。

图 11-23　FormClosing 事件

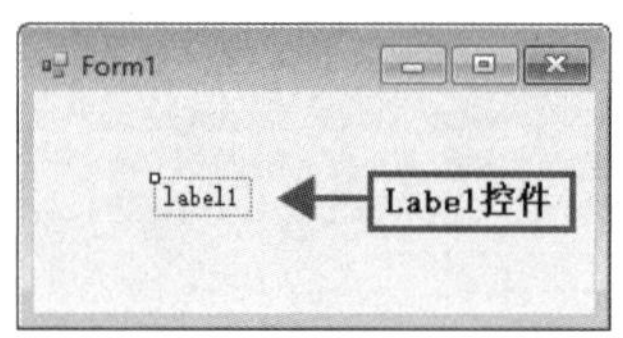

图 11-24　双击 Label 控件

图 11-25　进入设计器

设计器中需要删除或注释掉的代码：

```
this.label1.Click += new System.EventHandler(this.label1_Click);
```

11.1.5　窗体的显示和隐藏

窗体显示和隐藏是通过调用 Show 方法和 Hide 方法来实现的，格式如下：

```
窗体标识符.Show();
窗体标识符.Hide();
```

【例 11-4】编写程序，实现单击窗体 Form1 后，弹出窗体 Form2。

（1）在 Visual Studio 2017 中，新建名称为“Form4”的文件。

（2）在代码编辑区域输入以下代码。

```
using System;
using System.Windows.Forms;
namespace Form4
{
    public partial class Form1 : Form
    {
        public Form1()
        {
            InitializeComponent();
        }
        private void Form1_Click(object sender, EventArgs e)
        {
            Form2 myForm = new Form2();          //实例化 Form2
            myForm.Show();                       //调用 Show 方法显示 Form2 窗体
        }
    }
}
```

【程序分析】本例演示了窗体的显示。首先添加一个新的窗体 Form2；接着再添加窗体 Form1 的 Click 事件；然后在该事件中实例化 Form2 的对象 myForm，并调用 Show 方法，显示窗体 Form2。为了进行区别，我们为窗体 Form1 设置背景图片。如果将 Show 方法更改为 Hide 方法，就会隐藏 Form2 窗体。

在 Visual Studio 2017 中的运行结果如图 11-26 所示。

图 11-26 窗体的显示

11.2 MDI 窗体

在 Visual Studio 2017 中，窗体可以分为单文档界面（SDI）和多文档界面（MDI）两大类。前面介绍的应用程序设计都是基于单文档界面的。而多文档界面就是通过 MDI 编程，在主窗体中能够新建一个 MDI 窗体，并且能够对主窗体中的所有 MDI 窗体实现层叠、水平平铺和垂直平铺。虽然这些操作比较基本，但却是程序设计中的要点和重点。

11.2.1 MDI 窗体的概念

MDI 窗体（Multiple-Document Interface，多文档界面）用于同时显示多个文档。MDI 子窗体的创建避免了用户在打开很多窗口时，任务程序挤满了窗体。多文档界面的典型例子是 Microsoft Office 中的 Word 和 Excel，在这些应用程序中允许用户同时打开多个文档，每个文档占用一个窗体，用户可以在不同的窗体间切换，以处理不同的文档。

在项目中使用 MDI 窗体时，通常将一个 MDI 容器窗体作为父窗体，父窗体可以将多个子窗体包容在它的工作区之中。MDI 父窗体与其子窗体之间表现出如下特性。

（1）MDI 的容器窗体（父窗体）必须且只能有一个，它只能当作容器使用，其工作区用于显示子窗体，工作区不能接受键盘和鼠标事件。

（2）不要在容器窗体的工作区加入控件，否则那些控件会显示在子窗体中。

（3）容器窗体的框架区可以有菜单、工具栏和状态栏等控件。

（4）子窗体可以有多个，各个子窗体不必相同。

（5）子窗体被显示在容器窗体的工作区之中，子窗体不可能被移出容器窗体的工作区之外。

（6）子窗体被最小化后，其图标在容器窗体的底部，而不是在任务栏中。

（7）容器窗体被最小化后，子窗体随同容器窗体一起被最小化在任务栏中。

（8）容器窗体被还原后，子窗体随同容器窗体一起还原，并保持最小化之前的状况。

（9）子窗体可以单独关闭，但若关闭容器窗体，子窗体将随同容器窗体一起被关闭。

（10）子窗体可以有菜单，但子窗体显示后，其菜单被显示在容器窗体上。

11.2.2 设置 MDI 窗体

1. MDI 容器窗体

如果想要将某个窗体设置为容器窗体，有以下两种方法。

（1）在窗体的“属性”面板中，将 IsMdiContainer 属性设置为 True 即可，如图 11-27 所示。

（2）在窗体的 Load 事件中加入以下语句：

```
private void Form1_Load(object sender, EventArgs e)
{
    this.IsMdiContainer = true;
}
```

容器窗体在显示后，其客户区是凹下的，等待子窗体显示在下凹区，如图 11-28 所示。

图 11-27 IsMdiContainer 属性

图 11-28 MDI 窗体

2. 设置 MDI 子窗体

MDI 子窗体就是一般的窗体。只需要将某个窗体实例的 MdiParent 属性设置到一个 MDI 父窗体，它就是那个父窗体的子窗体，语法格式如下：

```
窗体实例名.MdiParent=父窗体对象;
```

【例 11-5】 编写程序，创建 MDI 窗体，并设置 Form1、Form2、Form3、Form4 为它的子窗体。

（1）在 Visual Studio 2017 中，新建名称为“Form5”的文件。

（2）在代码编辑区域输入以下代码。

```
using System;
using System.Windows.Forms;
namespace Form5
{
    public partial class MainForm : Form    //将窗体的唯一标识名改为 MainForm
    {
        public MainForm()
        {
            InitializeComponent();
        }
        private void MainForm_Load(object sender, EventArgs e)
        {
            Form1 form1 = new Form1();          //实例化 Form1
            form1.Show();                       //使用 Show 方法打开窗体
            form1.MdiParent = this;             //设置 MdiParent 属性，将当前窗体作为父窗体
            Form2 form2 = new Form2();          //实例化 Form2
            form2.Show();                       //使用 Show 方法打开窗体
            form2.MdiParent = this;             //设置 MdiParent 属性，将当前窗体作为父窗体
            Form3 form3 = new Form3();          //实例化 Form3
            form3.Show();                       //使用 Show 方法打开窗体
            form3.MdiParent = this;             //设置 MdiParent 属性，将当前窗体作为父窗体
            Form4 form4 = new Form4();          //实例化 Form4
```

```
            form4.Show();                          //使用 Show 方法打开窗体
            form4.MdiParent = this;                //设置 MdiParent 属性，将当前窗体作为父窗体
        }
    }
}
```

【程序分析】本例演示 MDI 窗体的设置。在创建完成窗体程序之后，主窗体的名称为 Form1，这里需要注意，该名称是整个窗体程序的唯一标识名，用户可以通过 Name 属性来进行修改，这里将它的名称修改为“MainForm”。还需要注意的是，Name 属性通常容易与 Text 属性混淆，而 Text 属性表示窗体的标题，在本例中，通过 Text 属性，将主窗体的标题修改为“MDI 窗体”。接着，再创建 Form1、Form2、Form3 和 Form4 窗体，然后分别实例化它们的对象，并调用 Show 方法和 MdiParent 属性子窗体的设置。

在 Visual Studio 2017 中的运行结果如图 11-29 所示。

图 11-29　MDI 窗体

11.2.3　排列 MDI 窗体

当 MDI 窗体中的多个子窗体同时打开时，如果不进行排序调整，界面就会显得非常混乱，而且还不易浏览。而 MdiLayout 枚举的 LayoutMdi 方法可以用来实现父窗体中子窗体的排列方式。

语法格式如下：

```
    public void LayoutMdi(MdiLayout value)
```

其中，value 是 MdiLayout 的枚举值之一，用来定义 MDI 子窗体的布局。MdiLayout 的枚举成员及说明如表 11-4 所示。

表 11-4　MdiLayout 的枚举成员

枚举成员	说　明
Cascade	层叠排列 MDI 子窗体
TileHorizontal	水平平铺 MDI 子窗体
TileVertical	垂直平铺 MDI 子窗体

【例 11-6】 编写程序，为 MDI 父窗体设计菜单，来实现子窗体的排列方式和退出。

（1）在 Visual Studio 2017 中，新建名称为“Form6”的文件。

（2）开发步骤如下：

① 新建一个 Windows 窗体应用程序，在 Name 属性中将窗体唯一标识符命名为 MainForm，并且在 Text 属性中，将主窗体的标题命名为“MDI 窗体”。

② 在菜单栏中选择“视图”命令，再选择“工具箱”命令，就会弹出工具箱，如图 11-30 所示。

③ 在工具箱中选择 MenuStrip 控件，此时就会在窗体中出现一排菜单栏，并依次输入“新建窗体”“层叠排列”“水平平铺”“垂直平铺”和“关闭”。接着再将 IsMdiContainer 属性设置为 True，如图 11-31 所示。

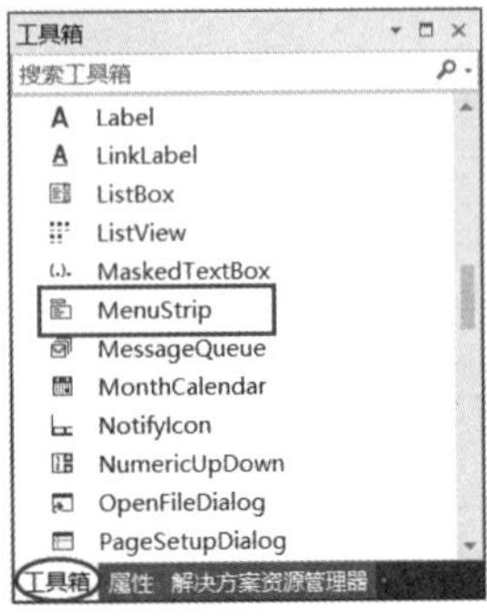

图 11-30　工具箱

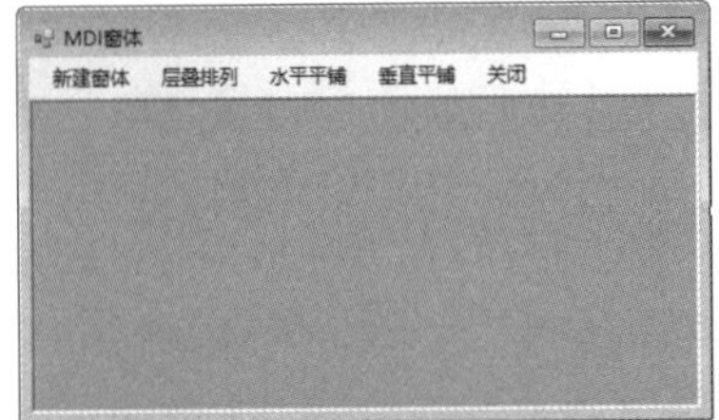

图 11-31　添加菜单命令

④ 再创建一个子窗体，并命名为“ChildForm”，下面就可以通过双击菜单项，进行添加事件。

```
using System;
using System.Windows.Forms;
namespace Form6
{
    public partial class MainForm : Form
    {
        public MainForm()
        {
            InitializeComponent();
        }
        private void 新建窗体ToolStripMenuItem_Click(object sender, EventArgs e)
        {
            ChildForm mychidForm = new ChildForm();     //实例化ChildForm
            //设置MdiParent属性，将当前窗体作为父窗体
            mychidForm.MdiParent = this;
            mychidForm.Show();                          //使用Show方法新建窗体
        }
        private void 层叠排序ToolStripMenuItem_Click(object sender, EventArgs e)
        {
            //使用MdiLayout枚举实现窗体的层叠排序
            LayoutMdi(MdiLayout.Cascade);
        }
        private void 水平平铺ToolStripMenuItem_Click(object sender, EventArgs e)
        {
            //使用MdiLayout枚举实现窗体的水平平铺
            LayoutMdi(MdiLayout.TileHorizontal);
        }
        private void 垂直平铺ToolStripMenuItem_Click(object sender, EventArgs e)
        {
            //使用MdiLayout枚举实现窗体的垂直平铺
            LayoutMdi(MdiLayout.TileVertical);
        }
        private void 关闭ToolStripMenuItem_Click(object sender, EventArgs e)
        {
            Close();
        }
    }
}
```

【程序分析】本例演示 MDI 窗体的设置。在代码中添加了 5 个事件，分别为“新建窗体”“层叠排列”“水平平铺”“垂直平铺”和“关闭”。然后在“新建窗体”的事件中将 ChildForm 窗体设置为子窗体。接着使用 LayoutMdi 方法传入 MdiLayout 的枚举值，实现子窗体的水平、垂直和层叠排列。

在 Visual Studio 2017 中的运行结果如图 11-32～图 11-35 所示。

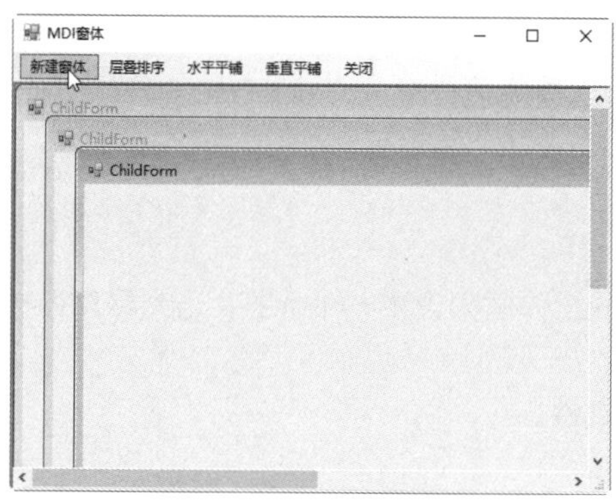

图 11-32　新建窗体

图 11-33　层叠排序

图 11-34　水平平铺

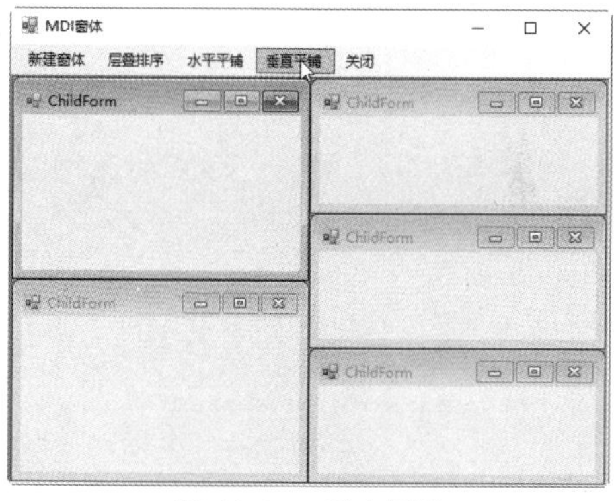

图 11-35　垂直平铺

11.3　文件类控件

文本控件包含标签（Labe）控件、按钮（Button）控件、文本框（TextBox）控件和有格式文本（RichTextBox）控件。

11.3.1　标签控件

标签控件可以说是最简单的控件，它的作用是用来提供其他控件的描述文字。例如，登录窗体上的用户名、密码等。

1. Label 控件的设置

设置 Label 控件有两种方法：第一种是直接在 Label 控件的属性面板中设置 Text 属性；第二种是通过代码设置 Text 属性。

例如，通过代码设置 Text 属性：

```
label1.Text = "用户名："；  //设置 Label 控件的 Text 属性
```

2. Label 控件的常用属性

（1）Size 属性：控件的大小（以像素为单位）。

（2）Location 属性：标签在窗体中的位置。

（3）Visible 属性：标签的可见性，为 True 时可见，为 False 时不可见。

（4）BackColor 属性：用来获取或设置控件的背景色。当该属性值设置为 Color.Transparent 时，标签将透明显示，即背景色不再显示出来。

（5）ClientSize 属性：获取或设置工作区的大小。

（6）Location 属性：标签在窗体中的位置。

【例 11-7】编写程序，实现“你追我跑”。也就是在窗体的工作区内设置一个标签，当光标靠近标签时，标签会随机跑向另一个位置。

（1）在 Visual Studio 2017 中，新建名称为“Form7”的文件。

（2）在代码编辑区域输入以下代码。

```
using System;
using System.Drawing;                          //Point 类在该命名空间中
using System.Windows.Forms;
namespace Form8
{
    public partial class Form1 : Form
    {
        public Form1()
        {
            InitializeComponent();
        }
        //Label 控件的 MouseEnter 事件，表示光标移到 Label 控件时会发生的事
        private void label1_MouseEnter(object sender, EventArgs e)
        {
            //定义变量 x，并获取 Width 坐标
            int x = this.ClientSize.Width - label1.Width;
            //定义变量 y，并获取 Height 坐标
            int y = this.ClientSize.Height - label1.Height;
            Random r = new Random();          //Random 类用于生成一个随机数
            label1.Location = new Point(r.Next(0, x + 1), r.Next(0, y + 1));
        }
        //Label 控件的 Click 事件，表示鼠标单击 Label 控件时会发生的事
        private void label1_Click(object sender, EventArgs e)
        {
            MessageBox.Show("(T_T)被你抓到了！！！");
        }
    }
}
```

【程序分析】本例演示了如何让 Label 控件实现“你追我跑”的一个应用程序，开发步骤如下。

（1）在代码中，首先创建一个 Label 控件的 MouseEnter 事件，表示光标移到 Label 控件时会发生的事。在该事件中，用户需要窗体工作区域的范围，因此，this.ClientSize.Width 表示窗体的横坐标；this.ClientSize.Height 表示窗体的纵坐标。要想 Label 控件的移动范围不超出窗体工作区域的范围，就需要使用窗体坐标减去控件坐标。最后再定义变量 x 和 y，分别表示控件的移动坐标。

（2）由于控件的移动坐标是随机产生的，所以需要使用 Random 类实例化一个对象 r。然后再使用 Point 类来获取下一个坐标点。

（3）创建 Label 控件的 Click 事件，表示鼠标单击 Label 控件时，会弹出一个对话框。

在 Visual Studio 2017 中的运行结果如图 11-36 和图 11-37 所示。

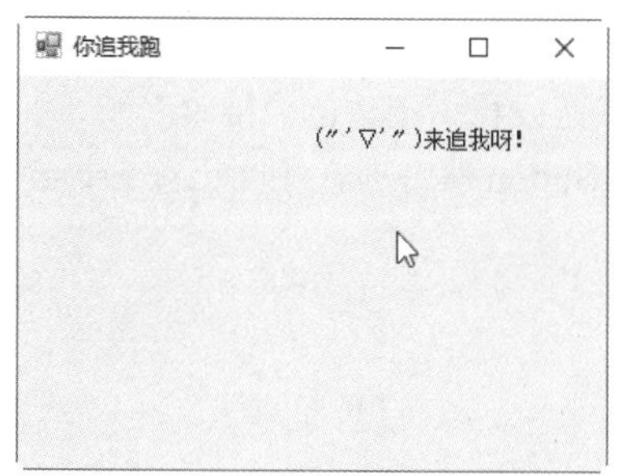

图 11-36　追赶 Label 控件

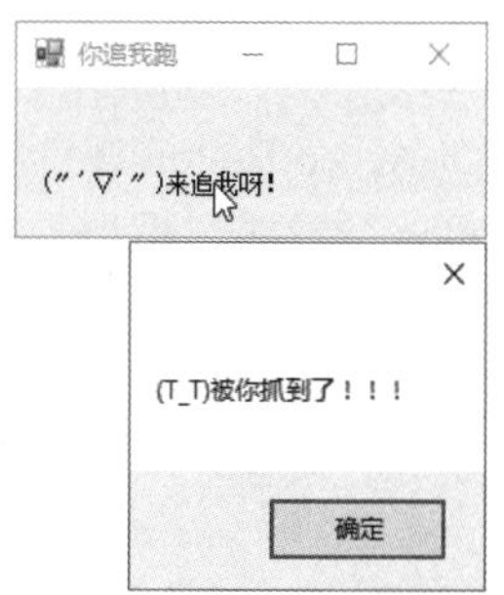

图 11-37　抓住 Label 控件

11.3.2　按钮控件

按钮控件是最常用的控件，该控件主要用于编写处理按钮的 Click 事件及 MouseEnter 事件代码。

1. 响应按钮的单击事件

双击一个控件时，它注册的事件都是控件默认选中的事件。因此，在双击 Button 控件之后，就会引发 Click 事件。

【例 11-8】编写程序，单击一个 Button 控件，引发 Click 事件，并弹出提示框。

（1）在 Visual Studio 2017 中，新建名称为“Form8”的文件。

（2）在代码编辑区域输入以下代码。

```
using System;
using System.Windows.Forms;
namespace Form8
{
    public partial class Form1 : Form
    {
        public Form1()
        {
            InitializeComponent();
        }
        private void button1_Click(object sender, EventArgs e)
        {
            MessageBox.Show("您引发了 Click 事件");
        }
    }
}
```

【程序分析】本例演示了 Button 控件的添加和使用。首先在工具箱中找到 Button 控件，然后在窗体上进行拖曳，并输入文本；接着双击 Button 控件，在代码中添加一个 Click 事件。

在 Visual Studio 2017 中的运行结果如图 11-38 和图 11-39 所示。

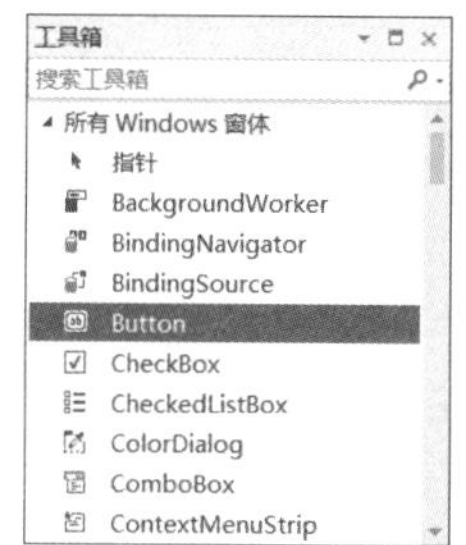

图 11-38　添加 Button 控件

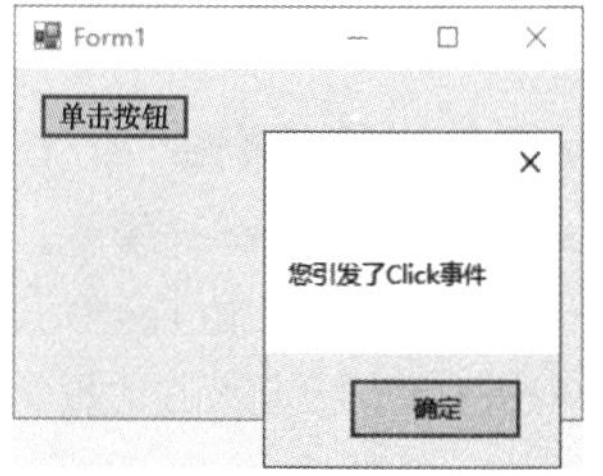

图 11-39　引发 Click 事件

2. 按钮的设置

用户可以通过 AcceptButton 属性和 CancelButton 属性，将按钮设置为窗体的“接收”和“取消”按钮。在使用 AcceptButton 属性时，相当于按 Enter 键；在使用 CancelButton 属性时，相当于按 Esc 键。

【例 11-9】编写程序，实现“逗你玩”的一个应用程序。

（1）在 Visual Studio 2017 中，新建名称为“Form9”的文件。

（2）在代码编辑区域输入以下代码。

```
using System;
using System.Windows.Forms;
namespace Form9
{
    public partial class Form1 : Form
    {
        public Form1()
        {
            InitializeComponent();
        }
        private void button1_Click(object sender, EventArgs e)
        {
            MessageBox.Show("哈哈！！逗你玩呢","这你都相信");
        }
        private void Form1_Load(object sender, EventArgs e)
        {
            this.AcceptButton = button1;
            this.CancelButton = button2;
        }
        private void button2_Click(object sender, EventArgs e)
        {
            Close();
        }
    }
}
```

【程序分析】本例演示了 Button 控件的使用。首先设计好窗体，添加一个 Label 控件和两个 Button 控件，并输入相应的文本；然后在代码中，对 button1 按钮添加 Click 事件，需要注意的是，在该事件中的 Show 方法有两个参数；接着在 Form1 窗体的 Load 事件中，将 button1 按钮设置为窗体的“接收”按钮；再将 button2 按钮设置为窗体的“取消”按钮；最后，对 button2 按钮添加 Click 事件，并且调用 Close 方法，关闭所有窗体。

在 Visual Studio 2017 中的运行结果如图 11-40 所示。

图 11-40　按钮的设置

11.3.3　文本框控件

C#中的文本控件常用于在窗体中接收用户的输入或显示文本，利用该控件可以让用户输入文本、密码等信息，同时也可以控制用户输入内容的长度、类型等。

1. TextBox 控件的常用属性

（1）Backcolor 属性：设置背景色。

（2）BorderStyle 属性：设置 TextBox 边框的类型为枚举值，其值有三种：None（没有边框）、FixedSingle（单边边框）、Fixed3D（立体感的边框）。

（3）Font 属性：设置 TextBox 的字体，包括字体名称、大小、是否加粗、是否斜体、是否有下画线等。

（4）Forecolor 属性：前景色，即字体的颜色。

（5）MaxLength 属性：控制文本框中能输入的字符数。

（6）Multiline 属性：设置 TextBox 控件是否允许多行输入。

（7）PasswordChar 属性：如果想让 TextBox 输入密码而不显示原字符，则可以指定一个字符来替代原有的字符。

（8）ReadOnly 属性：控制能够更改 TextBox 中的文本，默认为 False，即可以修改，如果为 True，则用户无法修改里面的文本。

（9）Text 属性：用于读取或设置 TextBox 中的文本。

（10）TextAlign 属性：文本的对齐方式，有三种值：Left、Center 或 Right，默认为 Left。

（11）Visible 属性：用于设置控件是隐藏还是显示，如果设置为 False，则程序运行时控件是不可见的。

（12）WordWrap 属性：当 Multiline 属性设置为 True 时，此属性起作用，用于指示控件是否自动换行。

2. TextBox 控件的常用方法

（1）AppendText()：该方法向 TextBox 控件中追加文本。

（2）Clear()：清除文本框中的内容。

（3）Copy()：将文本框中的内容复制到剪贴板。

（4）Focus()：使文本框获得焦点。

（5）Paste()：用剪贴板中的内容替换掉文本框中指定的内容。

（6）Resettext()：将文本框中的内容重置为默认值。

（7）Select()：选取文本框中指定的文本。

（8）Selectall()：选中文本框中全部文本。

（9）Undo()：撤销上一次对文本框的修改。

3. TextBox 控件的使用

【例 11-10】编写程序，演示 TextBox 的使用方法。

（1）在 Visual Studio 2017 中，新建名称为“Form10”的文件。

（2）在代码编辑区域输入以下代码。

```
using System;
using System.Windows.Forms;
namespace Form10
{
    public partial class Form1 : Form
    {
        public Form1()
        {
            InitializeComponent();
        }
        private void Form1_Load(object sender, EventArgs e)
        {
        }
        //button 按钮：添加姓名和电话到备注
        private void button2_Click(object sender, EventArgs e)
        {
            textBox5.Text = textBox2.Text + textBox3.Text;
        }
        //textBox2 控件与 label10 控件相关联
        private void textBox2_TextChanged(object sender, EventArgs e)
        {
            label10.Text = textBox2.Text;
        }
        //textBox4 控件与 label11 控件相关联
```

```
        private void textBox4_TextChanged(object sender, EventArgs e)
        {
            label11.Text = textBox4.Text;
        }
        //button1 按钮：清除备注中的内容
        private void button1_Click(object sender, EventArgs e)
        {
            textBox5.Clear();
        }
    }
}
```

【程序分析】本例演示了 TextBox 控件的使用。首先添加 11 个 Label 控件，并输入相应的文本；然后再添加 5 个 TextBox 控件和两个 Button 控件，并给这两个控件输入文本；接着，打开 button2 按钮的 Click 事件，将 textBox2 文本和 textBox3 文本赋值给 textBox5 文本，这样就实现了往备注中添加内容；再打开 textBox2 的 TextChanged 事件，将 textBox2 文本赋值给 label10，而 textBox4 的文本赋值给 label11；最后在 button1 的 Click 事件中，调用 Clear()方法，清除备注中的内容。

在 Visual Studio 2017 中的运行结果如图 11-41 所示。

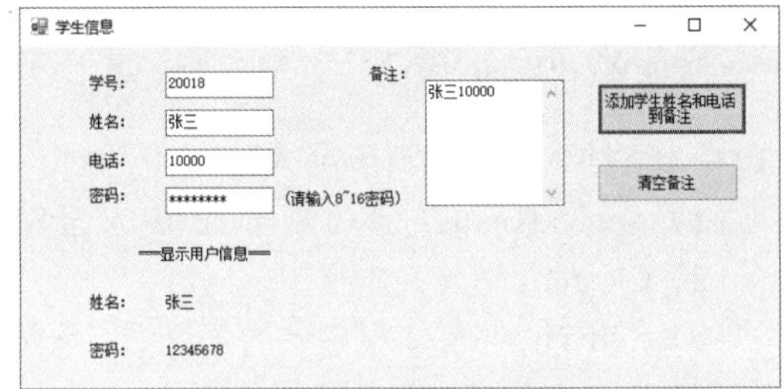

图 11-41　TextBox 控件

11.3.4　有格式文本控件

有格式文本控件可以用来输入和编辑文本，该控件和 TextBox 控件有许多相同的属性、事件和方法，但比 TextBox 控件的功能多，除了 TextBox 控件的功能外，还可以设定文字的颜色、字体和段落格式，支持字符串查找功能，支持 rtf 格式等。

1. 显示滚动条

RichTextBox 控件的 Multiline 属性，可以用来控制是否显示滚动套，当属性值为 true 时，则显示滚动条，为 false 时则不显示。该属性默认为 true（此项属性在 TextBox 中也可实现）。

滚动条分为两种：水平（Horizontal）滚动条和垂直（Vertical）滚动条，通过 RichTextBox 的 ScrollBars 属性设置如何显示滚动条。ScrollBars 的属性值及说明如表 11-5 所示。

表 11-5　ScrollBars 的属性值及说明

属　性	说　明
Both	只有当文本超过 RichTextBox 的宽度或长度时，才显示水平滚动条或垂直滚动条，或两个滚动条都显示
None	不显示任何类型的滚动条
Horizontal	只有当文本超过 RichTextBox 的宽度时，才显示水平滚动条。必须将 WordWrap 属性设置为 false，才会出现这种情况
Vertical	只有当文本超过 RichTextBox 的高度时，才显示垂直滚动条
ForcedHorizontal	当 WordWrap 属性设置为 false 时，显示水平滚动条。在文本未超过 RichTextBox 的宽度时，该滚动条显示为浅灰色
ForcedVertical	始终显示垂直滚动条。在文本未超过 RichTextBox 的长度时，该滚动条显示为浅灰色
ForcedBoth	始终显示垂直滚动条。当 WordWrap 属性设置为 false 时，显示水平滚动条。在文本未超过 RichTextBox 的宽度或长度时，两个滚动条均显示为灰色

注：RichTextBox 的 WordWrap 属性，用于指示多行文本框控件在必要时是否换行到下一行的开始。当属性为 True 时，不论 ScrollBars 属性值是什么，都不会显示水平滚动条。

【例 11-11】编写程序，添加 RichTextBox 控件，并只显示垂直滚动条。

（1）在 Visual Studio 2017 中，新建名称为“Form11”的文件。

（2）在代码编辑区域输入以下代码。

```
using System;
using System.Windows.Forms;
namespace Form11
{
    public partial class Form1 : Form
    {
        public Form1()
        {
            InitializeComponent();
        }
        private void Form1_Load(object sender, EventArgs e)
        {
            richTextBox1.Multiline = true;  //将 Multiline 的属性值设置为 true 值
            //将 ScrollBars 的属性值设置为 Vertical，表示只显示垂直滚动条
            richTextBox1.ScrollBars = RichTextBoxScrollBars.Vertical;
        }
    }
}
```

【程序分析】本例演示了对 RichTextBox 控件添加垂直滚动条。在代码中，首先将 richTextBox1 控件的 Multiline 属性值设置为 true，表示可以多行输入文本；接着再将该空间的 ScrollBars 属性值设置为 Vertical，表示添加一个垂直滚动条。

在 Visual Studio 2017 中的运行结果如图 11-42 所示。

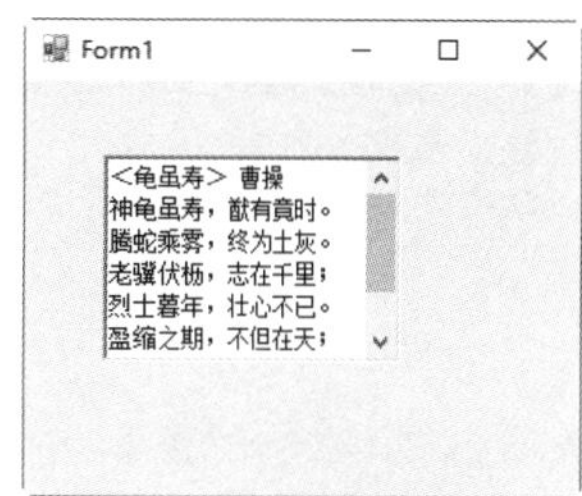

图 11-42 添加滚动条

2. 设置字体属性

有以下两种方法可以设置字体的属性。

（1）通过属性面板中选择 Font 属性设置 RichTextBox 控件中字体的大小和字样；通过 ForeColor 属性设置字体颜色，如图 11-43 所示。

（2）通过 RichTextBox 的 SelectionFont 属性和 SelectionColor 属性设置字体大小和颜色。

【例 11-12】编写程序，设置 RichTextBox 控件中文本的字体为楷体 12 并加粗，颜色为绿色。

① 在 Visual Studio 2017 中，新建名称为“Form12”的文件。

② 在代码编辑区域输入以下代码。

```
using System;
using System.Drawing;
using System.Windows.Forms;
namespace Form12
{
    public partial class Form1 : Form
    {
        public Form1()
        {
            InitializeComponent();
        }
        private void Form1_Load(object sender, EventArgs e)
        {
            richTextBox1.Multiline = true;  //将 Multiline 属性设为 true，实现显示多行
            //设置 ScrollBars 属性实现只显示垂直滚动条
            richTextBox1.ScrollBars = RichTextBoxScrollBars.Vertical;
```

```
                //设置 SelectionFont 属性实现控件中的文本为楷体，大小为 14，字样是粗体
                richTextBox1.SelectionFont = new Font("楷体", 14, FontStyle.Bold);
                //设置 SelectionColor 属性实现控件中的文本颜色为绿
                richTextBox1.SelectionColor = Color.Green;
            }
        }
    }
```

【程序分析】本例演示通过 SelectionFont 属性和 SelectionColor 属性来设置 RichTextBox 控件中文本的字体和颜色。

在 Visual Studio 2017 中的运行结果如图 11-43 和图 11-44 所示。

图 11-43　属性面板设置

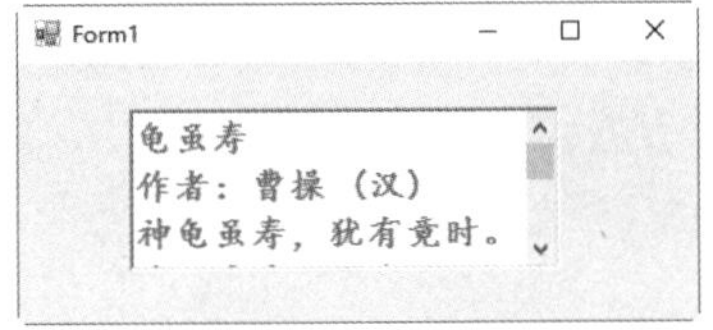

图 11-44　代码设置

3. 将 RichTextBox 控件显示为超链接样式

RichTextBox 控件将以“http://”开头的 Web 链接地址作为超链接文本，在运行时 RichTextBox 超链接文本会自动变成蓝色字体且有下画线。

【例 11-13】编写程序，在控件文本中加入含有超链接地址的内容。

（1）在 Visual Studio 2017 中，新建名称为“Form13”的文件。

（2）在代码编辑区域输入以下代码。

```
using System;
using System.Windows.Forms;
namespace Form13
{
    public partial class Form1 : Form
    {
        public Form1()
        {
            InitializeComponent();
        }
        private void Form1_Load(object sender, EventArgs e)
        {
            //将 Multiline 属性设为 true，实现显示多行
            richTextBox1.Multiline = true;
            //设置 ScrollBars 属性实现只显示垂直滚动条
            richTextBox1.ScrollBars = RichTextBoxScrollBars.Vertical;
            richTextBox1.Text = "http://www.CCTV.com 央视网";   //设置 Text 属性
        }
        private void richTextBox1_LinkClicked(object sender, LinkClickedEventArgs e)
        {
            //在控件 LinkClicked 事件中编写如下代码实现内容中的网址单击后可以访问网址
            System.Diagnostics.Process.Start(e.LinkText);
        }
    }
}
```

【程序分析】本例演示了在 RichTextBox 控件中显示超链接样式。首先将控件的属性设置为显示多行并添加垂直的滚动条；然后再添加 LinkClicked 事件，在该事件中输入代码“System.Diagnostics.Process.Start (e.LinkText);”，实现内容中的网址带下画线。

在 Visual Studio 2017 中的运行结果如图 11-45 所示。

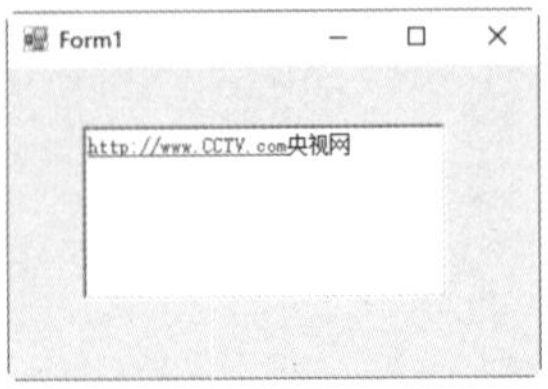

图 11-45　文本中含有超链接地址

4. 设置段落格式

RichTextBox 控件的 SelectionBullet 属性将选定的段落设置为项目符号列表的格式；SelectionIndent 属性和 SelectionHangingIndent 属性用于设置段落相对于控件的左右边缘进行缩进。

【例 11-14】编写程序，将 RichTextBox 控件的 SelectionBullet 属性设置为 true，使控件中的内容以项目符号列表的格式排列。

（1）在 Visual Studio 2017 中，新建名称为“Form14”的文件。

（2）在代码编辑区域输入以下代码。

```
using System;
using System.Windows.Forms;
namespace Form14
{
    public partial class Form1 : Form
    {
        public Form1()
        {
            InitializeComponent();
        }
        private void Form1_Load(object sender, EventArgs e)
        {
            richTextBox1.Multiline = true;     //实现多行显示
            //添加垂直滚动条
            richTextBox1.ScrollBars = RichTextBoxScrollBars.Vertical;
            //使控件中的内容以项目符号列表的格式排列
            richTextBox1.SelectionBullet = true;
        }
    }
}
```

【程序分析】本例演示了属性 SelectionBullet 设为 false 和 true 时的差异。

在 Visual Studio 2017 中的运行结果如图 11-46 所示。

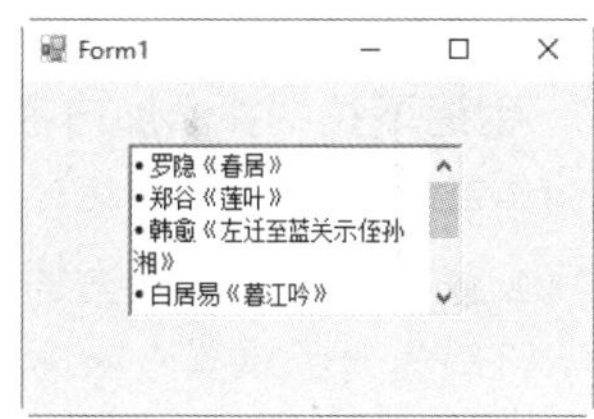

图 11-46　将控件中内容设置为项目符号列表

【例 11-15】编写程序，设置 SelectionIndent 属性和 SelectionHanging Indent 属性。

（1）在 Visual Studio 2017 中，新建名称为“Form15”的文件。

（2）在代码编辑区域输入以下代码。

```
using System;
using System.Windows.Forms;
namespace Form15
{
    public partial class Form1 : Form
    {
        public Form1()
        {
            InitializeComponent();
        }
        private void Form1_Load(object sender, EventArgs e)
        {
            richTextBox1.Multiline = true;
            richTextBox1.ScrollBars = RichTextBoxScrollBars.Vertical;
            //设置控件的左边缘和文本的左边缘之间的距离
            richTextBox1.SelectionIndent = 10;
            //设置控件的右边缘和文本的右边缘之间的距离
            richTextBox1.SelectionRightIndent = 5;
        }
```

```
        }
    }
```

【程序分析】在代码中，通过 SelectionIndent 属性设置一个整数 10，该整数表示控件的左边缘和文本的左边缘之间的距离。通过 SelectionRightIndent 属性设置一个整数 5，该整数表示控件的右边缘与文本的右边缘之间的距离。这里需要注意，设置的这两个属性的整数都是以像素为单位的。

在 Visual Studio 2017 中的运行结果如图 11-47 所示。

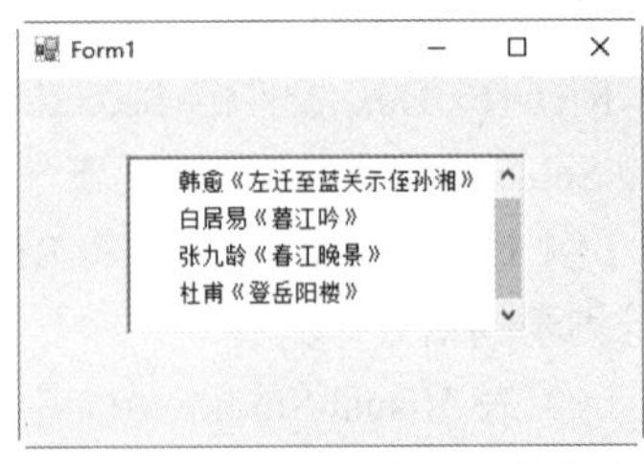

图 11-47　设置文本的段落格式

11.4　选择类控件

选择类控件有下拉组合框（ComboBox）控件、复选框（CheckBox）控件、单选按钮（RadioButton）控件、数值选择（NumreicUpDown）控件和列表（ListBox）控件。

11.4.1　下拉组合框控件

下拉组合框控件被称为下拉组合框控件，是由 System.Windows.Forms.ComboBox 类提供的，主要作用是将一个集合数据以组合框的形式显示给用户，当用户单击时将以下拉框显示给用户供用户从中选择一项。

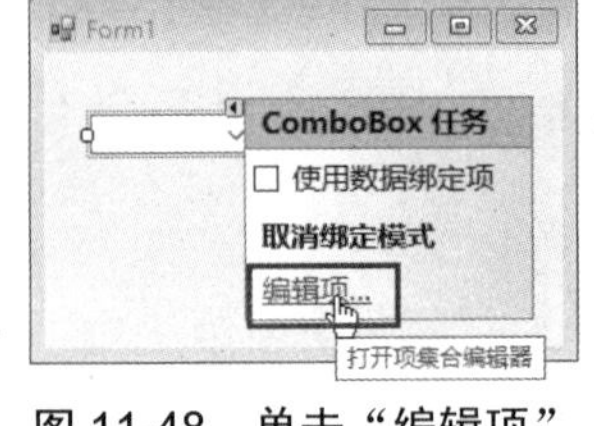

图 11-48　单击“编辑项”

1. 创建下拉框并添加内容

如果要给 ComboBox 控件输入要显示的内容，有以下三种方法。

（1）直接单击控件上方的小箭头，然后再单击“编辑项”，就会弹出“字符串集合编辑器”对话框，如图 11-48 所示。

（2）在属性面板中选择 Items 属性，然后单击...按钮，也能弹出“字符串集合编辑器”对话框，如图 11-49 所示。

最后在“字符串集合编辑器”对话框中添加相应的选项内容，如图 11-50 和图 11-51 所示。

图 11-49　Items 属性

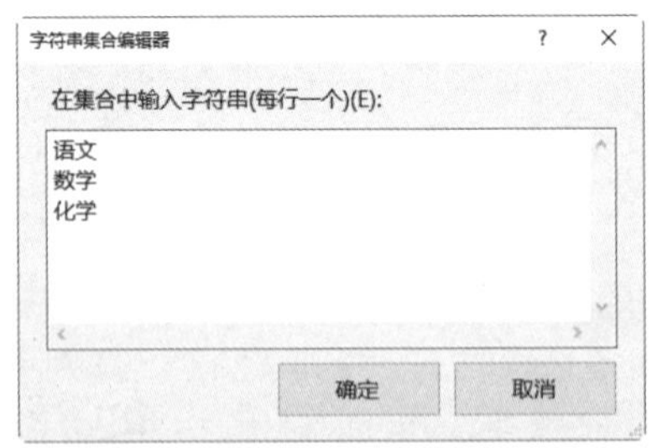

图 11-50　字符串集合编辑器

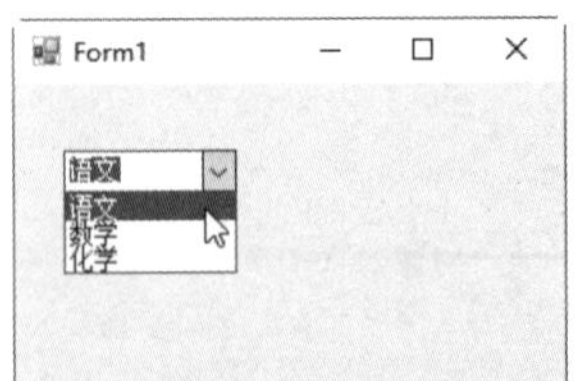

图 11-51　下拉框

（3）在代码中添加 ComboBox 控件的内容。

【例 11-16】 编写程序，将 ComboBox 控件 DropDownStyle 的属性设置为 DropDownList，并向控件中添加 3 项内容，使其为只可以进行选择操作的下拉框。

① 在 Visual Studio 2017 中，新建名称为“Form16”的文件。

② 在代码编辑区域输入以下代码。

```
using System;
using System.Windows.Forms;
namespace Form16
{
    public partial class Form1 : Form
    {
        public Form1()
        {
            InitializeComponent();
        }
        private void Form1_Load(object sender, EventArgs e)
        {
            comboBox1.DropDownStyle = ComboBoxStyle.DropDownList;
            comboBox1.Items.Add("语文");
            comboBox1.Items.Add("数学");
            comboBox1.Items.Add("化学");
        }
    }
}
```

【程序分析】本例演示了在代码中添加下拉框的选择项。首先，通过 DropDownStyle 属性，将控件设置为可选择的下拉框。

DropDownStyle 属性有 3 个属性值，这 3 个属性值对应不同的样式。

① Simple：指定将始终显示列表，以及可编辑的文本部分。这意味着用户可以输入新值，而并不局限于在列表中选择现有值。

② DropDown：默认样式，文本可编辑，下拉需用户单击箭头。

③ DropDownList：文本不可编辑，下拉需用户单击箭头。

也就是当控件的 DropDownStyle 属性设置为 DropDownList 时，控件就只能是可以选择的下拉框，不能编辑文本框中的内容。还需要注意的是 DropDownList 形式时，直接使用“comboBox1.Text = "值";”形式来赋值结果会显示为空，而不会报任何错误或异常提示。

在 Visual Studio 2017 中的运行结果如图 11-52 所示。

2. 选中下拉组合框中可编辑部分的所有文本

当控件的 DropDownStyle 属性设置为 DropDown 时，再使用 SelectAll 方法，就可以选择 ComboBox 控件可编辑部分的所有文本。

【例 11-17】编写程序，将 DropDownStyle 属性设置为 DropDown，并向控件添加 3 项内容，在选择下拉列表中的某项时，单击“选择”按钮，就会调用控件的 SelectAll 方法，实现可编辑框中的内容被选中。

（1）在 Visual Studio 2017 中，新建名称为“Form17”的文件。

（2）在代码编辑区域输入以下代码。

```
using System;
using System.Windows.Forms;
namespace Form17
{
    public partial class Form1 : Form
    {
        public Form1()
        {
            InitializeComponent();
        }
        private void Form1_Load(object sender, EventArgs e)
        {
            comboBox1.DropDownStyle = ComboBoxStyle.DropDown;
            comboBox1.Items.Add("语文");
            comboBox1.Items.Add("数学");
```

```
            comboBox1.Items.Add("化学");
        }
        private void button1_Click(object sender, EventArgs e)
        {
            comboBox1.SelectAll();
        }
    }
}
```

【程序分析】在使用 SelectAll 方法时，当再次查看下拉列表时，可以看到可编辑文本框的内容已被选中。在 Visual Studio 2017 中的运行结果如图 11-53 所示。

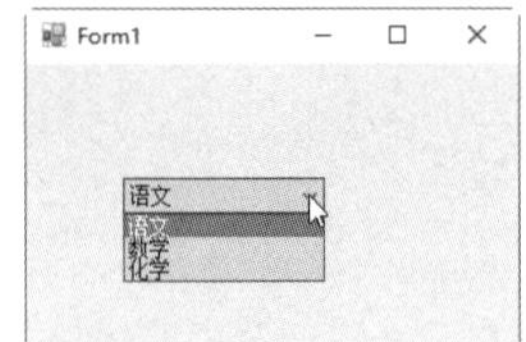

图 11-52　ComboBox 控件

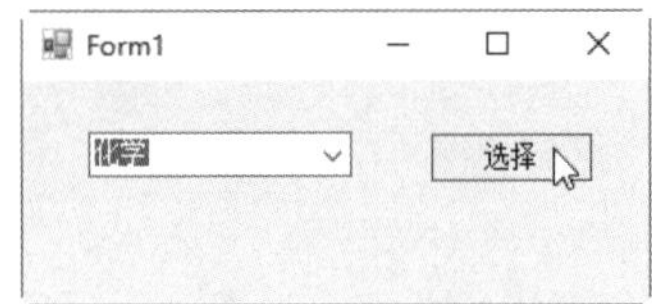

图 11-53　ComboBox 控件的 SelectAll 方法

11.4.2　复选框控件

复选框控件，允许用户选择和清除关联选项。与单选按钮不同的是，复选框无论是处于同一个容器中还是在不同的容器中，都是允许多选的。

【例 11-18】编写程序，判断复选框是否被选中。

（1）在 Visual Studio 2017 中，新建名称为“Form18”的文件。

（2）在代码编辑区域输入以下代码。

```
using System;
using System.Windows.Forms;
namespace Form18
{
    public partial class Form1 : Form
    {
        public Form1()
        {
            InitializeComponent();
        }
        private void checkBox1_Click(object sender, EventArgs e)
        {
            if (checkBox1.CheckState == CheckState.Checked)
            {
                MessageBox.Show("选中成功");
            }
            else
            {
                MessageBox.Show("取消选中");
            }
        }
    }
}
```

【程序分析】在代码中，对 CheckBox 控件的 CheckState 属性进行判断，当该属性值为 Checked 时，则表明该控件处于选中状态；否则就处于未选中状态。

CheckState 属性有以下 3 个值。

① Checked 表明该控件处于选中状态。

② Indeterminate 表明该控件处于不确定状态。一个不确定的控件通常具有灰色的外观。

③ Unchecked 表明该控件处于未选中状态。

在 Visual Studio 2017 中的运行结果如图 11-54 和图 11-55 所示。

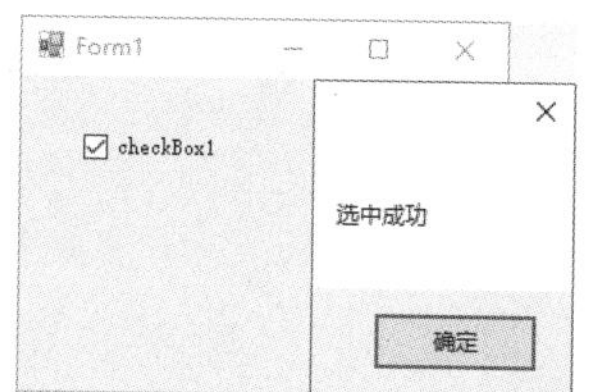

图 11-54　CheckBox 控件被选中

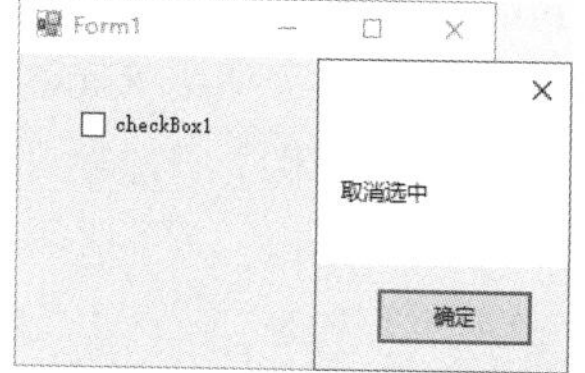

图 11-55　CheckBox 控件选中被取消

【例 11-19】编写程序，实现 CheckBox 控件的多项选择。

（1）在 Visual Studio 2017 中，新建名称为“Form19”的文件。

（2）在代码编辑区域输入以下代码。

```
using System;
using System.Windows.Forms;
namespace Form19
{
    public partial class Form1 : Form
    {
        //创建一个长度为 4 的 CheckBox 类型的数组，用来保存兴趣爱好
        CheckBox[] interests = new CheckBox[4];
        public Form1()
        {
            InitializeComponent();
            //将对象的指针传递给数组
            interests[0] = checkBox1;
            interests[1] = checkBox2;
            interests[2] = checkBox3;
            interests[3] = checkBox4;
        }
        private void button1_Click(object sender, EventArgs e)
        {
            richTextBox1.Multiline = true;  //多行显示
            richTextBox1.SelectionBullet = true;
            richTextBox1.Text = "姓名：张三"+"\n"+ "兴趣爱好：";
            for (int i = 0; i < 4; i++)
            {
                if (interests[i].Checked)
                {
                    richTextBox1.Text = richTextBox1.Text + interests[i].Text+"  ";
                }
            }
        }
    }
}
```

【程序分析】在代码中首先，创建一个长度为 4 的 CheckBox 类型的数组，用来保存兴趣爱好；接着再将对象的指针依次传递给数组；最后将 RichTextBox 控件设置成多行和段落显示，并通过 for 循环将兴趣爱好存入到 RichTextBox 控件中。

在 Visual Studio 2017 中的运行结果如图 11-56 所示。

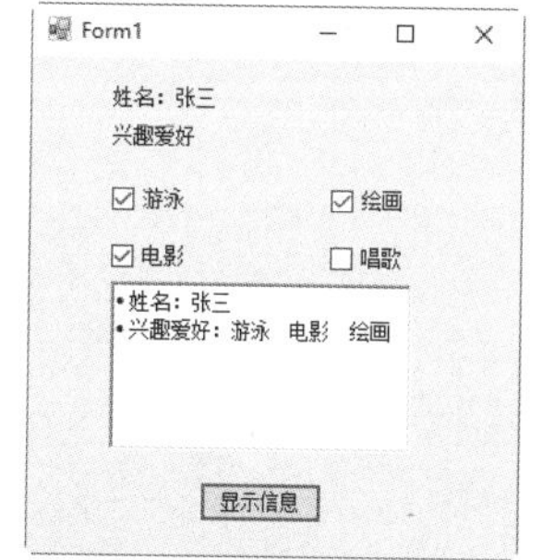

图 11-56　复选框控件的多项选择

11.4.3　单选按钮控件

单选按钮控件，当与其他单选按钮成对出现时，允许用户从一组选项中选择单个选项。也就是说，当

同一个容器中存在两个以上的单选按钮时，只能有一个被选中。但不在同一个容器中的几组单选按钮彼此不关联，是可以有多个被选中的。

注意：RadioButton 和 CheckBox 控件的属性、事件基本是一样的。

【例 11-20】编写程序，使用 RadioButton 控件完成一道选择题。

（1）在 Visual Studio 2017 中，新建名称为“Form20”的文件。

（2）在代码编辑区域输入以下代码。

```
using System;
using System.Drawing;
using System.Windows.Forms;
namespace Form20
{
    public partial class Form1 : Form
    {
        public Form1()
        {
            InitializeComponent();
        }
        private void Form1_Load(object sender, EventArgs e)
        {
            label1.Text = "选择题：第二次鸦片战争的事件？";
            radioButton1.Text = "A: 1856 至 1860 年";
            radioButton2.Text = "B: 1853 至 1856 年";
            radioButton3.Text = "C: 1840 至 1842 年";
            radioButton4.Text = "D: 1883 至 1885 年";
        }
        private void radioButton1_CheckedChanged(object sender, EventArgs e)
        {
            label2.ForeColor = Color.Blue;
            if (radioButton1.Checked)
            {
                label2.Text = "你的答案是：" + radioButton1.Text;
            }
        }
        private void radioButton2_CheckedChanged(object sender, EventArgs e)
        {
            label2.ForeColor = Color.Blue;
            if (radioButton2.Checked)
            {
                label2.Text = "你的答案是：" + radioButton2.Text;
            }
        }
        private void radioButton3_CheckedChanged(object sender, EventArgs e)
        {
            label2.ForeColor = Color.Blue;
            if (radioButton3.Checked)
            {
                label2.Text = "你的答案是：" + radioButton3.Text;
            }
        }
        private void radioButton4_CheckedChanged(object sender, EventArgs e)
        {
            label2.ForeColor = Color.Blue;
            if (radioButton4.Checked)
            {
                label2.Text = "你的答案是：" + radioButton4.Text;
            }
        }
        private void button1_Click(object sender, EventArgs e)
        {
            label2.ForeColor = Color.Red;
```

```
            if (radioButton1.Checked)
                label2.Text = "恭喜你, 回答正确";
            else
                label2.Text = "对不起, 回答错误";

        }
    }
}
```

【程序分析】本例演示了 RadioButton 控件的使用。在窗体中首先添加两个 Label 控件、四个 RadioButton 控件和一个 Button 控件；然后在代码中，为 Label 控件和 RadioButton 控件输入相应的文本；接着在 RadioButton 控件的 CheckedChanged 事件中依次对四个单选按钮控件进行判断；最后在 Button 控件的 Click 事件中，输出正确答案。

在 Visual Studio 2017 中的运行结果如图 11-57 和图 11-58 所示。

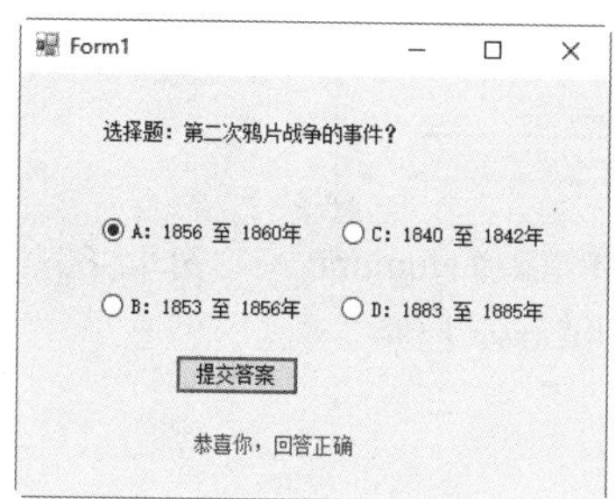

图 11-57　选择正确答案

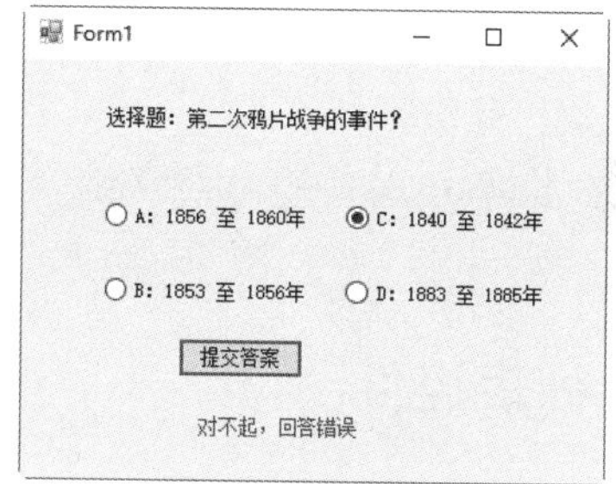

图 11-58　选择错误答案

11.4.4　数值选择控件

数值选择控件又称为数值选择控件，是一个显示和输入数值的控件，控件提供了一对上下箭头，主要作用是将一个数按一定的值进行增加或减少。它主要有四个常用的属性：

（1）Increment 属性表示每次单击按钮时增加或者减少的量。

（2）Maximum 属性表示最大值。

（3）Minimum 属性表示最小值。

（4）Value 属性表示当前值。

注意：如果想要使 NumericUpDown 控件的值发生更改时，就会响应事件 ValueChange。

【例 11-21】编写程序，向窗体添加 NumericUpDown 控件，并使用 Label 控件在 ValueChange 事件中输出当前值。

（1）在 Visual Studio 2017 中，新建名称为“Form21”的文件。

（2）在代码编辑区域输入以下代码。

```
using System;
using System.Windows.Forms;
namespace Form21
{
    public partial class Form1 : Form
    {
        public Form1()
        {
            InitializeComponent();
        }
        private void Form1_Load(object sender, EventArgs e)
        {
```

```
            numericUpDown1.Maximum = 50;       //设置控件的最大值为 50
            numericUpDown1.Minimum = 0;        //设置控件的最小值为 0
            numericUpDown1.Increment = 5;      //设置单击按钮时增加或者减少的数值为 5
        }
        private void numericUpDown1_ValueChanged(object sender, EventArgs e)
        {
            label1.Text = "当前值为：" + numericUpDown1.Value;
        }
    }
}
```

【程序分析】本例演示了 NumericUpDown 控件的使用。首先在属性面板中选择该控件，添加到窗体中，然后通过该控件的 Maximum 属性，设置控件的最大值为 50；Minimum 属性设置控件的最小值为 0；Increment 属性设置单击按钮时增加或者减少的数值为 5。最后在 NumericUpDown 控件的 ValueChange 事件中，为 Label 控件的 Text 属性赋值。

在 Visual Studio 2017 中的运行结果如图 11-59 和图 11-60 所示。

图 11-59 添加 NumericUpDown 控件

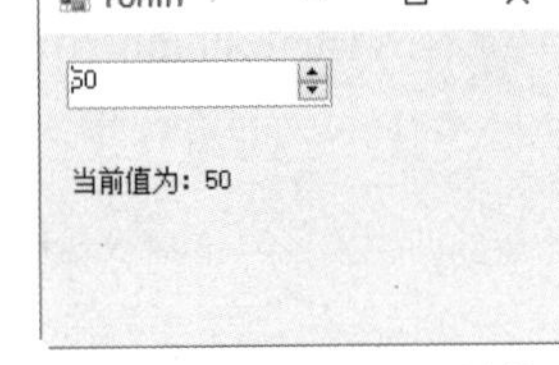

图 11-60 设置属性值

11.4.5 列表控件

列表控件又称列表框，它显示一个项目列表供用户选择。在列表框中，用户一次可以选择一项，也可以选择多项。

ListBox 控件与 ComboBox 控件添加选项的方法一致，都是通过“编辑项”或者在 Items 属性中打开“字符串集合编辑器”对话框输入选项。

1. 在 ListBox 控件中添加和移除项

在实现 ListBox 控件的添加和删除之前，用户需要熟悉以下属性和方法。

1）常用属性

Items 属性：用于存放列表框中的列表项，是一个集合。通过该属性，可以添加列表项、移除列表项和获得列表项的数目。

SelectedItems 属性：获取 ListBox 控件中选定项的集合。通常将该属性设置为 SelectedItems.Count，用于获取包含在当前选定的项的集合。

2）常用方法

Items.Add 方法：用来向列表框中增添一个列表项。调用格式及功能如下：

```
ListBox 对象.Items.Add(s);
```

用于把参数 s 添加到“listBox 对象”指定的列表框的列表项中。

Items.Remove 方法：用来从列表框中删除一个列表项。调用格式及功能如下：

```
ListBox 对象.Items.Remove(s);
```

用于从 ListBox 对象指定的列表框中删除列表项 s。

Items.Clear 方法：用来清除列表框中的所有项。其调用格式如下：

```
ListBox 对象.Items.Clear();
```

【例 11-22】编写程序，在窗体中添加一个 ListBox 控件，并通过 Add 方法向该控件添加选项，再通过 Remove 方法删除选项。

（1）在 Visual Studio 2017 中，新建名称为“Form22”的文件。

（2）在代码编辑区域输入以下代码。

```
using System;
using System.Windows.Forms;
namespace Form22
{
    public partial class Form1 : Form
    {
        public Form1()
        {
            InitializeComponent();
        }
        private void Form1_Load(object sender, EventArgs e)
        {
            button1.Text = "添加";
            button2.Text = "删除";
            button3.Text = "清空列表";
        }
        private void button1_Click(object sender, EventArgs e)
        {
            if (textBox1.Text == "")
            {
                MessageBox.Show("请输入要添加的选项");
            }
            else
            {
                listBox1.Items.Add(textBox1.Text);
                textBox1.Text = "";
            }
        }
        private void button2_Click(object sender, EventArgs e)
        {

            if (listBox1.SelectedItems.Count == 0)
            {
                MessageBox.Show("请选择要删除的选项");
            }
            else
            {
                listBox1.Items.Remove(listBox1.SelectedItem);
            }
        }
        private void button3_Click(object sender, EventArgs e)
        {
            listBox1.Items.Clear();
        }
    }
}
```

【程序分析】本例演示了 ListBox 控件的使用。在窗体中，首先添加一个 ListBox 控件，一个 TextBox 控件和三个 Button 控件；然后在 button1_Click 事件中，使用 ListBox 控件的 Add 方法，添加选项内容；在 button2_Click 事件中，使用 ListBox 控件的 Remove 方法，删除多余的内容；最后在 button3_Click 事件中，使用 ListBox 控件的 Clear 方法，清空该控件的所有内容。

在 Visual Studio 2017 中的运行结果如图 11-61 所示。

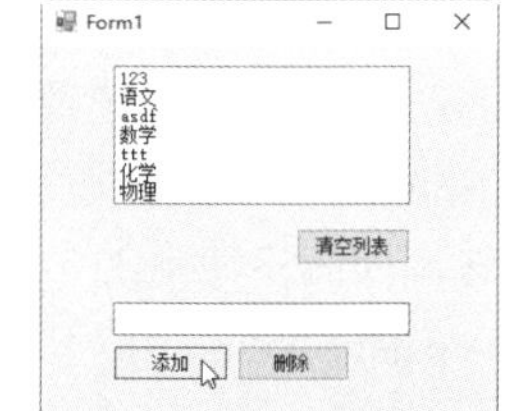

图 11-61　ListBox 控件的使用

2. 在列表框中选择多项

在实现 ListBox 控件中选择多项之前，用户需要熟悉一下 SelectionMode 属性。该属性是用来获取或设置在 ListBox 控件中选择列表项的方法。

SelectionMode 属性值：

（1）属性值为 MultiExtended 时，按下 Shift 键的同时单击鼠标或者同时按 Shift 键和箭头键之一，会将选定内容从前一选定项扩展到当前项。按 Ctrl 键的同时单击鼠标将选择或撤销选择列表中的某项。

（2）属性值为 MultiSimple 时，鼠标单击或按空格键将选择或撤销选择列表中的某项。

（3）该属性的默认值为 One，即只能选择一项。

（4）属性值为 None 时，表示无法选择项。

【例 11-23】编写程序，将 SelectionMode 属性值设置为 MultiExtended，实现在控件中可以选择多项。

（1）在 Visual Studio 2017 中，新建名称为“Form23”的文件。

（2）在代码编辑区域输入以下代码。

```
using System;
using System.Windows.Forms;
namespace Form23
{
    public partial class Form1 : Form
    {
        public Form1()
        {
            InitializeComponent();
        }
        private void Form1_Load(object sender, EventArgs e)
        {
            listBox1.SelectionMode = SelectionMode.MultiExtended;
        }
        private void button1_Click(object sender, EventArgs e)
        {
            if (comboBox1.Text == "")
            {
                MessageBox.Show("添加项目不能为空");
            }
            else
            {
                listBox1.Items.Add(comboBox1.Text);
                comboBox1.Text = "";
            }
        }
        private void button2_Click(object sender, EventArgs e)
        {
            label1.Text = "共选择课程：" + listBox1.SelectedItems.Count.ToString() + "门";
        }
    }
}
```

【程序分析】首先在窗体中添加一个 ComboBox 控件，并输入相应的选项；然后在 button1_Click 事件中，使用 ListBox 控件的 Add 方法，将 ComboBox 控件中的选项依次添加到 ListBox 控件中。接着，用户可以按下 Shift 键或 Ctrl 键和箭头键来进行选择。最后在 button2_Click 事件中，输出所选中课程的个数。

在 Visual Studio 2017 中的运行结果如图 11-62 所示。

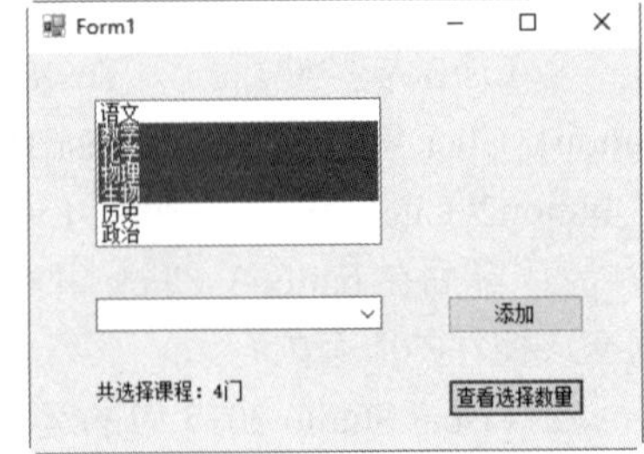

图 11-62　在列表框中选择多项

11.5 分组类控件

分组类控件有容器（Panel）控件、分组框（GroupBox）控件、选项卡（TabControl）控件等。

11.5.1 容器控件

容器控件是由 System.Windows.Forms.Panel 类提供的。该控件相当于一个容器，主要作用就是将其他控件组合在一起放在一个面板上，使这些控件更容易管理。

【例 11-24】编写程序，制作一个“下载资源管理器”。

（1）在 Visual Studio 2017 中，新建名称为“Form24”的文件。

（2）开发步骤如下：

① 首先在 Form1 窗体中添加三个 Button 控件，并修改这些控件的 Text 属性；然后再添加一个 Panel 控件，并将该控件的 Size 属性设置为“307,181”，如图 11-63 所示。

图 11-63 “下载资源管理器”窗体

② 接着再新建三个窗体，分别为 Regular.cs 常规窗体、Download.cs 下载窗体和 Appearance.cs 外观窗体，并且为三个窗体添加相应的控件。这里还需要注意，窗体新建完成之后，也需要将它们的 Size 属性设置为“307,181”，如图 11-64～图 11-66 所示。

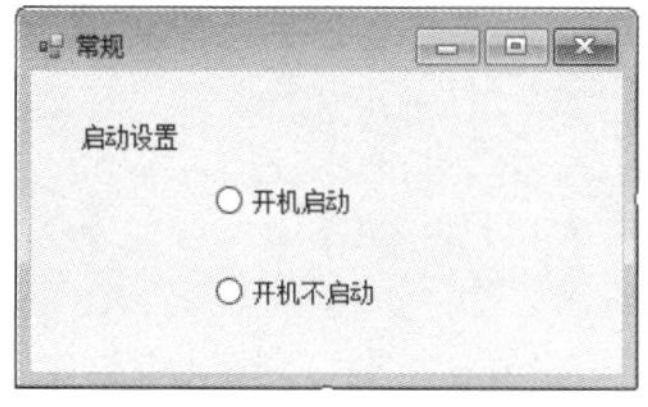

图 11-64 常规窗体

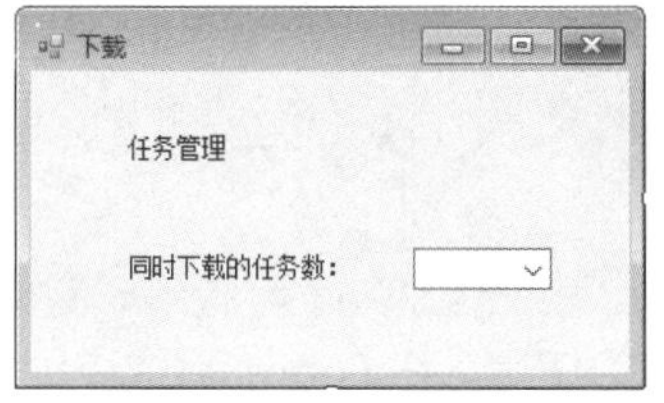

图 11-65 下载窗体

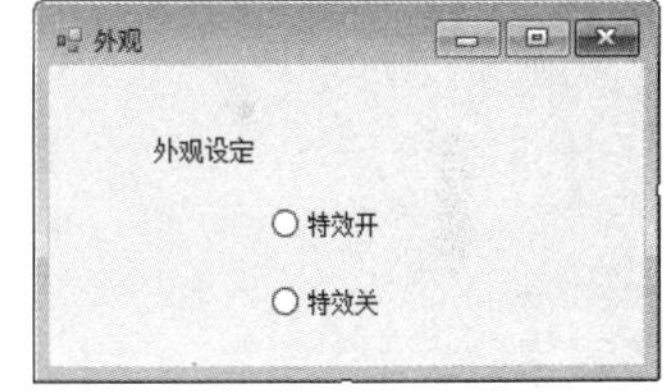

图 11-66 外观窗体

③ 最后在 Form1.cs 文件中，添加三个 Button 控件的 Click 事件。

```
using System;
using System.Windows.Forms;
namespace Form24
{
    public partial class Form1 : Form
    {
        public Form1()
        {
            InitializeComponent();
        }
        //常规按钮
        private void button1_Click(object sender, EventArgs e)
        {
            //要将常规窗体 Regular 调入进 Panel 控件中，需要对它进行实例化
            Regular myRegular = new Regular();
          //由于无法将顶级控件添加到 Panel 控件，需要将顶级控件属性 TopLevel 设置为 false
            myRegular.TopLevel = false;
            //将内存中的实例增加到 Panel 面板上
            this.panel1.Controls.Add(myRegular);        //新增控件用 Controls 属性
```

```
            //隐藏边框
            myRegular.FormBorderStyle = FormBorderStyle.None;
            myRegular.BringToFront();                       //将常规窗体放置到最前端
            myRegular.Show();
        }
        //下载按钮
        private void button2_Click(object sender, EventArgs e)
        {
            //要将常规窗体 Download 调入进 Panel 控件中，需要对它进行实例化
            Download myDownload = new Download();
            myDownload.TopLevel = false;
            //将内存中的实例增加到 Panel 面板上
            this.panel1.Controls.Add(myDownload);         //新增控件用 Controls 属性
            //隐藏边框
            myDownload.FormBorderStyle = FormBorderStyle.None;
            myDownload.BringToFront();                     //将下载窗体放置到最前端
            myDownload.Show();
        }
        //外观按钮
        private void button3_Click(object sender, EventArgs e)
        {
            //要将常规窗体 Appearance 调入进 Panel 控件中，需要对它进行实例化
            Appearance myAppearance = new Appearance();
            myAppearance.TopLevel = false;
            //将内存中的实例增加到 Panel 面板上
            this.panel1.Controls.Add(myAppearance);       //新增控件用 Controls 属性
            //隐藏边框
            myAppearance.FormBorderStyle = FormBorderStyle.None;
            myAppearance.BringToFront();                   //将外观窗体放置到最前端
            myAppearance.Show();
        }
    }
}
```

【程序分析】本例演示了 Panel 控件的使用。在 Form1 窗体中添加了三个 Button 控件，当用户单击“常规”按钮时，在 Panel 控件上就会显示出 Regular.cs 常规窗体中的内容，同样单击“下载”按钮就会显示出 Download.cs 下载窗体，单击“外观”按钮就会显示出 Appearance.cs 外观窗体。

在代码中，首先对 Regular 窗体进行实例化，由于窗体控件与 Panel 控件都属于顶级控件，因此，需要对窗体的 TopLevel 属性设置为 false，才能将该窗体添加到 Panel 控件中；然后，再使用 Panel 控件的 Controls 属性，并调用 Add 方法，将 Regular 窗体中的控件都添加到 Panel 面板上。添加完成之后，用户还需要将 Regular 窗体的边框进行隐藏，因此需要将 FormBorderStyle 属性值设置为 None 即可。由于各个窗体之间还需要切换，用户只需要在每个事件中调用 BringToFront 方法即可。最后，“下载”按钮与“外观”按钮的事件与“常规”按钮大致相同，只需要更改窗体名称即可。

在 Visual Studio 2017 中的运行结果如图 11-67 和图 11-68 所示。

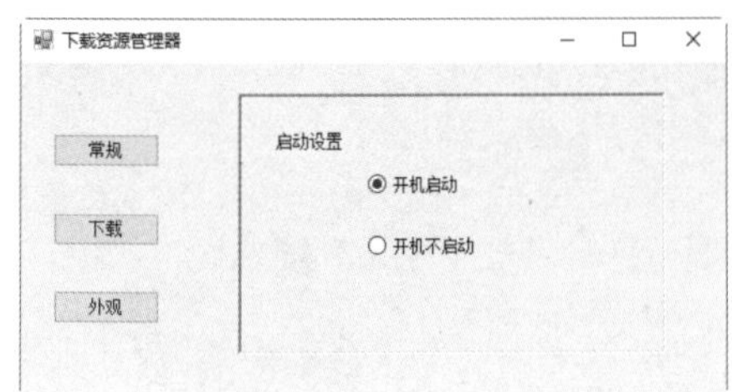

图 11-67　单击“常规”按钮

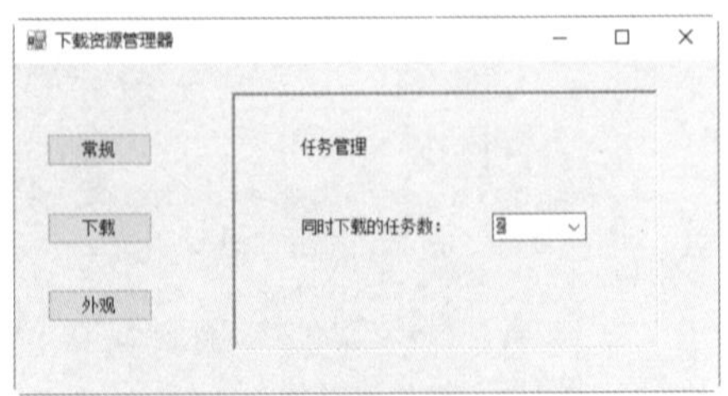

图 11-68　单击“下载”按钮

11.5.2 分组框控件

分组框控件是由 System.Windows.Forms.GroupBox 类提供的，作用是为其他控件提供可识别的分组，可在同一页面实现多个单选 RadioButton 控件。通常，使用分组框来按功能细分窗体。

【例 11-25】 编写程序，将一个学生的性别和年级进行细分。

（1）在 Visual Studio 2017 中，新建名称为“Form25”的文件。

（2）在代码编辑区域输入以下代码。

```
using System;
using System.Windows.Forms;
namespace Form25
{
    public partial class Form1 : Form
    {
        public Form1()
        {
            InitializeComponent();
        }
        private void button1_Click(object sender, EventArgs e)
        {
            //由于要存储一个字符串的结果，首先要声明一个字符串变量 str
            //并将该变量置于一个空值
            string str = "";
            //首先需要遍历 GroupBox 控件中都有哪些控件
            foreach (Control outctrl in groupBox1.Controls)
            {
                if (outctrl is RadioButton)
                {
                    //然后判断 GroupBox 控件中的哪一个 RadioButton 控件被选中
                    if (((RadioButton)outctrl).Checked)
                    {
                        str = "您的性别是: " + outctrl.Text;
                    }
                }
            }
            foreach (Control outctrl in groupBox2.Controls)
            {
                if (outctrl is RadioButton)
                {
                    if (((RadioButton)outctrl).Checked)
                    {
                        str += "\n 您所在班级: " + outctrl.Text;
                    }
                }
            }
            MessageBox.Show(str,"选择结果");
        }
    }
}
```

【程序分析】本例演示了 GroupBox 控件的使用。在窗体中，首先添加两个 GroupBox 控件，并命名为“性别”和“年级”；然后在“性别”控件中添加两个 RadioButton 控件，分别为“男”和“女”。在“年级”控件中添加三个 RadioButton 控件，分别为“一年级”“二年级”和“三年级”；最后再添加一个 Button 控件，更名为“提交”。

在代码中，首先添加 button1_Click 事件，对性别控件进行判断。由于最后输出的是一个字符串，所以用户需要定义一个字符串变量 str，来存储该值。接着，使用 foreach 语句，在 groupBox1.Controls 集合中，定义一个控件的类 outctrl，并判断该控件是否是 GroupBox 控件；然后再使用 if 语句来判断 GroupBox 控件中的哪一个 RadioButton 控件被选中；最后将 outctrl.Text 赋给变量 str。由于“性别”控件与“年级”控件大致相同，在 groupBox2.Controls 进行判断即可。

在 Visual Studio 2017 中的运行结果如图 11-69 所示。

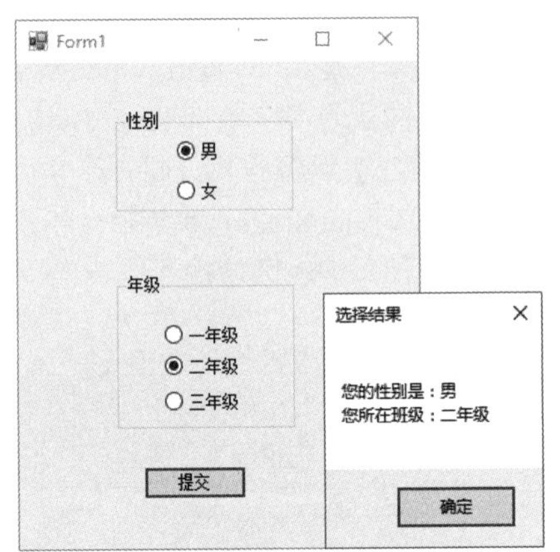

图 11-69　GroupBox 控件

11.5.3　选项卡控件

选项卡控件是一个选项卡控件，在实际编程中经常用到，该控件的作用是将相关的组件组合到一系列选项卡页面上。

1. 添加和删除 TabControl 控件中的选项卡

TabControl 控件的工作方式与之前的控件有一些区别。该控件只不过是用于显示页面选项卡的容器。在工具箱中双击 TabControl 时，就会显示一个已添加了两个 TabPage 的控件，如图 11-70 所示。

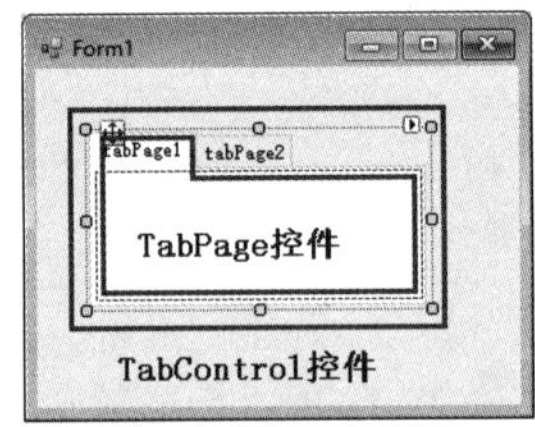

图 11-70　TabControl 控件

其中，TabControl 控件包含选项卡页，而 TabPage 控件表示选项卡，TabControl 控件的 TabPages 属性表示所有 TabPage 控件的集合。TabPages 集合中的 TabPage 选项卡的顺序反映了 TabControl 控件中选项卡的顺序。

在添加和删除 TabPages 集合时，有以下两种方法。

（1）当鼠标单击 TabControl 控件右上角带三角形的小按钮时，就会打开一个小窗口，该窗口可以方便地在设计期间添加和删除 TabPages 集合，如图 11-71 所示。

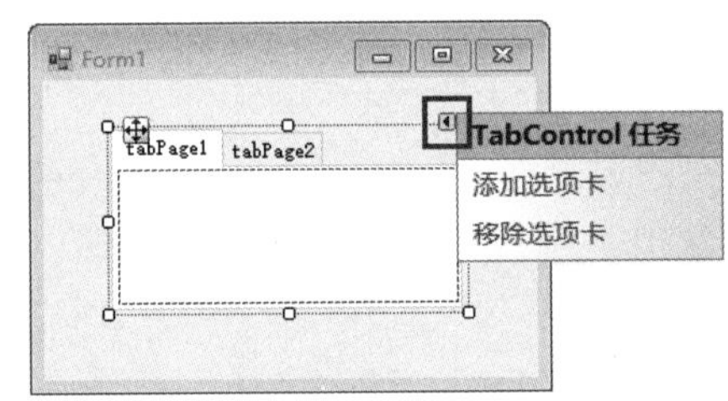

图 11-71　“添加选项卡”和“移除选项卡”

而 TabControl 控件的 Multiline 属性是用来设置是否显示多行选项卡。如果属性值为 false 时，就表示有多个选项卡不能一次显示出来，需要提供组箭头查看剩余的选项卡，如图 11-72 和图 11-73 所示。

（2）选中 TabControl 控件，在属性面板中单击 TabPages 集合的 ... 按钮，会弹出“TabPage 集合编辑器”对话框，并在该对话框中添加和移除 TabPages 集合，如图 11-74 和图 11-75 所示。

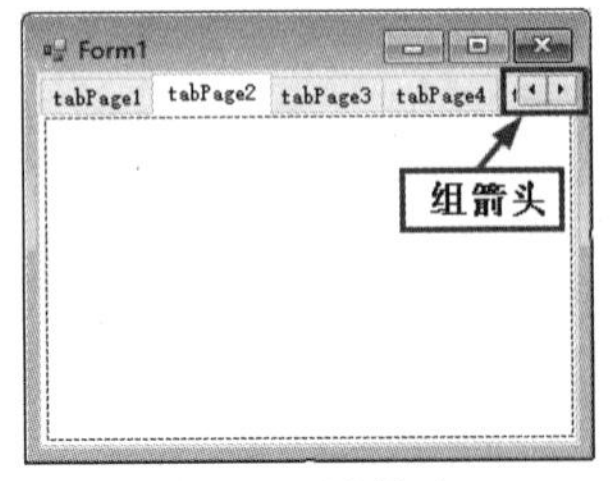

图 11-72　属性值为 false

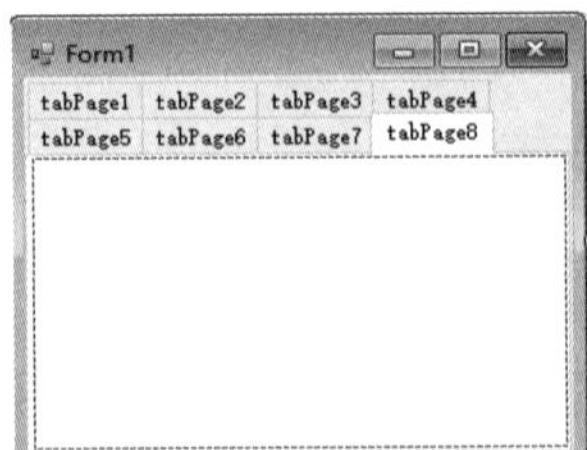

图 11-73　属性值为 true

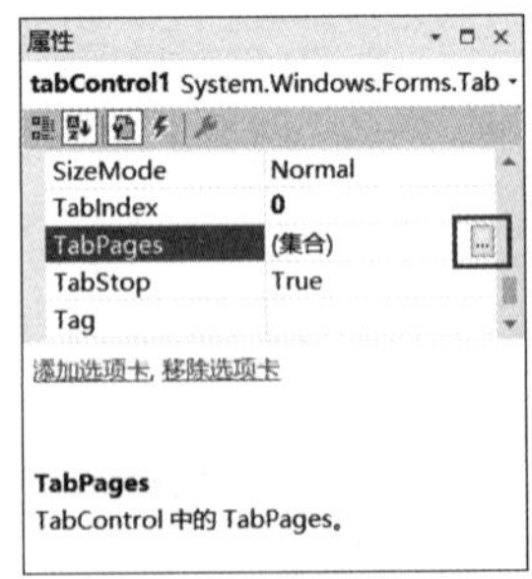

图 11-74　Tabpages 集合

2. 以编程方式添加和删除选项卡

默认情况下，TabControl 控件包含两个 TabPage 控件，可以使用 TabPages 属性的 Add 方法和 Remove 方法实现选项卡的添加和删除。

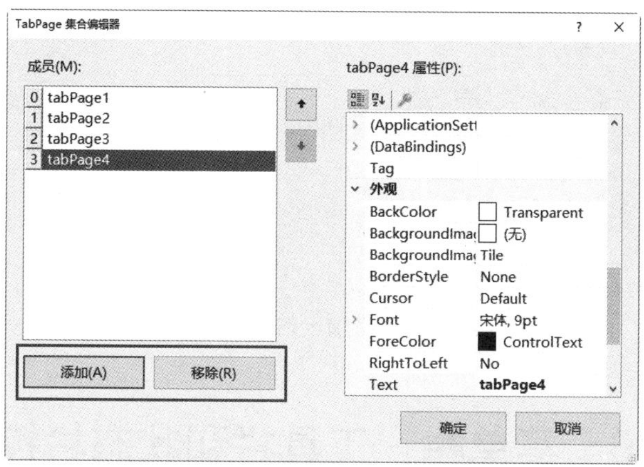

图 11-75 TabPage 集合编辑器

【例 11-26】编写程序，实现选项卡的添加和删除。

（1）在 Visual Studio 2017 中，新建名称为“Form26”的文件。

（2）在代码编辑区域输入以下代码。

```
using System;
using System.Windows.Forms;
namespace Form26
{
    public partial class Form1 : Form
    {
        public Form1()
        {
            InitializeComponent();
        }
        private void button1_Click(object sender, EventArgs e)
        {
            //获取选项条中选项卡的数目
            string name = "新增选项卡" + (tabControl1.TabCount+1).ToString();
            //实例化 TabPage 控件
            TabPage tab = new TabPage(name);
            //使用 TabControl 控件的 TabPages 属性的 Add 方法添加新选项卡
            tabControl1.TabPages.Add(tab);
        }
        private void button2_Click(object sender, EventArgs e)
        {
            //获取当前选项卡页的索引值，并进行判断
            if (tabControl1.SelectedIndex == 0)
            {
                MessageBox.Show("请选择要删除的选项卡");
            }
            else
            {
                //使用 Remove 方法删除指定选项卡
                tabControl1.TabPages.Remove(tabControl1.SelectedTab);
            }
        }
    }
}
```

【程序分析】在窗体中，用户首先添加一个 TabControl 控件，接着再添加两个 Button 控件，更名为“添加”和“删除”，然后在 button1_Click 事件中，使用 TabControl 控件的 TabPages 属性的 Add 方法添加新选项卡；在 button2_Click 事件中，使用 Remove 方法删除指定选项卡。

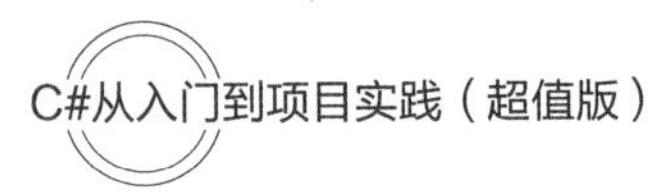

在 Visual Studio 2017 中的运行结果如图 11-76 所示。

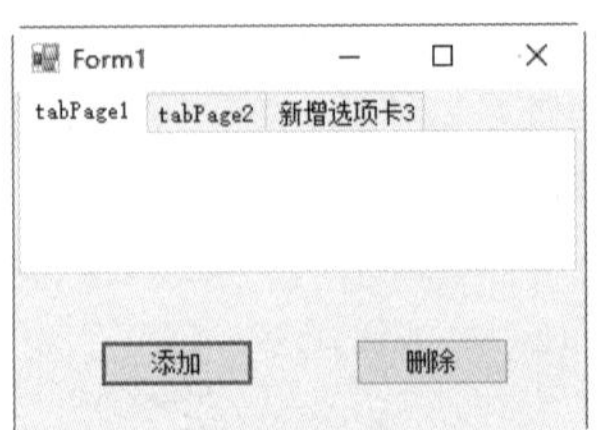

图 11-76　选项卡的添加和删除

11.6　菜单栏、工具栏和状态栏控件

菜单栏描述了一个窗体的大致功能和风格。通过工具栏能够快速执行相应的功能，并且具有和菜单一样的功能，而状态栏常用于显示一些状态信息。

11.6.1　菜单控件

菜单（MenuStrip）控件是一个菜单栏控件，可以加载菜单栏，在很多系统中都使用。该控件由 System.Windows.Forms. MenuStrip 类提供，取代了以前的 MainMenu 控件，是应用程序菜单结构的容器。

【例 11-27】 编写程序，使用 MenuStrip 控件完成一个记事本的菜单栏设计，如图 11-77 所示。

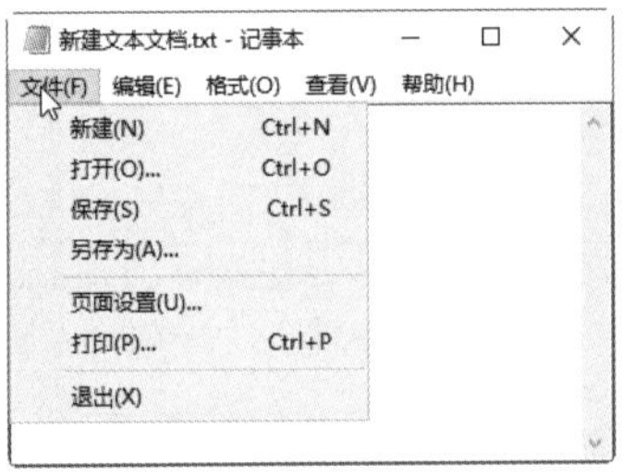

图 11-77　记事本的菜单栏

（1）在 Visual Studio 2017 中，新建名称为“Form27”的文件。

（2）开发步骤如下：

① 在工具箱中找到 MenuStrip 控件，并拖曳到窗体中。

② 在文本框中输入“文件（&F）”后，就会生成“文件（F）”。在此处，F 所表示的意思就是在按下 Alt+F 组合键时，会弹出“文件”的下拉列表菜单，而连接符“&”就是用来识别被确认的字符，如图 11-78 所示。

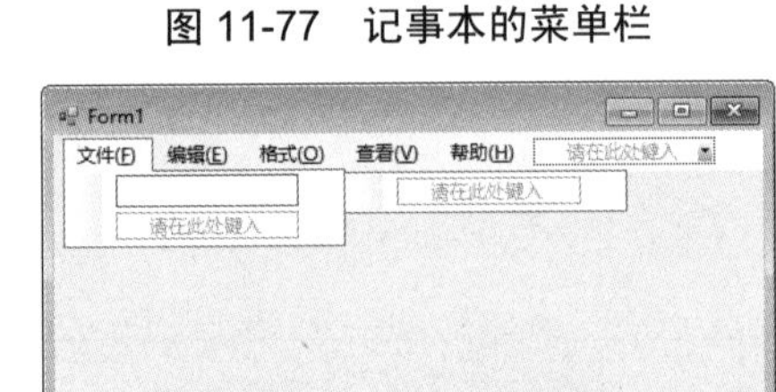

图 11-78　输入菜单名称

③ 在“文件（F）”的下拉列表中输入“新建（N）”，而该菜单项的快捷键是通过 ShortcutKeys 属性进行添加的，如图 11-79 所示。这里还需要注意在下拉列表中有分隔线，是通过在文本框中输入“-”再回车完成的，如图 11-80 所示。

④ 添加完毕，最后结果如图 11-81 所示。

图 11-79　ShortcutKeys 属性

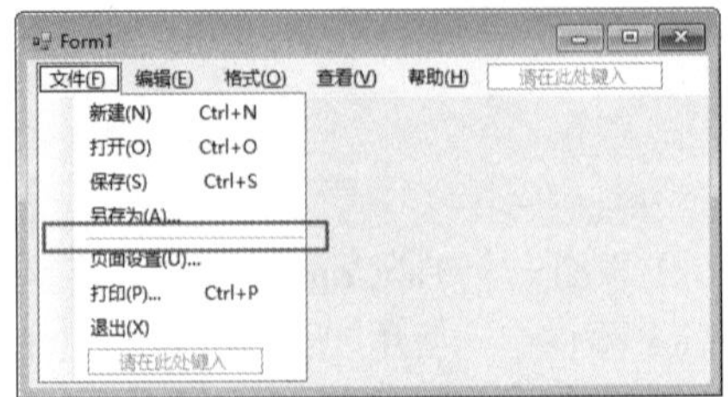

图 11-80　添加菜单内容

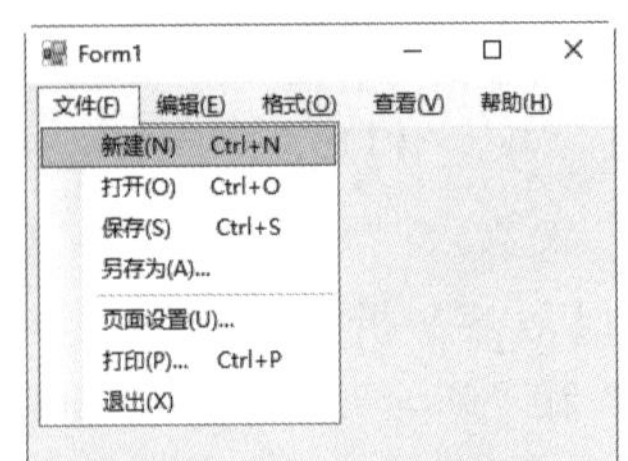

图 11-81　菜单示意

11.6.2　工具栏控件

工具栏（ToolStrip）控件是另一种获取应用程序主要功能的常用方法，比菜单更直观。ToolStrip 控件是由 Systen.Windows.Forms.ColStrip 类提供的，作用是创建易于自定义的常用工具栏，让这些工具栏支持高级用户界面和布局功能，如停靠、漂浮、带文本和图像的按钮、下拉按钮等。

【例 11-28】编写程序，使用 ToolStrip 控件完成一个工具栏的设计。

（1）在 Visual Studio 2017 中，新建名称为“Form28”的文件。

（2）开发步骤如下：

① 在工具箱中找到 ToolStrip 控件，并拖曳到窗体中，如图 11-82 所示

② 单击 ToolStrip 控件中向下箭头的提示图标，如图 11-83 所示。

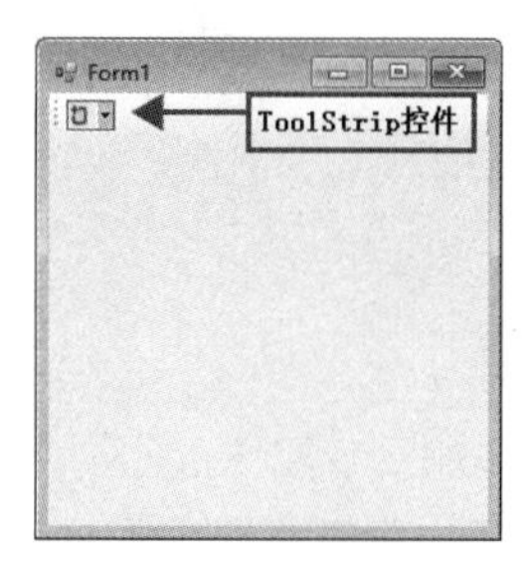

图 11-82　ToolStrip 控件

图 11-83　添加工具栏项目

当单击向下的箭头时，会显示一个下拉菜单，在该菜单中有 8 种不同的类型，分别如下。

Button：包含文本和图像的项，可让用户选择。

Label：包含文本和图像的项，不可以让用户选择，可以显示超链接。

SplitButton：在 Button 的基础上增加一个下拉菜单。

DropDownButton：用于下拉菜单选择项。

Separate：分隔符。

ComboBox：显示一个 ComboBox 项。

TextBox：显示一个 TextBox 项。

ProgressBar：显示 ProgressBar 项。

③ 添加相应的工具栏按钮后，可以设置按钮显示的图像，如图 11-84 所示。

④ 运行程序，结果如图 11-85 所示。

图 11-84　设置按钮图标

图 11-85　工具栏

11.6.3　状态栏控件

状态栏（StatusStrip）控件通常在对话框底部的一栏，用于显示应用程序当前状态的简短信息。该控件不仅包含 DropDownButton 控件、ProgressBar 控件和 SplitButton 控件，还包含它专用的　个控件，即 StatusLabel 控件，作用就是使用文本和图像向用户显示应用程序当前状态的信息。如图 11-86 所示。

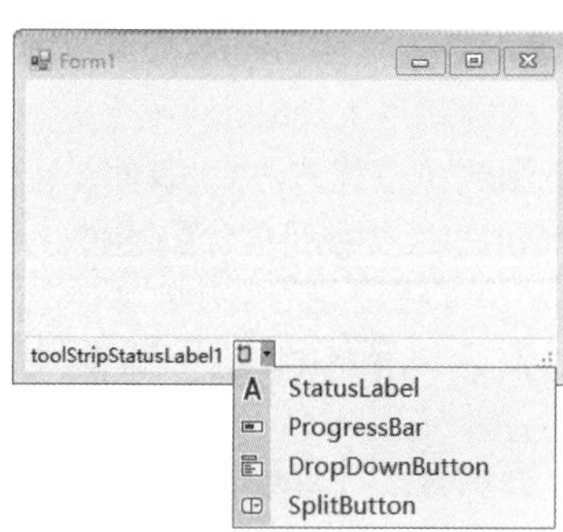

图 11-86　StatusStrip 控件

【例 11-29】编写程序，使用 StatusStrip 控件完成一个状态栏的设计，然后显示出 TextBox 控件中的字符个数。

（1）在 Visual Studio 2017 中，新建名称为“Form29”的文件。

（2）在代码编辑区域输入以下代码。

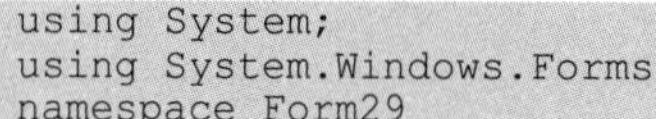

```
using System;
using System.Windows.Forms;
namespace Form29
```

```
    {
        public partial class Form1 : Form
        {
            public Form1()
            {
                InitializeComponent();
            }
            private void button1_Click(object sender, EventArgs e)
            {
                int index = textBox1.GetFirstCharIndexOfCurrentLine();
                int column = textBox1.SelectionStart - index;
                toolStripStatusLabel1.Text = "字符数: " + column + "个";
            }
            private void Form1_Load(object sender, EventArgs e)
            {
                toolStripStatusLabel1.Text = "字符数: ";
            }
        }
    }
```

【程序分析】在窗体中，添加三个控件，分别为 TextBox、Button 和 StatusStrip 控件。在代码中，添加 button1_Click 事件，在该事件中，首先定义变量 index，用于获取当前行的第一个字符的索引值；然后再定义变量 column，用于存储字符个数。由于文本框中的字符序列是从 0 开始计数，所以使用 textBox1.SelectionStart 属性，获取光标所在位置的索引值，再减去第一个字符所占的位置，这样计算出了字符的个数。

在 Visual Studio 2017 中的运行结果如图 11-87 所示。

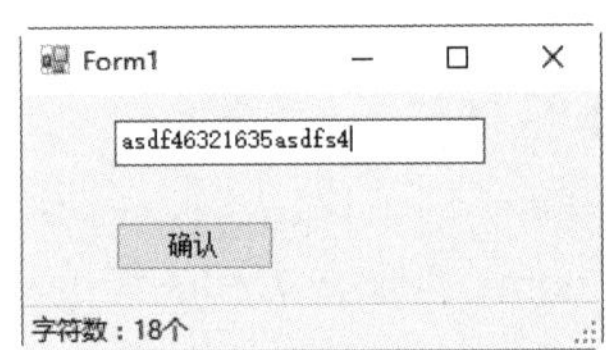

图 11-87　状态栏的使用

11.7　就业面试技巧与解析

本章主要介绍了 Windows 应用程序的常用控件，在讲解的过程中，通过大量的实例演示了控件的用法。同时还介绍了控件的一些常用设置，使读者在编写程序时有所参考。

11.7.1　面试技巧与解析（一）

面试官：什么是控件？

应聘者：控件是视窗交互的工具。控件是一种特殊的类，所有控件都继承自 System.WindowsForms.Control 类。这里 Control 就叫做控件的基类。

控件就是 Control 的派生类。一个类从基类继承，就拥有基类的所有成员（包括变量（也称字段）、属性、函数（也称方法）、事件、运算符）。类之间通过继承关系保证了派生类拥有需要的方法或字段。所以 Control 的成员就是控件的通性。

11.7.2　面试技巧与解析（二）

面试官：什么是窗体？

应聘者：在 Windows 中，具有图形用户界面（Graphics User Interface，GUI）的程序称为窗体程序。窗体程序由窗体（Form）和组件（Component）构成，每个应用程序都有一个主窗体，主窗体中分门别类地排列着各种组件。窗体也可以看成是一个放置组件的容器（Container），有些组件是可见的，有些组件是不可见的，可见的组件称为控件（Control）。

第 12 章

应用程序界面开发进阶——高级窗体控件

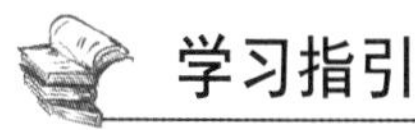

学习指引

本章讲述了 Windows 应用程序的一些高级控件。熟练地掌握这些控件，在开发应用程序过程中可以快速实现一些复杂的功能。

重点导读

- 熟悉图形和图像类的控件并掌握其用法。
- 熟悉列表视图控件。
- 掌握树视图控件的常见用法。
- 掌握月历控件的用法。
- 掌握日期控件的用法。
- 掌握其他高级控件的用法。

12.1　图形和图像类控件

在 C#的图形和图像类控件中，PictureBox 是用于显示图像，而 ImageList 只是提供一个存储图像的集合，它本身并不显示。

图像都是由 Image 类的对象进行设置的，其格式可以为.bmp、.gif、.jpg 或者其他元文件格式。其中，以.gif 为后缀的 GIF（Graphics Interchange Format）文件和以.jpg 为后缀的 JPEG（Joint Photographic Expert Group）文件都是得到广泛应用的图像文件格式。

12.1.1　ImageList 控件

ImageList 控件是 C#里面一个保存图片集合的控件，该控件可以保存图片列表，然后根据不同的选择，显示不同的图片，但是每个图像的大小必须相同。

1. ImageList 控件的常用属性

Name 属性：该属性表示控件名称，可以用来调用或者查找。

ColorDepth 属性：用来呈现图像的颜色数，可以是 Depth4Bit、Depth8Bit、Depth16Bit 或者 Depth32Bit。

GenerateMember 属性：这个属性表示是否为控件创建成员变量，一般默认为 True。

Images 属性：这个属性表示图像的集合。可以根据索引来访问这个集合中的图片。

ImageSize 属性：这个属性表示图片的大小，包括宽和高。一般有 16.16 和 32.32 两种常见的大小。

2. 在 ImageList 控件中添加和移除图片

首先在属性面板中拖曳出 ImageList 控件，然后找到 Images 属性，并单击...按钮，就会弹出一个“图像集合编辑器”对话框，最后通过该对话框实现图片的添加和删除，如图 12-1 和图 12-2 所示。

图 12-1　Images 属性

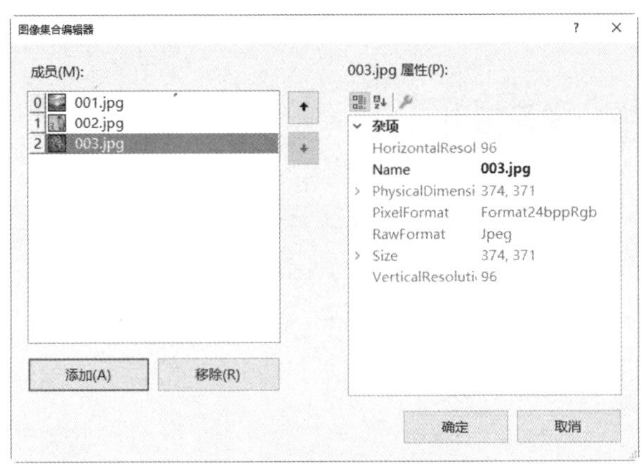

图 12-2　图像集合编辑器

注意：ImageList 控件不能显示图像，若要显示它存储的图像需要借用第二个控件进行显示。

12.1.2　PictureBox 控件

PicturBox 控件可以显示来自位图、图标或者元文件，以及来自增强的元文件、JPEG 或 GIF 文件的图形。如果控件不足以显示整幅图像，则可以裁剪图像以适应控件的大小。

【例 12-1】编写程序，通过选择 PictureBox 控件的 SizeMode 属性值，完成对图片的添加。

（1）在 Visual Studio 2017 中，新建名称为“Form1”的文件。

（2）在代码编辑区域输入以下代码。

```
using System;
using System.Windows.Forms;
namespace Form1
{
    public partial class Form1 : Form
    {
        public Form1()
        {
            InitializeComponent();
        }
        private void Form1_Load(object sender, EventArgs e)
        {
            label3.Visible = false;   //控件的可见性
            label4.Visible = false;   //控件的可见性
            label5.Visible = false;   //控件的可见性
```

```
            label6.Visible = false;   //控件的可见性
            label7.Visible = false;   //控件的可见性
        }
        private void radioButton1_CheckedChanged(object sender, EventArgs e)
        {
            pictureBox1.SizeMode = PictureBoxSizeMode.Normal;
            label3.Visible = true;    //设置 label3 控件可见
            label4.Visible = false;
            label5.Visible = false;
            label6.Visible = false;
            label7.Visible = false;
        }
        private void radioButton2_CheckedChanged(object sender, EventArgs e)
        {
            pictureBox1.SizeMode = PictureBoxSizeMode.StretchImage;
            label3.Visible = false;
            label4.Visible = true;    //设置 label4 控件可见
            label5.Visible = false;
            label6.Visible = false;
            label7.Visible = false;
        }
        private void radioButton3_CheckedChanged(object sender, EventArgs e)
        {
            pictureBox1.SizeMode = PictureBoxSizeMode.AutoSize;
            label3.Visible = false;
            label4.Visible = false;
            label5.Visible = true;    //设置 label5 控件可见
            label6.Visible = false;
            label7.Visible = false;
        }
        private void radioButton4_CheckedChanged(object sender, EventArgs e)
        {
            pictureBox1.SizeMode = PictureBoxSizeMode.CenterImage;
            label3.Visible = false;
            label4.Visible = false;
            label5.Visible = false;
            label6.Visible = true;    //设置 label6 控件可见
            label7.Visible = false;
        }
        private void radioButton5_CheckedChanged(object sender, EventArgs e)
        {
            pictureBox1.SizeMode = PictureBoxSizeMode.Zoom;
            label3.Visible = false;
            label4.Visible = false;
            label5.Visible = false;
            label6.Visible = false;
            label7.Visible = true;    //设置 label7 控件可见
        }
    }
}
```

【程序分析】在窗体中首先添加两个 Label 控件，命名为“原图：”和“操作结果：”；再添加两个 PictureBox 控件，一个用于存放原图，另一个存放操作结果；接着添加 GroupBox 控件，命名为“SizeMode 属性”，并在该控件中添加五个 RadioButton 控件和五个 Label 控件。

SizeMode 属性有以下五个枚举值。

① Normal：图片置于控件左上角，图片大于控件的部分会被剪裁。

② StretchImage：图片调整大小去适应控件。

③ AutoSize：控件调整大小去适应图片。

④ CenterImage：图片处于控件中心。

⑤ Zoom：图片去适应控件，但是图片宽度比例不变。

最后，将五个 RadioButton 控件的 Text 属性中输入枚举值，在五个 Label 控件的 Text 属性中输入枚举值的说明。

在 Visual Studio 2017 中的运行结果如图 12-3 和图 12-4 所示。

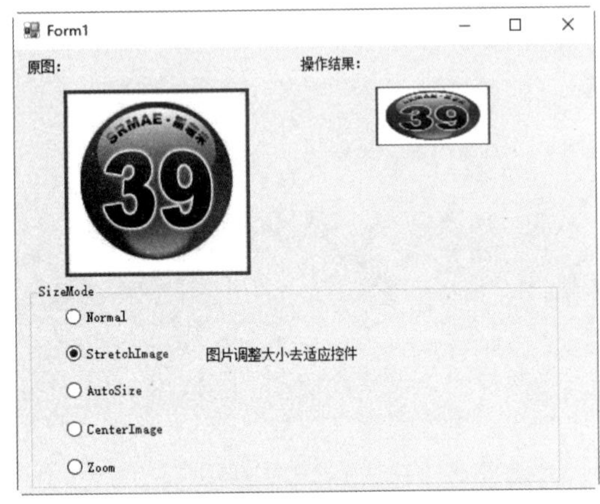

图 12-3　StretchImage 属性

图 12-4　CenterImage 属性

12.2　列表视图控件

列表视图（ListView）控件是 Windows 列表视图控件，用于显示带图标的项的列表。

12.2.1　创建列表视图控件

为列表视图控件添加项有以下两种方法。

（1）直接单击控件上方的小箭头，然后再单击“编辑项”，就会弹出“ListViewItem 集合编辑器”对话框，如图 12-5 和图 12-6 所示。

通过 Text 和 Font 属性，可以修改项的名称和字体大小，如图 12-7 所示。

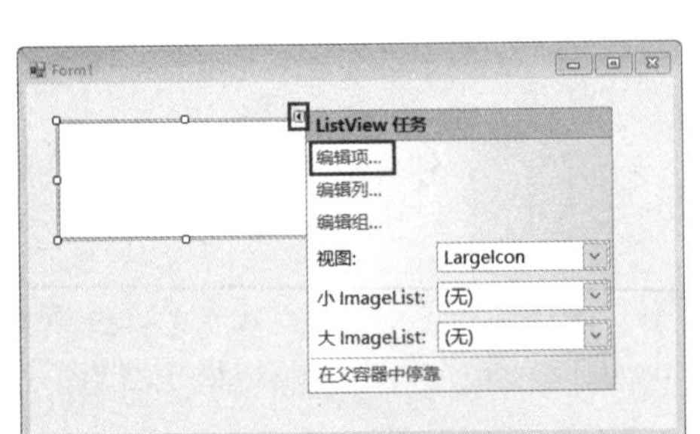

图 12-5　单击“编辑项”

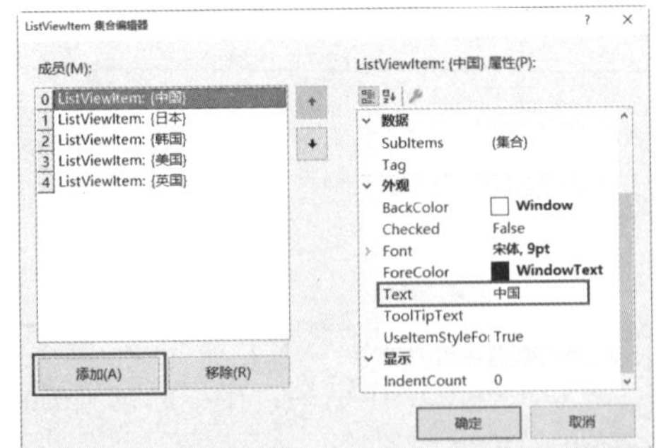

图 12-6　“ListViewItem 集合编辑器”对话框

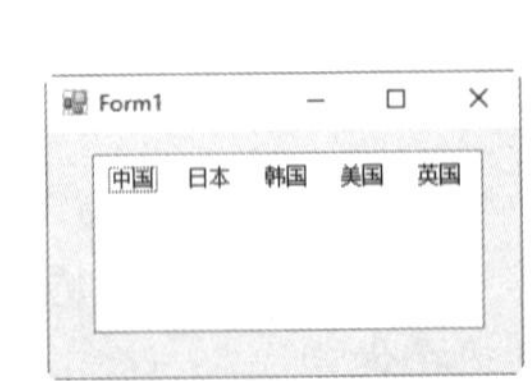

图 12-7　为 ListView 控件添加项

（2）通过使用控件的 Items 属性的 Add 方法和 RemoveAt 方法，实现项的添加和删除。

【例 12-2】编写程序，在 ListView 控件中添加和删除项。

（1）在 Visual Studio 2017 中，新建名称为“Form2”的文件。

（2）在代码编辑区域输入以下代码。

```
using System;
using System.Windows.Forms;
namespace Form2
{
    public partial class Form1 : Form
    {
        public Form1()
        {
            InitializeComponent();
        }
        private void button1_Click(object sender, EventArgs e)
        {
            if (textBox1.Text == "")
            {
                MessageBox.Show("请添加内容");
            }
            else
            {
                //Add 方法的作用是用指定的文本创建一个项，并将该项添加到集合中
                listView1.Items.Add(textBox1.Text.Trim());
            }
        }
        private void button2_Click(object sender, EventArgs e)
        {
            if (listView1.SelectedItems.Count == 0)
            {
                MessageBox.Show("请选择要删除的项");
            }
            else
            {
                //RemoveAt 的作用是移除集合中指定索引值的项
                listView1.Items.RemoveAt(listView1.SelectedItems[0].Index);
            }
        }
    }
}
```

【程序分析】本例演示了项的添加和删除。在代码中，首先注册 button1_Click 事件，并调用 Add 方法，将创建好的项添加到集合中；然后在 button2_Click 事件中，首先对 ListView 控件中的项进行判断，如果集合中还存在项，就调用 RemoveAt 方法，删除鼠标选中的项。

在 Visual Studio 2017 中的运行结果如图 12-8 所示。

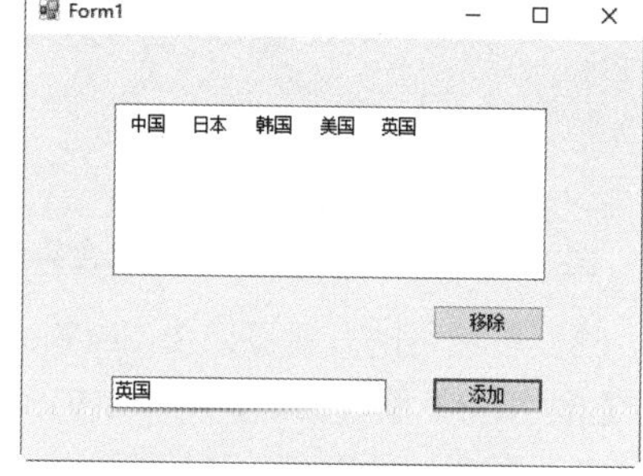

图 12-8 添加和移除项

12.2.2 使用列表视图控件

ListView 控件可以通过 View 属性显示可用五种不同视图之一显示的项集合，如表 12-1 所示。

表 12-1 View 属性

属 性 值	说 明
LargeIcon	在项文本旁显示大图标，如果控件足够大，则项显示在多列中
SmallIcon	除显示小图标外，其他方面与大图标视图模式相同
List	显示小图标，但总是显示在单列中
Details	在多列中显示项
Tile	每个项都显示为一个完整大小的图标，在它的右边带项标签和子项信息。（仅支持 Windows XP/Server 2003）

1. 为 ListView 控件的项分组

使用 ListView 控件的分组功能可以用分组形式显示相关组项。在屏幕上，这些组由包含组标题的水平组标头分隔。

为 ListView 控件的项分组有以下两种方法。

（1）ListView 控件的项添加完成之后，直接单击控件上方的小箭头，如图 12-9 所示。然后再单击“编辑组”，就会弹出“ListViewGroup 集合编辑器”对话框，并通过 Header 属性，对 ListViewGroup1 的组命名为“亚洲”，对 ListViewGroup2 的组命名为“欧洲”，如图 12-10 所示。接着在 ListViewItem 集合编辑器中，选择 Group 属性，为 ListView 控件的添加项选择分组，如图 12-11 所示。

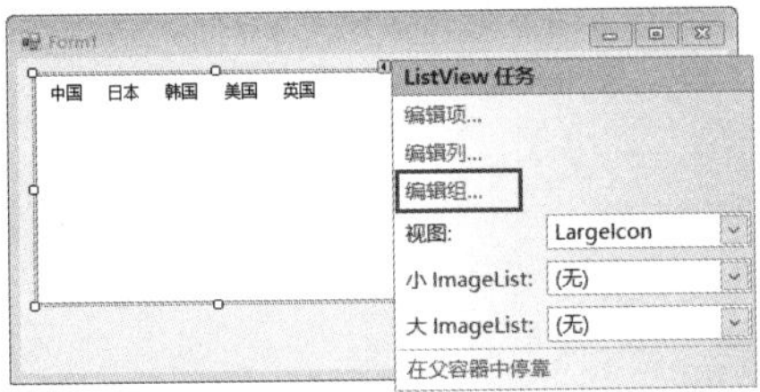

图 12-9　单击“编辑组”

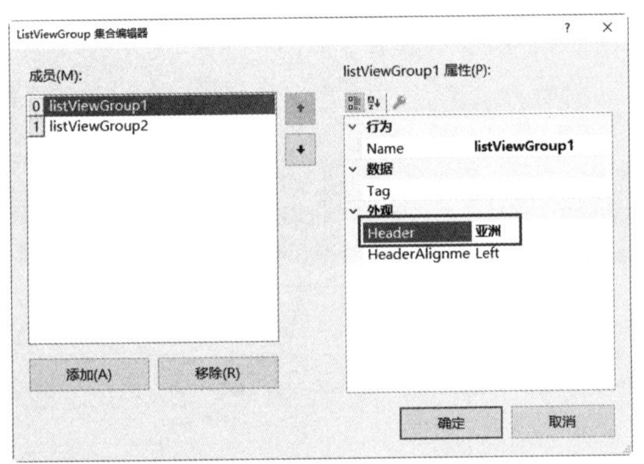

图 12-10　“ListViewGroup 集合编辑器”对话框

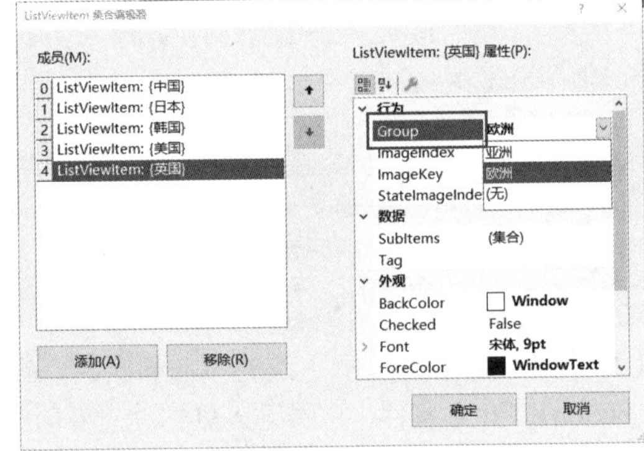

图 12-11　选择分组

（2）用编程的方式可以为 ListView 控件中的项分组，还可以将一个组中的项移至另一个组中。

【例 12-3】 编写程序，为 ListView 控件中的项分组。

（1）在 Visual Studio 2017 中，新建名称为“Form3”的文件。

（2）在代码编辑区域输入以下代码。

```
using System;
using System.Windows.Forms;
namespace Form3
{
    public partial class Form1 : Form
    {
        public Form1()
        {
            InitializeComponent();
        }
        private void Form1_Load(object sender, EventArgs e)
        {
            //设置 listView1 控件的 View 属性
            listView1.View = View.SmallIcon;
            //向控件中添加项目
            listView1.Items.Add("中国");
```

```
            listView1.Items.Add("日本");
            listView1.Items.Add("韩国");
            listView1.Items.Add("美国");
            listView1.Items.Add("英国");
            //为 listView1 控件建立两个组
            listView1.Groups.Add(new ListViewGroup("亚洲", HorizontalAlignment.Left));
            listView1.Groups.Add(new ListViewGroup("欧洲", HorizontalAlignment.Left));
            //将 listView1 控件中的索引值 0、1、2 的项添加到第一个分组
            listView1.Items[0].Group = listView1.Groups[0];
            listView1.Items[1].Group = listView1.Groups[0];
            listView1.Items[2].Group = listView1.Groups[0];
            //将 listView1 控件中的索引值 3、4 的项添加到第二个分组
            listView1.Items[3].Group = listView1.Groups[1];
            listView1.Items[4].Group = listView1.Groups[1];
        }
    }
}
```

【程序分析】本例演示了为 ListView 控件的项分组。首先在 Form1 窗体中添加 ListView 控件，这样就可以在 Form1_Load 事件中为该控件编写代码。用户需要将 listView1 控件设置为 View 属性，再通过 Item 集合的 Add 方法为控件添加五个项，分别为“中国”“日本”“韩国”“美国”和“英国”；然后使用 Group 集合的 Add 方法，为该控件添加两个分组，分别为“亚洲”和“欧洲”；最后将 listView1 控件中的索引值 0、1、2 的项添加到第一个分组，将 listView1 控件中的索引值 3、4 的项添加到第二个分组。

在 Visual Studio 2017 中的运行结果如图 12-12 所示。

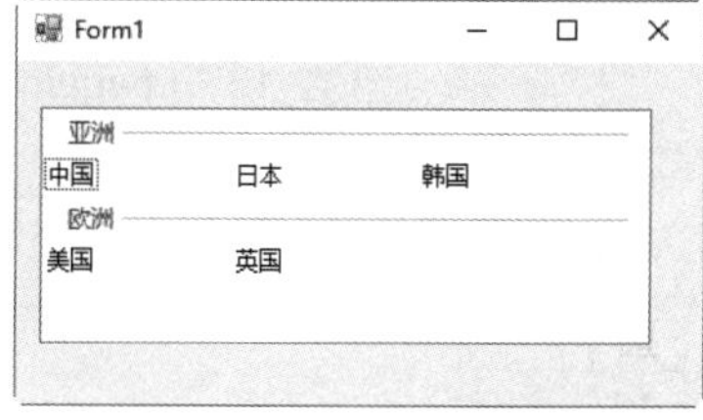

图 12-12　为 ListView 控件设置分组

2. 为 ListView 控件中的项添加图标

如果用户要为 ListView 控件中的项添加图标，则需要与 ImageList 控件结合使用。这里需要注意，由于 ImageList 控件是一个组件，所以是没有可视化界面的。

为 ListView 控件中的项添加图标具体步骤如下。

（1）在 Form 窗体中添加 ListView 控件并添加相应的项，然后添加 ImageList 控件，如图 12-13 所示。选择 ImageList 控件的 Images 属性，会弹出“图像集合编辑器”对话框，再单击“添加”按钮，就可以将文件夹中的图片放入成员中，如图 12-14 所示。

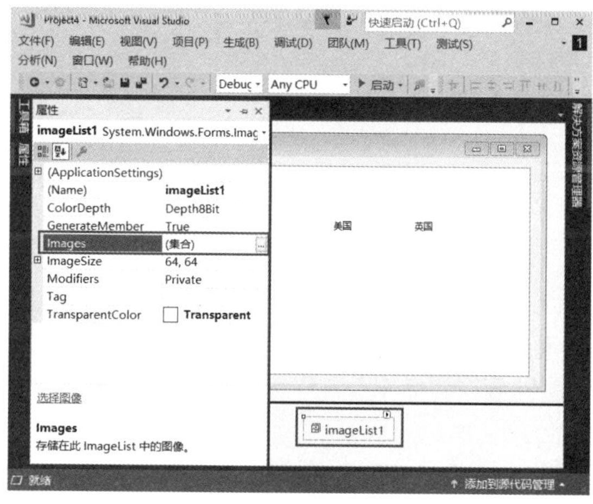

图 12-13　ListView 控件与 ImageList 控件

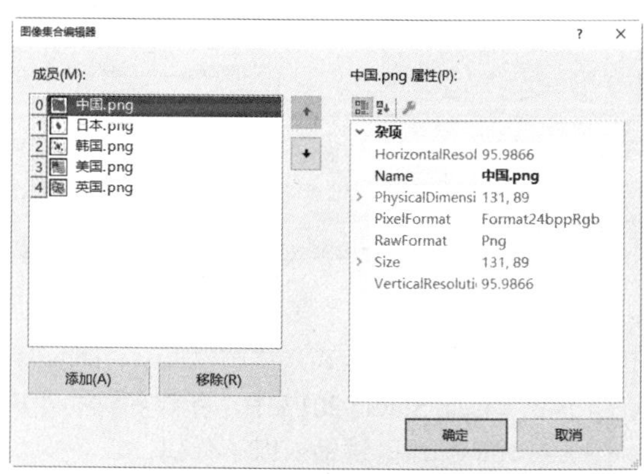

图 12-14　图像集合编辑器

（2）找到 ListView 控件的 SmallImageList、LargeImageList 和 StateImageList 属性，并将它们设置为想要使用的现有 imageList1 组件。

（3）打开 ListView 控件的“ListViewItem 集合编辑器”对话框，选择 ImageIndex 属性，依次为成员中的项添加图标，如图 12-15 和图 12-16 所示。

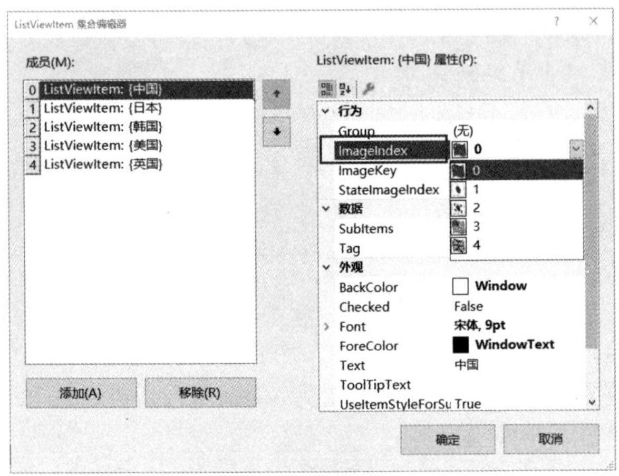

图 12-15 ImageIndex 属性

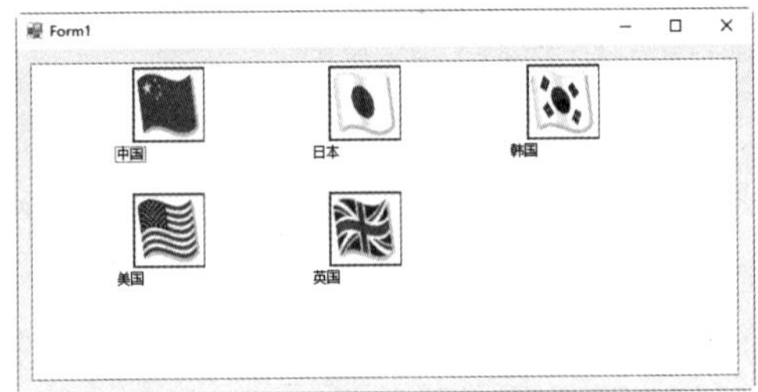

图 12-16 添加图标

3. 为 ListView 控件中的项添加列表

直接单击控件上方的小箭头，然后再单击“编辑列”，就会弹出“Column Header 集合编辑器”对话框，如图 12-17 所示。

在 Column Header 集合编辑器中，用户可以根据国家的属性，在成员中添加项的四个列表头，分别为 chID、chEngName、chCountry 和 chCaptial，用于表示序号、英文名称、国家和首都。这些都可以在 Name 属性和 Text 属性中修改，如图 12-18 所示。

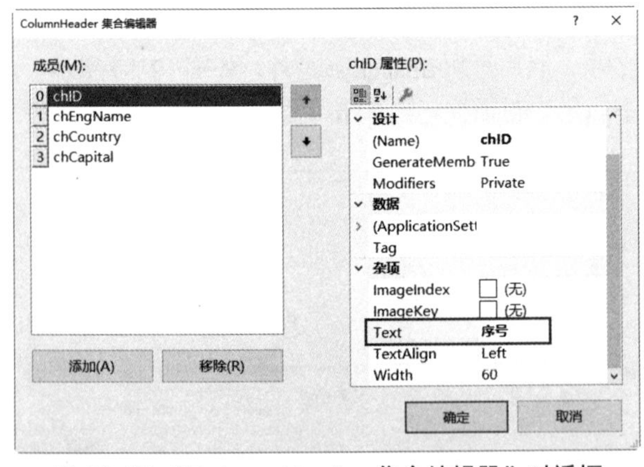

图 12-17 “Column Header 集合编辑器”对话框

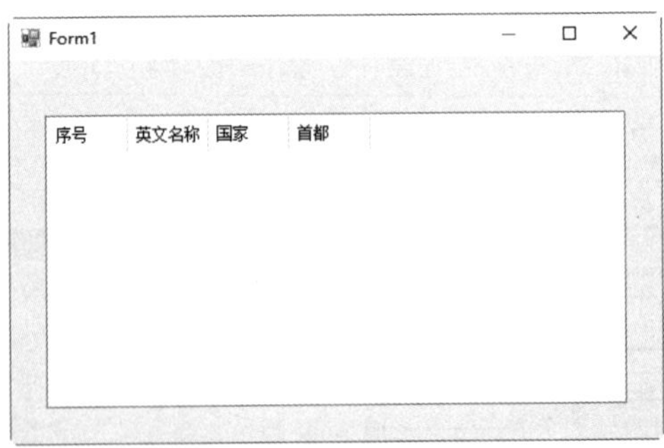

图 12-18 添加列表头

【例 12-4】编写程序，在 ListView 控件中添加五个国家的项，并将这五个国家的序号、英文名称、国家和首都设计成列表的形式。然后以 List、Details 和 Tile 属性的形式显示。

（1）在 Visual Studio 2017 中，新建名称为“Form4”的文件。

（2）在代码编辑区域输入以下代码。

```
using System;
```

```
using System.Windows.Forms;
namespace Form4
{
    public partial class Form1 : Form
    {
        public Form1()
        {
            InitializeComponent();
        }
        private void Form1_Load(object sender, EventArgs e)
        {
            string[,] myCountry = { { "China", "中国", "北京" }, { "Japan", "日本", "东京" },
                { "Korea", "韩国", "首尔" }, { "America", "美国", "华盛顿" }, { "England ", "英国",
                    "伦敦" } };
            for (int i = 0; i < myCountry.Length/3 ; i++)
            {
                ListViewItem mylvi = listView1.Items.Add(i.ToString());
                mylvi.ImageIndex = i;
                mylvi.SubItems.Add(myCountry[i, 0]);
                mylvi.SubItems.Add(myCountry[i, 1]);
                mylvi.SubItems.Add(myCountry[i, 2]);
            }
        }
        private void comboBox1_SelectedIndexChanged(object sender, EventArgs e)
        {
            if (comboBox1.SelectedItem.ToString() == "Details")
            {
                listView1.View = View.Details;
            }
            if (comboBox1.SelectedItem.ToString() == "List")
            {
                listView1.View = View.List;
            }
            if (comboBox1.SelectedItem.ToString() == "Tile")
            {
                listView1.View = View.Tile;
            }
        }
    }
}
```

【程序分析】本例演示了为 ListView 控件的项添加列表。首先在 Form1 窗体中添加 ListView 控件，再添加两个 ImageList 控件，用来设置图标的大小；然后在窗体中添加 Label 控件和 ComboBox 控件，用来提示 List、Details 和 Tile 属性是三种特征。

在代码中，首先定义一个三行三列的二维数组，并通过 for 循环遍历出来；然后在 comboBox1_SelectedIndexChanged 事件中，判断 comboBox1 控件中的项是否与 List、Details 和 Tile 属性相等，如果相等，就按照该属性的方式排列 ListView 控件中的项。

在 Visual Studio 2017 中的运行结果如图 12-19～图 12-21 所示。

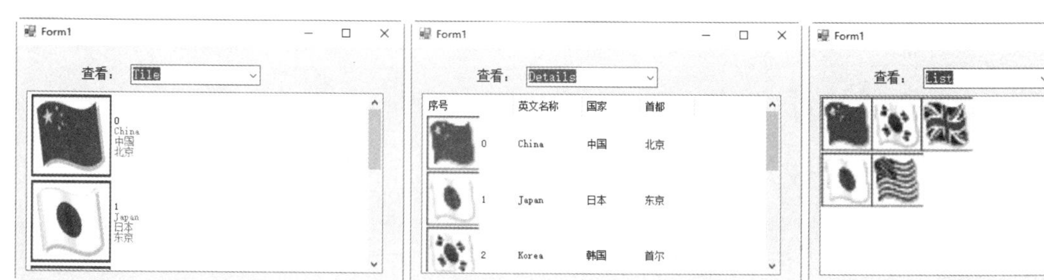

图 12-19　Tile 属性　　图 12-20　Details 属性　　图 12-21　List 属性

12.3 树视图控件

树视图（TreeView）控件可以为用户显示节点层次结构，就像在 Windows 资源管理器功能的左窗格中显示文件和文件夹一样。树视图中的各个节点可能包含其他节点，称为“子节点”。用户可以按展开或折叠的方式显示父节点或包含子节点的节点。

12.3.1 添加和删除树节点

TreeView 控件以层次结构的方式显示节点，Nodes 属性包含树视图中的顶级节点列表，它是 TreeNode 对象集合。

1. 添加节点

添加节点时，首先需要创建 TreeNode 类的对象，然后通过 Nodes 的 Add 方法将创建的 TreeNode 对象添加为 TreeView 节点。

Add 方法的语法格式如下：

```
public virtual int Add(TreeNode node)
```

参数 node 表示要添加到集合中的 TreeNode。

【例 12-5】编写程序，为 TreeView 控件添加两个父节点，分别用于表示初中和高中。然后再添加三个子节点，用于表示年级。

（1）在 Visual Studio 2017 中，新建名称为“Form5”的文件。

（2）在代码编辑区域输入以下代码。

```
using System;
using System.Windows.Forms;
namespace Form5
{
    public partial class Form1 : Form
    {
        public Form1()
        {
            InitializeComponent();
        }
        private void Form1_Load(object sender, EventArgs e)
        {
            //为控件建立两个父节点，tn1 表示初中，tn2 表示高中
            TreeNode tn1 = treeView1.Nodes.Add("初中");
            TreeNode tn2 = treeView1.Nodes.Add("高中");
            //为控件建立三个子节点
            TreeNode CZ1 = new TreeNode("初一");
            TreeNode CZ2 = new TreeNode("初二");
            TreeNode CZ3 = new TreeNode("初三");
            //将以上的三个节点添加到第一个父节点中
            tn1.Nodes.Add(CZ1);
            tn1.Nodes.Add(CZ2);
            tn1.Nodes.Add(CZ3);
            //再为控件建立三个子节点
            TreeNode GZ1 = new TreeNode("高一");
            TreeNode GZ2 = new TreeNode("高二");
            TreeNode GZ3 = new TreeNode("高三");
            //将以上的三个节点添加到第二个父节点中
            tn2.Nodes.Add(GZ1);
```

```
                tn2.Nodes.Add(GZ2);
                tn2.Nodes.Add(GZ3);
            }
        }
    }
```

【程序分析】本例演示了如何为 TreeView 控件添加节点。首先在 Form1 窗体中，添加 TreeView 控件；接着，在 Form1_Load 事件中使用 Add 方法，为控件建立两个父节点，tn1 表示初中，tn2 表示高中；然后再分别创建三个子节点，用于表示年级。

在 Visual Studio 2017 中的运行结果如图 12-22 所示。

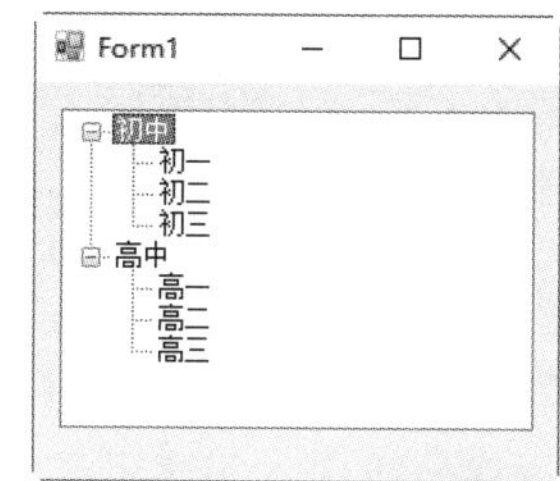

图 12-22 添加节点

2. 删除节点

删除节点时，可用 Nodes 属性的 Remove 方法，语法格式如下：

```
public void Remove(TreeNode node)
```

参数 node 表示要移除的 TreeNode。

【例 12-6】编写程序，将例 12-5 中的“高中”节点删除。

（1）在 Visual Studio 2017 中，新建名称为“Form6”的文件。

（2）在代码编辑区域输入以下代码。

```
using System;
using System.Windows.Forms;
namespace Form6
{
    public partial class Form1 : Form
    {
        public Form1()
        {
            InitializeComponent();
        }
        private void button1_Click(object sender, EventArgs e)
        {
            TreeNode tn = treeView1.SelectedNode;
            if (tn.Text == "高中")
            {
                DialogResult mydr = MessageBox.Show("该节点包含子节点，确定删除吗？\n确定请按是，取消请按否",
                    "删除提示", MessageBoxButtons.YesNo);
                if (mydr == DialogResult.Yes)
                {
                    tn.Remove();
                }
            }
            else
            {
                treeView1.Nodes.Remove(treeView1.SelectedNode);
            }
        }
        private void Form1_Load(object sender, EventArgs e)
        {
            //为控件建立两个父节点，tn1 表示初中，tn2 表示高中
            TreeNode tn1 = treeView1.Nodes.Add("初中");
            TreeNode tn2 = treeView1.Nodes.Add("高中");
            //为控件建立三个子节点
            TreeNode CZ1 = new TreeNode("初一");
            TreeNode CZ2 = new TreeNode("初二");
            TreeNode CZ3 = new TreeNode("初三");
            //将以上的三个节点添加到第一个父节点中
```

```
            tn1.Nodes.Add(CZ1);
            tn1.Nodes.Add(CZ2);
            tn1.Nodes.Add(CZ3);
            //再为控件建立三个子节点
            TreeNode GZ1 = new TreeNode("高一");
            TreeNode GZ2 = new TreeNode("高二");
            TreeNode GZ3 = new TreeNode("高三");
            //将以上的三个节点添加到第二个父节点中
            tn2.Nodes.Add(GZ1);
            tn2.Nodes.Add(GZ2);
            tn2.Nodes.Add(GZ3);
        }
    }
}
```

【程序分析】本例演示了如何删除 TreeView 控件中的节点。在删除父节点时需要判断该节点是否包含子节点，以免造成误删。

在 Visual Studio 2017 中的运行结果如图 12-23 和图 12-24 所示。

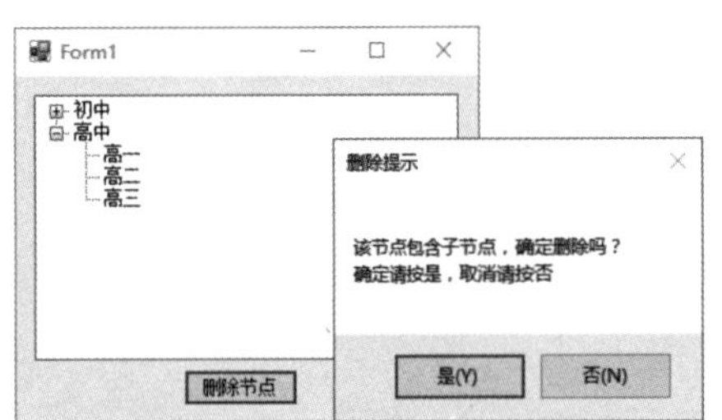

图 12-23　删除父节点时的判断

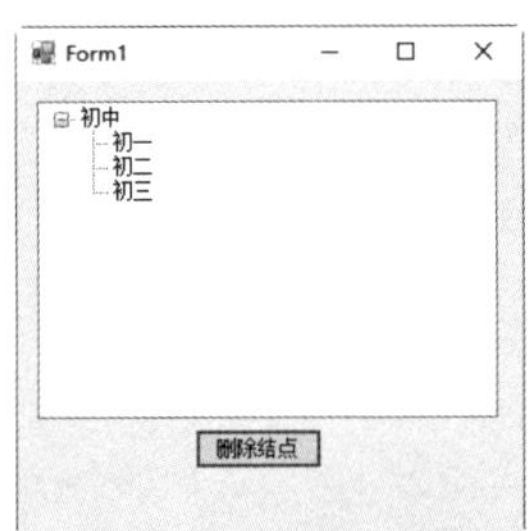

图 12-24　删除指定节点

12.3.2　为树控件中的节点设置图标

TreeView 控件与 ImageList 控件结合使用，可在每个节点旁边显示图标。

具体步骤如下。

（1）直接单击控件上方的小箭头，然后再单击“编辑节点”，就会弹出“TreeNode 编辑器”对话框，如图 12-25 和图 12-26 所示。

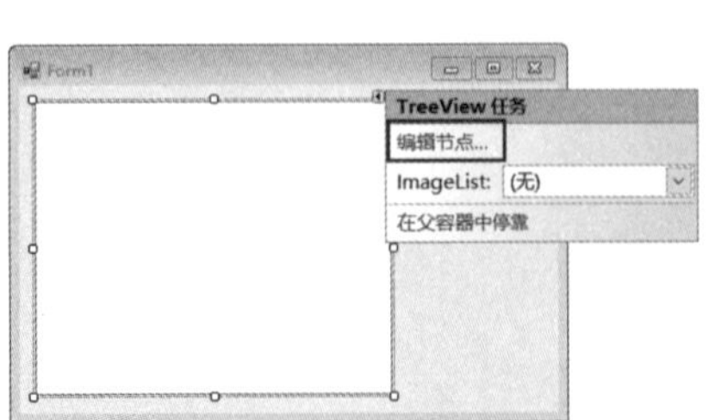

图 12-25　单击“编辑节点”

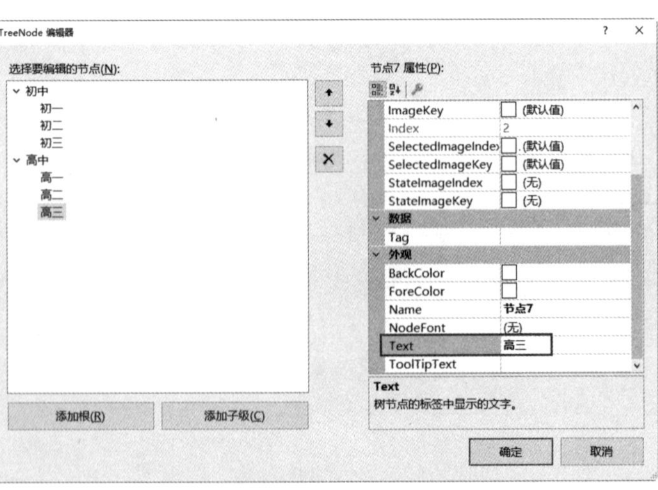

图 12-26　“TreeNode 编辑器”对话框

（2）选中 ImageList 控件的 Images 属性，并单击...按钮，就会弹出一个“图像集合编辑器”对话框，最后通过该对话框为节点设置图标。最后需要将 TreeView 控件的 ImageList 属性设置为 imageList1，图标才会在节点中显示出来，如图 12-27 所示。

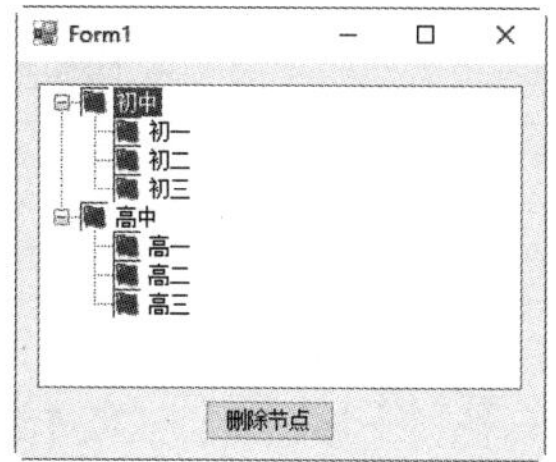

图 12-27　为节点设置图标

12.4　DateTimePicker 控件

DateTimePicker 控件可以供用户从日期或时间列表中选择单个项。在用来表示日期时，显示为两部分，即一个下拉列表和一个类似于 MonthCalendar 控件的网格，如图 12-28 所示。

图 12-28　DateTimePicker 控件

12.4.1　使用 DateTimePicker 控件显示时间

DateTimePicker 控件默认是显示日期。在显示时间时，必须将 ShowUpDown 属性设置为 true，再将 Format 属性设置为 Time，如图 12-29 所示。

ShowUpDown 属性用来判断是否修改控件值显示数字显示框，而不是显示下拉日历。在显示数字显示框的右边会出现两个上下箭头的小按钮，可以用来调整时间值，如图 12-30 所示。而 Format 属性用于确定日期和时间是用标准格式显示还是用自定义格式显示，该属性有四个枚举值，如表 12-2 所示。

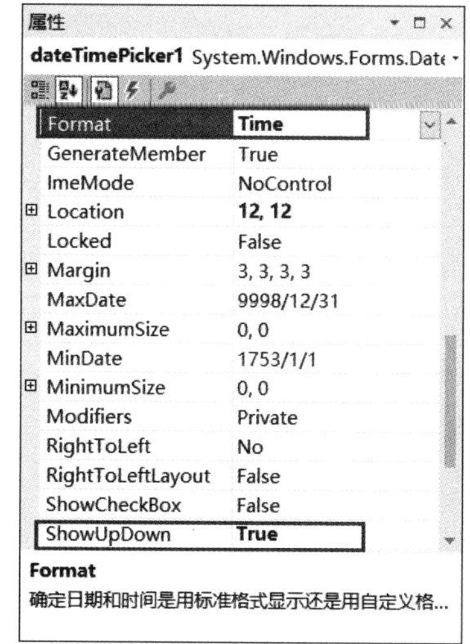

图 12-29　设置属性值

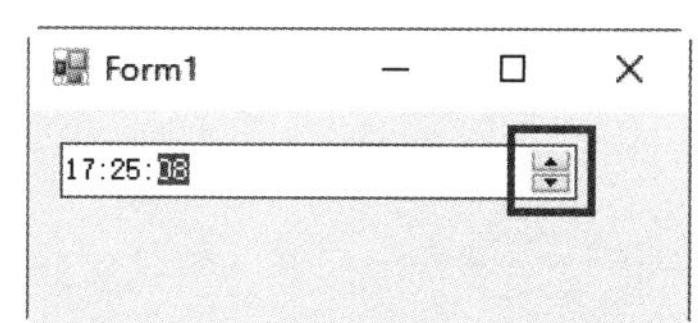

图 12-30　ShowUpDown 属性

表 12-2　Format 属性的枚举值及说明

枚 举 值	说　明
Custom	DateTimePicker 控件以自定义格式显示日期/时间值
Long	DateTimePicker 控件以用户操作系统设置的长日期格式显示日期/时间值
Short	DateTimePicker 控件以用户操作系统设置的短日期格式显示日期/时间值
Time	DateTimePicker 控件以用户操作系统设置的时间格式显示日期/时间值

12.4.2　使用 DateTimePicker 控件以自定义格式显示时间

要想使 DateTimePicker 控件以自定义格式显示日期，就得先将 Format 属性设置为 Custom，表示 DateTimePicker 控件以自定义格式显示日期/时间值。然后将 CustomFormat 属性设置为一个格式字符串，如表 12-3 所示列出了格式字符串及其说明。

表 12-3　格式字符串及其说明

符　号	含　义
y	Year 缩写，yy 或者 yyyy
M	Month 缩写，m 或 mm
d	Date 缩写，d 或 dd
h	hour 缩写，h 或 hh，12 小时制
H	Hour 缩写，H 或 H，24 小时制
m	Minitue 缩写，m 或 mm
s	Second 缩写，s 或 ss

DateTimePicker 控件以自定义格式显示时间有以下两种方式。

（1）通过属性面板设置，Format 属性设置为 Custom，然后将 CustomFormat 属性设置为“MMMM dd 日 yy 年”的格式来显示日期，如图 12-31 所示。

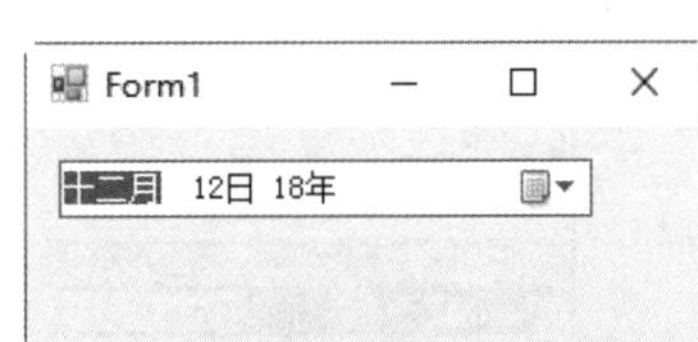

图 12-31　通过属性面板自定义时间格式

（2）通过编写代码，使 DateTimePicker 控件以自定义格式显示时间。

【例 12-7】编写程序，使 DateTimePicker 控件以自定义格式显示日期。

（1）在 Visual Studio 2017 中，新建名称为“Form7”的文件。

（2）在代码编辑区域输入以下代码。

```
using System;
using System.Windows.Forms;
namespace Form7
{
    public partial class Form1 : Form
    {
        public Form1()
        {
            InitializeComponent();
        }
        private void Form1_Load(object sender, EventArgs e)
```

```
            {
                dateTimePicker1.Format = DateTimePickerFormat.Custom;
                dateTimePicker1.CustomFormat = "MMMM  dd 日  yy 年";
                label1.Text = dateTimePicker1.Text;
            }
        }
    }
```

【程序分析】本例演示了如何使用 DateTimePicker 控件自定义格式显示时间。首先在 Form1 窗体中添加 DateTimePicker 控件；然后将该控件的 Format 属性设置为 DateTimePickerFormat.Custom，表示用户可以自定义时间格式；接着将 CustomFormat 属性设置为“MMMM　dd 日　yy 年”格式；最后，再添加一个 Label 控件，显示出 DateTimePicker 控件中的内容。

在 Visual Studio 2017 中的运行结果如图 12-32 所示。

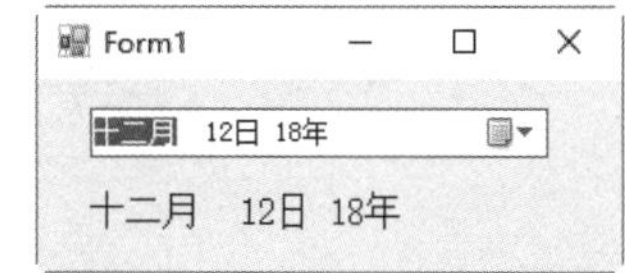

图 12-32　编写代码自定义时间格式

12.4.3　返回 DateTimePicker 控件中选择的日期

DateTimePicker 控件中当前选定的日期和时间由 Value 属性确定。默认情况下，此控件的 Value 属性设置为当前日期。如果在代码中更改了此控件的 Value 属性，则此控件在窗体上自动更新以反映新设置。

Value 属性将 DateTime 结构作为它的值返回，有若干个 DateTime 结构的属性返回关于显示日期的特定信息。这些属性只能用于返回值，而不能用来设置值，如表 12-4 所示。

表 12-4　Value 属性的返回值

属　性	说　明
Year	返回年
Month	返回月
Date	返回日期部分
Day	返回日
DayofWeek	返回星期
Hour	返回小时
Minite	返回分钟
Second	返回秒钟
TimeOfDay	返回当天时间
Millisecond	返回毫秒

【例 12-8】编写程序，使用 DateTimePicker 控件 Value 属性返回选择的日期。再使用 Text 属性，获取当前控件选择的日期。

（1）在 Visual Studio 2017 中，新建名称为“Form8”的文件。

（2）在代码编辑区域输入以下代码。

```
using System;
using System.Windows.Forms;
namespace Form8
{
    public partial class Form1 : Form
    {
        public Form1()
        {
```

```
            InitializeComponent();
        }
        private void Form1_Load(object sender, EventArgs e)
        {
            //使用 Value 属性的 Year 方法获取选择日期的年
            textBox2.Text = dateTimePicker1.Value.Year.ToString();
            //使用 Value 属性的 Month 方法获取选择日期的月
            textBox3.Text = dateTimePicker1.Value.Month.ToString();
            //使用 Value 属性的 Day 方法获取选择日期的日
            textBox4.Text = dateTimePicker1.Value.Day.ToString();
            //使用控件的 Text 属性获取当前控件选择的日期
            textBox1.Text = dateTimePicker1.Text;
        }
    }
}
```

【程序分析】本例演示了如何返回 DateTimePicker 控件中选择的日期。首先在 Form1 窗体中创建 DateTimePicker 控件、Label 控件和 TextBox 控件；然后通过 Value 属性获取年、月、日；再通过使用 Text 属性，获取 DateTimePicker 控件当前选择的日期。

在 Visual Studio 2017 中的运行结果如图 12-33 所示。

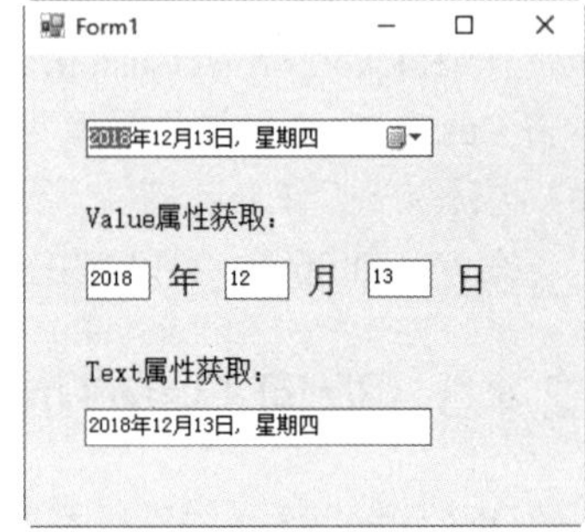

图 12-33 获取控件中选择的日期

12.5 MonthCalender 控件

MonthCalendar 控件用来查看和设置日期信息。它是一个可视化网格图形界面，网格内包含月份的编号日期，这些日期排列在周一至周日下方的七个列中。用户可以单击月份标题任何一侧的箭头按钮来选择不同的月份。该控件还有一个更强的功能，就是可以选择日期范围。

12.5.1 更改 MonthCalender 控件的外观

MonthCalendar 控件允许多种方法自定义月历的外观。

1. 以粗体显示特定日期

在属性面板中，MonthCalendar 控件主要通过以下三个属性设置成粗体的形式，显示特殊的日期或重复出现的日子。

（1）BoldedDates 属性：以粗体显示当前设置的日期。

（2）AnnuallyBoldedDates 属性：每年都以粗体显示设置的日期。

（3）MonthlyBoldedDates 属性：每月都以粗体显示设置的日期。

例如，某个商场做活动，会员在每个月的 25 日可以享受半价优惠价。就可以在 MonthCalendar 控件的属性面板中，单击 MonthlyBoldedDates 属性的...按钮，会弹出“DateTime 集合编辑器”对话框，如图 12-34 所示。然后在每个月的 25 日都会显示黑体进行提示，如图 12-35 所示。

这三个属性中的每一个都含有一个 DateTime 对象数组。若要从这些列表中添加或移除日期，必须添加或移除 DateTime 对象。

在程序中，可以使用 AddBoldedDate 方法在月历中添加以粗体显示的日期；使用 UpdateBoldedDates 方法重绘粗体格式的日期，以反映在粗体格式日期的列表中设置的日期。

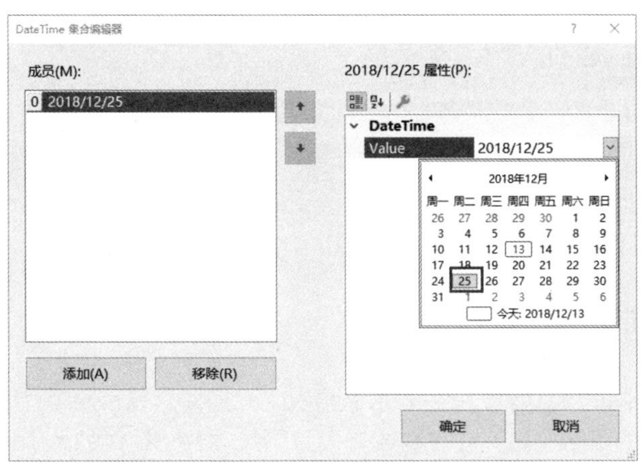

图 12-34 “DateTime 集合编辑器”对话框

图 12-35 以粗体显示特定日期

【例 12-9】编写程序，将 2018 年 12 月 20 日在网格中以粗体显示。

（1）在 Visual Studio 2017 中，新建名称为“Form9”的文件。

（2）在代码编辑区域输入以下代码。

```
using System;
using System.Windows.Forms;
namespace Form9
{
    public partial class Form1 : Form
    {
        public Form1()
        {
            InitializeComponent();
        }
        private void Form1_Load(object sender, EventArgs e)
        {
            //实例化 DateTime 类，使其值为 2018 年 12 月 20 日
            DateTime myBirthday = new DateTime(2018, 12, 20);
           //使用 AddBoldedDate 方法在月历中将 20 以粗体显示
            monthCalendar1.AddBoldedDate(myBirthday);
            //调用 UpdateBoldedDates 方法重绘粗体格式的日期
            monthCalendar1.UpdateBoldedDates();
        }
    }
}
```

【程序分析】本例演示了以粗体显示特定日期。在 Form1 窗体中，添加 MonthCalendar 控件；然后创建一个 DateTime 对象，在这个对象中指定需要以粗体显示的日期。然后使用 AddBoldedDate 方法在月历中添加以粗体显示的日期；最后调用 UpdateBoldedDates 方法重绘粗体格式的日期。

在 Visual Studio 2017 中的运行结果如图 12-36 所示。

图 12-36 以粗体显示特定日期

2. 更改月历配色方案

MonthCalendar 控件主要通过以下属性来更改月历控件的配色方案。

（1）Backcolor 属性：月份中显示的背景颜色。

（2）Forecolor 属性：用于显示月份中文本的颜色。

（3）TitleBackcolor 属性：日历标题中显示的背景色。

（4）TitleForeColor 属性：用于显示日历中标题文本的颜色。

（5）TrailingForeColor 属性：用于显示在月历上出现的上一个月和下一个月的颜色。

还可以使用该控件的 ShowToday 和 ShowTodayCircle 属性来判断是否在控件底部显示今天日期和确定是否在今天这一日期上加圆圈。

图 12-37　显示周数

3. 显示周数

将 ShowWeekNumbers 属性设置为 True，用于确定是否在每行日期的左侧显示周数，如图 12-37 所示。

12.5.2　在 MonthCalender 控件中显示多个月份

MonthCalendar 控件可显示多个月份，最多可同时显示十二个月。默认情况下，控件只显示一个月，用户可通过 CalendarDimensions 属性来设置要显示的月份个数。在设置或更改月历尺寸时，控件的大小也会随之改变，因此应确保窗体上有足够的空间供新尺寸使用。

在属性面板中，设置 CalendarDimensions 属性，使控件在水平和垂直方向都显示两个月份，如图 12-38 和图 12-39 所示。

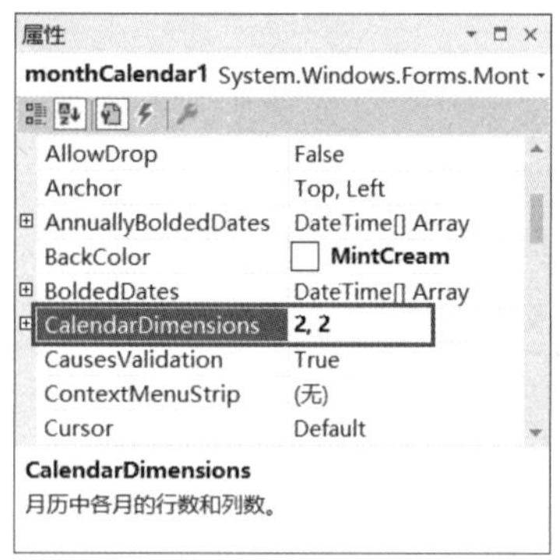

图 12-38　CalendarDimensions 属性

图 12-39　显示多个月份

12.5.3　在 MonthCalender 控件中选择日期范围

MonthCalender 控件的 MaxDate 属性和 MinDate 属性分别用来设置选择的最大日期和最小日期，如图 12-40 和图 12-41 所示。

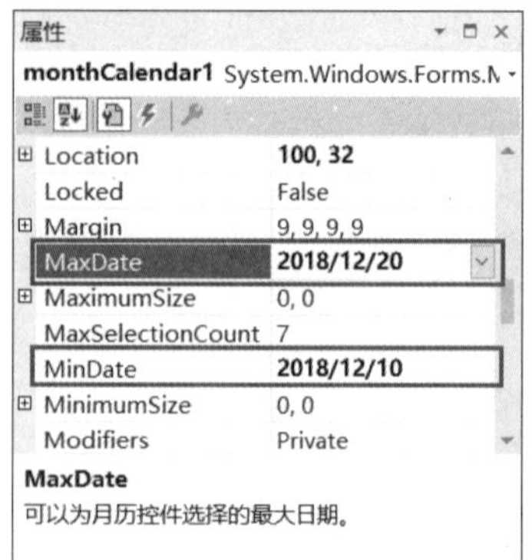

图 12-40　MaxDate 和 MinDate 属性

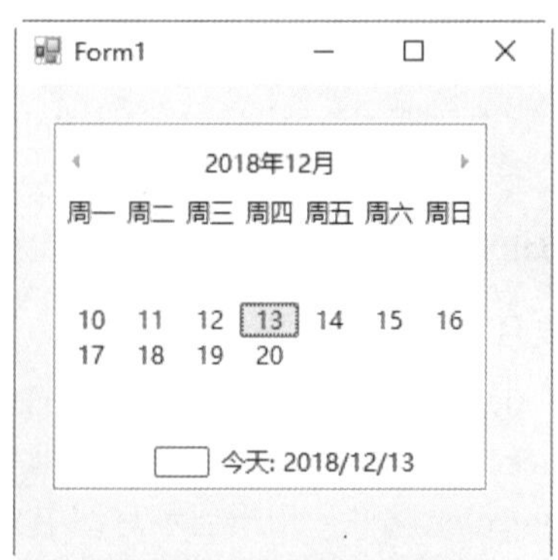

图 12-41　选择日期范围

注意：如果在代码中设置日期范围，则 MaxDate 属性和 MinDate 属性的值都为 DateTime 对象。

用户也可以通过 SelectionStart 和 SelectionEnd 属性进行设置。这两个属性分别用于设置日期的开始和结束。

【例 12-10】编写程序，设置月历的开始日期和结束日期。

（1）在 Visual Studio 2017 中，新建名称为“Form10”的文件。

（2）在代码编辑区域输入以下代码。

```
using System;
using System.Windows.Forms;
namespace Form10
{
    public partial class Form1 : Form
    {
        public Form1()
        {
            InitializeComponent();
        }
        private void Form1_Load(object sender, EventArgs e)
        {
        }
        private void monthCalendar1_DateChanged(object sender,
          DateRangeEventArgs e)
        {
            //通过 SelectionStart 属性获取用户选择的起始日期
            textBox1.Text = monthCalendar1.SelectionStart.ToString();
            //通过 SelectionEnd 属性获取用户选择的结束日期
            textBox2.Text = monthCalendar1.SelectionEnd.ToString();
        }
    }
}
```

【程序分析】本例演示了在 MonthCalender 控件中选择日期范围。在 Form1 窗体中，首先添加 MonthCalender 控件、两个 Label 控件和两个 TextBox 控件；然后在 MonthCalender 控件的 DateChanged 事件中获取 SelectionStart 和 SelectionEnd 属性的值，当控件中选择的日期发生更改时引发 DateChanged 事件。运行程序后，选择某个日期作为起始日期，然后按下 Shift 键，再选择结束日期。

在 Visual Studio 2017 中的运行结果如图 12-42 所示。

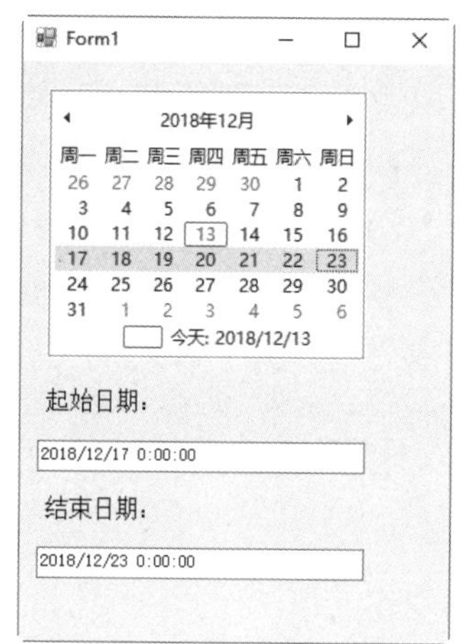

图 12-42 选择日期范围

12.6 其他高级控件

12.6.1 使用 ErrorProvider 控件验证文本框输入

ErrorProvider 控件可以对窗体或控件上的用户输入进行验证。当验证用户在窗体中的输入或显示数据集内的错误时，都会要用到该控件，如图 12-43 所示。

ErrorProvider 控件的主要方法是 SetError 方法，该方法可以指定错误信息字符串和错误图标应出现的位置。其使用格式为：

```
public void SetError(Control control,string value)
```

value 表示错误描述字符串；而参数 control 用于设置错误描述字符串的控件。

ErrorProvider 控件有以下几个重要的属性。

（1）ContainerControl 属性：父控件（通常为窗体），将 ErrorProvider 控件与数据绑定控件结合使用时，必须要将 ContainerControl 属性设置为相应的容器，以便于该组件可以在窗体上显示错误图标。

（2）Icon 属性：可以设置为自定义错误图标而不是默认图标设置。

（3）DataSource 属性：ErrorProvider 控件可为数据集显示错误信息。

（4）BlinkStyle 属性：用于控制当确定错误后错误图标是否闪烁。该属性的 NeverBlink 值表示永不闪烁，如图 12-44 所示。

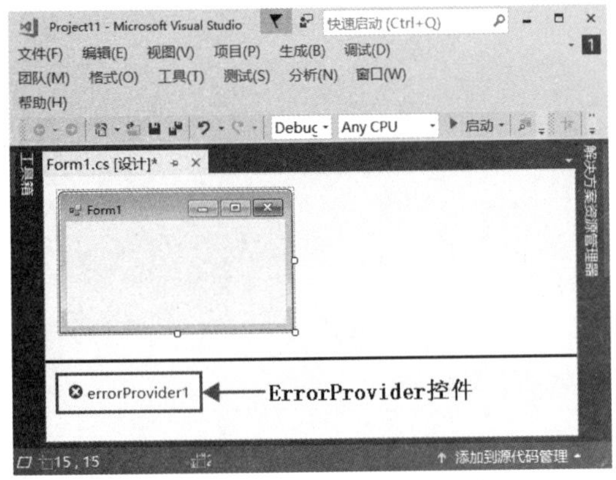

图 12-43　ErrorProvider 控件

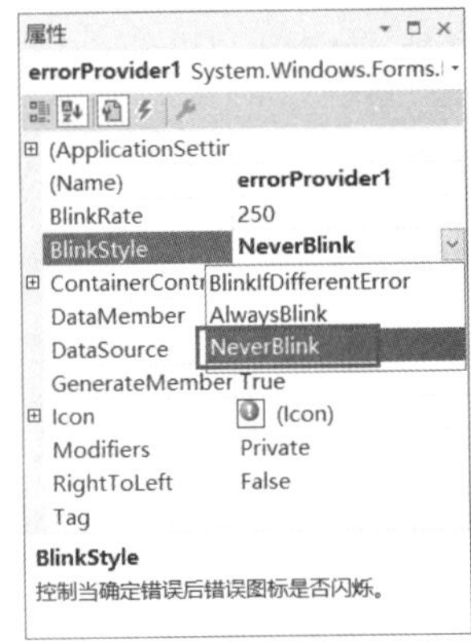

图 12-44　BlinkStyle 属性

【例 12-11】编写程序，使用 ErrorProvider 控件验证文本框输入是否正确。

（1）在 Visual Studio 2017 中，新建名称为“Form11”的文件。

（2）在代码编辑区域输入以下代码。

```
using System;
using System.Drawing;
using System.Windows.Forms;
namespace Form11
{
    public partial class Form1 : Form
    {
        public Form1()
        {
            InitializeComponent();
        }
        private void textBox1_TextChanged(object sender, EventArgs e)
        {
            //判断 textBox1 控件的文本框中字符串的个数
            if (textBox1.Text.Length < 5 || textBox1.Text.Length > 8)
            {
                //如果字符串个数未满足要求，则激活 errorProvider1 控件
                errorProvider1.SetError(textBox1, "用户名必须为 5 到 8 位");
                //调用自定义的图标
                errorProvider1.Icon = new Icon(@"G:\C#\源代码\ch12\Ico\错误.ico");
            }
            else
            {
                errorProvider1.SetError(textBox1, "通过验证");
                errorProvider1.Icon = new Icon(@"G:\C#\源代码\ch12\Ico\正确.ico");
            }
        }
        private void textBox3_TextChanged(object sender, EventArgs e)
        {
            if (textBox3.Text != textBox2.Text)
```

```
            {
                errorProvider2.SetError(textBox3, "两次输入的密码不一致");
                errorProvider2.Icon = new Icon(@"G:\C#\源代码\ch12\Ico\错误.ico");
            }
            else
            {
                errorProvider2.SetError(textBox2, "通过验证");
                errorProvider2.Icon = new Icon(@"G:\C#\源代码\ch12\Ico\正确.ico");
            }
        }
    }
}
```

【程序分析】本例演示了 ErrorProvider 控件的使用。首先在 Form1 窗体中添加 errorProvider1 控件和 errorProvider2 控件；接着添加三个 Label 控件，分别命名为“输入用户名”“输入密码”“再次输入密码”；同时对应三个 TextBox 控件。其中，errorProvider1 控件用于判断“输入用户名”对应的 textBox1 控件文本框中的字符串是否完整；errorProvider2 控件用于判断“再次输入密码”对应的 textBox3 控件文本框中的字符串是否与 textBox2 控件文本框中的内容相同。

在 textBox1_TextChanged 事件中，首先判断 textBox1 控件的文本框中字符串的个数为 5～8，如果未满足条件，则激活 errorProvider1 控件，调用“G:\C#\源代码\ch12\Ico\”地址中的“错误.ico”图标；如果满足条件，调用“G:\C#\源代码\ch12\Ico\”地址中的“正确.ico”图标。

在 textBox3_TextChanged 事件中，判断 textBox3 控件文本框中的字符串是否与 textBox3 控件文本框相同，如果未满足条件，则激活 errorProvider2 控件，调用“正确.ico”图标；否则调用“错误.ico”图标。

在 Visual Studio 2017 中的运行结果如图 12-45 和图 12-46 所示。

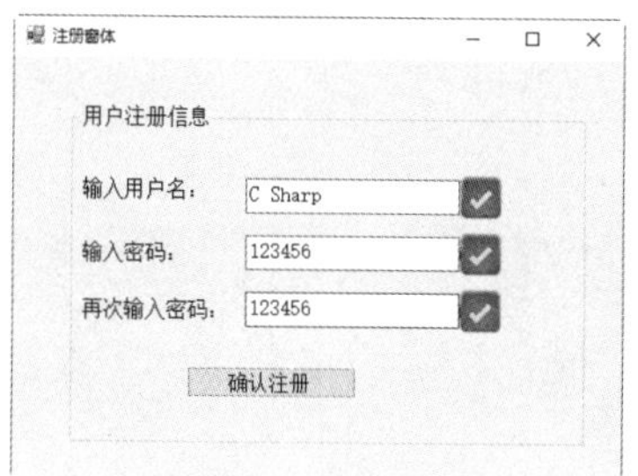

图 12-45　密码输入正确

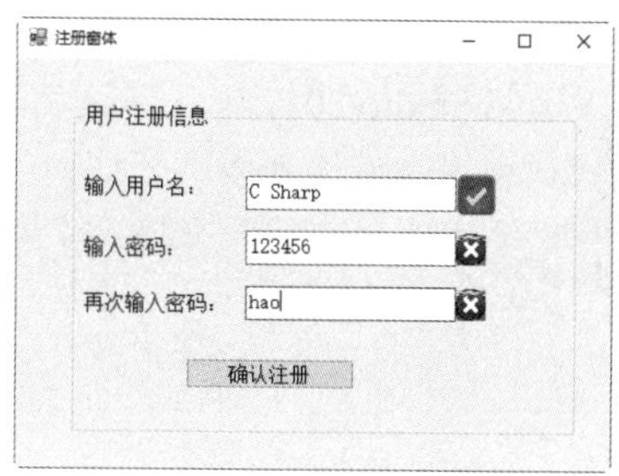

图 12-46　密码输入错误

12.6.2　使用 HelpProvider 控件调用帮助文件

HelpProvider 控件用于将 HTML 帮助文件（.btm 文件或.chm 文件）与 Windows 应用程序相关联，并且为特定对话框或对话框中的特定控件提供区分上下文的帮助，打开帮助文件到特定部分。如目录、索引或搜索功能的主页，如图 12-47 所示。

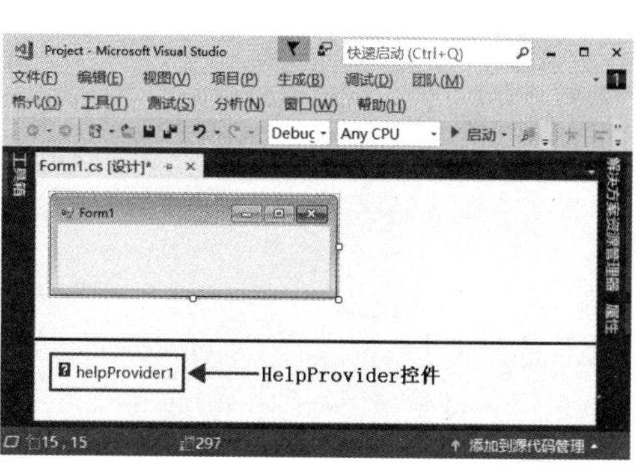

图 12-47　HelpProvider 控件

用户可以通过 HelpNamespace 属性将帮助文件与 HelpProvider 组件相关联，然后调用 SetShowHelp 方法实现当按 F1 键时，打开指定的帮助文件。

打开指定的帮助文件有以下两种途径。

（1）通过属性面板打开帮助文件。

首先在 HelpProvider 控件的属性面板中，选择 HelpNamespace 属性并单击[...]按钮；然后在文件夹中选择 help.htm 文件，如图 12-48 所示；接着，在 Form1 窗体控件的属性面板中，将 HelpProvider 上的 ShowHelp 值设置为 True，如图 12-49 所示。

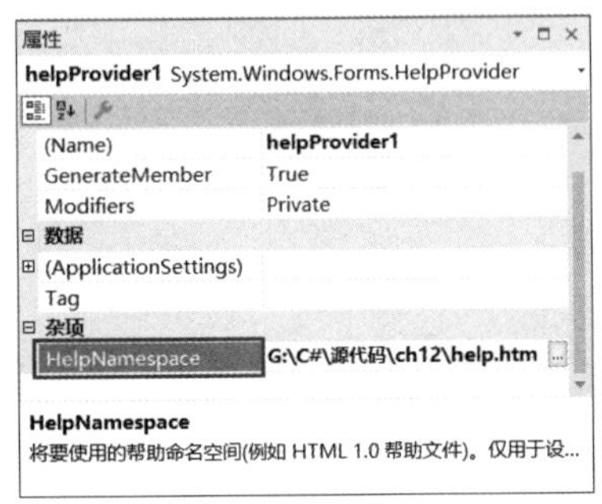

图 12-48　HelpNamespace 属性

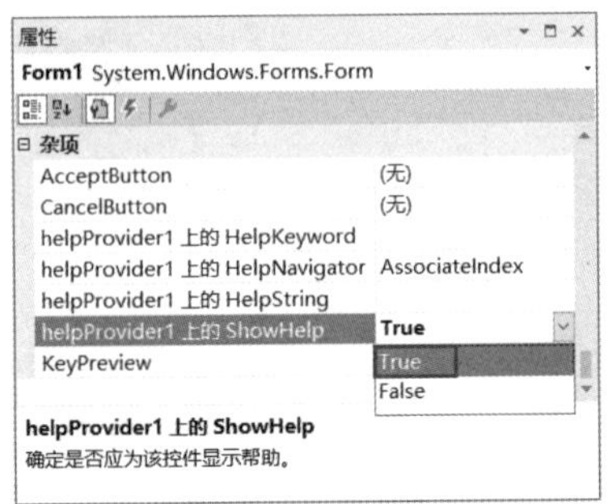

图 12-49　HelpProvider 上的 ShowHelp

（2）通过程序设置打开帮助文件。

HelpNamespace 属性可以设置一个值，该值指定与 HelpProvider 对象关联的帮助文件名。其语法格式如下：

```
public virtual string HelpNamespace{ get; set; }
```

SetShowHelp 方法用于指定是否显示指定控件的帮助信息。其语法格式如下：

```
public virtual void SetShowHelp(Control ctl,bool value)
```

参数 ctl 用于控制帮助信息的打开或关闭。value 值为 True 时表示显示控件的帮助信息，为 False 时则相反。

【例 12-12】编写程序，使用 HelpProvider 控件调用帮助文件。

（1）在 Visual Studio 2017 中，新建名称为“Form12”的文件。

（2）在代码编辑区域输入以下代码。

```
using System;
using System.Windows.Forms;
namespace Form12
{
    public partial class Form1 : Form
    {
        public Form1()
        {
            InitializeComponent();
        }
        private void Form1_Load(object sender, EventArgs e)
        {
            //设置帮助文件的位置
            string  strPath = @"F:\C#\源代码\ch12\DateTimePicker 控件\help.htm";
            //设置 helpProvider1 控件的 HelpNamespace 属性，以及帮助文件的路径
            helpProvider1.HelpNamespace = strPath;
            //设置 SetShowHelp 方法指定是否显示控件的帮助信息
            helpProvider1.SetShowHelp(this, true);
        }
    }
}
```

【程序分析】本例演示了 HelpProvider 控件的使用。首先在 Form1 窗体上添加 HelpProvider 控件；然后在 Form1_Load 事件中，声明 string 类型的变量 strPath，用于存放帮助文件的地址；接着，设置 helpProvider1 控件的 HelpNamespace 属性，以及帮助文件的路径；最后再设置 SetShowHelp 方法指定是否显示控件的帮助信息。

在 Visual Studio 2017 中的运行结果如图 12-50 所示。

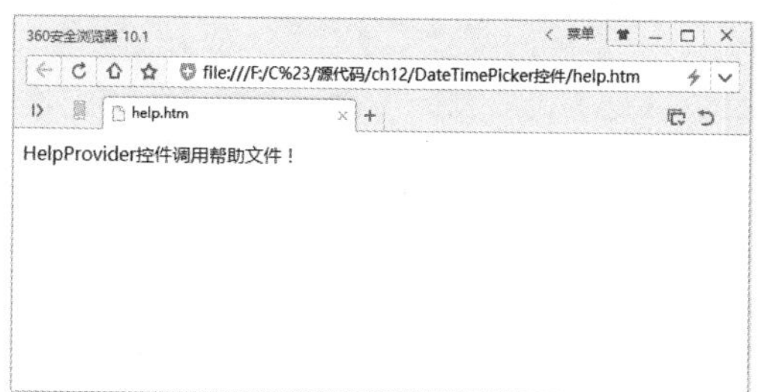

图 12-50 使用 HelpProvider 控件调用帮助文件

12.6.3 使用 Timer 控件设置时间间隔

Timer 控件是定期引发事件的控件，时间间隔的长度由 Interval 属性定义，其值以毫秒为单位。若启用了该组件，则每个时间间隔引发一个 Tick 事件，如图 12-51 所示。

设置 Timer 控件的属性有以下两种方式。

（1）通过属性面板设置 Interval 和 Enabled 属性值，如图 12-52 所示。

图 12-51 Timer 控件

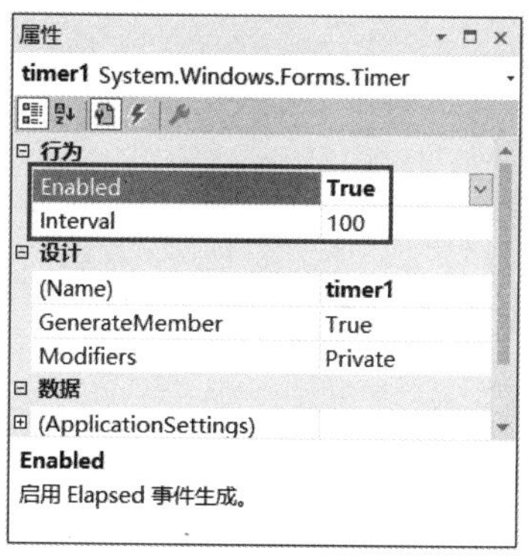

图 12-52 Interval 和 Enabled 属性

注意：*只有将 Enabled 的值改为 True，才可以引发事件。*

（2）通过编写代码设置 Interval 和 Enabled 属性值。

Interval 属性用于设置计时器开始计时的时间间隔。语法格式如下：

```
public int Interval{ get; set; }
```

当指定的计时器间隔已过去，而且计时器处于启用状态时会引发控件的 Tick 事件。Enabled 属性用于设置是否启用计时器。语法格式如下：

```
public virtual bool Enabled{ get; set; }
```

如果计时器当前处于启用状态，则为 True；否则为 False。默认为 False。

【例 12-13】 编写程序，使用 Timer 控件制作一个流水灯。

（1）在 Visual Studio 2017 中，新建名称为“Form13”的文件。

（2）在代码编辑区域输入以下代码。

```
using System;
using System.Windows.Forms;
namespace Form13
{
```

```
public partial class Form1 : Form
{
    public Form1()
    {
        InitializeComponent();
    }
    private void Form1_Load(object sender, EventArgs e)
    {
        //设置 Interval 属性为 200 毫秒
        timer1.Interval = 200;
    }
    private void timer1_Tick(object sender, EventArgs e)
    {
        //获取系统当前的时间
        textBox1.Text = DateTime.Now.ToString();
        //截取第一位的字符串，放到最后一位，循环往复
        label1.Text = label1.Text.Substring(1) + label1.Text.Substring(0, 1);

    }
    private void button1_Click(object sender, EventArgs e)
    {
        if (button1.Text == "开始")    //判断按钮的 Text 属性是否为“开始”
        {
            timer1.Enabled = true;     //启动 timer1 控件
            button1.Text = "暂停";     //设置按钮的 Text 属性为“暂停”
        }
        else  //否则停止 timer1 控件
        {
            timer1.Enabled = false;
            button1.Text = "开始";     //设置按钮的 Text 属性为“开始”
        }
    }
}
}
```

【程序分析】本例演示了 Timer 控件的使用。首先在 Form1 窗体中添加 Timer 控件；再添加两个 Label 控件，label1 控件存放符号“◁●○◂”，label2 控件命名为“获取当前时间：”；而 textBox1 控件用于显示当前时间。

在 Form1_Load 事件中，设置 Interval 属性为 200 毫秒。接着在 timer1_Tick 事件中，通过语句“DateTime.Now.ToString();”获取当前时间，并循环显示字符串。然后在 button1_Click 控件中，判断 timer1 控件是否启动。

在 Visual Studio 2017 中的运行结果如图 12-53 所示。

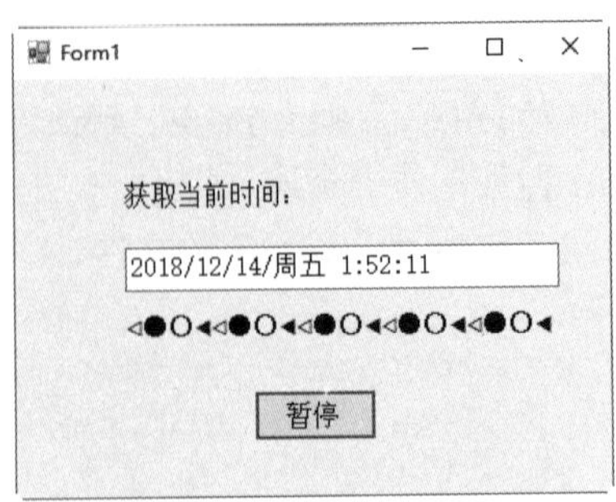

图 12-53　Timer 控件的使用

12.6.4 使用 ProgressBar 控件程序运行进度条

ProgressBar 控件通过在水平条中显示相应数目的矩形来指示操作的进度。操作完成时，进度栏被填满。进度栏通常用于帮助用户了解等待项长时间的操作完成所需的时间。

ProgressBar 控件的主要属性有 Value、Step、Minimum 和 Maximum，作用如下。

（1）Minimum 和 Maximun 属性设置进度栏可以显示的最大值和最小值。

（2）Value 属性表示操作过程中已完成的进度。

（3）Step 属性用于指定 Value 属性递增的值。

除直接设置 Value 属性修改 ProgressBar 控件显示的值外，还可以使用 Increment 方法来指定 Value 属性递增的值。

ProgressBar 的一个重要的方法是 PerformStep 方法，主要用于以 Step 属性指定 Value 值进行递增，其结果作为当前进度值。

【例 12-14】编写程序，使用 ProgressBar 控件制作进度条。

（1）在 Visual Studio 2017 中，新建名称为“Form14”的文件。

（2）在代码编辑区域输入以下代码。

```
using System;
using System.Windows.Forms;
namespace Form14
{
    public partial class Form1 : Form
    {
        public Form1()
        {
            InitializeComponent();
        }
        private void Form1_Load(object sender, EventArgs e)
        {
            //设置 progressBar1 控件的 Maximum 值为 2000
            progressBar1.Maximum = 2000;
            //设置 progressBar1 控件的 Minimum 值为 0
            progressBar1.Minimum = 0;
        }
        private void timer1_Tick(object sender, EventArgs e)
        {
            //使用 PerformStep 按 Step 值递增
            progressBar1.PerformStep();
        }
        private void button1_Click(object sender, EventArgs e)
        {
            if (button1.Text == "下载")
            {
                timer1.Enabled = true;
                button1.Text = "暂停";
            }
            else
            {
                timer1.Enabled = false;
                button1.Text = "下载";
            }
        }
    }
}
```

【程序分析】本例演示了 ProgressBar 控件的使用。在 Form1_Load 事件中，对 Maximum 和 Minimum 属性进行设置；然后在 timer1_Tick 事件中，使用 PerformStep 方法按 Step 值递增；最后在 button1_Click 事

件中，判断 timer1 控件是否启动。

在 Visual Studio 2017 中的运行结果如图 12-54 所示。

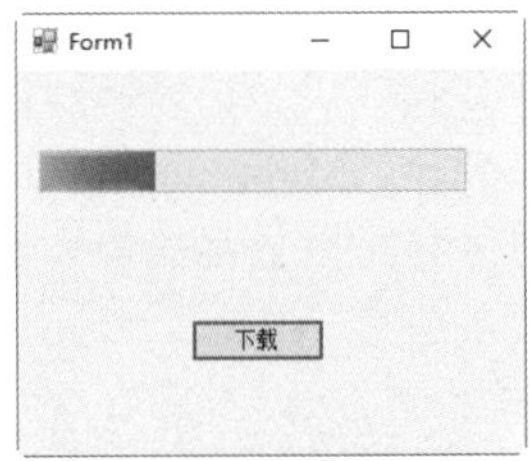

图 12-54 制作进度条

12.7 就业面试技巧与解析

本章讲述的高级控件主要包括 PictureBox 控件、ImageList 控件、ListView 控件、TreeView 控件、DateTimePicker 控件、MonthCalender 控件、ErrorProvider 控件、HelpProvider 控件、Timer 控件和 ProgressBar 控件。这些高级控件在开发应用程序过程中会经常用到，希望读者能够经常练习，以便熟练掌握它们。

12.7.1 面试技巧与解析（一）

面试官：图片框 PictureBox 和图像框 ImageBox 的区别？

应聘者：区别如下：

（1）ImageBox 使用系统资源少，重新绘图的数度较快。

（2）PictureBox 只能使用 print 方法和绘图语句绘制图形，ImageBox 则不能。

（3）ImageBox 只能用于显示图片，而 PictureBox 除了可以显示图形外，还可以作为其他控件的容器，可以利用剪贴板给 PictureBox 添加图形。

（5）ImageBox 能够延伸图形的大小，以适应控件的大小，而 PictureBox 则不能，但 PictureBox 能自动调整控件大小以全图形显示出来。

12.7.2 面试技巧与解析（二）

面试官：月历控件（MonthCalendar）如何使用？

应聘者：MonthCalendar 控件提供了一个直观的图形界面，可以让用户查看和设置日期。并且允许使用鼠标进行拖曳，以便选择一段连续的时间，此段连续的时间包括起始时间和结束时间。

（1）MonthCalendar 控件以粗体显示特定日期的步骤如下。

① 创建一个 DateTime 对象，该对象中指定需要以粗体显示的日期。

② 使用 AddBoldedDate 方法在月历中添加以粗体显示的日期。

（2）设置 SelectionStart 属性和 SelectionEnd 属性在 MonthCalendar 控件中选择日期范围，这两个属性分别用于设置选择日期的起始时间和结束时间。

用户怎么选择一段日期范围呢？

在 MonthCalendar 中选择某个日期作为起始日期，然后按住 Shift 键选择结束日期，这样即可实现日期范围的选择。

第 4 篇

高级应用

本篇是本书的高级应用部分。在本篇中，将结合前面知识的讲解详细介绍 C#软件开发中的高级应用技术，包括：文件、数据流与注册表，多线程操作，程序的异常、调试和测试，以及程序的部署与打包应用程序。学好本篇可以极大地扩展读者运用 C#编程的开发技能。

第 13 章

C#文件操作——文件、数据流与注册表

学习指引

所谓文件，就是在用户的计算机中，以实现某种功能或某个软件的部分功能为目的而定义的一个单位。而注册表是 Microsoft Windows 中的一个重要的数据库，用于存储系统和应用程序的设置信息。本章主要介绍了 C#操作文件和注册表的方法，结合实例形式较为详细地分析了 C#针对文件和注册表的创建、打开、读取、写入、修改、删除等技巧。

重点导读

- 熟悉文件系统。
- 掌握文件的基本操作。
- 掌握文件夹的基本操作。
- 熟悉并掌握数据流。
- 熟悉注册表。

13.1 文件系统

一个文件是一个存储在磁盘中带有指定名称和目录路径的数据集合。当打开文件进行读写时，它变成一个流。从根本上说，流是通过通信路径传递的字节序列。有两个主要的流：输入流和输出流。输入流用于从文件读取数据（读操作），输出流用于向文件写入数据（写操作）。

13.1.1 System.IO 命名空间

System.IO 命名空间有各种不同的类，用于执行各种文件操作，如创建和删除文件、读取或写入文件，关闭文件等。

表 13-1 列出了一些 System.IO 命名空间中常用的非抽象类。

表 13-1 System.IO 命名空间中常用的非抽象类

I/O 类	描 述
BinaryReader	从二进制流读取原始数据
BinaryWriter	以二进制格式写入原始数据
BufferedStream	字节流的临时存储
Directory	有助于操作目录结构
DirectoryInfo	用于对目录执行操作
DriveInfo	提供驱动器的信息
File	有助于处理文件
FileInfo	用于对文件执行操作
FileStream	用于文件中任何位置的读写
MemoryStream	用于随机访问存储在内存中的数据流
Path	对路径信息执行操作
StreamReader	用于从字节流中读取字符
StreamWriter	用于向一个流中写入字符
StringReader	用于读取字符串缓冲区
StringWriter	用于写入字符串缓冲区

13.1.2 File 类与 FileInfo 类

File 类和 FileInfo 类的作用是提供有关文件的各种基本操作，如用于创建、复制、删除、移动和打开文件等，还用于协助创建 FileStream 对象

1. File 类

File 类是一个静态类，主要提供一些静态方法，用于对文件的基本操作，包括创建、复制、移动、删除和打开一个文件。如果在判断文件是否存在或者对很多的文件进行操作时，建议使用 File 类，可以避免频繁创建和释放对象的系统开销。

File 类常用的静态方法如表 13-2 所示。

表 13-2 File 类的常用方法及说明

方 法	说 明
Copy	将现有文件复制到新文件
Create	在指定路径中创建文件
Delete	删除指定的文件，如果指定的文件不存在，则不引起异常
Exists	确定指定的文件是否存在
Move	将指定文件移到新位置，并提供指定新文件名的选项
Open	打开指定路径上的 FileStream
GetCreationTime	返回指定文件或目录的创建日期和时间
OpenRead	打开现有文件进行读取
OpenText	打开现有 UTF-8 编码文本文件以进行读取
OpenWrite	打开现有文件进行写入

File 类方法的参量很多时候都是路径 Path。File 的一些方法可以返回 FileStream 和 StreamWriter 的对象，可以与它们配套使用。

2. FileInfo 类

FileInfo 类的许多方法和 File 类中的方法类似，但是如果进行单一方法调用，则可以调用静态 File 类上的方法。由于.NET Framework 不必实例化新对象，因此在这种情况下单一调用的速度要快一些；如果应用程序在文件上执行几种操作，则实例化 FileInfo 对象并使用其他方法会更好一些。因为这样会提高效率，而静态类必须每次都寻找文件。

FileInfo 类的对象表示磁盘或者网络位置上的文件，只要提供文件路径就可以创建。

例如：

```
FileInfo aFile=new FileInfo(@"C;\Log.txt");
```

FileInfo 类也提供了与底层文件相关的属性，其中一些属性可以用来更新文件。该类的很多属性都继承于 FileSystemInfo，所以可应用于 FileInfo 和 DirectoryInfo 类，如表 13-3 所示列出了 FileSystemInfo 类的常用属性及说明。

表 13-3　FileSystemInfo 类的常用属性及说明

属　性	说　明
Exists	确定文件是否存在，是只读抽象属性
Attributes	获取或设置当前文件或目录的特性
Extension	提取文件的扩展名，此属性只读
FullName	检索文件的完整路径，只读属性
Name	检索文件的完整路径，只读抽象属性
LastAccesstime LastAcdessTimeUtc	获取或设置上次访问当前文件的日期和时间，可以使用 UTC 或非 UTC 版本
LastWriteTime LastWriteTimeUtc	获取或设置上次访问当前文件的日期和时间，可以使用 UTC 或非 UTC 版本
CreationTime CreationTimeUtc	获取当前文件的创建日期和时间，可以使用 UTC 和非 UTC 版本

FileInfo 类还有它自己的专用属性，如表 13-4 所示。

表 13-4　FileInfo 类的专有属性

属　性	说　明
Directory	包含当前文件的目录，只读属性
DirectoryName	返回文件目录的路径，只读属性
IsReadonly	只读特性的快捷方式，也可以通过 Attributes 来访问这个属性
Length	获取文件的大小（以字节为单位），返回 long 值,，只读属性

注意：

（1）File 类与 FileInfo 类在使用时都需要引用 System.IO 命名空间。

（2）File 类是静态方法，FileInfo 类是动态方法，使用时必须通过 new 关键字来创建实例。

13.1.3 Directory 类与 DirectoryInfo 类

DirectoryInfo 类的使用方法和 Directory 类基本相同，但 DirectoryInfo 类能建立对象。在使用这两个类时都需要引用 System.IO 命名空间。如果执行单一调用，就使用 Directory 类；如果执行一系列调用，就使用实例化的 DirectoryInfo 的对象。

1. Directory 类

Directory 类提供了在目录和子目录中进行创建、移动和列举操作的静态方法。此外，用户还可以访问和操作各种各样的目录属性，例如，创建或最后一次修改时间以及 Windows 访问控制列表等。

Directory 类的常用方法如表 13-5 所示。

表 13-5　Directory 类的常用方法和说明

方　法	说　明
CreateDirectory	按指定路径创建所有文件夹和子文件夹
Delete	删除指定文件夹
Exists	检查指定路径的文件夹是否存在，如果存在则返回 true
GetCreationTime	返回指定文件或文件夹的创建日期和时间
GetCurrentDirectory	获取应用程序的当前工作文件夹
GetDirectories	获取指定文件夹中子文件夹的名称
GetDirectoryRoot	返回指定路径的卷信息、根信息或两者同时返回
GetFiles	返回指定文件夹中子文件的名称
GetFileSystemEntries	返回指定文件夹中所有文件和子文件的名称
GetLastAccessTime	返回上次访问指定文件或文件夹的创建日期和时间
GetLastWriteTime	返回上次写入指定文件或文件夹的创建日期和时间
GetLogicalDrives	检索计算机中的所有驱动器，例如 A:、C: 等
GetParent	获取指定路径的父文件夹，包括绝对路径和相对路径
Move	将指定文件或文件夹及其内容移动到新位置
SetCreationTime	设置指定文件或文件夹的创建日期和时间
SetCurrentDirectory	将应用程序的当前工作文件夹设置为指定文件夹
SetLastAccessTime	设置上次访问指定文件或文件夹的日期和时间
SetLastWriteTime	设置上次写入指定文件夹的日期和时间

2. DirectoryInfo 类

DirectoryInfo 类是 System.IO 命名空间的一部分，它表示磁盘上的物理目录，用于创建、删除和移动目录。它提供了执行与目录和子目录相关的操作的方法。该类是一个密封的类，所以不能继承它。表 13-6 中列出了 DirectoryInfo 类的属性。

表 13-6　DirectoryInfo 类的常用属性和说明

属　性	说　明
Attributes	用于获取或设置当前文件或目录的属性
CreationTime	用于获取或设置当前文件或目录的创建时间

续表

属　性	说　明
CreationTimeUtc	用于在协调的世界时间（UTC）中获取或设置创建时间
Exists	用于获取一个值，指示目录是否存在
Extension	用于获取表示文件扩展部分的字符串
FullName	用于获取目录的完整路径
LastAccessTime	用于获取或设置上次访问当前文件或目录的时间
LastAccessTimeUtc	用于在当前文件或目录被上次访问的协调世界时间（UTC）中获取或设置时间
LastWriteTime	用于获取或设置当前文件或目录最后写入的时间
LastWriteTimeUtc	最后一次写入当前文件或目录时，它用于在协调世界时（UTC）中获取或设置时间
Name	用于获取此 DirectoryInfo 实例的名称
Parent	用于获取指定子目录的父目录
Root	用于获取目录的根部分

13.2　文件的基本操作

文件的操作有一套完整的流程。当用户操作一个文件时，首先需要判断该文件是否存在，如果不存在就对其进行创建，然后就可以进行复制、移动等操作，最后不需要该文件时可以进行删除操作。

13.2.1　判断文件是否存在

判断文件是否存在可以使用 File 类的 Exists 方法来实现，也可以使用 FileInfo 类的 Exists 属性来实现。

1. File 类的 Exists 方法

File 类 Exists 方法的语法格式如下：

```
public static bool Exists(string path)
```

该方法用于确定指定文件是否存在，其中，变量 path 表示要检查的文件名称。

【例 13-1】编写程序，判断一个文件夹中是否存在 FileText01.txt 文件，并输出对应信息。

（1）在 Visual Studio 2017 中，新建名称为“Project1”的文件。

（2）在代码编辑区域输入以下代码。

```
using System;
using System.IO;//引入命名空间 System IO
namespace Project1
{
    class Program
    {
        static void Main(string[] args)
        {
            string path = @"G:\C#\源代码\ch13\FileText01.txt";
            //如果判断结果返回一个真值，则说明该文件是存在的
            if (File.Exists(path))
            {
                Console.WriteLine("文件\"" + path + "\"存在");
```

```
            }
            else
            {
                Console.WriteLine("文件\"" + path + "\"不存在");
            }
        }
    }
}
```

【程序分析】本例演示了如何判断一个文件是否存在。在代码中，首先要指明文件的路径，所以，需要定义一个 string 类型的变量 path，并将要判断的文件的路径赋值给该变量；接着通过 if 语句进行判断，由于 File 类是静态类，所以可以直接引用它的静态方法 Exists。需要注意的是，由于文件中含有许多反斜杠，为避免反斜杠带来的转义字符，所以必须使用@字符。

在 Visual Studio 2017 中的运行结果如图 13-1 所示。

C:\Windows\system32\cmd.exe
文件"G:\C#\源代码\ch13\FileText01.txt"存在
请按任意键继续. . .

图 13-1　File 类的 Exists 方法

2. FileInfo 类的 Exists 属性

FileInfo 类的 Exists 属性是用于获取一个值，如果该值为 true，则说明文件存在；若为 false，则说明该文件不存在或者是该文件的目录。

其语法格式如下：

```
public override bool Exists{get;}
```

注意：在使用 FileInfo 类的 Exists 属性时，需要实例化对象。

例如：

```
FileInfo fileinfo = new FileInfo(@"G:\C#\源代码\ch13\FileText01.txt");
if (fileinfo.Exists)
{
    Console.WriteLine(@"文件 G:\C#\源代码\ch13\FileText01.txt 存在");
}
else
{
    Console.WriteLine(@"文件 G:\C#\源代码\ch13\FileText01.txt 不存在");
}
```

13.2.2　创建文件

创建文件可以使用 File 类的 Create 方法，也可以使用 FileInfo 类的 Create 方法来实现。

1. File 类的 Create 方法

File 类的 Create 方法有 4 种重载方法，但是一般使用如下的重载方法：

```
public static FileStream Create(string path)
```

其中，path 是一个路径名，表示文件的完整路径，该方法的返回值是一个 FileStream 实例。

注意：需要使用 FileStream 类的 Close 方法将所创建的文件关闭。由于 File.Create 方法默认向所有用户授予对新文件的完全读/写访问权限，所以文件是用读和写访问权限打开的，必须关闭后才能由其他应用程序打开。

【例 13-2】编写程序，在一个文件夹中创建一个文件 FileText02.txt。

（1）在 Visual Studio 2017 中，新建名称为“Project2”的文件。

（2）在代码编辑区域输入以下代码。

```
using System;
using System.IO;
namespace Project2
{
```

```
    class Program
    {
        static void Main(string[] args)
        {
            string path = @"G:\C#\源代码\ch13\";
             //路径加上文件名
            FileStream newText=File.Create(path + "FileText02.txt");
            newText.Close();
            Console.WriteLine("文件创建成功");
        }
    }
}
```

【程序分析】本例演示了文件的创建。在代码中，首先定义一个 string 类型的变量 path，用于存放文件的路径；然后使用 File 类的静态方法 Create 创建一个文件，并将该文件赋给 FileStream 类的对象 newText；最后通过 newText 引用 Close 方法，关闭文件。

在 Visual Studio 2017 中的运行结果如图 13-2 和图 13-3 所示。

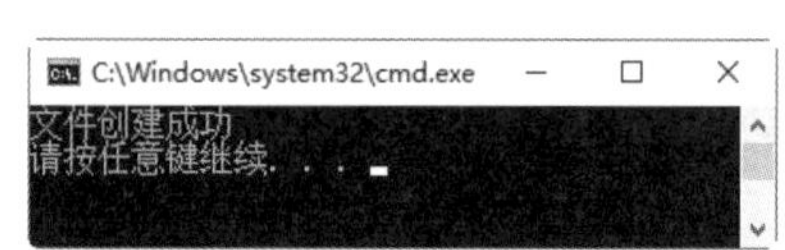

图 13-2 File 类的 Create 方法

图 13-3 文件创建成功

2. FileInfo 类的 Create 方法

该方法的语法格式如下：

```
public FileStream Create()
```

例如：

```
//指定文件位置
string path = @"G:\C#\源代码\ch13\FileText02.txt";
//创建文件信息实例
FileInfo file = new FileInfo(path);
//创建一个空文件
file.Create();
Console.WriteLine(" 成功创建文件");
```

13.2.3 复制或移动文件

1. 文件的复制

复制文件可以用 File 类的 Copy 方法以及 FileInfo 类的 CopyTo 方法来实现。

（1）用 File 类的 Copy 方法来复制文件。

该方法有两种重载方式：

```
public static void Copy(string sourceFileName,string destFileName)
public static void Copy(string sourceFileName,string destFileName,bool overwrite)
```

对 Copy 方法参数的说明如下。

sourceFileName：表示要复制的文件。

destFileName：表示目标文件的名称，不能是目录，如果是第一种重载，则目标文件参数不能是现有文件。

overwrite：表示是否可以改写目标文件。

【例 13-3】编写程序，将 C 盘根目录下的 FileText03.txt 文本文件复制到“G:\C#\源代码\ch13\”目录中。

① 在 Visual Studio 2017 中，新建名称为“Project3”的文件。

② 在代码编辑区域输入以下代码。

```
using System;
using System.IO;
namespace Project3
{
    class Program
    {
        static void Main(string[] args)
        {
            //首先声明两个路径
            //源文件
            string pathSource = @"C:\Users\demo\Desktop\FileText03.txt";
            //目标文件
            string pathDestination = @"G:\C#\源代码\ch13\FileText03Copy.txt";
            if (File.Exists(pathSource))
            {
                if (!File.Exists(pathDestination))
                {
                    File.Copy(pathSource, pathDestination, false);
                    Console.WriteLine("文件复制成功");
                }
                else
                {
                    Console.WriteLine("是否进行覆盖操作：\n1.覆盖文件\t2.取消复制\n 请输入选项：");
                    string mystr = Console.ReadLine();
                    if (mystr == "1")
                    {
                        File.Copy(pathSource, pathDestination, true);
                        Console.WriteLine("已覆盖同名文件");
                    }
                    if (mystr == "2")
                    {
                        Console.WriteLine("用户已取消复制");
                    }
                }
            }
            else
            {
                Console.WriteLine("文件不存在，请重新选择！");
            }
        }
    }
}
```

【程序分析】本例演示了文件的复制。文件在复制时可能会出现三种情况：第一种是源文件夹中有文件，目标文件夹中无文件；第二种是源文件夹中有文件，目标文件夹中有文件；第三种是源文件夹中无文件。在代码中，首先定义两个 string 类型的变量 pathSource 和 pathDestination。其中，pathSource 用于存储源文件的名称，pathDestination 用于存储目标文件的名称；然后通过 if 的嵌套语句进行判断，如果 FileText03.txt 文件在 C 盘根目录中存在，并且在“G:\C#\源代码\ch13\”目录中不存在同名的文件，就进行复制，否则就对目标文件进行覆盖操作。

在 Visual Studio 2017 中的运行结果如图 13-4 和图 13-5 所示。

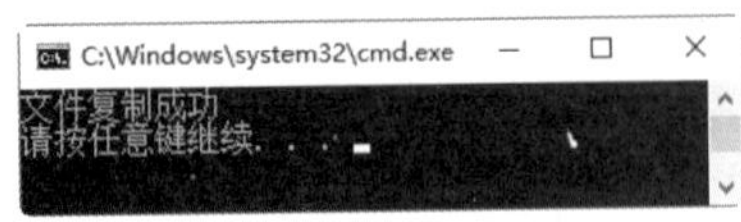

图 13-4　文件复制成功

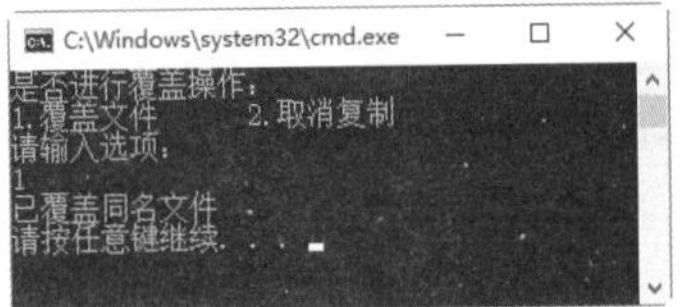

图 13-5　文件覆盖成功

（2）用 FileInfo 类的 CopyTo 方法来复制文件。

CopyTo 方法也有两种重载方式：

```
public FileInfo CopyTo(string destFileName)
//将现有文件复制到新文件，不允许覆盖现有文件
public FileInfo CopyTo(string destFileName, bool overwrite)
//将现有文件复制到新文件，允许覆盖现有文件
```

例如：

```
FileInfo fileinfo = new FileInfo(@"C:\Users\demo\Desktop\FileText03.txt");
fileinfo.CopyTo(@"G:\C#\源代码\ch13\FileText03Copy.txt", true);
```

2. 文件的移动

移动文件用 File 类的 Move 方法和 FileInfo 类的 MoveTo 方法来实现。

（1）用 File 类的 Move 方法来移动文件。

语法格式如下：

```
public static void Move(string sourceFileName,string destFileName)
```

其中，参数 sourceFileName 表示要移动的文件名称，参数 destFileName 表示文件的新路径。

【例 13-4】编写程序，将 C 盘根目录下的 FileText04.txt 文本文件移动到“G:\C#\源代码\ch13\”目录中。

① 在 Visual Studio 2017 中，新建名称为“Project4”的文件。

② 在代码编辑区域输入以下代码。

```
using System;
using System.IO;
namespace Project4
{
    class Program
    {
        static void Main(string[] args)
        {
            string pathSource = @"C:\Users\demo\Desktop\FileText04.txt";
            string pathDestination = @"G:\C#\源代码\ch13\FileText04.txt";
            if (File.Exists(pathSource))
            {
                if (!File.Exists(pathDestination))
                {
                    File.Move(pathSource, pathDestination);
                    Console.WriteLine("文件移动成功，被移至\""+ pathDestination +"\"");
                }
            }
            else
            {
                Console.WriteLine("移动的文件不存在！");
            }
        }
    }
}
```

【程序分析】本例演示了文件的移动。在代码中，同样需要定义两个 string 类型的变量 pathSource 和 pathDestination，一个用来存放源文件的名称，另一个用来存放目标文件的名称。然后通过 if 嵌套语句进行

判断。

在 Visual Studio 2017 中的运行结果如图 13-6 所示。

图 13-6 文件移动成功

（2）用 FileInfo 类的 MoveTo 方法来移动文件。

语法格式如下：

```
public void MoveTo(string destFileName)
```

该方法用于将指定文件移到新位置，并提供指定新文件名的选项。

例如：

```
FileInfo fileinfo = new FileInfo(@"C:\Users\demo\Desktop\FileText04.txt");
fileinfo.MoveTo(@"G:\C#\源代码\ch13\FileText04.txt");
```

13.2.4 删除文件

删除文件可通过 File 类的 Delete 方法或者使用 FileInfo 类的 Delete 方法来实现。

1. File 类的 Delete 方法

语法格式如下：

```
public static void Delete(string path)
```

输入文件名称，就可以删除对应文件。

【例 13-5】编写程序，删除“G:\C#\源代码\ch13\”目录下的 FileText05.txt 文件。

（1）在 Visual Studio 2017 中，新建名称为“Project5”的文件。

（2）在代码编辑区域输入以下代码。

```
using System;
using System.IO;
namespace Project5
{
    class Program
    {
        static void Main(string[] args)
        {
            string path = @"G:\C#\源代码\ch13\";
            Console.WriteLine("请输入您要删除的文件，回车键确认：");
            string inputstr = Console.ReadLine();
            //用户输入的文件名称不具有指定路径的功能，所以需要将其连接起来
            string pathTemp = path + inputstr;
            if (File.Exists(pathTemp))
            {
                File.Delete(pathTemp);
                Console.WriteLine("文件" + pathTemp + "删除成功");
            }
            else
            {
                Console.WriteLine("文件"+pathTemp+"不存在");
            }
        }
    }
}
```

【程序分析】本例演示了文件的删除。在代码中，首先定义一个 string 类型的变量 path，并将要删除文件的目录赋值给该变量；然后定义一个 string 类型的变量 inputstr，用于接收从键盘上输入的字符串；接着再定义一个 string 类型的变量 pathTemp，用于存储文件的目录和名称；最后通过 if 语句进行判断。

在 Visual Studio 2017 中的运行结果如图 13-7 所示。

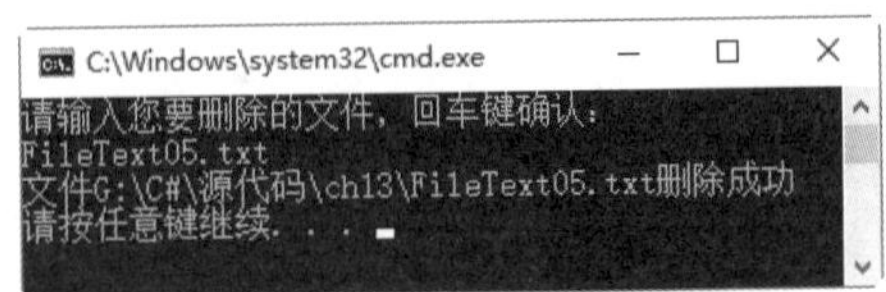

图 13-7　文件的删除

2. FileInfo 类的 Delete 方法

语法格式如下：

```
public void Delete(string path)
```

例如：

```
FileInfo fileinfo = new FileInfo(@"G:\C#\源代码\ch13\FileText05.txt");
fileinfo.Delete();
```

13.2.5　获取文件的基本信息

获取文件的基本信息可通过 System.IO 命名空间下的 FileInfo 类来实现。这里需要注意，由于 FileInfo 类是一个非静态的类，所以在使用时需要对其进行实例化。

【例 13-6】编写程序，获取“G:\C#\源代码\ch13\”目录下的 FileText06.txt 文件的基本信息。

（1）在 Visual Studio 2017 中，新建名称为“Project6”的文件。

（2）在代码编辑区域输入以下代码。

```
using System;
using System.IO;
namespace Project6
{
    class Program
    {
        static void Main(string[] args)
        {
            string path = @"G:\C#\源代码\ch13\FileText06.txt";
            //实例化 FileInfo 类
            FileInfo fileInfo = new FileInfo(path);
            if (fileInfo.Exists)
            {
                Console.WriteLine("文件的属性: ");
                Console.WriteLine(fileInfo.Attributes.ToString());
                Console.WriteLine("文件的扩展名: ");
                Console.WriteLine(fileInfo.Extension.ToString());
                Console.WriteLine("全路径: ");
                Console.WriteLine(fileInfo.FullName.ToString());
                Console.WriteLine("要查看的名称: ");
                Console.WriteLine(fileInfo.Name.ToString());
                Console.WriteLine("文件的创建时间: ");
                Console.WriteLine(fileInfo.CreationTime.ToString());
                Console.WriteLine("文件上次访问时间: ");
                Console.WriteLine(fileInfo.LastAccessTime.ToString());
                Console.WriteLine("文件上次的修改时间: ");
                Console.WriteLine(fileInfo.LastWriteTime.ToString());
                Console.WriteLine("文件所在的文件夹: ");
                Console.WriteLine(fileInfo.Directory.ToString());
                Console.WriteLine(fileInfo.DirectoryName.ToString());
                Console.WriteLine("文件是否可读: ");
                Console.WriteLine(fileInfo.IsReadOnly);
```

```
                Console.WriteLine("文件的大小：");
                Console.WriteLine(fileInfo.Length.ToString()+
                    "字节");
            }
            else
            {
                Console.WriteLine("文件" + path + "不存在");
            }
        }
    }
}
```

【程序分析】本例演示了获取文件的基本信息。在代码中，首先定义一个 string 类型的变量 path，用于存放文件的目录和名称；然后实例化 FileInfo 类的对象；接着通过对象 fileInfo 引用 Exists 属性，判断 FileText06.txt 文件是否存在，如果存在，就输出文件的基本信息。

在 Visual Studio 2017 中的运行结果如图 13-8 所示。

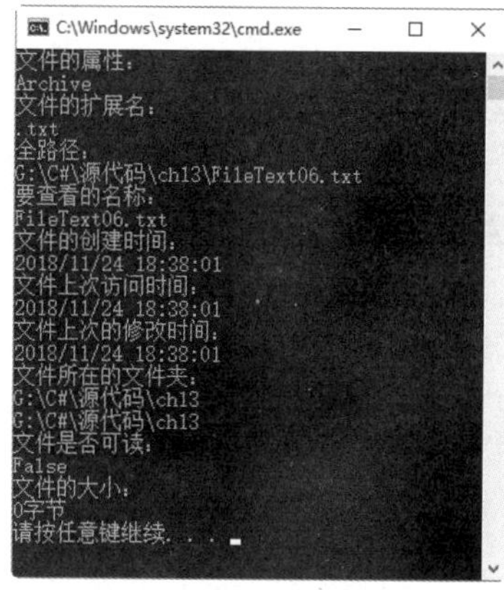

图 13-8　获取文件的基本信息

13.3　文件夹的基本操作

Directory 类用于操作文件夹，带有创建、移动和枚举目录和子目录的静态方法，DirectoryInfo 类用于典型操作，如复制、移动、重命名、创建和删除目录。它们都可用于获取和设置相关属性或有关创建、访问及写入操作的 DateTime 信息。

Directory 类和 DirectoryInfo 类同 File 类和 FileInfo 类类似，Directory 类是静态方法，DirectoryInfo 类是动态方法，使用时必须通过 new 关键字来创建实例。

13.3.1　判断文件夹是否存在

判断文件夹是否存在可通过 Directory 类的 Exists 方法或者 DirectoryInfo 类的 Exists 属性来实现。

1. Directory 类的 Exists 方法

Exists 方法的语法格式如下：

```
public static bool Exists(string path)
```

该方法用来检查指定路径的文件夹是否存在，其中，path 表示要测试的路径。

【例 13-7】编写程序，判断文件夹 text01 是否存在于目录“G:\C#\源代码\ch13\”中。

（1）在 Visual Studio 2017 中，新建名称为“Project7”的文件。

（2）在代码编辑区域输入以下代码。

```
using System;
using System.IO;
namespace Project7
{
    class Program
    {
        static void Main(string[] args)
        {
            string path = @"G:\C#\源代码\ch13\text01";
            if (Directory.Exists(path))
            {
                Console.WriteLine("文件夹" + path + "存在");
```

```
                }
                else
                {
                    Console.WriteLine("文件夹" + path + "不存在");
                }
            }
        }
}
```

【程序分析】本例演示了判断文件夹是否存在于目录中。在代码中，首先定义 string 类型的变量 path，用于指定 text01 文件夹的路径；然后引用 Directory 类的 Exists 方法进行判断。

在 Visual Studio 2017 中的运行结果如图 13-9 所示。

```
C:\Windows\system32\cmd.exe
文件夹G:\C#\源代码\ch13\text01存在
请按任意键继续. . .
```

图 13-9　Directory 类的 Exists 方法

2. DirectoryInfo 类的 Exists 属性

该属性用于判断指定的文件夹是否存在。语法格式如下：

```
public override bool Exists { get; }
```

如果属性值为 true 时则表示目录存在，为 false 时表示目录不存在。

例如：

```
string path = @"G:\C#\源代码\ch13\text01";
DirectoryInfo di = new DirectoryInfo(path);
if (di.Exists)
{
    Console.WriteLine("文件夹" + path + "不存在");
}
```

13.3.2　创建文件夹

创建文件夹可以通过 Directory 类的 CreateDirectory 方法和 DirectoryInfo 类的 Create 方法类实现。

1. Directory 类的 CreateDirectory 方法

该方法的语法格式如下：

```
public static DirectoryInfo CreateDirectory(string path);
```

该方法用于在指定路径中创建所有目录和子目录，除非它们已经存在。path 表示要创建的目录。

【例 13-8】编写程序，在文件夹中创建文件夹。

（1）在 Visual Studio 2017 中，新建名称为“Project8”的文件。

（2）在代码编辑区域输入以下代码。

```
using System;
using System.IO;
namespace Project8
{
    class Program
    {
        static void Main(string[] args)
        {
            string path = @"G:\C#\源代码\ch13\text02";
            if (Directory.Exists(path))
            {
                Console.WriteLine("文件夹存在，无须创建");
            }
            else
            {
                Directory.CreateDirectory(path);
```

```
                Console.WriteLine("文件夹" + path + "创建成功");
            }
        }
    }
}
```

【程序分析】本例演示文件夹的创建。在代码中，首先定义一个 string 类型的变量 path，并将要创建的文件夹的目录赋给该变量；然后通过 Directory 类的 Exists 方法判断文件夹 text02 是否存在，如果不存在就引用 CreateDirectory 方法进行创建。

在 Visual Studio 2017 中的运行结果如图 13-10 所示。

```
C:\Windows\system32\cmd.exe
文件夹G:\C#\源代码\ch13\text02创建成功
请按任意键继续. . .
```

图 13-10　文件夹的创建

2. DirectoryInfo 类的 Create 方法

该方法有以下两种重载格式：

```
public void Create()
public void Create(DirectorySecurity directorySecurity)
```

其中，参数 directorySecurity 主要用于参数控制。

例如：

```
DirectoryInfo dif = new DirectoryInfo(@"G:\C#\源代码\ch13\text02");
dif.Create();
```

13.3.3　移动文件夹

移动文件夹主要通过 Directory 类的 Move 方法和 DirectoryInfo 类的 MoveTo 方法来实现。

1. Directory 类的 Move 方法

语法格式如下：

```
public static void Move(string sourceDirName,string destDirName)
```

该方法用于将文件或目录及其内容移到新位置，参数 sourceDirName 表示要移动的文件或目录的路径；参数 destDirName 表示指向 sourceDirName 的新位置的路径。

注意：通过移动文件夹，不仅可以改变文件夹的目录，还可以实现对文件夹的重命名。

【例 13-9】 编写程序，将目录“G:\C#\源代码\ch13\”中的 Movetext 文件夹移动到“G:\C#\源代码\ch13\text03\”中，并重命名为 Newtext。

（1）在 Visual Studio 2017 中，新建名称为“Project9”的文件。

（2）在代码编辑区域输入以下代码。

```
using System;
using System.IO;
namespace Project9
{
    class Program
    {
        static void Main(string[] args)
        {
            string sourceDirName = @"G:\C#\源代码\ch13\Movetext";          //源路径
            string destDirName = @"G:\C#\源代码\ch13\text03\Newtext";      //目标路径
            //判断路径是否存在
            if (Directory.Exists(sourceDirName))
            {
                Directory.Move(sourceDirName, destDirName);
                Console.WriteLine("文件夹"+sourceDirName+"移动成功");
            }
            else
```

```
            {
                Console.WriteLine("源文件不存在，无法移动");
            }
        }
    }
}
```

【程序分析】本例演示文件夹的移动。在代码中，首先定义两个 string 类型的变量 sourceDirName 和 destDirName。其中，sourceDirName 表示源路径，destDirName 表示目标路径；然后对变量 sourceDirName 进行判断，如果该路径的文件夹存在，就使用 Move 方法进行移动。

在 Visual Studio 2017 中的运行结果如图 13-11 所示。

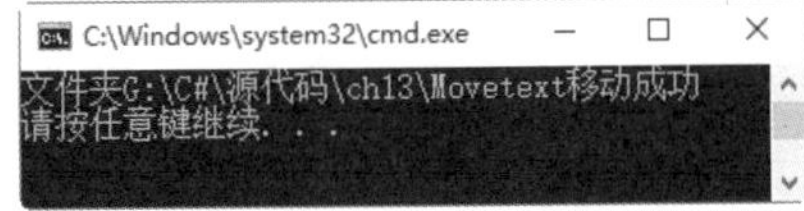

图 13-11　文件夹的移动

注意：使用 Move 方法移动文件夹时，需要统一磁盘的根目录。例如 G 盘下的文件夹，只能移动到 G 盘中某个文件夹下。

2. DirectoryInfo 类的 MoveTo 方法

该方法的语法格式如下：

```
public void MoveTo(string destDirName)
```

该方法用于将 DirectoryInfo 实例及其内容移动到新路径。参数 destDirName 表示要将此目录移动到的目标位置的名称和路径。目标不能是另一个具有相同名称的磁盘卷或目录。它可以是用户要将此目录作为子目录添加到某个现有目录。

例如：

```
string sourceDirName = @"G:\C#\源代码\ch13\Movetext";          //源路径
string destDirName = @"G:\C#\源代码\ch13\text03\Newtext";      //目标路径
DirectoryInfo di = new DirectoryInfo(sourceDirName);           //实例化对象
di.MoveTo(destDirName);
```

13.3.4　文件夹的删除

文件的删除可以通过 Directory 类的 Delete 方法和 DirectoryInfo 类的 Delete 方法来实现。

1. Directory 类的 Delete 方法

该方法有两种重载形式：

```
public static void Delete(string path)
public static void Delete(string path,bool recursive)
```

该方法用于从指定路径删除空目录。其中，参数 path 表示要移除的空目录/目录名称；参数 recursive 表示若要移除 path 中的目录、子目录以及文件，则参数值为 true。

【例 13-10】编写程序，使用 Directory 类的 Delete 方法删除文件夹。

（1）在 Visual Studio 2017 中，新建名称为“Project10”的文件。

（2）在代码编辑区域输入以下代码。

```
using System;
using System.IO;
namespace Project10
{
    class Program
    {
        static void Main(string[] args)
        {
            string path = @"G:\C#\源代码\ch13\text04";
            if (Directory.Exists(path))
            {
```

```
                Console.WriteLine("该文件存在，请选择删除方式：\n1.仅当空文件夹时删除；\n2.删除整个目录");
                Console.WriteLine("输入选项数字，按确认删除！");
                string mystr = Console.ReadLine();
                if (mystr == "1")
                {
                    //第一个参数是给定删除路径，
                    //第二个参数如果为 false 则表示仅当空文件删除
                    Directory.Delete(path, false);
                    Console.WriteLine("当前文件夹为空文件夹，已删除");

                }
                else if (mystr == "2")
                {
                    //第二个参数如果为 true 则表示删除目录
                    Directory.Delete(path, true);
                    Console.WriteLine("当文件夹含有子文件或子文件夹，已删除");
                }
                else
                {
                    Console.WriteLine("未正确输入选项");
                }
            }
            else
            {
                Console.WriteLine("文件夹"+path+"不存在，无须删除");
            }
        }
    }
}
```

【程序分析】本例演示文件夹的删除。删除文件夹分为两种情况，一种是文件夹为空文件夹，另一种情况是文件夹中含有子文件或子文件夹。因此，在代码中，首先定义 string 类型的变量 path，用来存储要删除文件 text04 的目录；然后通过 if 语句进行判断，如果该文件夹是个空文件，则将 Delete 方法的第二个参数值设置为 false；如果该文件夹含有子文件或者子文件夹，则将 Delete 方法的第二个参数值设置为 true。

在 Visual Studio 2017 中的运行结果如图 13-12 和图 13-13 所示。

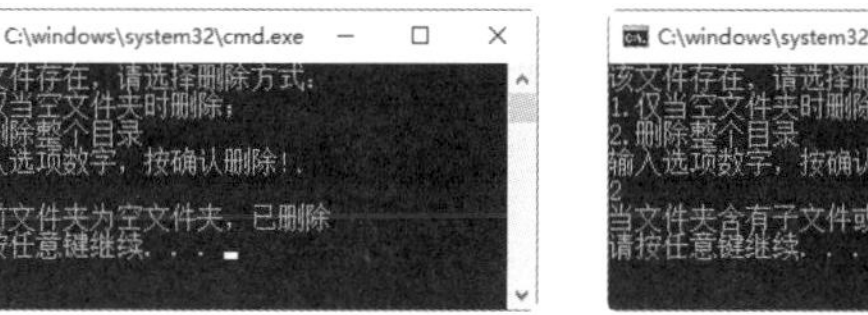

图 13-12 删除空文件夹

图 13-13 删除一个含有子文件或子文件夹的文件

2. DirectoryInfo 类的 Delete 方法

该方法也有两种重载形式：

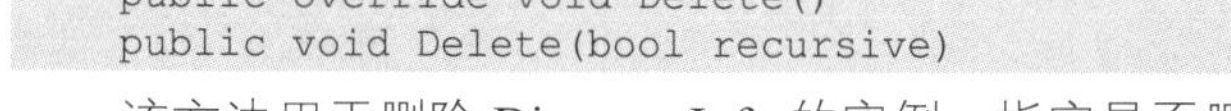

```
public override void Delete()
public void Delete(bool recursive)
```

该方法用于删除 DirectoryInfo 的实例，指定是否删除子目录和文件。参数 recursive 表示如果要删除此目录，则为 true；否则为 false。

例如：

```
DirectoryInfo dif = di.CreateSubdirectory("path");
dif.Delete(true);
```

13.3.5 获取文件夹的基本信息

要想获取当前文件夹下的所有文件，可通过 Directory 类的 GetFiles 方法和 GetDirectories 方法来实现。

1. GetFiles 方法

语法格式如下：

```
public static string[] GetFiles (string path)
```

该方法返回一个包含指定目录中的文件的完整名称（包含路径）的数组，如果未找到任何文件，则为空数组。其中，参数 path 表示要搜索的目录的相对或绝对路径，此字符串不区分大小写。

2. GetDirectories 方法

语法格式如下：

```
public static string[] GetDirectories (string path)
```

该方法返回指定路径中子目录的完整名称（包含路径）的数组；如果未找到任何目录，则为空数组。其中，参数 path 表示要搜索的目录的相对或绝对路径，此字符串不区分大小写。

【例 13-11】编写程序，获取指定目录下的文件及文件夹。

（1）在 Visual Studio 2017 中，新建名称为“Project11”的文件。

（2）在代码编辑区域输入以下代码。

```
using System;
using System.IO;
namespace Project11
{
    class Program
    {
        static void Main(string[] args)
        {
            string path = @"G:\C#\源代码\ch13\text05";
            //定义字符串数组，用于接收文件或文件夹
            if (Directory.Exists(path))
            {
                string[] Files = Directory.GetFiles(path);//获取目录中的文件
                //获取当前目录的子目录
                string[] Folders = Directory.GetDirectories(path);
                Console.WriteLine("指定目录下的内容：");
                foreach (string str in Folders)
                {
                    Console.WriteLine(str);
                }
                foreach (string str in Files)
                {
                    Console.WriteLine(str);
                }
            }
            else
            {
                Console.WriteLine("指定的目录不存在");
            }
        }
    }
}
```

【程序分析】本例演示了如何获取文件夹的基本信息。在代码中，首先定义 string 类型的变量 path，用于指明文件的路径；然后判断该文件夹是否存在，如果该文件存在，就通过 GetFiles 方法获取 text05 文件夹中所有的子文件列表，存储到 Files 字符串数组中；再通过 GetDirectories 方法获取当前目录中的子目录，存储到 Folders 字符串数组中。

在 Visual Studio 2017 中的运行结果如图 13-14 所示。

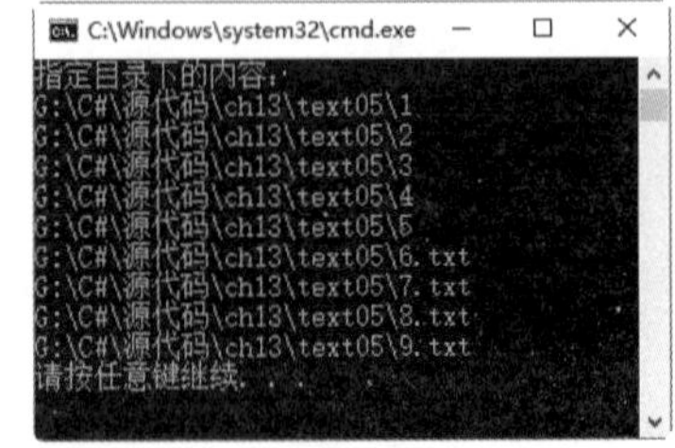

图 13-14　获取文件夹的基本信息

13.4 数据流

System.IO 下的 Stream 类是所有数据流的基类，当用户对数据进行逐字节操作时，首先需要将数据转换为数据流。C#中有许多类型的流，但在处理文件输入/输出（I/O）时，最主要的类型为 FileStream 类，它提供了读取和写入的方式，还有 StreamReader 类、StreamWriter 类、BinaryWriter 类和 BinaryReader 类，在处理文件 I/O 时也经常被使用到。

13.4.1 流操作类介绍

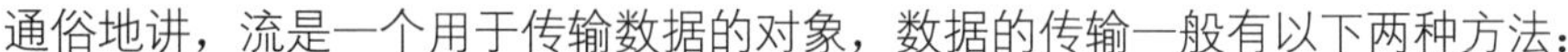

通俗地讲，流是一个用于传输数据的对象，数据的传输一般有以下两种方法：

（1）数据从外部源传输到程序中，这种流称为读取流。

（2）数据从程序中传输到外部源，这种流称为写入流。

流一般具有以下几个基本操作。

（1）读（Read）操作：读出流对象中的数据，并把它存放到另外一个数据结构中。

（2）写（Write）操作：从另一种数据结构中读取数据并存放到流对象中。

（3）搜索（Seek）操作：从流中的当前位置开始搜索定位到指定的位。

13.4.2 文件流类

文件流（FileStream）类，是用来实现对文件的读取和写入。FileStream 是操作字节的字节数组，当提供向文件读取和写入字节的方法时，常用 StreamReader 类或 StreamWriter 类来完成，它们是操作字符的。

FileStream 类的构造有多种形式，最简单的一种如下所示：

```
FileStream(string path, FileMode mode, FileAccess access)
```

其中，参数 path 表示将要操作的文件路径；而参数 mode 和 access 都是一个枚举值。FileMode 类的枚举有几种成员，用于规定如何打开或创建文件，这些成员可以联合使用。枚举成员及说明如表 13-7 所示。

表 13-7 FileMode 类的枚举成员及说明

枚 举 值	说 明
Append	打开现有文件并定位至文件结尾，或创建新文件
Create	创建新文件，如存在，它将被改写
CreateNew	创建新文件，如存在，将引发异常
Open	打开现有文件
OpenOrCreat	如文件存在，打开；如不存在，创建新文件
Truncate	打开现有文件，文件一旦被打开，将被截断为 0 字节大小

FileAccess 枚举有三个枚举值：只读模式（Read），读/写模式（ReadWrite），只写模式（Wite）。该枚举的作用是基于用户的权限级别改变用户对文件的访问权限。

注意： *在不使用 FileAccess 枚举参数的版本中，默认值使用的是 ReadWrite 模式。*

FileStream 类有三个重要方法，分别为 Seek 方法、Read 方法和 Write 方法。其中，Seek 方法用于直接在文件中查找具体位置；Read 方法是从数据流中读取字节块并将该数据写入给定的缓冲区中；Write 方法主要是向文件中写入数据，其使用方法和 Read 一致。

13.4.3 文本文件的写入与读取

FileStream 类的对象只能以字节形式读取/写入数据，这就使操作变得非常困难，一般有了 FileStream 对象，都会借用 StreamWriter 对象或 StreamReader 对象的方法来处理文件。

1. StreamWriter 类

StreamWriter 类允许直接将字符和字符串写入文件，一般不针对二进制数据。

创建 StreamWriter 类的对象有以下两种方式。

（1）先创建 FileStream 对象，然后再创建 StreamWriter 对象。

```
FileStream fs=new File Stream(string path, FileMode mode);
StreamWriter sw=new StreamWriter(fs);
```

（2）直接从文件中创建 StreamWriter 对象。

```
StreamWriter sw=new Stream Writer(string path, bool append);
```

其中，参数 path 表示文件所处的路径；参数 append 是一个 bool 值，当该值为 false 时，表示创建一个新文件或将现有文件打开；该值为 true 时，表示打开文件，保留原来的数据，但是如果找不到文件，则创建一个新文件。

StreamWriter 类的常用方法及说明如表 13-8 所示。

表 13-8　StreamWriter 类的常用方法及说明

方　法	说　明
Close	关闭当前 StreamWriter 对象和基础流
Dispose	释放使用的所有资源
Flush	清理当前编写器的所有缓冲区，并使所有缓冲数据写入基础流
Write	写入流
WriteLine	写入指定的某些数据，后跟行结束符

StreamWriter 类的常用属性及说明如表 13-9 所示。

表 13-9　StreamWriter 类的常用属性及说明

属　性	说　明
Encoding	获取将输出写入到其中的 Encoding
FormatProvide	获取控制格式设置对象
NewLine	获取或设置当前 TextWriter 使用的行结束符字符串

StreamWriter 默认使用 UTF8Encoding 编码，如若使用其他编码，就需要构造 UTF8Encoding 的这个实例使得 Encoding.GetPreamble 方法返回以 UTF-8 格式编写的 Unicode 字节。

【例 13-12】编写程序，往文件“G:\C#\源代码\ch13\text06\StreamWriter.txt”中写入字符串“一寸光阴一寸金”。

（1）在 Visual Studio 2017 中，新建名称为“Project12”的文件。

（2）在代码编辑区域输入以下代码。

```
using System;
using System.IO;
using System.Text;
namespace Project12
```

```
{
    class Program
    {
        static void Main(string[] args)
        {
            string path = @"G:\C#\源代码\ch13\text06\StreamWriter.txt";
            //指明文件的路径
            FileStream fs = new FileStream(path, FileMode.OpenOrCreate);
            StreamWriter sw = new StreamWriter(fs);
            string mystr = "一寸光阴一寸金";
            sw.WriteLine(mystr);
            sw.Close();
            Console.WriteLine("写入完成");
        }
    }
}
```

【程序分析】本例演示文件的写入。在代码中，首先定义 string 类的变量 path，用于指明 StreamWriter.txt 文件的路径；然后先创建 FileStream 对象，接着再创建 StreamWriter 对象；最后通过 WriteLine 方法，将字符串 mystr 写入 StreamWriter.txt 文本文件中。

在 Visual Studio 2017 中的运行结果如图 13-15 和图 13-16 所示。

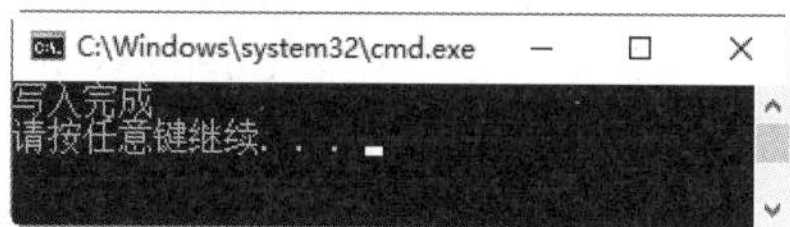

图 13-15　文件的写入

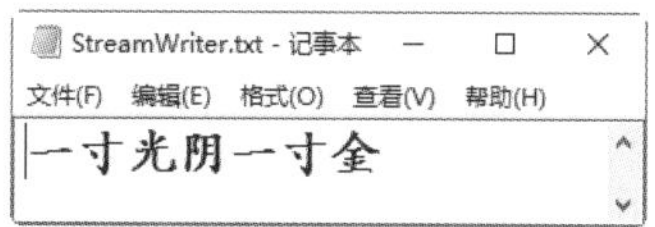

图 13-16　文件中的内容

2. StreamReader 类

StreamReader 类用于从文件中读取数据。该类是一个通用类，可用于任何流，构造方法和 StreamWriter 类格式是一样的。

创建 StreamWriter 类的对象有以下两种方式。

（1）先创建 FileStream 类再创建 StreamReader 类。

```
FileStream fs=new File Stream(string path, FileMode mode );
StreamReader sr=new Stream Reader(fs);
```

（2）直接创建 StreamReader 类。

```
StreamReader sr=new StreamReader(string path)
```

StreamReader 类以一种特定的编码输入字符，而 Stream 类用于字节的输入和输出。使用 StreamReader 类可读取标准文本文件的各行信息。StreamReader 的默认编码为 UTF-8，UTF-8 可以正确处理 Unicode 字符并在操作系统的本地化版本上提供一致的结果。

StreamReader 类的常用方法及说明如表 13-10 所示。

表 13-10　StreamReader 类的常用方法及说明

方　法	说　明
Close	关闭当前 StreamReader 对象和基础流
Dispose	释放使用的所有资源
Peek	返回下一个可用的字符
Read	读取输入流中的下一个字符或下组字符
ReadLine	从数据流中读取一行数据，并作为字符串返回

【例 13-13】编写程序，读取文本文件“G:\C#\源代码\ch13\text07\StreamWriter.txt”中的内容。

（1）在 Visual Studio 2017 中，新建名称为“Project13”的文件。

（2）在代码编辑区域输入以下代码。

```
using System;
using System.IO;
namespace Project13
{
    class Program
    {
        static void Main(string[] args)
        {
            string path = @"G:\C#\源代码\ch13\text06\StreamWriter.txt";
            //指明文件的路径
            FileStream fs = new FileStream(path, FileMode.OpenOrCreate);
            StreamReader sw = new StreamReader(fs);
            string mystr=sw.ReadLine();
            Console.WriteLine(mystr);
            Console.WriteLine("读取完成");
        }
    }
}
```

【程序分析】本例通过实例化 StreamReader 类的对象，调用 ReadLine 方法，读取 StreamWriter.txt 文本文件中的内容。

在 Visual Studio 2017 中的运行结果如图 13-17 所示。

图 13-17　读取文件

13.4.4　二进制文件的写入与读取

BinaryReader 和 BinaryWriter 类用于读取和写入二进制文件。

1. BinaryWriter 类

BinaryWriter 类用于将二进制数据写入流。通过将 FileStream 对象传递给其构造函数来创建 BinaryWriter 对象，常用方法及说明如表 13-11 所示。

表 13-11　BinaryWriter 类的常用方法及说明

方　法	说　明
Close	关闭当前的 BinaryWriter 和基础流
Seek	设置当前流中的位置
Write	将值写入当前流

2. BinaryReader 类

BinaryReader 类用于从文件读取二进制数据。通过将 FileStream 对象传递给其构造函数来创建 BinaryReader 对象。该类的常用方法及说明如表 13-12 所示。

表 13-12　BinaryReader 类的常用方法及说明

方　法	说　明
Close	关闭当前阅读器及基础流
PeekChar	返回下一个可用的字符，并且不提升字节或字符的位置

续表

方　法	说　明
Read	从基础流中读取字节，并将流的当前位置前移
ReadBoolean	从当前流中读取 Boolean 值，并使该流的当前位置提升 1 个字节
ReadByte	从当前流中读取下一个字节，并使流的当前位置提升 1 个字节
ReadBytes	从当前流中读取指定的字节数以写入字节数组中，并将当前位置前移相应的字节数
ReadChar	从当前流中读取下一个字符，并根据所使用的 Encoding 和从流中读取的特定字符，提升流的当前位置
ReadChars	从当前流中读取指定的字符数，并以字符数组的形式返回数据，然后根据所使用的 Encoding 和从流中读取的特定字符，将当前位置前移
ReadInt32	从当前流中读取 4 字节有符号整数，并使流的当前位置提升 4 个字节
ReadString	从当前流中读取一个字符串。字符串有长度前缀，一次 7 位地被编码为整数

【例 13-14】编写程序，以二进制的形式对文件进行读写。

（1）在 Visual Studio 2017 中，新建名称为“Project14”的文件。

（2）在代码编辑区域输入以下代码。

```
using System;
using System.IO;
namespace Project14
{
    class Program
    {
        static void Main(string[] args)
        {
            Console.WriteLine("二进制文件的写入");
            Console.WriteLine("请输入文件名: ");
            string path = Console.ReadLine();                          //获取输入文件名
            FileStream fs = new FileStream(path, FileMode.OpenOrCreate); //初始化 FileStream 对象
            BinaryWriter bw = new BinaryWriter(fs);                    //创建 BinaryWriter 对象
            int a = 40;
            double b = 6.28;
            bool c = true;
            string d = "Hello World";
            //写入文件
            bw.Write(a);
            bw.Write(b);
            bw.Write(c);
            bw.Write(d);
            Console.WriteLine("成功写入");
            bw.Close();      //关闭 BinaryWriter 对象
            fs.Close();      //关闭文件流
            Console.WriteLine("二进制文件的读取");
            BinaryReader br= new BinaryReader(new FileStream(path, FileMode.Open));
            a = br.ReadInt32();
            Console.WriteLine("int 型数据:\t{0}", a);
            b = br.ReadDouble();
            Console.WriteLine("double 型数据:\t{0}", b);
            c = br.ReadBoolean();
            Console.WriteLine("bool 型数据:\t{0}", c);
            d = br.ReadString();
            Console.WriteLine("String 型数据:\t{0}", d);
            br.Close();
        }
```

```
        }
    }
```

【程序分析】本例演示了二进制文件的读写。在代码中，首先定义 string 类型的变量 path，用于指明文件的路径；然后初始化 FileStream 对象，再创建 BinaryWriter 对象；接着定义变量 a 赋值为 40，定义变量 b 赋值为 6.28，定义变量 c 赋值为 true，定义变量 d 赋值为“Hello World”，使用对象 bw 引用 Write 方法，将这四个变量写入到文件中；最后引用 Close 方法关闭文件和对象。

在 Visual Studio 2017 中的运行结果如图 13-18 所示。

图 13-18　二进制文件的读写

13.5　注册表基础

注册表（Registry，繁体中文版 Windows 操作系统称之为登录档）是 Microsoft Windows 中的一个重要的数据库，用于存储系统和应用程序的设置信息。

13.5.1　Windows 注册表

在早期的图形操作系统中，注册表就已经出现了。随后推出的 Windows NT 是第一个从系统级别广泛使用注册表的操作系统。但是，从 Windows 95 操作系统开始，注册表才真正成为 Windows 用户经常接触的内容，并在其后的操作系统中继续沿用至今。

1. 注册表存放的位置

在 C 盘中，打开 Windows 文件，找到 regedit.exe 文件，双击后就会弹出“注册表编辑器”对话框，如图 13-19 和图 13-20 所示。

图 13-19　regedit.exe 文件

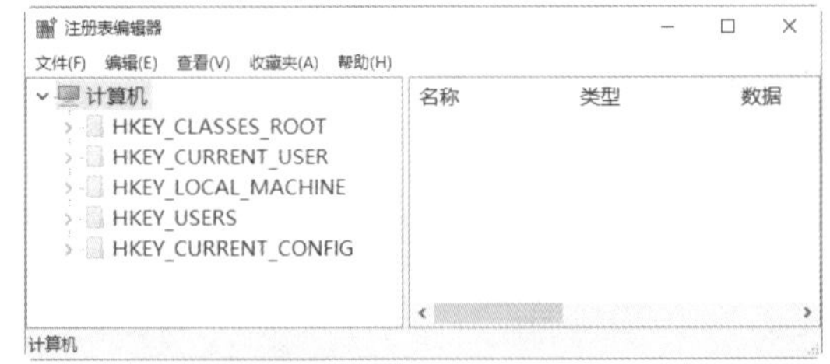

图 13-20　注册表编辑器

2. 怎样快速运行注册表

按住 Windows+R 组合键，会弹出“运行”对话框，并在文本框中输入 regedit，就会弹出“注册表编辑器”窗口，如图 13-21 所示。

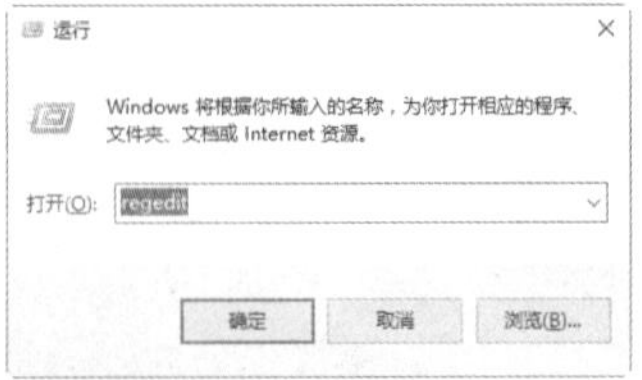

图 13-21　“运行”对话框

13.5.2　注册表的基本结构

不论是什么操作系统，其注册表的结构大体上是基本相同的，都是一种层叠式结构的复杂数据库，由根键、子键、分支、值项和默认值几部分组成。

1. HKEY_CLASSES_ROOT 根键

HKEY_CLASSES_ROOT 根键中记录的是 Windows 操作系统中所有数据文件的信息内容，主要记录了不同文件的文件名后缀和与之对应的应用程序。当用户双击一个文档时，系统可以通过这些信息启动相应的应用程序。

HKEY_CLASSES_ROOT 根键是由多个子键组成的，可分为两种：一种是已经注册的各类文件的扩展名，另一种是各种文件类型的有关信息。

2. HKEY_CURRENT_USER 根键

HKEY_CURRENT_USER 根键中保存了当前登录用户的配置信息，包括环境变量、个人程序、桌面设置等。它与 HKEY_USERS\.Default 分支中所保存的信息是一样的。任何对 HKEY_CURRENT_USER 根键中的信息的修改都会导致对 HKEY_USERS\.Default 中子键信息的修改。

3. KEY_LOCAL_MACHINE

HKEY_LOCAL_MACHINE 根键中存放的是用来控制系统和软件的设置。由于这些设置是针对那些使用 Windows 系统的用户而设置的，是一个公共配置信息，所以它与具体用户没有多大关系。

4. HKEY_USERS 根键

HKEY_USERS 根键中保存的是计算机的所有用户使用的配置数据，这些数据只有在用户登录在系统上时方能访问。这些信息告诉系统当前用户使用的图标、激活的程序组、“开始”菜单的内容以及颜色、字体等。

5. HKEY_CURRENT_CONFIG 根键

如果用户在 Windows 中设置了两套或者两套以上的硬件配置文件（Hardware Configuration File），则在系统启动时将会让用户选择使用哪套配置文件。而 HKEY_CURRENT_CONFIG 根键中存放的正是当前配置文件的信息。

13.5.3 实现访问注册表的两大类

要想通过 C#语言访问注册表，可通过 Registry 类和 RegistryKey 类两个类来实现。这两个类都是密封类，不允许被继承，它们都位于 Microsoft.win32 命名空间。

1. Registry 类

Registry 类只能对注册表进行单一的访问，执行简单的操作。它还提供了表示 Windows 注册表中的根项的 RegistryKey 对象，以及访问项/值对的 static 方法。Registry 类提供了 7 个属性，如表 13-13 所示。

表 13-13 Registry 类的属性及说明

属　性	说　明
CurrentUser	包含有关当前用户首选项的信息。对应于 HKEY_CURRENT_USER 根键
LocalMachine	包含本地计算机的配置数据。对应于 HKEY_LOCAL_MACHINE 根键
ClassesRoot	定义文档的类型（或类）以及与那些类型关联的属性。对应于 HKEY_CLASSES_ROOT 根键
Users	包含有关默认用户配置的信息。对应于 HKEY_USER 根键
PerformanceData	包含软件组件的性能信息。对应于 HKEY_PERFORMANCE_DATA 根键
CurrentConfig	包含有关非用户特定的硬件的配置信息。对应于 HEKY_CURRENT_CONFIG 根键
DynData	包含动态注册表数据。对应于 HKEY_DYN_DATA 根键

2. RegistryKey 类

RegistryKey 类表示 Windows 注册表中的顶级节点。此类是注册表封装。它提供了对注册表操作的方法：查看子键、创建新键、读取或修改键中的值等。下面介绍 RegistryKey 类的常用方法和属性，分别如表 13-14 和表 13-15 所示。

表 13-14　RegistryKey 类的方法及说明

方　法	说　明
Close	关闭该项，如果其内容已修改，则将其刷新到磁盘
CreateSubKey	创建一个新的子项，或打开一个现有子项
DeleteSubKey	删除指定的子项，字符串 subkey 不区分大小写
DeleteSubKeyTree	递归删除子项和任何子级子项。字符串 subkey 不区分大小写
DeleteValue	从此项中删除指定值
GetValue	检索与指定的名称关联的值
GetSubKeyNames	检索包含所有子键名称的字符串数组
GetValueKind	检索与指定名称关联的注册表数据类型
GetValueNames	检索包含与此项关联的所有名称的字符串数值
OpenSubKey	检索指定的子项
SetValue	设置注册表项中的名称/值对的值

表 13-15　RegistryKey 类的属性及说明

属　性	说　明
Name	检索项的名称
SubKeyCount	检索当前项的子项数目
ValueCount	检索项中的值的计数

13.6　注册表的操作基础

作为编程开发人员，有必要了解注册表并学会操作注册表。本节将通过 C#语言操作注册表，主要内容包括注册表项的创建、打开与删除，键值的创建（设置值、修改）、读取和删除，判断注册表项是否存在，判断键值是否存在。

13.6.1　读取注册表信息

要读取注册表中的信息，用户可以借助 RegistryKey 类的四个方法，分别为 OpenSubKey、GetSubKeyNames、GetValueNames 和 GetValue。

1. OpenSubKey 方法

该方法用于检索指定的子键，并指定是否将写访问权限应用于该键。其语法格式如下：

```
public RegistryKey OpenSubKey (string name, bool writable)
```

参数说明：

name：表示要打开的子键的名称或路径。

writable：表示是否应用于读写操作。如果需要键的写操作，则设置为 true。

2. GetSubKeyNames 方法

该方法用于检索根键下边所有子键的名称，它的返回值是字符串的数组。其语法格式如下：

```
public string[] GetSubKeyNames ()
```

【例 13-15】编写程序，创建一个窗体应用，用于读取注册表子键的信息。

（1）在 Visual Studio 2017 中，新建名称为“Project15”的文件。

（2）在代码编辑区域输入以下代码。

```
using Microsoft.Win32;                              //引入命名空间
using System;
using System.Windows.Forms;
//引入命名空间之后就可以使用 RegistryKey 类的四个方法
namespace Project15
{
    public partial class Form1 : Form
    {
        public Form1()
        {
            InitializeComponent();
        }
        private void button1_Click(object sender, EventArgs e)
        {
            //创建 RegistryKey 的实例
            RegistryKey hklm = Registry.LocalMachine;
            //使用 OpenSubKey 方法，打开 HKEY_LOCAL_MACHINE 根键，并索引 SOFTWARE 子键
            RegistryKey software = hklm.OpenSubKey(@"SOFTWARE");
            richTextBox1.Clear();                   //防止重复单击按钮造成数据累加
            //使用 foreach 语句读取 HKEY_LOCAL_MACHINE\SOFTWARE 键下的所有项目
            foreach (string str in software.GetSubKeyNames())
            {
                richTextBox1.Text += str + "\n";
            }
            hklm.Close();
            software.Close();
        }
    }
}
```

【程序分析】本例演示了如何遍历注册表中的子键。在代码中，首先实例化 RegistryKey 的对象为 hklm，并对应于 HKEY_LOCAL_MACHINE 根键；然后通过 OpenSubKey 方法，检索到根键下 SOFTWARE 子键的名称；接着通过 GetSubKeyNames 方法，遍历出 SOFTWARE 子键中所有的目录；最后显示在 ListBox 控件中。

在 Visual Studio 2017 中的运行结果如图 13-22 所示。

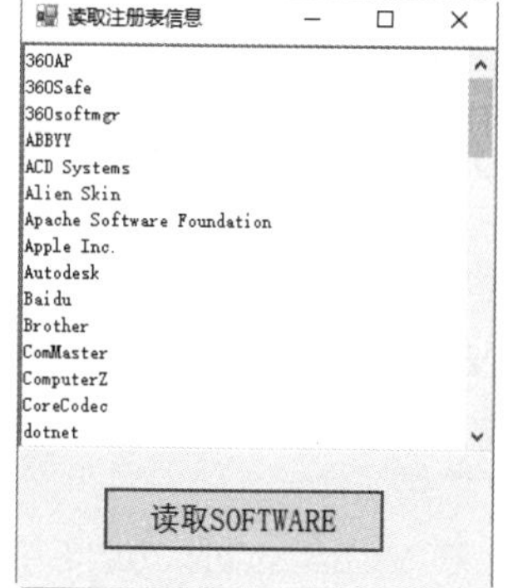

图 13-22　读取 SOFTWARE 子键

3. GetValueNames 方法

该方法用于检索与此键关联的所有值名称的字符串数组。其语法格式如下：

```
public string[] GetValueNames ()
```

4. GetValue 方法

该方法用于检索与指定名称关联的值。如果注册表中不存在名称/值对，则返回 null。其语法格式如下：

```
public object GetValue (string name)
```

参数 name 表示要检索的值的名称。此字符串不区分大小写。

【例 13-16】编写程序，创建一个窗体应用，读取子键中值的信息。

（1）在 Visual Studio 2017 中，新建名称为“Project16”的文件。

（2）在代码编辑区域输入以下代码。

```
using Microsoft.Win32;
using System;
using System.Windows.Forms;
namespace Project16
{
    public partial class Form1 : Form
    {
        public Form1()
        {
            InitializeComponent();
        }
        private void button1_Click(object sender, EventArgs e)
        {
            listBox1.Items.Clear();
            RegistryKey hklm = Registry.LocalMachine;
            RegistryKey sys = hklm.OpenSubKey(@"SOFTWARE");
            foreach (string str in sys.GetSubKeyNames())
            {
                listBox1.Items.Add("子键名: " + str);
                RegistryKey sikey = sys.OpenSubKey(str);
                foreach (string sValName in sikey.GetValueNames())
                {
                    listBox1.Items.Add(sValName + sikey.GetValue(sValName));
                }
            }
            if (listBox1.Items.Count == 0)
            {
                MessageBox.Show("未找到相关数据");
            }
            else
            {
                MessageBox.Show("读取完成");
            }
        }
    }
}
```

【程序分析】本例演示了如何遍历注册表中子键的值。在代码中，首先实例化 RegistryKey 的对象为 hklm，并对应于 HKEY_LOCAL_MACHINE 根键；然后通过 OpenSubKey 方法，检索到根键下 SOFTWARE 子键的名称；接着，在嵌套的 foreach 循环中使用 GetSubKeyNames 方法，遍历出 SOFTWARE 子键中所有的目录，使用 GetValueNames 方法检索与目录中子键关联的所有值名称，再使用 GetValue 方法获取到值名称所对应的值；最后显示在 ListBox 控件中。

在 Visual Studio 2017 中的运行结果如图 13-23 所示。

图 13-23 遍历子键信息

13.6.2　新增注册表信息

C#创建修改注册表信息需要调用以下两个方法。

1. CreateSubKey 方法

该方法用于创建一个新子键或打开一个现有子键以进行写访问。其语法格式如下：

```
public RegistryKey CreateSubKey (string subkey)
```

参数 subkey 表示要创建或打开的子项的名称或路径。此字符串不区分大小写。

2. SetValue 方法

该方法用于设置指定的名称/值对。其语法格式如下：

```
public void SetValue (string name, object value)
```

参数 name 表示要存储的值的名称，而参数 value 表示要存储的数据。

【例 13-17】编写程序，通过窗体应用，实现新增注册表信息。

（1）在 Visual Studio 2017 中，新建名称为“Project17”的文件。

（2）在代码编辑区域输入以下代码。

```
using Microsoft.Win32;
using System;
using System.Windows.Forms;
namespace Project17
{
    public partial class Form1 : Form
    {
        public Form1()
        {
            InitializeComponent();
        }
        private void button1_Click(object sender, EventArgs e)
        {
            //首先判断 tbKey 控件中是否为空
            if (tbKey.Text != "")
            {
                listBox1.Items.Clear();    //清除控件中的内容
                //实例化 RegistryKey 的对象，使其对应于 HKEY_LOCAL_MACHINE 根键
                RegistryKey hklm = Registry.LocalMachine;
                //检索到 SYSTEM 子键，并以可写的模式打开
                RegistryKey sys = hklm.OpenSubKey("SYSTEM", true);
                //创建一个新的子键并进行写访问
                RegistryKey addText = sys.CreateSubKey(tbKey.Text);
                //为新的子键设置名称和值对
                addText.SetValue(tbName.Text, tbValue.Text);
                //遍历出 SYSTEM 子键下的目录
                foreach (string site in sys.GetSubKeyNames())
                {
                    if (site == tbKey.Text)
                    {
                        //判断 site 是否等于新子键，如果等于就打开该子键
                        RegistryKey sitekey = sys.OpenSubKey(site);
                        //遍历新子键
                        foreach (string sValName in sitekey.GetSubKeyNames())
                        {
                            listBox1.Items.Add(site + "" + sValName + ":" + sitekey.GetValue (sValName));
                        }
                    }
                }
```

```
            }
            else
            {
                MessageBox.Show("无可添加的数据");
            }
        }
        private void Form1_Load(object sender, EventArgs e)
        {
            RegistryKey hklm = Registry.LocalMachine;
            RegistryKey sys = hklm.OpenSubKey("SYSTEM");
            foreach (string site in sys.GetSubKeyNames())
            {
                listBox1.Items.Add(site);
            }
        }
    }
}
```

【程序分析】本例演示了新增注册表的信息。在代码中，首先判断 tbKey 控件中是否为空，并清除控件中的所有内容；然后，实例化 RegistryKey 的对象，使其对应于 HKEY_LOCAL_MACHINE 根键；接着检索到 SYSTEM 子键，并以可写的模式打开。下面就可以通过 CreateSubKey 方法创建一个新的子键并进行写访问，并为新的子键设置名称和值对；最后通过嵌套的 foreach 循环，遍历出 SYSTEM 子键下的目录。

在 Visual Studio 2017 中的运行结果如图 13-24 和图 13-25 所示。

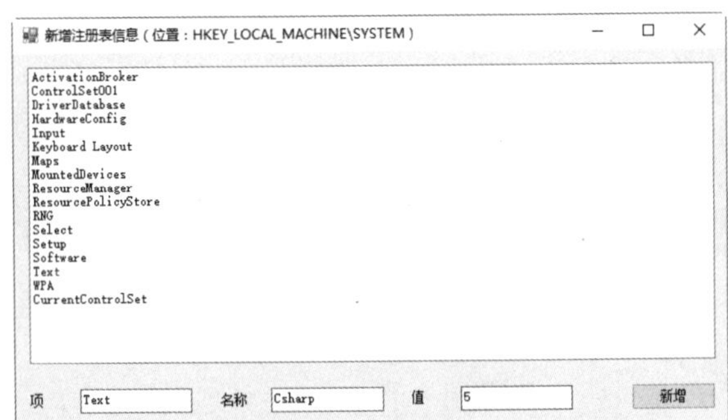

图 13-24　新增子键项

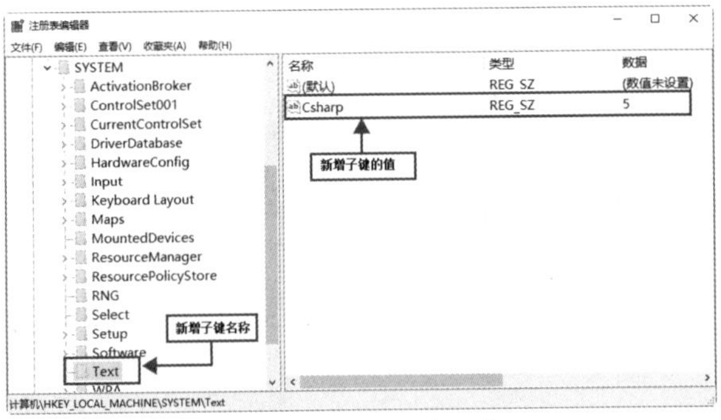

图 13-25　查看注册表

13.6.3　删除注册表信息

C#中实现删除注册信息可以通过调用 DeleteSubKey、DeleteSubKeyTree、DeleteValue 方法来实现。

1. DeleteSubKey 方法

该方法用于删除指定的子键，它有两种重载方式：

```
//删除指定子键，如果子键下有目录则会引发异常
public void DeleteSubKey (string subkey)
//删除指定的子键，并指定在找不到该子键时是否引发异常
public void DeleteSubKey (string subkey, bool throwOnMissingSubKey)
```

参数说明：

subkey：表示要删除的子键的名称。此字符串不区分大小写。

throwOnMissingSubKey：指示在找不到指定子键的情况下是否引发异常。如果该参数为 true，并且指定的子键不存在，则引发异常。如果该参数为 false，并且指定的子键不存在，则不执行任何操作。

2. DeleteSubKeyTree 方法

该方法能够删除子键下的目录，语法格式如下：

```
public void DeleteSubKeyTree (string subkey)
```

subkey 表示要删除的子键。此字符串不区分大小写。

3. DeleteValue 方法

该方法用于删除指定的键值，语法格式如下：

```
public void DeleteValue (string name)
```

参数 name 表示要删除的值的名称。

【例 13-18】编写程序，通过窗体应用，删除指定的子键。

（1）在 Visual Studio 2017 中，新建名称为“Project18”的文件。

（2）在代码编辑区域输入以下代码。

```
using Microsoft.Win32;
using System;
using System.Windows.Forms;
namespace Project18
{
    public partial class Form1 : Form
    {
        public Form1()
        {
            InitializeComponent();
        }
        private void button1_Click(object sender, EventArgs e)
        {
            RegistryKey hklm = Registry.LocalMachine;
            RegistryKey sys = hklm.OpenSubKey("SYSTEM", true);
            foreach (string site in sys.GetSubKeyNames())
            {
                if (site == textBox1.Text)
                {
                    sys.DeleteSubKey(site);
                    MessageBox.Show("删除成功");
                }
            }
        }
    }
}
```

【程序分析】本例演示了注册表的删除。首先在窗体中添加好控件；然后，实例化 RegistryKey 的对象，使其对应于 HKEY_LOCAL_MACHINE 根键；接着检索到 SYSTEM 子键，并以可写的模式打开；最后在 textBox1 控件中输入子键的名称，调用 DeleteSubKey 方法进行删除。

在 Visual Studio 2017 中的运行结果如图 13-26 所示。

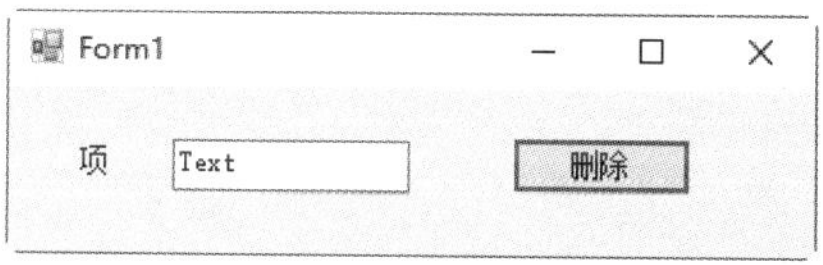

图 13-26　注册表信息的删除

13.7　就业面试技巧与解析

本章详细介绍了文件、文件夹、数据流和注册表的基本操作。程序中在对文件进行操作及读取数据流时主要用到了 System.IO 命名空间下的各种类。读者应该能够了解文件及数据流操作的理论知识，并能在实际开发中熟练利用这些理论知识对文件、数据流和注册表进行各种操作。

13.7.1 面试技巧与解析（一）

面试官： File 类和 FileInfo 类有什么区别?

应聘者： System.IO 命名空间中提供的文件操作类有 File 和 FileInfo，这两个类的功能基本相同，只是 File 是静态类，其中所有方法都是静态的，可以通过类名直接调用，不需要实例化。而 FileInfo 是普通类，只有实例化对象后才可以调用其中的方法。

File 类是一个静态类，它对应整个文件系统进行操作，方法均为静态方法；如果只是对文件进行少量操作，如判断文件是否存在之类或者对很多的文件进行操作，建议使用 File 类，可以避免频繁创建和释放对象的系统开销。

FileInfo 类是一个实例类，它对应某一个文件进行操作，方法大部分为实例方法，它的操作有可能是调用的 File 中的对应静态方法。如果是对一个文件进行大量操作，建议使用 FileInfo 类。

13.7.2 面试技巧与解析（二）

面试官： 注册表有哪几个主要的根键，详细说明。

应聘者： 注册表包括以下 5 个主要的根键。

（1）HKEY_CLASSES_ROOT：包含启动应用程序所需的全部信息，包括扩展名、应用程序与文档之间的关系、驱动程序名、DDE 和 OLE 信息、类 ID 编号和应用程序与文档的图标等。

（2）HKEY_CURRENT_USER：包含当前登录用户的配置信息，包括环境变量、个人程序、桌面设置等。

（3）HKEY_LOCAL_MACHINE：包含本地计算机的系统信息，包括硬件和操作系统信息，如设备驱动程序，安全数据和计算机专用的各类软件设置信息。

（4）HKEY_USERS：包含计算机的所有用户使用的配置数据，这些数据只有在用户登录在系统上时方能访问。这些信息告诉系统当前用户使用的图标、激活的程序组、“开始”菜单的内容以及颜色、字体等。

（5）HKEY_CURRENT_CONFIG：存放当前硬件的配置信息，其中的信息是从 HKEY_LOCAL_MACHINE 中映射出来的。

第 14 章

C#多线程编程技术——多线程操作

学习指引

线程，有时被称为轻量进程（Lightweight Process，LWP），是程序执行流的最小单元。线程是程序中一个单一的顺序控制流程。在单个程序中同时运行多个线程完成不同的工作，称为多线程。

重点导读

- 熟悉线程与进程的概念。
- 掌握 Thread 类中的方法及属性。
- 掌握线程的基本操作。
- 掌握线程的优先级。

14.1 进程与线程

进程（Process）和线程（Thread）是操作系统的基本概念，但是它们比较抽象并且不容易掌握。读者可以将进程理解为程序在计算机上的一次执行活动，而线程则是进程的一个实体。执行线程就体现程序的真实执行情况。

14.1.1 进程的概念

1. 进程

进程是程序在计算机上的一次执行活动。运行一个程序就相当于启动一个进程。Windows 系统利用进程把工作划分为多个独立的区域，每个应用程序实例对应一个进程。进程是操作系统分配和使用系统资源的基本单位。进程包含正在运行时应用程序的所有资源。每个进程所占用的资源都是相互独立的。

进程资源包括：

（1）一个进程堆；

（2）一个或多个线程；

（3）一个虚拟地址空间，该空间独立于其他进程的地址空间；

（4）一个或多个代码段，包括.dll 中的代码；

（5）一个或多个包含全局变量的数据段；

（6）环境字符串，包含环境变量信息；

（7）其他资源，例如打开的句柄、其他的堆等。

2. 多进程

多进程就是在同一计算机系统中，同一个时刻允许两个或两个以上的进程处于运行状态。多进程具有以下特点：

（1）进程间互相独立，可靠性高。

（2）进程之间不共享数据，没有锁问题，结构简单。

（3）需要跨进程边界，多进程调度开销较大。

在 Windows 操作系统中，通过访问 Windows 任务管理器可以查看当前正在运行的进程。单击详细信息，可看到进程的 PID、CPU 使用率、内存使用率等信息，应用程序可以包含一个或多个进程，每个进程都有自己独立的数据、执行代码和系统资源，如图 14-1 所示。

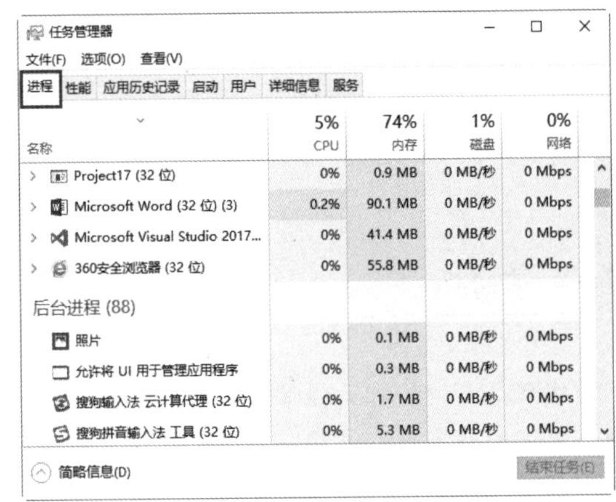

图 14-1 Windows 任务管理器

14.1.2 线程的概念

1. 线程

线程是程序中的一个执行流，每个线程都有自己的专有寄存器（栈、指针、程序计数器等），但代码区是共享的，即不同的线程可以执行同样的函数。

注意：一个进程可以有多个线程，一个线程必须有一个父进程，一个线程可以创建和撤销另一个线程，同一个进程中的多个线程之间可以并发执行。

2. 多线程

多线程是指程序中包含多个执行流，即在一个程序中可以同时运行多个不同的线程来执行不同的任务，也就是说允许单个程序创建多个并行执行的线程来完成各自的任务。

（1）多线程具有以下优点。

可以提高 CPU 的利用率。在多线程程序中，一个线程必须等待的时候，CPU 可以运行其他的线程而不是等待，这样就大大提高了程序的效率。

（2）多线程具有以下缺点。

① 线程也是程序，所以线程需要占用内存，线程越多占用内存也越多；

② 多线程需要协调和管理，所以需要 CPU 时间跟踪线程；

③ 线程之间对共享资源的访问会相互影响，必须解决竞用共享资源的问题；

④ 线程太多会导致控制太复杂，最终可能造成很多 Bug。

3. 线程的生命周期

线程生命周期开始于 System.Threading.Thread 类的对象被创建时，结束于线程被终止或完成执行时。下面列出了线程生命周期中的各种状态。

（1）未启动状态：当线程实例被创建，但 Start 方法未被调用时的状况。

（2）就绪状态：当线程准备好运行并等待 CPU 周期时的状况。

（3）不可运行状态：已经调用 Sleep 方法、Wait 方法或者通过 I/O 操作阻塞时，线程是不可运行的。

（4）死亡状态：当线程已完成执行或已中止时的状况。

在 C#中，Thread 类用于线程的工作。它允许创建并访问多线程应用程序中的单个线程。进程中第一个被执行的线程称为主线程。

【例 14-1】 编写程序，获取当前的主线程，并为其命名。

（1）在 Visual Studio 2017 中，新建名称为“Project1”的文件。

（2）在代码编辑区域输入以下代码。

```
using System;
using System.Threading;
namespace Project1
{
    class Program
    {
        static void Main(string[] args)
        {
            Thread th = Thread.CurrentThread;
            th.Name = "MainThread";  //给当前线程命名为"MainThread"
            Console.WriteLine("This is {0}", th.Name);
        }
    }
}
```

【程序分析】在本例中，用户可以通过 Thread 类的静态属性 CurrentThread 获取当前执行的线程，然后通过 Name 属性赋值“MainThread”。

在 Visual Studio 2017 中的运行结果如图 14-2 所示。

图 14-2　主线程

14.1.3　Thread 类

在.NET Framework 中，所有与多线程机制应用相关的类都是放在 System.Threading 命名空间中的。如果用户想在应用程序中使用多线程，就必须包含这个类。

表 14-1 列出了 Thread 类的一些常用的属性。

表 14-1　Thread 类的属性及说明

属　性	说　明
CurrentContext	获取线程正在其中执行的当前上下文
CurrentCulture	获取或设置当前线程的区域性
CurrentPrinciple	获取或设置线程的当前负责人（对基于角色的安全性而言）
CurrentThread	获取当前正在运行的线程
CurrentUICulture	获取或设置资源管理器使用的当前区域性以便在运行时查找区域性特定的资源
ExecutionContext	获取一个 ExecutionContext 对象，该对象包含有关当前线程的各种上下文的信息
IsAlive	获取一个值，该值指示当前线程的执行状态
IsBackground	获取或设置一个值，该值指示某个线程是否为后台线程
IsThreadPoolThread	获取一个值，该值指示线程是否属于托管线程池
ManagedThreadId	获取当前托管线程的唯一标识符

续表

属　性	说　明
Name	获取或设置线程的名称
Priority	获取或设置一个值，该值指示线程的调度优先级
ThreadState	获取一个值，该值包含当前线程的状态

表 14-2 列出了 Thread 类的一些常用方法。

表 14-2　Thread 类的方法及说明

方　法	说　明
Abort	在调用此方法的线程上引发 ThreadAbortException，以开始终止此线程的过程。调用此方法通常会终止线程
GetApartmentState	返回表示单元状态的 ApartmentState 值
GetDomain	返回当前线程正在其中运行的当前域
GetDomainID	返回唯一的应用程序域标识符
Interrupt	中断处于 WaitSleepJoin 线程状态的线程
Join	在此实例表示的线程终止前，阻止调用线程
ResetAbort	取消当前线程所请求的 Abort（Object）
SetApartmentState	在线程启动前设置其单元状态
Sleep	将当前线程挂起指定的时间
SpinWait	导致线程等待由 iterations 参数定义的时间量
Start	使线程得以按计划执行
Suspend	挂起线程，或者如果线程已挂起，则不起作用
VolatileRead	读取字段值。无论处理器的数目或处理器缓存的状态如何，该值都是由计算机的任何处理器写入的最新值
VolatileWrite	立即向字段写入一个值，以使该值对计算机中的所有处理器都可见

14.2　线程的基本操作

通过使用 Thread 类，可以对线程进行创建、休眠、挂起、恢复、终止及设置优先权等操作。

14.2.1　创建线程

在 C#中创建线程时，首先需要创建一个 ThreadStart 委托实例，再以这个 ThreadStart 委托作为参数，来构造 Thread 实例。

注意：Thread 类拥有四种重载的构造函数，常用的一个函数接收一个 ThreadStart 类型的参数，而 ThreadStart 是一个委托，其语法格式如下：

```
public delegate void ThreadStart()
```

【例 14-2】编写程序，启动创建好的线程。

（1）在 Visual Studio 2017 中，新建名称为“Project2”的文件。

（2）在代码编辑区域输入以下代码。

```
using System;
using System.Threading;
namespace Project2
{
    class Program
    {
        //创建线程的方法,输出 0 到 10
        public static void ThreadMethod()
        {
            Console.WriteLine("辅助线程开始...");
            for (int i = 0; i < 10; i++)
            {
                Console.WriteLine("辅助线程: {0}", i);
                Thread.Sleep(2000);                          //调用 Sleep 方法，使辅助线程休眠 2 秒
            }
            Console.WriteLine("辅助线程结束.");
        }
        static void Main(string[] args)
        {
            Console.WriteLine("主线程开始");
            //创建委托实例
      ThreadStart ts = new ThreadStart(ThreadMethod);        //注册 ThreadMethod 方法
             //通过委托实例来构造 Thread 类
            Thread th = new Thread(ts);
            th.Start();                                      //启动线程
            for (char i = 'A'; i < 'K'; i++)
            {
                Console.WriteLine("主线程: {0}", i);
                Thread.Sleep(1000);                          //调用 Sleep 方法，使主线程休眠 1 秒
            }
            th.Join();                                       //主线程等待辅助线程结束
            Console.WriteLine("主线程结束");
        }
    }
}
```

【程序分析】本例演示了启动创建好的线程。在代码中，首先用户可以自定义一个静态的 void 方法 ThreadMethod；然后在 Main 方法中，创建 ThreadStart 委托的实例 ts；接着通过 ts 构造 Thread 类的实例 th，这样就创建好一个线程。由于 Main 方法是程序的入口点，优先执行 Main 方法，所以 Main 方法是主线程，ThreadMethod 方法为辅助线程；接着调用 Start 方法启动线程，此时主线程中的 for 循执行每一次后就会休眠 1 秒，而辅助线程每执行一次则休眠 2 秒；最后调用了 Join 方法，在辅助线程中的 for 循环执行完之后停止执行主线程中的 for 循环。

在 Visual Studio 2017 中的运行结果如图 14-3 所示。

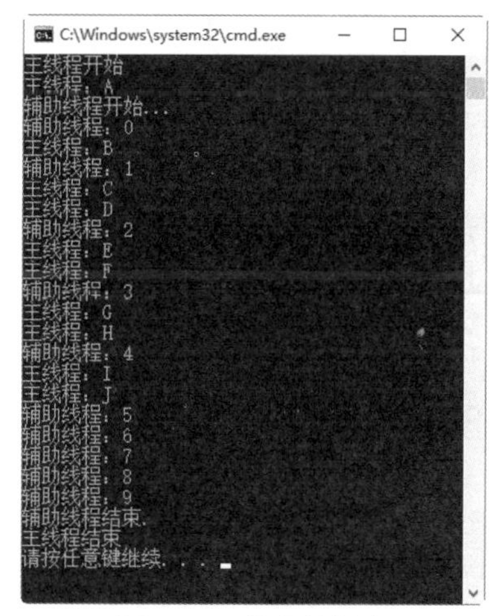

图 14-3 线程的创建

14.2.2 线程休眠

线程的休眠是通过 Thread 类的 Sleep 方法实现的，而 Thread 类的实例的 IsAlive 属性可以判断线程是

否执行完毕。

Sleep 方法有以下两种重载形式。

（1）将当前线程挂起指定的毫秒数，语法格式如下：

```
public static void Sleep (int millisecondsTimeout)
```

millisecondsTimeout：线程被阻止的毫秒数。如果该参数的值为零，则该线程会将其时间的剩余部分让给任何已经准备好运行的、具有同等优先级的线程，否则会无限期阻止线程。

（2）将当前线程挂起指定的时间，语法格式如下：

```
public static void Sleep (TimeSpan timeout)
```

timeout：线程被阻止的时间量的 TimeSpan。

【例 14-3】 编写程序，创建线程，并在运行时休眠 5 秒。

（1）在 Visual Studio 2017 中，新建名称为“Project3”的文件。

（2）在代码编辑区域输入以下代码。

```
using System;
using System.Threading;
namespace Project3
{
    class Program
    {
        //下面的实例演示了 sleep() 方法的使用，用于在一个特定的时间暂停线程
        public static void Method()
        {
            Console.WriteLine("启动线程");
            //线程暂停 5000 毫秒
            int t = 5000;
            Console.WriteLine("线程暂停 {0} 秒",t / 1000);
            Thread.Sleep(t);
            Console.WriteLine("线程恢复");
        }
        static void Main(string[] args)
        {
            ThreadStart ts = new ThreadStart(Method);
            Thread th = new Thread(ts);   //创建线程
            th.Start();                   //启动线程
        }
    }
}
```

【程序分析】本例演示了线程的休眠。在代码中，首先用户可以自定义一个静态的 void 方法 Method；然后在 Main 方法中，创建 ThreadStart 委托的实例 ts；接着通过 ts 构造 Thread 类的实例 th，这样就创建好一个线程；最后通过 Start 方法，启动线程，由于在 Method 方法中调用了 Sleep 方法，使线程休眠 5 秒后再运行。

在 Visual Studio 2017 中的运行结果如图 14-4 所示。

```
C:\Windows\system32\cmd.exe
启动线程
线程暂停 5 秒
线程恢复
请按任意键继续. . .
```

图 14-4　线程的休眠

14.2.3　线程的挂起与恢复

Suspend 方法用于挂起线程，Resume 方法用于继续执行已经挂起的线程。可以使用这两个方法进行线程的同步，和 Start 方法有些类似的是，在调用 Suspend 方法后不会立即停止，而是执行到一个安全点后挂起。

1. Suspend 方法

挂起线程，或者如果线程已挂起，则不起作用，语法格式如下：

```
public void Suspend ();
```

2. Resume 方法

继续已挂起的线程，语法格式如下：

```
public void Resume ();
```

【例 14-4】编写程序，自定义两个线程，主线程（MainThread 方法）和工作线程（WorkThread 方法），主线程倒序输出，工作线程正序输出。先完成主线程，再完成工作线程。

（1）在 Visual Studio 2017 中，新建名称为“Project4”的文件。

（2）在代码编辑区域输入以下代码。

```
using System;
using System.Threading;
namespace Project4
{
    class Program
    {
        static void Main(string[] args)
        {
            ThreadStart work = new ThreadStart(WorkThread);     //创建工作线程
            Thread th = new Thread(work);
            th.Start();                                          //启动线程
            th.Suspend();                                        //挂起线程
            MainThread();                                        //主线程
            th.Resume();                                         //恢复线程
        }
        static void WorkThread()
        {
            for (long i = 1; i < 1000000000; i++)
            {
                if (i % 100000000 == 0 && i != 0)
                {
                    Console.WriteLine("工作线程 WorkThread-->i={0}", i);
                }
            }
        }
        static void MainThread()
        {
            long gap = 0;
            for (long i = 1000000000; i >= 0; i--)
            {
                gap = i - 1;
                if (i % 100000000 == 0 )
                {
                    Console.WriteLine("主线程 MainThread-->i={0}", i);
                }
            }
            Console.WriteLine();
        }
    }
}
```

【程序分析】本例演示了线程的挂起与恢复。在代码中，用户定义了两个方法 WorkThread 和 MainThread。MainThread 方法用于倒序输出 0～10；WorkThread 方法用于正序输出 1～9；然后在 Main 方法中，创建 ThreadStart 委托的实例 work；接着通过 work 构造 Thread 类的实例 th，这样就创建好一个线程；最后通过 Start 方法，启动线程。

挂起线程使用 Suspend 方法。线程被挂起后，操作被停止或进入休眠状态。因此，从结果中可以看出，此时主线程正常执行，但是工作线程 WorkThread 没有被执行。那么要想工作线程能继续执行，就需要使用

Resume 方法恢复线程。

在 Visual Studio 2017 中的运行结果如图 14-5 所示。

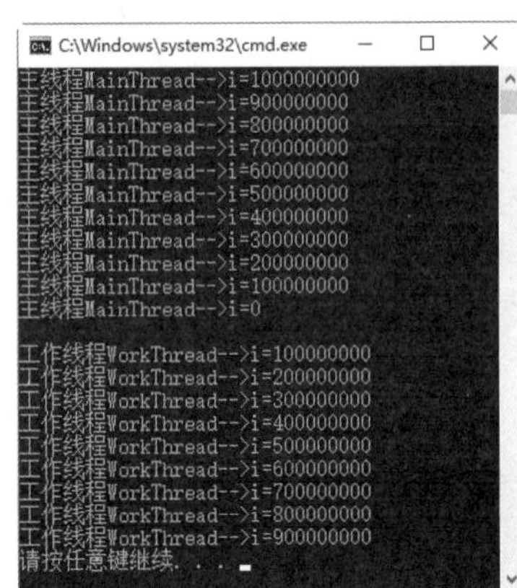

图 14-5　线程的挂起与恢复

14.2.4　终止线程

线程的终止是通过 Thread 类的 Abort 方法和 Join 方法来实现的。

1. Abort 方法

当一个线程执行时间太长时，用户有可能要终止这个线程，这就要使用 Abort 方法。该方法有两种重载方式：

```
public void Abort()//终止进程
public void Abort(Object stateInfo)
//终止线程并提供有关线程终止的异常信息
```

参数 stateInfo 是一个对象，包含应用程序特定的信息（如状态），该信息可供正被终止的线程使用

注意：在线程调用 Abort 方法时，会引发 ThreadAbortException 异常。如果没有捕获异常，线程将会终止通过。

【例 14-5】编写程序，启动线程，while 循环 5 次后终止线程。

（1）在 Visual Studio 2017 中，新建名称为“Project5”的文件。

（2）在代码编辑区域输入以下代码。

```
using System;
using System.Threading;
namespace Project5
{
    class Program
    {
        static void Main(string[] args)
        {
            ThreadStart work = new ThreadStart(WorkThread);      //创建工作线程
            Thread th = new Thread(work);
            th.Start();                                          //启动线程
            int i = 0;
            while (th.IsAlive)
            {
                i++;
                Thread.Sleep(500);                               //休眠 0.5 秒
                if (i == 5)
                {
                    th.Abort();                                  //线程被终止
                    Console.WriteLine("\r\n 线程被终止");
                }
            }
        }
        static void WorkThread()
        {
            for (long i = 0; i < 1000000000; i++)
            {
                if (i % 100000000 == 0 && i != 0)
                {
                    Console.WriteLine("工作线程 WorkThread-->i={0}", i);
                }
            }
        }
```

```
        }
    }
```

【程序分析】本例演示了线程的终止。在代码中，用户首先自定义方法 WorkThread，用于输出一组数据；然后在 Main 方法中，创建 ThreadStart 委托的实例 work；接着通过 work 构造 Thread 类的实例 th，这样就创建好一个线程；最后通过 Start 方法，启动工作线程。

中止线程使用 Abort 方法。线程被中止，就停止运行，是无法恢复的，因为 Windows 会永久地删除被中止线程的所有数据。跟挂起工作线程时的结果一样，中止工作线程后，工作线程自然不会被执行。

在 Visual Studio 2017 中的运行结果如图 14-6 所示。

```
C:\Windows\system32\cmd.exe
工作线程WorkThread-->i=100000000
工作线程WorkThread-->i=200000000
工作线程WorkThread-->i=300000000

线程被终止
请按任意键继续. . .
```

图 14-6 Abort 方法终止线程

2. Join 方法

Join 方法用于等待线程中止，如果后续的处理依赖于另一个已经终止的线程，可以调用 Join 方法，等待线程中止。该方法有三种重载形式：

```
public void Join()
public bool Join(int millisecondsTimeout)
public bool Join(TimeSpan timeout)
```

参数说明：

millisecondsTimeout 表示等待线程终止的毫秒数。如果线程已终止，则返回值为 truc，如果线程经过了 millisecondsTimeout 指定时间后未终止，返回值为 false。

timeout 表示等待线程终止的时间量 TimeSpan。如果线程已终止，则返回值为 true，如果线程经过 timeout 时间量之后未终止，则返回值为 false。

【例 14-6】编写程序，使用 Join 方法等待线程终止。

（1）在 Visual Studio 2017 中，新建名称为“Project6”的文件。

（2）在代码编辑区域输入以下代码。

```
using System;
using System.Threading;
namespace Project6
{
    class Program
    {
        static void Main(string[] args)
        {
            ThreadStart work = new ThreadStart(WorkThread);     //创建工作线程
            Thread th = new Thread(work);
            th.Start();                                         //启动线程
            th.Join();                                          //等待工作线程中止
          //th.Join(1000);
            MainThread();
        }
        static void WorkThread()
        {
            for (long i = 1; i < 1000000000; i++)
            {
                if (i % 100000000 == 0 && i != 0)
                {
                    Console.WriteLine("工作线程 WorkThread-->i={0}", i);
                }
            }
            Console.WriteLine("工作线程执行完毕");
        }
        static void MainThread()
```

```
            {
                long gap = 0;
                for (long i = 1000000000; i >= 0; i--)
                {
                    gap = i - 1;
                    if (i % 100000000 == 0)
                    {
                        Console.WriteLine("主线程  MainThread-->i={0}", i);
                    }
                }
                Console.WriteLine("主线程执行完毕");
            }
        }
    }
```

【程序分析】本例演示了线程的等待终止。在 Main 方法中，工作线程调用了 Join 方法，因此，需待工作线程中止后，主线程才会被执行。

Join 的其他重载方法可以指定等待的时间期限，超过了这个时间期限，程序也会继续执行。因此，可以将“th.Join();”语句修改为“th.Join(1000);”。

在 Visual Studio 2017 中的运行结果如图 14-7 和图 14-8 所示。

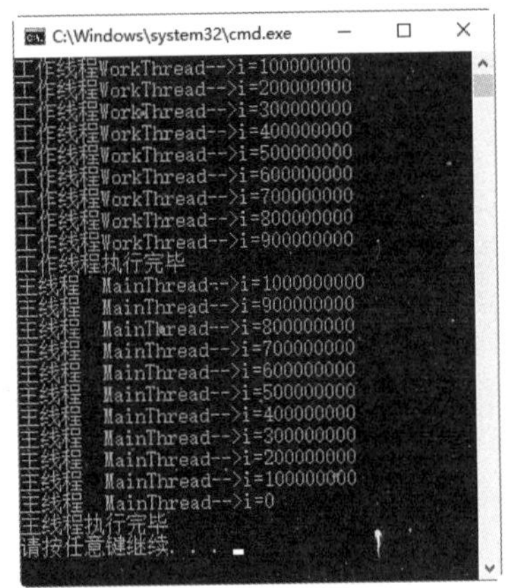

图 14-7 等待线程终止

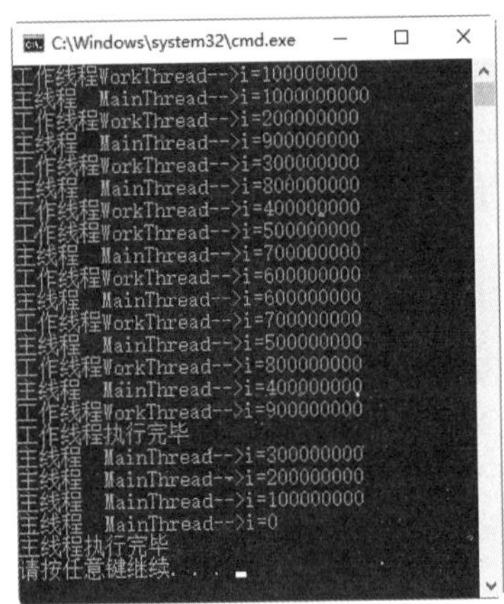

图 14-8 限时等待线程终止

14.2.5 线程的优先级

线程的优先级可以通过 Thread 类的 Priority 属性设置，Priority 属性是一个 ThreadPriority 型枚举，列举了 5 个优先等级：AboveNormal、BelowNormal、Highest、Lowest、Normal。

普通线程的优先级默认为 Normal；如果想有更高的优先级，可设置为 AboveNormal 或 Highest；如果想有较低的优先级，可设置为 BelowNormal 或 Lowest。线程优先级值，从高到低按顺序如表 14-3 所示。

表 14-3 线程的优先级值及说明

优先级值	说明
Highest	在具有任何其他优先级的线程之前
AboveNormal	可以将 Thread 安排在具有 Highest 优先级线程之后，在 Normal 之前
Normal	在 AboveNormal 之后，BelowNormal 之前。默认值
BelowNormal	在 Normal 之后，Lowest 之前
Lowest	在具有其他任何优先级的线程之后

可以通过调用线程的 Priority 属性来获取和设置其优先级。Priority 属性用来获取或设置一个值，该值指示线程的调度优先级。

语法格式如下：

```
public ThreadPriority Priority{get;set;}
```

属性值是 ThreadPriority 枚举值之一，默认值为 Normal。

【例 14-7】 编写程序，分别创建两个线程，然后通过设定不同的优先级来显示线程的名称和优先级。

（1）在 Visual Studio 2017 中，新建名称为“Project7”的文件。

（2）在代码编辑区域输入以下代码。

```
using System;
using System.Threading;
namespace Project7
{
    class Program
    {
        public static void method()
        {
            //输出线程的名称
            Console.WriteLine("线程名称: {0}",Thread.CurrentThread.Name.ToString());
            //输出线程的优先级
            Console.WriteLine("线程的优先级: {0}",Thread.CurrentThread.Priority.ToString());
        }
        static void Main(string[] args)
        {
            ThreadStart ts1 = new ThreadStart(method);
            ThreadStart ts2 = new ThreadStart(method);
            Thread t1 = new Thread(ts1);
            Thread t2 = new Thread(ts2);
            //为两个线程命名
            t1.Name = "学习 C#线程一";
            t2.Name = "学习 Java 线程二";
            //指定线程 t1 的优先级为 Highest
            t1.Priority = ThreadPriority.Highest;
            //启动两个线程
            t1.Start();
            t2.Start();
        }
    }
}
```

【程序分析】本例演示了线程的优先级。在代码中用户自定义方法 method，用于输出线程的名称和优先级；然后在 Main 方法中，创建两个线程 t1 和 t2，首先使用 Name 属性为两个线程命名，再使用 Priority 属性设置线程 t1 的优先级为 Highest，最后启动两个线程。通过最后的输出结果发现，t1 的优先级值为 Highest，t2 的优先级值为 Normal，这是因为 Normal 是线程的默认值。

在 Visual Studio 2017 中的运行结果如图 14-9 所示。

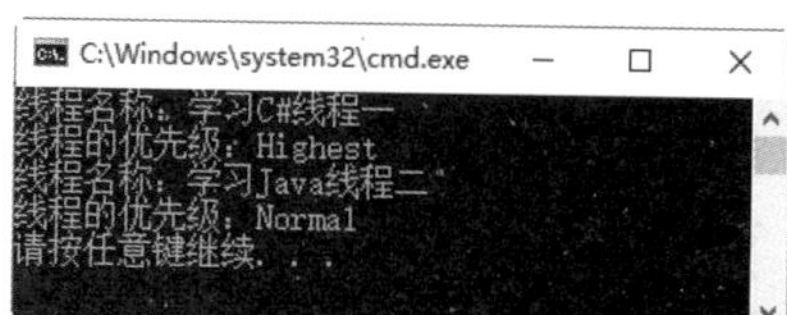

图 14-9　线程的优先级

14.3 就业面试技巧与解析

本章对 C#中进行线程编程的主要类 Thread 进行了介绍，并对进程的基本操作进行了详细讲解。通过本章的学习，读者应熟练掌握使用 C#进行线程编写的基础知识，并能在实际开发中应用线程解决各种多任务的问题。

14.3.1 面试技巧与解析（一）

面试官：使用多线程的优点？

应聘者：可以同时完成多个任务；可以使程序的响应速度更快；可以让占用大量处理时间的任务或当前没有进行处理的任务定期将处理时间让给别的任务；可以随时停止任务；可以设置每个任务的优先级以优化程序性能。

面试官：实现多线程的原因是什么？

应聘者：总结起来有以下两方面的原因：

（1）CPU 运行速度太快，硬件处理速度跟不上，所以操作系统进行分时间片管理。这样，从宏观角度来说是多线程并发的，因为 CPU 速度太快，察觉不到，看起来是同一时刻执行了不同的操作。但是从微观角度来讲，同一时刻只能有一个线程在处理。

（2）目前计算机都是多核多 CPU 的，一个 CPU 在同一时刻只能运行一个线程，但是多个 CPU 在同一时刻就可以运行多个线程。

14.3.2 面试技巧与解析（二）

面试官：多线程虽然有很多优点，但是也必须认识到多线程可能存在影响系统性能的不利方面，才能正确使用线程。简述一下多线程的缺点。

应聘者：使用多线程的缺点有以下几个方面：

（1）线程也是程序，所以线程需要占用内存，线程越多，占用内存也越多。

（2）多线程需要协调和管理，所以需要占用 CPU 时间以便跟踪线程。

（3）线程之间对共享资源的访问会相互影响，必须解决争用共享资源的问题。

（4）线程太多会导致控制太复杂，最终可能造成很多程序缺陷。

面试官：创建一个多线程都有哪些步骤？

应聘者：当启动一个可执行程序时，将创建一个主线程。在默认的情况下，C#程序具有一个线程，此线程执行程序中以 Main 方法开始和结束的代码，Main 方法直接或间接执行的每一个命令都有默认线程（主线程）执行，当 Main 方法返回时此线程也将终止。

创建多线程的步骤：

（1）编写线程所要执行的方法。

（2）实例化 Thread 类，并传入一个指向线程所要执行方法的委托。（这时线程已经产生，但还没有运行。）

（3）调用 Thread 实例的 Start 方法，标记该线程可以被 CPU 执行了，但具体执行时间由 CPU 决定。

第 15 章

让程序运行更稳健——异常、调试和测试

学习指引

异常是一种封装了反常程序事件信息的对象。在 C#中用异常来处理错误和反常情况，当异常抛出时，当前函数的执行会停止，堆栈展开，直到找到正确的异常处理代码。如果异常得到处理，程序会解决问题并继续执行。即使程序不能继续执行，捕获异常也能使程序输出错误信息并安全地终止程序。

重点导读

- 掌握如何处理异常。
- 掌握如何捕获异常。
- 掌握如何引发异常。
- 了解 C#中的异常类。
- 掌握如何调试程序与设置断点。

15.1　异常处理语句

异常就是程序运行中发生的错误，异常处理是程序设计的一部分。错误的出现并不总是编写应用程序者的原因，有时应用程序会因为终端用户的操作而发生错误。无论如何，在编写程序前，都应预测应用程序和代码中出现的错误。

15.1.1　异常处理

异常提供了一种把程序控制权从某个部分转移到另一个部分的方式。C#异常处理是建立在四个关键词之上的：try、catch、finally 和 throw。

try：一个 try 块标识了一个将被激活的特定的异常的代码块。后跟一个或多个 catch 块。

catch：程序通过异常处理程序捕获异常。catch 关键字表示异常的捕获。

finally：finally 块用于执行给定的语句，不管异常是否被抛出都会执行。例如，如果打开一个文件，不管是否出现异常文件都要被关闭。

throw：当问题出现时，程序抛出一个异常。使用 throw 关键字来完成。

15.1.2 捕获异常

捕获异常是通过 try…catch 语句实现的，语法格式如下：

```
try
{
   //引起异常的语句
}
catch( ExceptionName e1 )
{
   //错误处理代码
}
```

其中，try 关键字标识了一个有异常的代码块，后跟一个或多个 catch 块。而 catch 关键字表示异常的捕获。

【例 15-1】编写程序，利用 try…catch 语句捕获数组的越界问题。

（1）在 Visual Studio 2017 中，新建名称为“Project1”的文件。

（2）在代码编辑区域输入以下代码。

```
using System;
namespace Project1
{
    class Program
    {
        static void Main(string[] args)
        {
            int[] myint = { 0, 1, 2, 3, 4, 5, 6, 7, 8, 9 };
            try
            {
                for (int i = 0; i <= myint.Length; i++)
                {
                    Console.Write(myint[i].ToString() + " ");
                }
            }
            catch (Exception myex)
            {
                Console.WriteLine(myex.Message.ToString());
            }
        }
    }
}
```

【程序分析】本例演示了捕获异常。在代码中，首先定义一个数组 myint，并为其赋值；然后通过 for 循环进行遍历，需要注意的是，由于循环变量 i 应该小于数组 myint 中所有元素的总数，但是当书写为“i <= myint.Length;”时，就会造成数组的越界问题；接着，再将这段有异常的 for 循环语句放入到 try 语句中，并通过 catch 语句捕获异常，描述出造成异常的原因。

在 Visual Studio 2017 中的运行结果如图 15-1 所示。

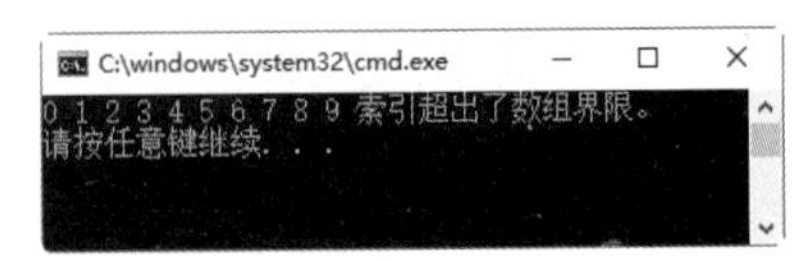

图 15-1　捕获异常

15.1.3 清除、处理异常

如果用户对产生的异常不进行处理，只是通过 catch 语句进行捕获，则仍然无法消除为错误所分配的资源。所以需要使用 try…finally 语句清除异常，语法格式如下：

```
try
{
    //包含容易产生异常的代码
}
finally
{
    //要执行的语句
}
```

finally 语句虽然可以消除 try 语句块中分配的任何资源，但是它不管异常是否被抛出，程序都会执行。因此，增加 catch 语句，就可以完美地合并两种错误处理技术，即捕获异常、消除并执行应用程序。

语法格式如下：

```
try
{
    //包含容易产生异常的代码
}
catch(异常类 异常实例对象)
{
    //异常处理代码
}
finally
{
    //要执行的语句
}
```

【例 15-2】编写程序，输出尝试除以零所引发的异常。

（1）在 Visual Studio 2017 中，新建名称为“Project2”的文件。

（2）在代码编辑区域输入以下代码。

```
using System;
namespace Project2
{
    class Program
    {
        static void Main(string[] args)
        {
            int[] myint = { 0,2,4,6,8,10,12,14};
            for (int i = 0; i < myint.Length; i++)
            {
                int temp = 720 / myint[i];
                Console.WriteLine("720÷{0}={1}", myint[i], temp);
            }
        }
    }
}
```

【程序分析】在代码中，首先定义了一个数组 myint，并为其赋值；接着通过 for 循环，输出 720 除以每个数组元素的值，但是由于数组中有个元素值为 0，所以引发了一个异常，该异常的原因是“尝试除以零”。

在 Visual Studio 2017 中的运行结果如图 15-2 所示。

图 15-2　尝试除以零

【例 15-3】编写程序，利用 try…catch…finall 语句清除例 15-2 中的异常，确保程序正常运行。

（1）在 Visual Studio 2017 中，新建名称为“Project3”的文件。

（2）在代码编辑区域输入以下代码。

```
using System;
namespace Project3
{
    class Program
    {
        static void Main(string[] args)
        {
            int[] myint = { 0,2,4,6,8,10,12,14};
            try
            {
                for (int i = 0; i < myint.Length; i++)
                {
                    int temp = 720 / myint[i];
                    Console.WriteLine("720÷{0}={1}", myint[i], temp);
                }
            }
            catch (Exception myex)
            {
                Console.WriteLine(myex.Message.ToString());
            }
            finally
            {
                Console.WriteLine("无论是否发生异常，都会执行程序");
            }
        }
    }
}
```

【程序分析】在代码中，将有异常的 for 语句放入到 try 语句块中，然后在 catch 语句块中捕获到异常，最后在 finally 语句块中放入要执行的代码。

在 Visual Studio 2017 中的运行结果如图 15-3 所示。

```
C:\windows\system32\cmd.exe
尝试除以零。
无论是否发生异常，都会执行程序
请按任意键继续. . .
```

图 15-3　清除异常

15.1.4　引发异常

有时在编写程序时，需要故意引发异常，以便捕获到异常的信息。而 throw 语句就是用于主动引发一个异常。

引发异常的语法格式：

```
throw new 异常类(异常信息);
```

异常类可以是系统预定义的类，也可以是用户自定义的类，而异常信息通常都表现为一个字符串。

【例 15-4】编写程序，在 Program 类中定义一个整型的私有静态方法，该方法含有一个字符串类型的参数。然后通过该方法将一个不能转换成整数的字符串转换成整数，并引发异常。

（1）在 Visual Studio 2017 中，新建名称为“Project4”的文件。

（2）在代码编辑区域输入以下代码。

```
using System;
namespace Project4
{
    class Program
    {
        //用户自定义一个整型的静态私有成员函数 ConvertStringToInt
        private static int ConvertStringToInt(string mystr)
        {
            int outnum = 0;
            //在格式转换时可能发生的异常
            try
```

```
            {
                //将字符串转换为整型
                outnum = Convert.ToInt32(mystr);
                return outnum;
            }//如果 outnum 发生了异常，那么就在 catch 中抛出异常
            catch
            {
                throw new FormatException("格式转换不正确");
            }
        }
        static void Main(string[] args)
        {
            //在 Main 方法中调用 ConvertStringToInt 方法
            string mystr = "hao123";
            //在调用方法值时也会引发一个异常
            try
            {
                int myint = ConvertStringToInt(mystr);
                Console.WriteLine(myint);
            }
            catch (FormatException exf)
            {
                Console.WriteLine(exf.Message.ToString());
            }
        }
    }
}
```

【程序分析】本例演示了将字符串类型的数据转换成为整型数据，如果无法转换就抛出一个异常。在代码中，用户首先自定义一个整型的静态私有成员函数 ConvertStringToInt，在该函数的括号里定义一个字符串类型的形参 mystr，用于接收 Main 方法传递过来的数据。

在 ConvertStringToInt 方法中，首先定义变量 outnum，用于存储转换好的整型数据，因此需要使用 try…catch 语句捕获该变量的异常，然后在 catch 语句中，抛出异常的原因。

在 Main 方法中，对 ConvertStringToInt 方法进行调用，但在调用时也需要使用 try…catch 语句捕获该方法引发的异常，并描述出来。

在 Visual Studio 2017 中的运行结果如图 15-4 和图 15-5 所示。

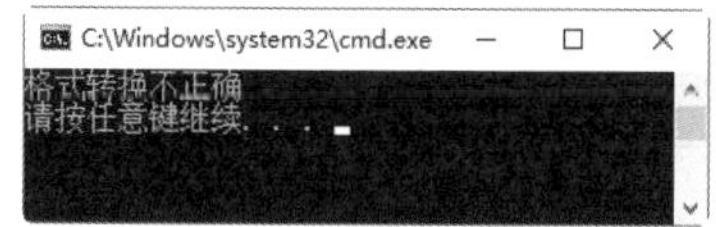

图 15-4 引发异常

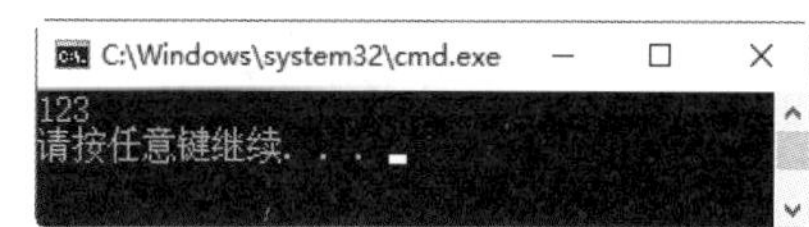

图 15-5 未引发异常

15.2 C#中的异常类

在 C#中的异常，就是为了处理错误情况而提供的一种机制。它为每种错误情况提供了定制的处理方式，并且把标识错误的代码和预处理错误的代码分离开来。C#中的异常类主要是直接或间接地派生于 System.Exception 类，其中，System.ApplicationException 类则是第三方定义的异常类，如果用户要自定义异常类，那么就从该类派生。

表 15-1 列出了一些常见预定义的异常类。

表 15-1　预定义的异常类

异 常 类	说 明
Exception	所有异常对象的基类
SystemException	运行时产生的所有错误的基类
IndexOutofRangeException	当一个数组的下标超出范围时运行时引发
NullReferenceException	当一个空对象被引用时运行时引发
ArgumentException	所有参数异常的基类
FormatException	该类用于处理参数格式错误的异常

1. IndexOutofRangeException 类的使用

IndexOutofRangeException 类用于描述试图访问索引超出界限的数组或集合的元素时引发的异常。

【例 15-5】编写程序，定义一个数组，在遍历该数组时，超出该数组索引值的界限。

（1）在 Visual Studio 2017 中，新建名称为“Project5”的文件。

（2）在代码编辑区域输入以下代码。

```
using System;
namespace Project5
{
    class Program
    {
        static void Main(string[] args)
        {
            int[] myint = { 0, 1, 2, 3, 4, 5, 6, 7, 8, 9 };
            for (int i = 0; i < 11; i++)
            {
                Console.Write(myint[i]+"  ");
            }
            Console.WriteLine();
        }
    }
}
```

【程序分析】本例演示遍历数组时超出数组界限所引发的程序异常。

在 Visual Studio 2017 中的运行结果如图 15-6 所示。

图 15-6　数组越界

【例 15-6】编写程序，使用 IndexOutofRangeException 类，捕获例 15-5 中的异常。

（1）在 Visual Studio 2017 中，新建名称为“Project6”的文件。

（2）在代码编辑区域输入以下代码。

```
using System;
namespace Project6
{
    class Program
    {
        static void Main(string[] args)
        {
            int[] myint = { 0, 1, 2, 3, 4, 5, 6, 7, 8, 9 };
            try
            {
                for (int i = 0; i < 11; i++)
```

```
                {
                    Console.Write(myint[i] + "  ");
                }
            }
            catch (IndexOutOfRangeException exIOR)
            {
                Console.WriteLine(exIOR.Message.ToString());
            }
        }
    }
}
```

【程序分析】本例通过 try…catch 语句捕获了 IndexOutofRangeException 类描述遍历数组越界所引发的异常。

在 Visual Studio 2017 中的运行结果如图 15-7 所示。

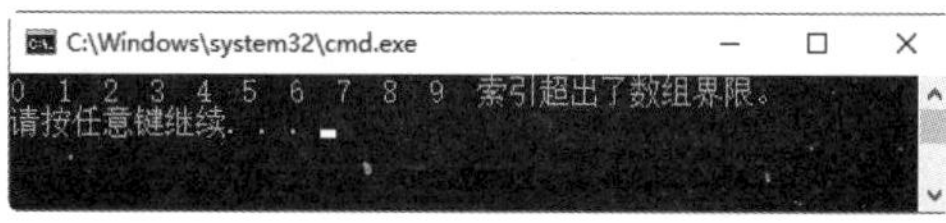

图 15-7 IndexOutofRangeException 类的使用

2. NullReferenceException 的使用

NullReferenceException 类用于描述尝试取消引用空对象，引用时所引发的异常。

【例 15-7】编写程序，引用一个空值。

（1）在 Visual Studio 2017 中，新建名称为“Project7”的文件。

（2）在代码编辑区域输入以下代码。

```
using System;
namespace Project7
{
    class Program
    {
        static void Main(string[] args)
        {
            string mystr = null;
            try
            {
                Console.WriteLine(mystr.ToString());
            }
            catch (NullReferenceException exNR)
            {
                Console.WriteLine(exNR.Message.ToString());
            }
        }
    }
}
```

【程序分析】在代码中，定义了一个 string 类型的变量 str，并赋予 null 值。由于访问一个变量的空值是没有任何意义的，所以 try…catch 捕获了 NullReferenceException 类描述的一个异常。

在 Visual Studio 2017 中的运行结果如图 15-8 所示。

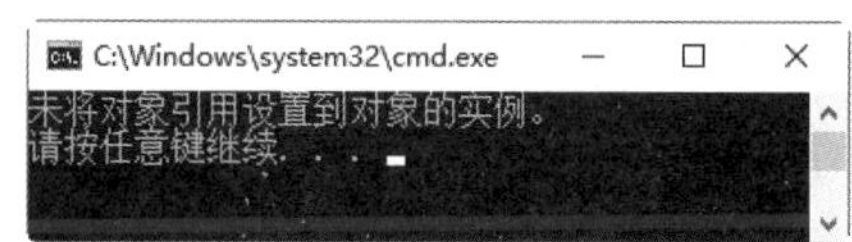

图 15-8 NullReferenceException 类的使用

15.3 程序调试

每个人不可能一下就能写出完美的程序，所以需要不断地对代码进行调试，即在代码运行时检查代码并验证其执行路径和数据是否正确。常用的程序调试操作包括设置断点、开始、中断和停止程序的执行、单步执行程序以及使程序运行到指定的位置。下面将对这几种常用的程序调试操作进行详细的介绍。

15.3.1 断点调试

断点是调试器设置的一个代码位置。当程序运行到断点时，程序中断执行，回到调试器。在进入中断模式时，并不会终止或结束程序的执行，所有元素都保留在内存中。执行可以在任何时候继续。

1. 插入断点

插入断点主要有以下 3 种方式：

（1）在要设置断点的代码行旁边的灰色空白中单击，如图 15-9 所示。

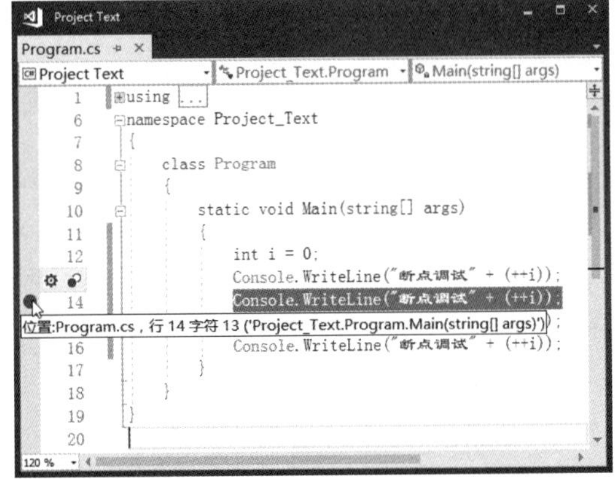

图 15-9 在代码旁边的灰色空白处单击

（2）右击要设置断点的代码行，在弹出的快捷菜单中选择“断点”→“插入断点”命令，如图 15-10 所示。

（3）单击要设置断点的代码行，选择菜单中的“调试”→“切换断点”命令，如图 15-11 所示。

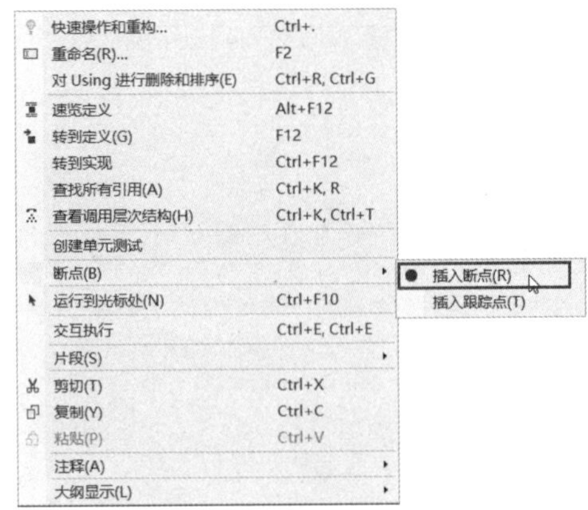

图 15-10 右键菜单插入断点

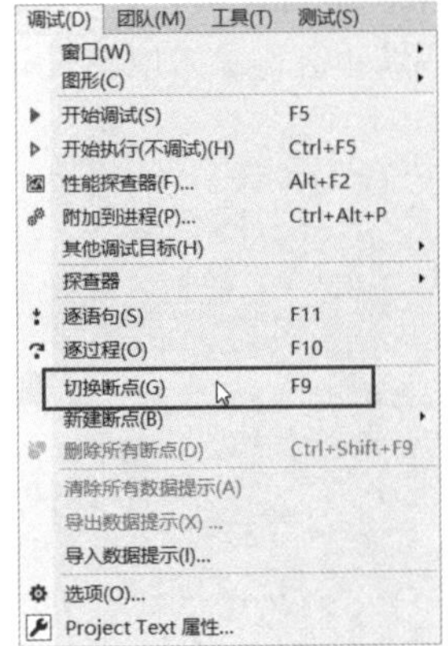

图 15-11 菜单栏插入断点

2. 删除断点

删除断点主要有 3 种方式，分别如下：

（1）可以单击设置了断点的代码行左侧的红色圆点。

（2）在设置了断点的代码行左侧的红色圆点上右击，在弹出的快捷菜单中选择“删除断点”命令，如图 15-12 所示。

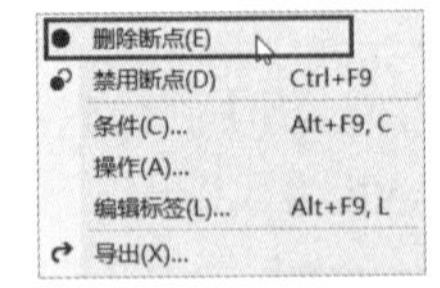

图 15-12 右键快捷菜单删除断点

（3）在设置了断点的代码行上右击，在弹出的快捷菜单中选择“断点”→“删除断点”命令。

15.3.2 开始、中断和停止程序的执行

1. 开始执行

开始执行是最基本的调试功能之一，有以下两种方式可以对代码开始执行调试功能。

（1）从“调试”菜单中选择“开始调试”命令，如图 15-13 所示。通过该方法调试代码时，应用程序会一直运行到断点，此时断点处的代码以黄色底色显示，如图 15-14 所示。

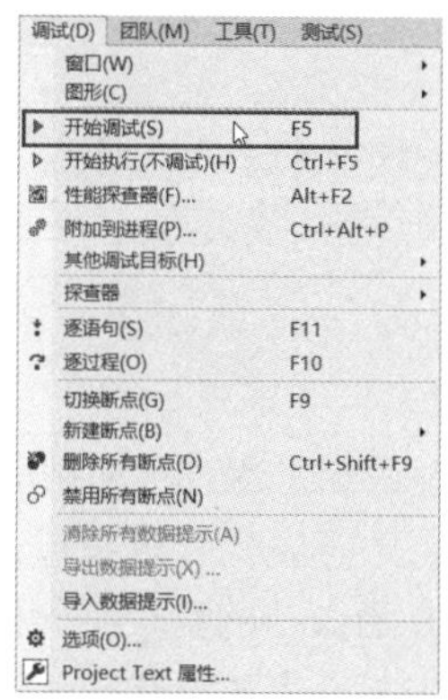

图 15-13 “调试”菜单

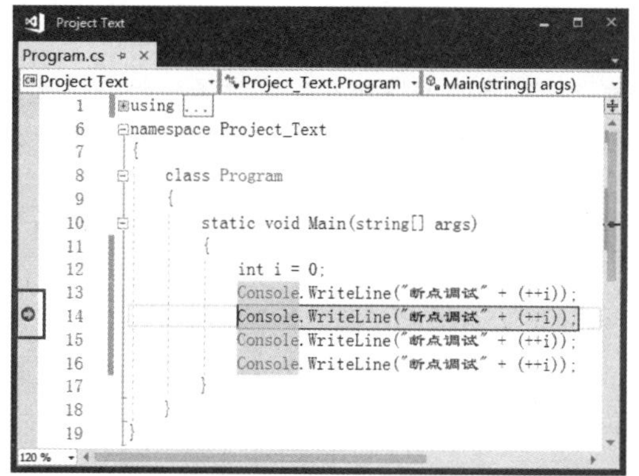

图 15-14 选择“开始调试”命令后的运行结果

（2）在源代码窗口中右击可执行代码中的某行，从弹出的快捷菜单中选择“运行到光标处”命令，如图 15-15 所示。通过该方法调试代码时，应用程序会运行到断点或者光标位置处，具体要看是断点在前，还是光标在前，如图 15-16 所示。

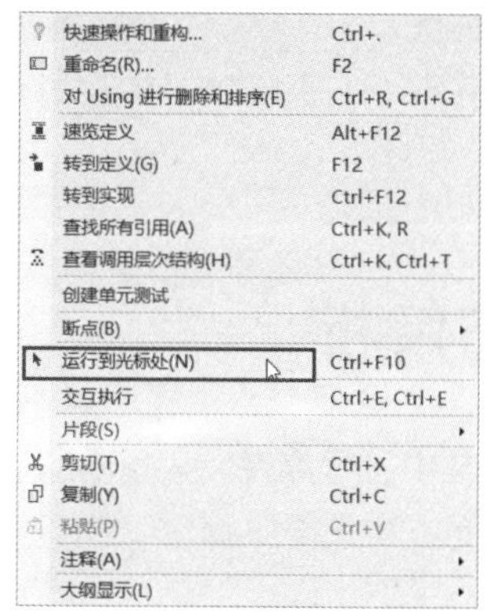

图 15-15 某行代码的右键菜单

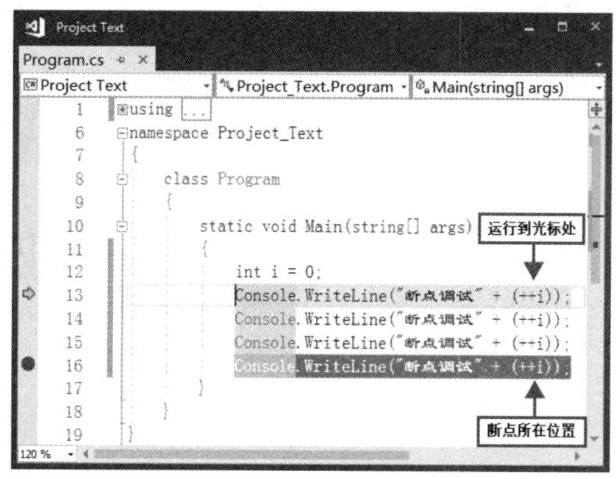

图 15-16 光标在断点之前

除了使用上述方法开始执行外，还可以直接单击工具栏中的 ▶ 启动 · 按钮，启动调试，如图 15-17 所示。

图 15-17 工具栏中启动调试按钮

2. 中断执行

当执行到达一个断点或发生异常时，调试器将中断程序的执行。选择“调试”→“全部中断”命令后，调试器将停止所有在调试器下运行的程序的执行，如图 15-18 所示。此时，程序并没有退出，可以随时恢复执行，因为该应用程序处于中断模式。在菜单栏中单击 ⏸ 按钮也可以中断程序，如图 15-19 所示。

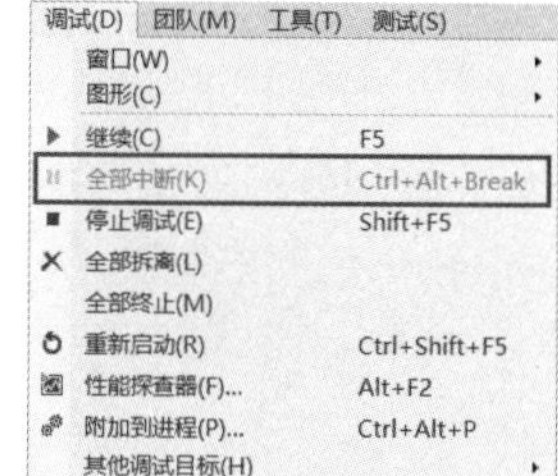

图 15-18 选择“全部中断”命令

图 15-19 工具栏中的中断执行按钮

3. 停止执行

停止执行意味着终止正在调试的进程并结束调试会话，可以通过选择菜单中的“调试”→“停止调试”命令来结束运行和调试。也可以单击工具栏中的按钮停止执行。

15.3.3 逐过程执行和逐语句执行

单步执行，即调试器每次只执行一行代码。单步执行主要是通过逐语句、逐过程和跳出这 3 种命令实现的。“逐语句”和“逐过程”的主要区别是当某一行包含函数调用时，“逐语句”仅执行调用本身，然后在函数内的第一个代码行处停止。而“逐过程”执行整个函数，之后在函数外的第一行代码处停止。如果位于函数调用的内部并想返回到调用函数时，应使用“跳出”，“跳出”将一直执行代码，直到函数返回，然后在调用函数中的返回点处中断。

当启动调试后，可以单击工具栏中的“逐语句”按钮执行“逐语句”操作，单击“逐过程”按钮执行“逐过程”操作，单击“跳出”按钮执行“跳出”操作，如图 15-20 所示。

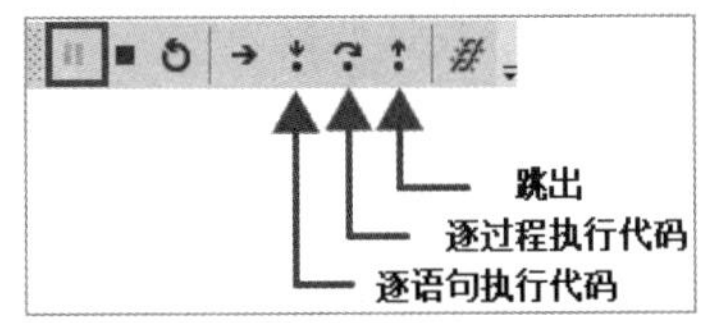

图 15-20　单步执行的 3 种命令

说明：除了在工具栏中单击这 3 个按钮外，还可以通过快捷键执行这 3 种操作，启动调试后，按 F11 键执行“逐语句”操作、按 F10 键执行“逐过程”操作、按 Shift+F10 组合键执行“跳出”操作。

15.4 就业面试技巧与解析

在程序开发过程中，必然要使用到调试技术和异常处理机制。其中，程序开发人员常常利用调试技术和异常处理机制，实现对于代码错误和逻辑错误的找错、纠错，从而提高代码质量。

15.4.1 面试技巧与解析（一）

面试官：在处理错误程序时，都有哪些方式？

应聘者：错误处理有以下两种类型：

（1）程序的跟踪与调试。在 C#中通过设置断点、启动调试、逐语句（F11）、逐过程（F10）、跳出方法、停止调试来实现程序跟踪调试。

（2）增加异常处理语句使程序具有容错功能。

15.4.2 面试技巧与解析（二）

面试官：如何引发异常？

应聘者：在 C#程序中，引发异常共有以下两种方式：

（1）使用显式 throw 语句来引发异常。在此情况下，控制权将无条件转到处理异常的部分代码。

（2）使用语句或表达式在执行过程中激发了某个异常的条件使得操作无法正常结束，从而引发异常。

第 16 章

程序开发最后环节——部署与打包应用程序

学习指引

Windows 应用程序开发完成后，还要面对程序的打包问题，即如何将应用程序打包并制作成安装程序在客户机上部署。本章将详细讲解如何利用 Visual Studio 2017 集成开发环境中的打包部署工具对 Windows 应用程序进行打包部署。

重点导读

- 了解 Windows Installer。
- 掌握如何创建 Windows 项目。
- 掌握如何制作基本的 Windows 安装程序。
- 掌握如何为 Windows 安装程序创建快捷方式。
- 掌握如何为 Windows 安装程序添加注册表项。

16.1 Windows Installer 介绍

Windows Installer 是以数据驱动模型为基础，以便于在单一套件中提供所有安装数据和指令。而传统指令化安装程序是以程序模型为基础，为应用程序安装提供指令化指令。指令化安装程序强调“如何”安装某些东西，而 Windows Installer 着重于要安装“什么”。

在使用 Windows Installer 创建安装程序时，每台计算机都能够保留一个与安装应用程序相关的信息数据库。这些信息包括文档、登录机码和组件。在取消安装应用程序时，必须检查数据库，并确认没有其他应用程序。这样可以防止在移除某应用程序后，导致另一个程序遭到破坏。

Windows Installer 也支持自我修复应用程序的功能，在使用者意外删除文档后，可自动重新安装遗失的文档。此外，Windows Installer 可提供恢复安装的能力。例如，若某应用程序依赖特定数据库，而安装时却找不到该数据库，则会中止安装，同时让计算机恢复到安装前的状态。

从 Visual Studio 2012 开始，微软放弃了原来的安装与部署工具，转而让用户去安装使用第三方的打包工具 Install Shield Limited Edition for Visual Studio，注意这个版本是免费的，只需要用邮件注册，就会有注册码。

16.2 创建 Windows 安装程序

要对一个 Windows 应用程序进行打包部署，首先需要创建 Windows 安装项目。创建 Windows 安装项目的步骤如下。

（1）在 Visual Studio 2017 集成开发环境中打开一个要部署的项目，在“解决方案”上右击，在弹出的快捷菜单中选择“添加”→“新建项目”命令，如图 16-1 所示。

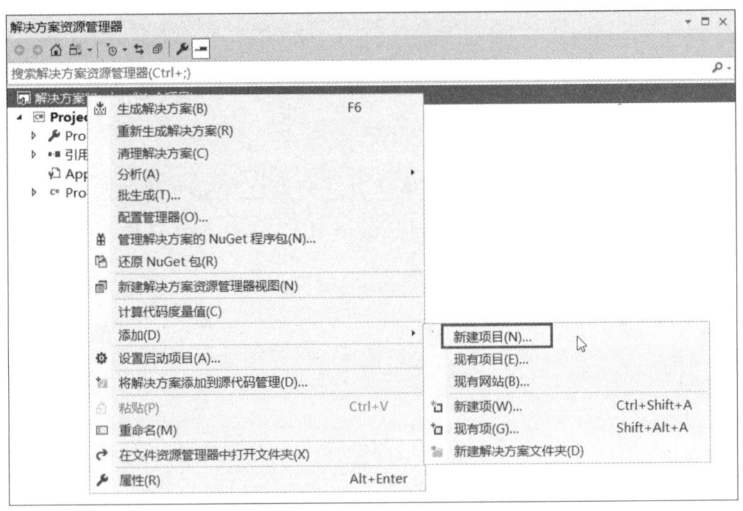

图 16-1 在项目中创建部署项目

（2）弹出“添加新项目”对话框，在“项目类型”列表框中选择“其他项目类型”，接着选择 Visual Studio Installer 选项；然后在右侧的列表框中选择 Setup Project 选项；在“名称”文本框中可以输入安装项目名称，这里输入“TestSetup”；在“位置”下拉列表框中选择存放安装项目文件的路径，如图 16-2 所示。

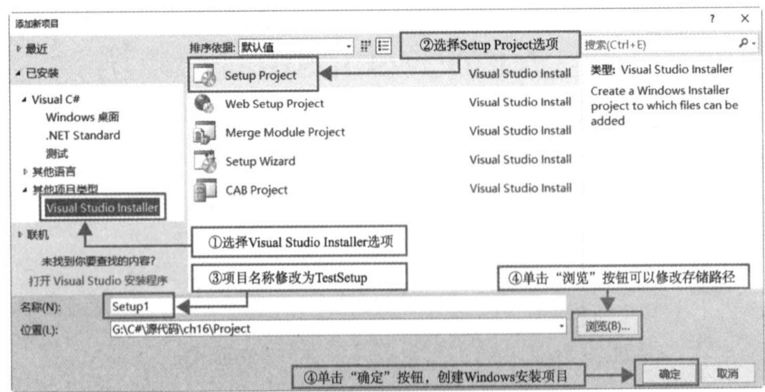

图 16-2 “添加新项目”对话框

（3）单击“确定”按钮，即可创建一个 Windows 安装项目，如图 16-3 所示。

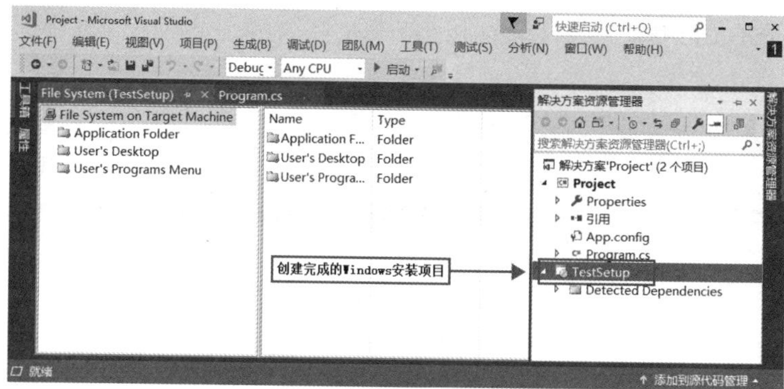

图 16-3　创建完成的 Windows 安装项目

16.3　制作 Windows 安装程序

创建完 Windows 安装项目之后，接下来讲解如何制作 Windows 安装程序。一个完整的 Windows 安装程序通常包括项目输出文件、内容文件、桌面快捷方式和注册表项等，下面讲解如何在创建 Windows 安装程序时添加这些内容。

16.3.1　添加项目输出文件

为 Windows 安装程序添加项目输出文件的步骤如下。

（1）选中 File System 的 Application Folder 节点，右击后会弹出快捷菜单，然后选择 Add→“项目输出”命令，如图 16-4 所示。

（2）弹出如图 16-5 所示的“添加项目输出组”对话框，在其中的“项目”下拉列表框中选择要部署的应用程序，然后选择要输出的类型，这里选择“主输出”，单击“确定”按钮，即可将项目输出文件添加到 Windows 安装程序中。

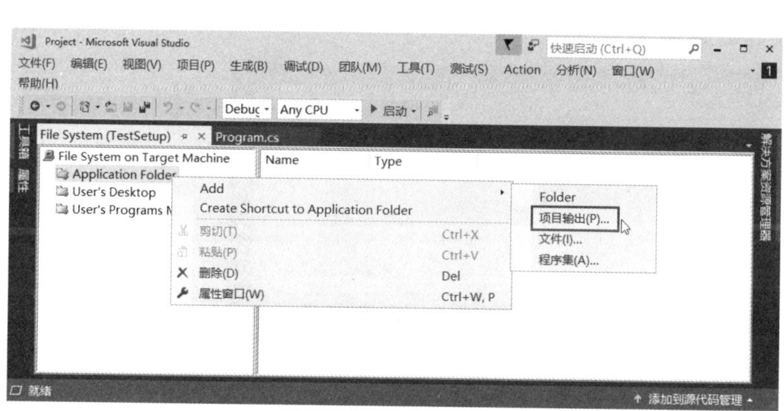

图 16-4　选择 Add→“项目输出”命令

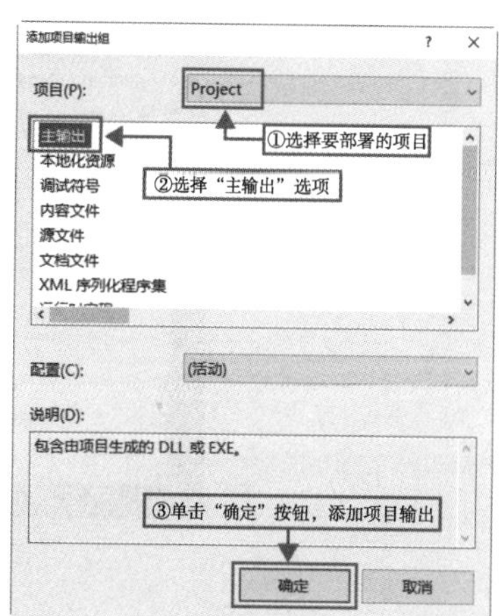

图 16-5　“添加项目输出组”对话框

16.3.2　添加内容文件

为 Windows 安装程序添加内容文件的步骤如下。

（1）在 Visual Studio 2017 集成开发环境的中间部分右击，在弹出的快捷菜单中选择 Add→“文件”命令，如图 16-6 所示。

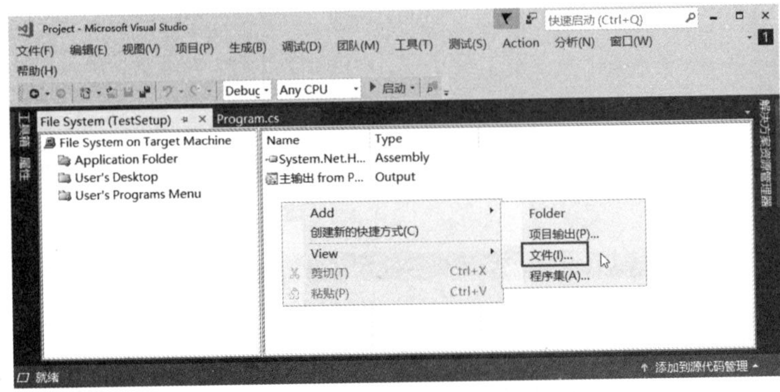

图 16-6　选择 Add→“文件”命令

（2）弹出如图 16-7 所示的 Add Files 对话框，从中选择要添加的内容文件，然后单击“打开”按钮，即可将选中的内容文件添加到 Windows 安装程序中。

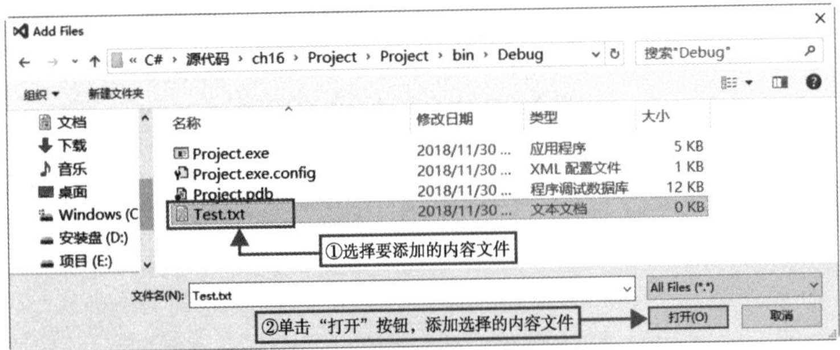

图 16-7　Add Files 对话框

添加完内容文件的 Windows 安装项目如图 16-8 所示。

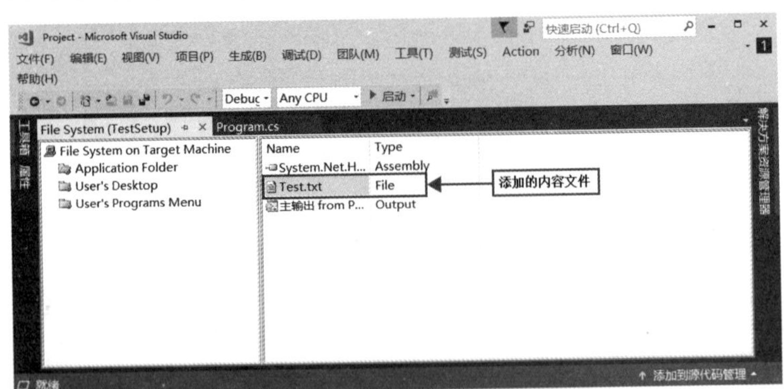

图 16-8　添加完内容文件的 Windows 安装项目

16.3.3　创建快捷方式

为 Windows 安装程序创建桌面快捷方式的步骤如下。

（1）在 Visual Studio 2017 集成开发环境的中间部分选中“主输出 Form Project（Active）”，右击，在

弹出的快捷菜单中选择“Create Shortcut to 主输出 form Project（Active）”命令，如图 16-9 所示。

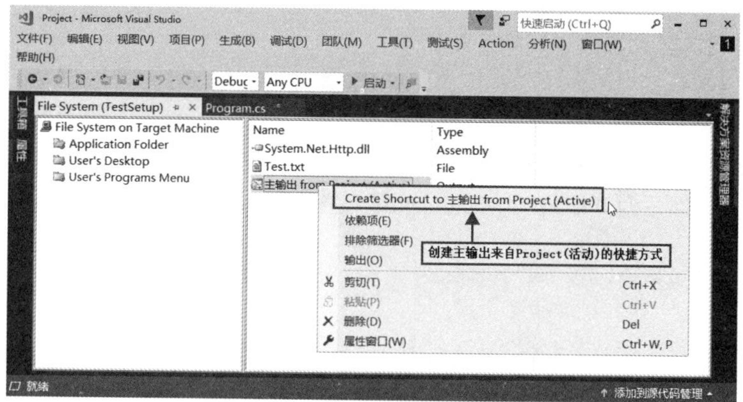

图 16-9 “Create Shortcut to 主输出 form Project (Active)” 命令

（2）此时即可看到添加了一个“主输出来自 Test（活动）的快捷方式”选项，将其重命名为“快捷方式”，如图 16-10 所示。

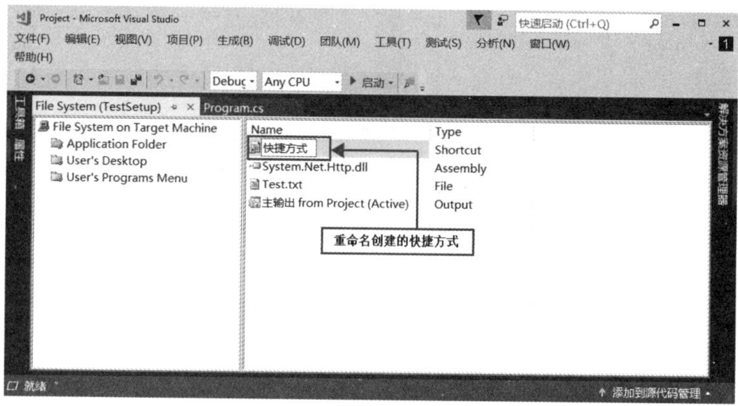

图 16-10　重命名快捷方式

（3）选中创建的“快捷方式”，然后用鼠标将其拖放到左边 File System 下的 User’s Programs Menu 文件夹中，如图 16-11 所示，这样就为该 Windows 安装程序创建了一个桌面快捷方式。

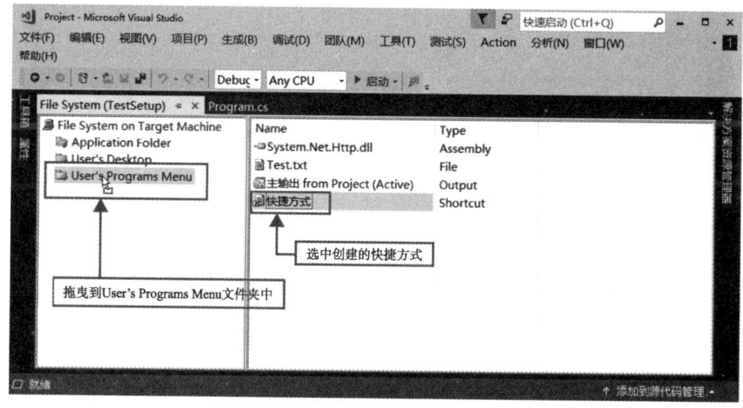

图 16-11　将“快捷方式”拖曳到“用户桌面”文件夹中

16.3.4 添加注册表

为 Windows 安装程序添加注册表项的步骤如下。

（1）在解决方案资源管理器中选中安装项目，右击，在弹出的快捷菜单中选择 View→“注册表”命令，如图 16-12 所示。

（2）在 Windows 安装项目的左侧显示出 Registry 选项卡，在该选项卡中依次展开 HKEY_CURRENT_USER→Software 节点，然后对注册表项[Manufacturer]进行重命名，如图 16-13 所示。

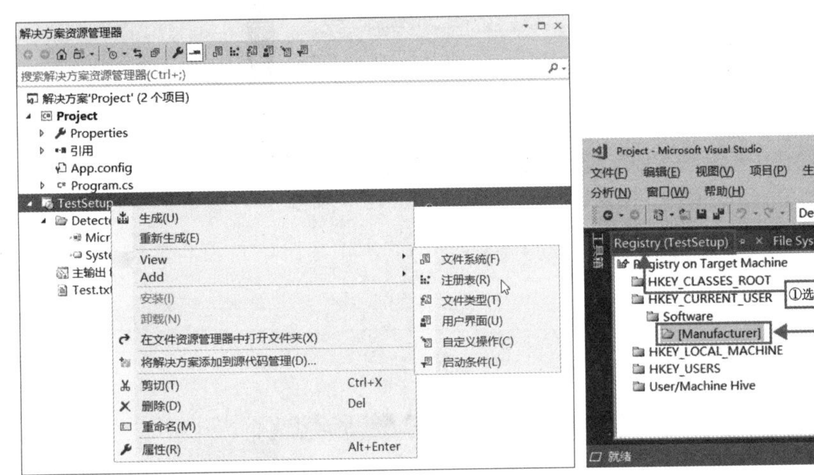

图 16-12 选择 View→“注册表”命令

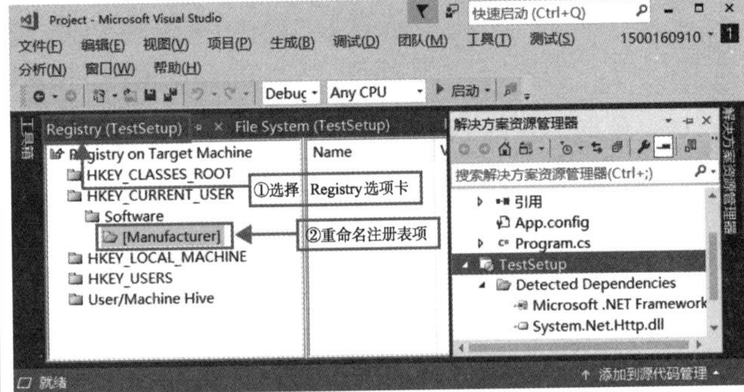

图 16-13 Registry 选项卡

注意：[Manufacturer]注册表项用方括号括起来，表示它是一个属性，它将被替换为输入的部署项目的 Manufacturer 属性值。

（3）选中注册表项，右击，在弹出的快捷菜单中选择 New→“字符串值”命令，如图 16-14 所示，即可为添加的注册表项初始化一个值。

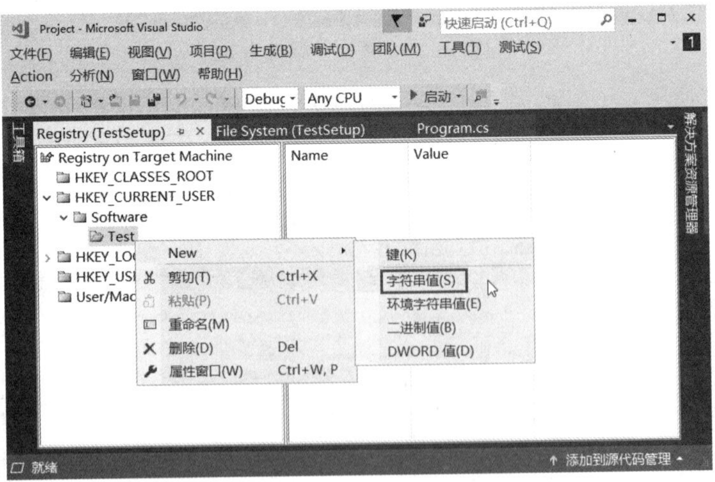

图 16-14 选择 New→“字符串值”命令

（4）选中添加的注册表项值，单击鼠标右键，选择“属性窗口”命令，弹出“属性”面板，如图 16-15 所示，从中可以对注册表项的值进行修改。

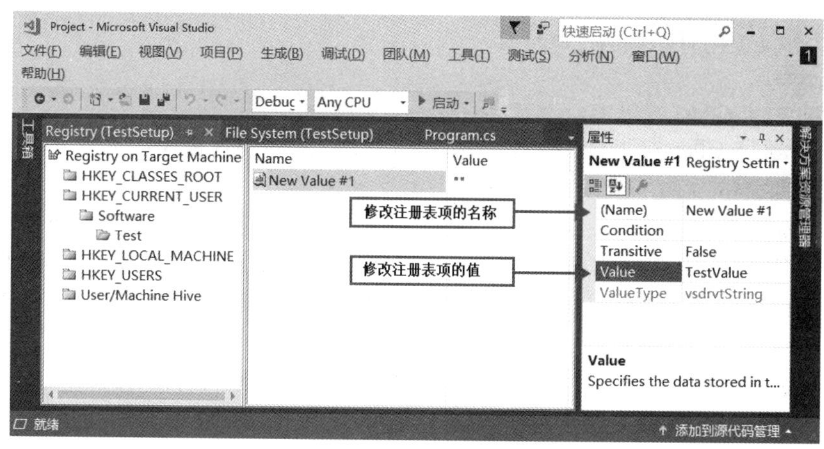

图 16-15　“属性”窗口

按照以上步骤，即可为 Windows 安装程序添加一个注册表项。

16.3.5　生成 Windows 安装程序

添加完 Windows 安装程序所需的项目输出文件、内容文件、桌面快捷方式和注册表项等内容后，在解决方案资源管理器中选中 Windows 安装项目，右击，在弹出的快捷菜单中选择“生成”命令，如图 16-16 所示，即可生成一个 Windows 安装程序。

生成的 Windows 安装文件如图 16-17 所示。

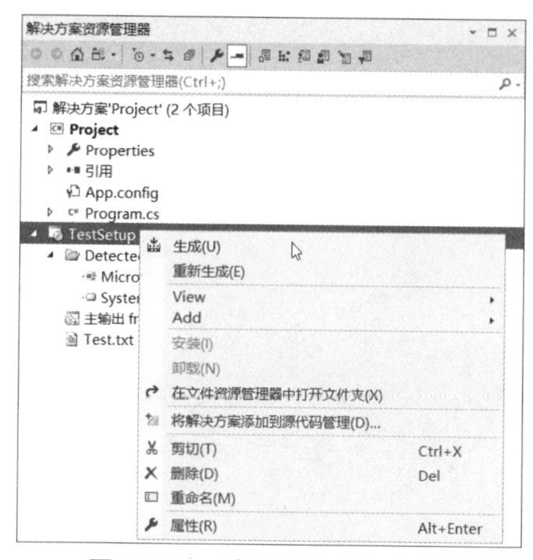
图 16-16　选择“生成”命令

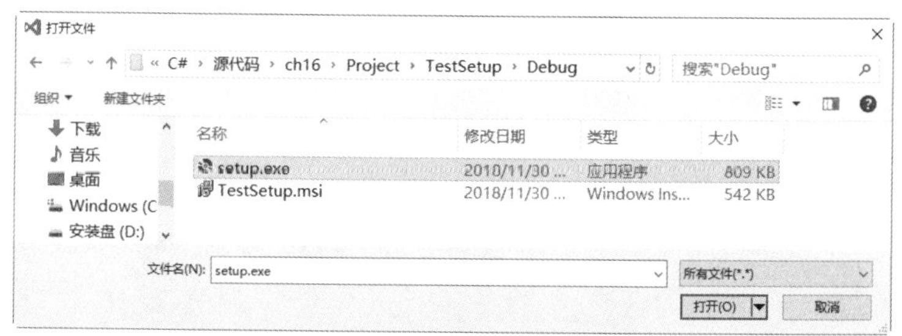
图 16-17　生成 Windows 安装文件

16.4　就业面试技巧与解析

本章对 Windows Installer 包进行了简单介绍，然后详细讲解了如何使用基于该包的 Visual Studio 2017 中部署工具创建和制作 Windows 安装程序。

16.4.1 面试技巧与解析（一）

面试官：Windows Installer 软件有哪些特点？

应聘者：Windows Installer 软件安装技术包括适用于 32 位 Windows 操作系统的 Windows Installer 服务器，以及一个用于存储有关配置和安装信息的新软件包文件格式。

Windows Installer 不仅是一个安装程序，还是一个可扩展的软件管理系统。Windows Installer 管理软件的安装，管理软件组件的添加和删除，监视文件复原，并通过使用回滚来维护基本的灾难恢复。

此外，Windows Installer 还支持从多个源安装和运行软件，并且可以由要安装自定义程序的开发人员定制。

Windows Installer 的功能包括：在安装失败时将计算机还原为原始状态，Windows Installer 跟踪在程序安装过程中对系统进行的所有更改。如果安装失败，Installer 可以将系统恢复到其初始状态，这称为“回滚”。

16.4.2 面试技巧与解析（二）

面试官：生成 Windows 安装程序都有哪些？

应聘者：Windows Installer 技术分为以下两部分，它们结合在一起工作：客户端安装服务（Msiexec.exe）和 Microsoft 软件安装（MSI）软件包文件。Windows Installer 使用软件包文件中包含的信息安装程序。

Msiexec.exe 程序是 Windows Installer 的一个组件。当安装程序调用 Msiexec.exe 时，它使用 Msi.dll 读取软件包（.msi）文件，应用任何转换（.mst）文件，并合并安装程序所提供的命令行选项。Installer 执行所有与安装有关的任务，包括将文件复制到硬盘、修改注册表、在桌面上创建快捷方式，以及在必要时显示对话框以提示用户输入安装首选项。

在计算机上安装 Windows Installer 后，它将更改注册的.msi 文件的文件类型，以便当用户双击.msi 文件时，将运行 Msiexec.exe。

每个 MSI 软件包文件都包含一个关系类型的数据库，用于存储在各种安装方案中安装（或卸载）该程序所需的指令和数据。

第 5 篇

项目实践

在本篇中，将综合应用前面所学的编程知识、技能以及开发技巧来开发实战项目。包括：软件工程师必备素养与技能、Windows 计算器的制作、自助取款机系统以及扫雷游戏等。通过本篇的学习，读者将会对 C#在项目开发中的实际应用和开发流程拥有一个切身的体会，为日后进行软件项目管理及实战开发积累经验。

- **第 17 章** 软件工程师必备素养与技能
- **第 18 章** Windows 计算器的制作
- **第 19 章** 自助取款机系统
- **第 20 章** 扫雷游戏

第 17 章

软件工程师必备素养与技能

学习指引

在现代软件企业中，软件工程师的主要职责是帮助企业或个人用户应用计算机实现各种功能，满足用户的各种需求。要想成为一名合格的软件工程师，需要具备基本的素养和技能。本章介绍软件工程师必备的一些素养和技能。

重点导读

- 熟悉软件工程师的基本素养。
- 熟悉个人素质必修课程。

17.1 软件工程师的基本素养

如何成为一名合格的软件工程师，软件工程师的发展前景在哪里？在 IT（信息技术）飞速发展的今天，一名优秀的软件工程师不仅要具有一定的软件编写能力，而且要经常问自己未来的发展方向，这样才能不断补充新的知识体系，应对即将到来的各种挑战。如果用一句话总结软件工程师的基本状态，那就是“学习，学习，再学习”。但是除了不断学习，还有一些基本的专业素养（如图 17-1 所示）是成为一个软件工程师的前提。下面介绍几种基本的素养。

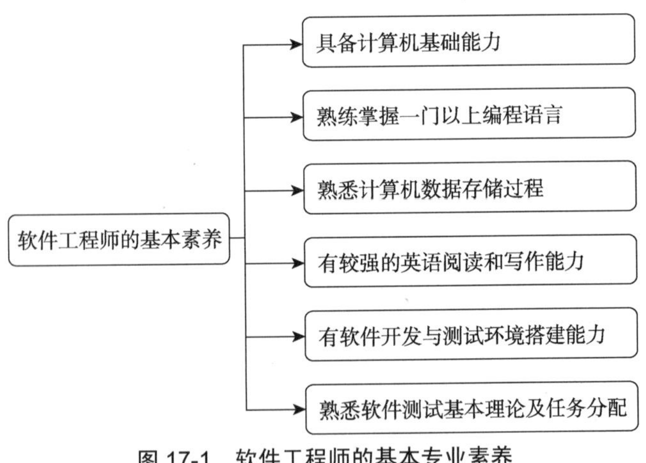

图 17-1　软件工程师的基本专业素养

17.1.1 具备计算机基础能力

计算机基础能力包括计算机软件工作的基本原理和计算机的操作能力。

熟悉计算机操作系统工作过程，例如，要知道计算机操作系统是如何分配内存资源、调度作业、控制输入输出设备等；了解计算机程序工作过程，例如，怎么告诉计算机要做哪些事、按什么步骤去做。

过硬的计算机操作能力是软件工程师的基本功，例如，对计算机的相关知识有基本的了解，包括软硬件、操作系统、常用键的功能等。具体来讲，如对 Windows、Linux、UNIX 等大型主流操作系统的使用和应用开发的熟练掌握；对操作系统中常用的命令，如 Ping 等的使用；对 Office 或 WPS 等办公软件的应用能力；对常用办公设备要熟悉，如打印机、复印机、传真机的使用等。

17.1.2 掌握一门编程语言

软件工程师的一个重要职责是把用户的需求功能用某种计算机语言予以实现，编码能力直接决定了项目开发的效率。这就要求软件工程师至少掌握一门编程语言，如 PC 端常用的 C/C++、C#和 Java、PHP 语言，移动端常用的 Object C、HTML 5，熟悉基本语法、作业调度过程、资源分配过程，这是成为一个软件工程师的前提和要求。通俗地讲，计算机好比是一块农田，软件工程师就是农夫，要使用一定的编程语言这个工具才能生产出软件作品。因此，熟练掌握一门编程语言是顺利生产软件作品的基石。

17.1.3 熟悉计算机数据存储过程

在软件工作的过程中，要产生一定的数据输出，如何管理这些数据也是软件工程师必须掌握的知识。数据输出可以是一个文本文件，也可以是 Excel 文件，还可以是其他存储格式的文件。通常我们都要通过数据库软件去管理这些输出的数据。与数据库的交互在所有软件中都是必不可少的，因此了解数据库操作和编程是软件工程师需要具备的基本素质之一。数据库管理软件又有结构化数据管理和非结构化数据管理，目前常用的结构化数据库软件有甲骨文公司的 Oracle 数据库和微软公司的 SQL Server 等，而非结构化数据库软件有 MangDB、Redis 等。

17.1.4 较强的英语阅读和写作能力

程序世界的主导语言是英文，因此编写程序开发文档和开发工具帮助文件都离不开英文，了解业界的最新动向、阅读技术文章也离不开英文，与世界各地编程高手交流、发布帮助请求同样离不开英文。作为软件工程师，具有一定的英语基础对于提升自身的学习和工作能力极有帮助。

17.1.5 软件开发及测试环境搭建能力

搭建良好的软件开发与测试环境是软件工程师需要具备的专业技能，也是完成开发与测试任务的保证。测试环境大体可分为硬件环境和软件环境，硬件环境包括必需的 PC、服务器、设备、网线、分配器等设备；软件环境包括操作系统、数据库、被测试软件、共存软件等；特殊条件下还要考虑网络环境，例如网络带宽、IP 地址设置等。

搭建软件开发与测试环境前后要注意以下几点。

（1）搭建软件开发与测试环境前，确定软件开发与测试目的。软件开发与测试目的不同，在搭建环境时也会有所不同。

（2）软件开发与测试环境尽可能地模拟真实环境。通过对技术支持人员和销售人员的了解，尽可能地模拟用户使用环境，选用合适的操作系统和软件平台。

（3）确保软件开发与测试环境无毒。通过对环境杀毒，以及安全的设置，可以很好地防止病毒感染测试环境，确保环境无毒。

（4）营造独立的测试环境。测试过程中要确保测试环境的独立，避免测试环境被占用，影响测试进度及测试结果。

（5）构建可复用的测试环境。当搭建好测试环境后，对操作系统及测试环境进行备份是必要的，这样一来，可以在下轮测试时直接恢复测试环境，避免重新搭建测试环境浪费时间，二来当测试环境遭到破坏时，可以恢复测试环境，避免测试数据丢失。

17.1.6 熟悉软件测试基本理论及任务分配

在软件投入生产前，必须经过一个过程，就是测试，只要有开发，就会有测试。软件工程师不一定要做程序测试，但要熟悉软件测试过程，要能在接到测试工程师测试 Bug 后准确定位程序问题所在，这就注定了软件测试在软件开发过程中是不可或缺的，因此精通软件测试的基本理论以及工作任务是软件工程师必备的基本素养和技能。常用的软件测试技术包括黑盒测试、白盒测试等。

17.2 个人素质必修课程

作为一名优秀的软件工程师，首先要对工作有兴趣，软件开发与测试等工作很多时候都显得有些枯燥，只有热爱软件开发或测试工作，才更容易做好这类工作。因此，软件工程师除了具有专业技能和行业知识外，还应具有一些基本的个人素养，如图 17-2 所示。

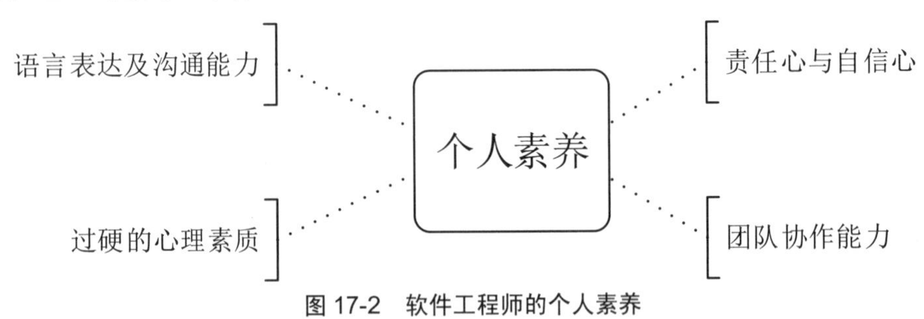

图 17-2 软件工程师的个人素养

17.2.1 语言表达及沟通能力

良好的语言表达能力和沟通能力是软件工程师应该具备的很重要的素质。在公司内部，团队要经常讨论解决问题；对客户，通过沟通才能正确分析客户的需求，否则软件将输出错误，给公司和客户都造成不必要的损失。

17.2.2 过硬的心理素质

开发软件本身就是一项艰苦的脑力和体力劳动，软件工程师开发完成一个软件，要经过反复修改，要花费大量的时间和精力，这些都要求软件工程师有较好的心理承受能力，以及过硬的心理素质。

17.2.3　责任心与自信心

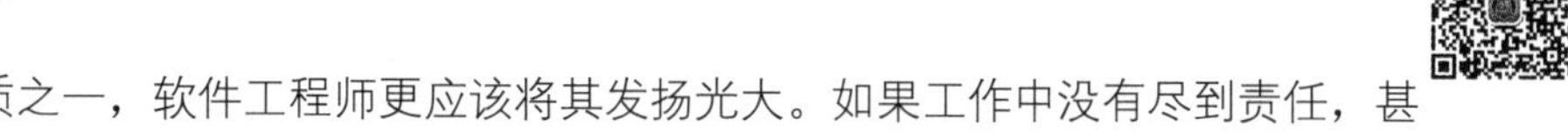

责任心是做好工作必备的素质之一，软件工程师更应该将其发扬光大。如果工作中没有尽到责任，甚至敷衍了事，则会将工作转嫁给后面的工作人员甚至用户来完成，而且很可能引起非常严重的后果。

自信心是现在多数软件工程师都缺少的一项素质，尤其在面对需要编写测试代码等工作时，往往认为自己做不到。因此，要想获得更好的职业发展，软件工程师应该努力学习，建立能“解决一切问题”的信心。

17.2.4　团队协作能力

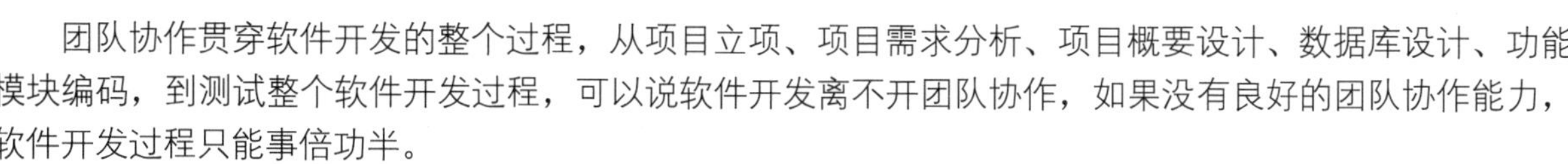

团队协作贯穿软件开发的整个过程，从项目立项、项目需求分析、项目概要设计、数据库设计、功能模块编码，到测试整个软件开发过程，可以说软件开发离不开团队协作，如果没有良好的团队协作能力，软件开发过程只能事倍功半。

17.3　项目开发流程

具备了良好的个人素质和基础的编程知识，作为一名优秀的开发人员，还应熟悉一个软件项目怎么开展工作，这就是项目开发流程，包括对软件项目的需求分析、软件的总体结构设计、数据库设计、功能设计、算法设计、模块设计、编码、测试以及部署实施程序等一系列操作，以满足客户的需求并且解决客户的问题，如果有更高需求，还需要对软件进行维护、升级处理等。图 17-3 所示为项目开发流程。

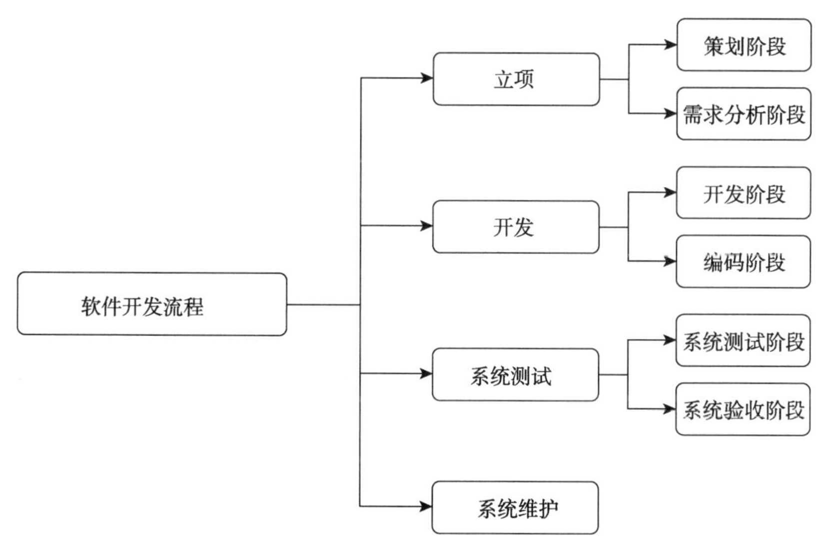

图 17-3　项目开发流程

17.3.1　策划阶段

软件项目策划阶段是项目的开始形成过程，解决了软件项目要做什么的问题。一个成功的软件项目通

常都是策划阶段做得踏实有效的项目，在这个阶段，要有专业的行业人员分析市场情况，确定项目可行性、项目先进性，以及项目解决实际问题所带来的投入产出问题，形成项目策划报告书。一般可以按照如下步骤进行输出。

1. 项目策划草案

项目策划草案应包括产品简介、产品目标及功能说明、开发所需的资源、开发时间等。

2. 风险管理计划

风险管理计划是把有可能出错或现在还不能确定的东西列出来，并制订出相应的解决方案。风险发现得越早对项目越有利。

3. 软件开发计划

软件开发计划的目的是收集控制项目时所需的所有信息，项目经理根据项目策划来安排资源需求，并根据时间表跟踪项目进度。项目团队成员则根据项目策划，了解自己的工作任务、工作时间以及所要依赖的其他活动。

除此之外，软件开发计划还应包括项目的验收标准及验收任务（包括确定需要制定的测试用例）。

4. 人员组织结构定义及配备

常见的人员组织结构有垂直方案、水平方案和混合方案 3 种。垂直方案中每个成员会充当多重角色；水平方案中每个成员会充当一或两个角色；混合方案则包括经验丰富的人员与新手的相互融合。具体方案应根据公司人员的实际技能情况选择。

5. 过程控制计划

过程控制计划的目的是收集项目计划正常执行所需的所有信息，用来指导项目进度的监控、计划的调整，以确保项目能按时完成。

17.3.2 需求分析阶段

软件需求分析是策划报告的细致挖掘，解决了软件项目如何进行的问题。需求分析准确与否将直接影响项目的输出，所以在这个过程中需要专业的行业人员与软件工程师进行不断的沟通以确定需求，形成项目需求分析报告书。需求分析可以分为以下两个阶段。

1. 需求获取

需求获取，是指开发人员与用户多次沟通并达成协议，对项目所要实现的功能进行详细的说明。需求获取过程是进行需求分析过程的基础和前提，其目的在于产生正确的用户需求说明书，从而保证需求分析过程产生正确的软件需求规格说明书。

需求获取工作做得不好，会导致需求的频繁变更，影响项目的开发周期，严重的可导致整个项目的失败。开发人员应首先制订访谈计划，然后准备提问单进行用户访谈，获取需求，并记录访谈内容以形成用户需求说明书。

2. 需求分析

需求分析过程主要是对所获取的需求信息进行分析，及时排除错误和弥补不足，确保需求文档正确地反映用户的真实意图，最终将用户的需求转化为软件需求，形成软件需求规格说明书。同时针对软件需求规格说明书中的界面需求以及功能需求，制作界面原型。所形成的界面原型，可以有 3 种表示方法：图纸

（以书面形式）、位图（以图片形式）和可执行文件（交互式）。在进行设计之前，应当对开发人员进行培训，以使开发人员能更好地理解用户的业务流程和产品的需求。

17.3.3　开发阶段

开发阶段是项目需求与软件工程相结合的一个阶段，解决了具体项目软件如何实现的问题。通常可以分为以下两个阶段。

1. 软件概要设计

设计人员在软件需求规格说明书的指导下，需完成以下任务。

（1）通过软件需求规格说明书，对软件功能需求进行体系结构设计，确定软件结构及组成部分，编写《体系结构设计报告》。

（2）进行内部接口和数据结构设计，编写《数据库设计报告》。

（3）编写《软件概要设计说明书》。

2. 软件详细设计

软件详细设计阶段的任务如下。

（1）通过《软件概要设计说明书》，了解软件的结构。

（2）确定软件部分各组成单元，进行详细的模块接口设计。

（3）进行模块内部数据结构设计。

（4）进行模块内部算法设计。例如，可采用流程图、伪代码等方式详细描述每一步的具体加工要求及种种实现细节，编写《软件详细设计说明书》。

17.3.4　编码阶段

编码阶段是针对软件详细设计的具体实现，把问题解决程序化。这个过程主要解决以下问题。

1. 编写代码

开发人员通过《软件详细设计说明书》，对软件结构及模块内部数据结构和算法进行代码编写，并保证编译通过。

2. 单元测试

代码编写完成可对代码进行单元测试、集成测试，记录、发现并修改软件中的问题。

17.3.5　系统测试阶段

系统测试阶段主要验证输入是否按照预定结果进行输出的问题。发现软件输出与实际生产、系统定义不符合或与其矛盾的地方。系统测试过程一般包括制订系统测试计划，进行测试方案设计，测试用例开发，进行测试，最后要对测试活动和结果进行评估。

17.3.6　系统验收阶段

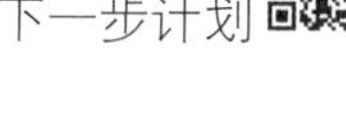

系统验收阶段主要是与客户确认软件输出与项目需求的吻合度，确定项目是否完结、项目下一步计划等，最后形成项目验收报告书。

17.3.7 系统维护阶段

任何一个软件项目在投入生产过程时或多或少都会存在这样那样的问题，在系统维护阶段根据软件运行的情况，对软件进行适当的修改，以适应新的要求，以及纠正运行中发现的错误等。同时，还需要编写软件问题报告和软件修改报告。

17.4 项目开发团队

在软件工程师的个人素质中我们看到了团队协作的重要性和关键性。那么，一个良好稳定运行的软件开发团队要怎样构建才能符合那些要求呢？图 17-4 所示为项目开发团队的结构。

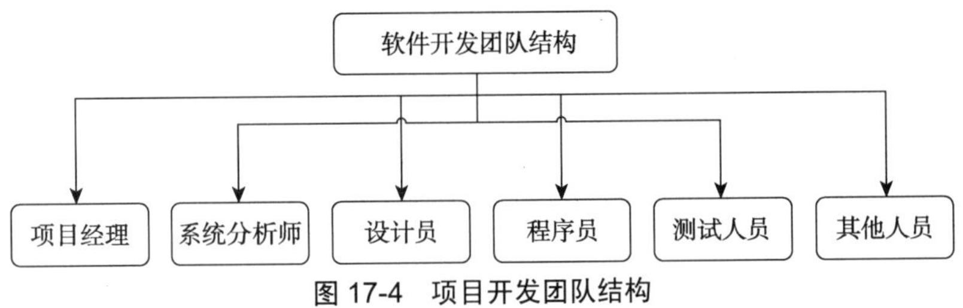

图 17-4 项目开发团队结构

17.4.1 项目团队构建

项目团队解决由哪些人去实现一个软件项目的问题。项目团队一般由以下几个角色构建。

1. 项目经理

项目经理要具有领导才能，主要负责团队的管理，对出现的问题能正确而迅速地做出决定，能充分利用各种渠道和方法来解决问题，能跟踪任务，有很好的日程观念，能在压力下工作。

2. 系统分析师

系统分析师主要负责系统分析，了解用户需求，写出《软件需求规格说明书》，建立用户界面原型等。担任系统分析师的人员应该善于协调，并且具有良好的沟通技巧。在担任此角色的人员中，必须要有具备业务和技术领域知识的人才。

3. 设计员

设计员主要负责系统的概要设计、详细设计和数据库设计。要求熟悉分析与设计技术，熟悉系统的架构。

4. 程序员

程序员负责按项目的要求进行编码和单元测试，要求有良好的编程和测试技术。

5. 测试人员

测试人员负责进行测试，描述测试结果，提出问题解决方案。要求了解要测试的系统，具备诊断和解决问题的技能。

6. 其他人员

一个成功的项目团队是一个高效、协作的团队。其除具有一些软件开发人员外，还需要一些其他人员，如美工、文档管理人员等。

在小规模企业中可能一个人具有多个角色，例如开发人员与测试人员都是同一个人执行。在复杂的项目中，项目角色不限于以上角色，又可以进一步进行分配，例如同样的功能在不同设备上进行实现可以分为 PC 开发工程师和移动端开发工程师。

17.4.2 项目团队要求

一个高效的软件开发团队需要建立在合理的开发流程及团队成员密切合作的基础之上。每一个成员共同迎接挑战，有效地计划、协调和管理各自的工作以完成明确的目标。高效的开发团队具有以下几个特征。

1. 具有明确且有挑战性的共同目标

一个具有明确且有挑战性共同目标的团队，其工作效率会很高。因为通常情况下，技术人员往往会为完成某个具有挑战性的任务而感到自豪，而反过来技术人员为了获得这种自豪感，会更加积极地工作，从而带来团队开发的高效率。

2. 团队具有很强的凝聚力

在一个高效的软件开发团队中，成员的凝聚力表现为相互支持、相互交流和相互尊重，而不是相互推卸责任、保守、指责。例如，某个成员明明知道另外的模块中需要用到一段与自己已经编写完成且有些难度的程序代码，但他就是不愿拿出来给其他成员共享，也不愿与系统设计人员交流，这样就会为项目的顺利开展带来不良的影响。

3. 具有融洽的交流环境

在一个开发团队中，每个开发小组人员都行使各自的职责。例如，系统设计人员做系统概要设计和详细设计；需求分析人员制定需求规格说明；项目经理配置项目开发环境并且制订项目计划等。但是由于种种原因，每个组员的工作不可能一次性做到位，如系统概要设计的文档可能有个别地方会词不达意，这样在做详细设计的时候就有可能会造成误解。因此，高效的软件开发团队是具有融洽的交流环境的，而不是那种简单的命令执行式的。

4. 具有共同的工作规范和框架

高效软件开发团队具有工作的规范性及共同框架，对于项目管理具有规范的项目开发计划，对于分析设计具有规范和统一框架的文档及审评标准，对于代码具有程序规范条例，对于测试有规范且可推理的测试计划及测试报告，等等。

5. 采用合理的开发过程

软件项目的开发不同于一般商品的研发和生产，开发过程中面临着各种难以预测的风险，例如客户需求的变化，人员的流失，技术的瓶颈，同行的竞争，等等。高效的软件开发团队往往会采用合理的开发过程去控制开发过程中的风险，提高软件的质量，降低开发的费用，等等。

17.5 项目的实际开发流程

项目开发流程解决软件怎么开展的问题，而项目实际运作解决软件项目风险控制问题。科学的项目运作过程可以及时修正项目的偏离，确保项目的产出有效，如图17-5所示。

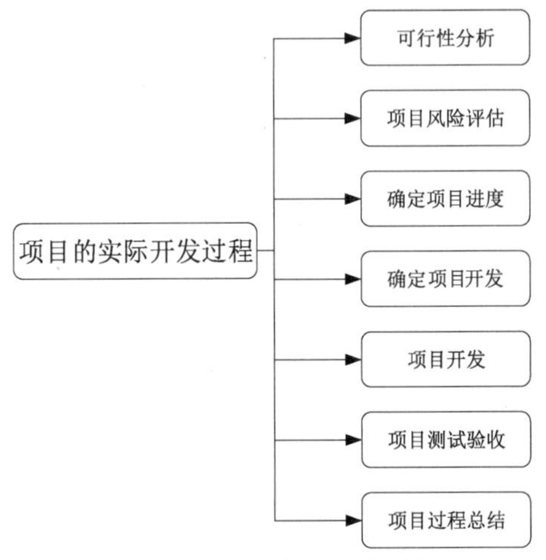

图17-5　项目实际开发过程

1. 可行性分析

做可行性分析，从而确定项目目标和范围，开发一个新项目或新版本时，首先是和用户一起确认需求，进行项目的范围规划。当用户对项目进度的要求和优先级高的时候，往往要缩小项目范围，对用户需求进行优先级排序，排除优先级低的需求。

另外，做项目范围规划的一个重要依据就是开发者的经验和对项目特征的清楚认识。项目范围规划初期需要进行一个宏观的估算，否则很难判断清楚，或对用户承诺在现有资源情况下需要多长时间完成需求。

2. 项目风险评估

风险管理是项目管理的一个重要知识领域，整个项目管理的过程就是不断地去分析、跟踪和减轻项目风险的过程。风险分析的一个重要内容就是评估风险的根源，然后根据根源去制定专门的应对措施。风险管理贯穿整个项目管理过程，需要定期对风险进行跟踪和重新评估，对于转变成了问题的风险还需要事先制订相关的应急计划。

3. 确定项目进度

项目的目标和范围确定后，接下来开始确定项目的过程，如项目整个过程中采用何种生命周期模型，项目过程是否需要对组织级定义的标准过程进行裁剪等。项目过程定义是进行WBS（Work Breakdown Structure，工作分解结构）分解前必须确定的一个环节。WBS就是把一个项目按一定的原则分解成任务，然后把任务分解成一项项工作，再把一项项工作分配到每个人的日常活动中，直到分解不下去为止。

4. 确定项目开发

一个项目中除了使用常用的开发工具外，还会使用到需求管理、设计建模、配置管理、变更管理、IM沟通（及时沟通）等诸多工具，使用到面向对象分析和设计、开发语言、数据库、测试等多种技术，在这里都需要分析和定义清楚，这将成为后续技能评估和培训的一个重要依据。

5. 项目开发

根据开发计划进度进行开发，项目经理跟进开发进度，严格控制项目需求变动的情况。项目开发过程中不可避免地会出现需求变动的情况，在需求发生变更时，可根据实际情况实施严格的需求变更管理。

6. 项目测试验收

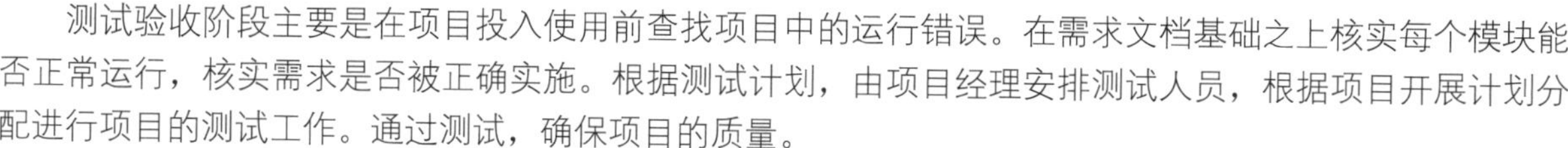

测试验收阶段主要是在项目投入使用前查找项目中的运行错误。在需求文档基础之上核实每个模块能否正常运行，核实需求是否被正确实施。根据测试计划，由项目经理安排测试人员，根据项目开展计划分配进行项目的测试工作。通过测试，确保项目的质量。

7. 项目过程总结

测试验收完成紧接着应开展项目过程的总结，主要是对项目开发过程的工作成果进行总结，以及进行相关文件的归档、备份等。

17.6 项目规划常见问题及解决

项目的开发并不是一天两天就可以做好的。对于一个复杂的项目来说，其开发过程更是充满了曲折和艰辛，可能会出现这样那样的问题。

17.6.1 如何满足客户需求

满足客户的需求也就是在项目开发流程中所提到的需求分析。如果一个项目经过大量的人力、物力、财力和时间的投入后，所开发出的软件没人要，这种遭遇是很让人痛心疾首的。

需求分析之所以重要，是因为它具有决策性、方向性和策略性的作用，它在软件开发的过程中占据着举足轻重的地位。在一个大型软件系统的开发中，它的作用要远远大于程序设计。那么，该如何做才能满足客户的需求呢？

1. 了解客户业务目标

只有在需求分析时更好地了解客户的业务目标，才能使产品更好地满足需求。充分了解客户业务目标将有助于程序开发人员设计出真正满足客户需要并达到期望的优秀软件。

2. 撰写高质量的需求分析报告

需求分析报告是分析人员对从客户那里获得的所有信息进行整理，它主要用于区分业务需求及规范、功能需求、质量目标、解决方法和其他信息，它使程序开发人员和客户之间针对要开发的产品内容达成了共识和协议。

需求分析报告应以一种客户认为易于翻阅和理解的方式组织编写，同时程序分析师可能会采用多种图表作为文字性需求分析报告的补充说明，虽然这些图表很容易让客户理解，但是客户可能对此并不熟悉，因此对需求分析报告中的图表进行详细的解释说明也是很有必要的。

3. 使用符合客户语言习惯的表达方式

在与客户进行需求交流时，要尽量站在客户的角度去使用术语，而客户却不需要懂得计算机行业方面的术语。

4. 要多尊重客户的意见

客户与程序开发人员，偶尔也会碰到一些难以沟通的问题。如果客户与开发人员之间产生了不能相互理解的问题，要尽量多听听客户方的意见，能满足客户的需求时，就要尽可能地满足客户的需求，如果实在因为某些技术方面的原因而无法实现，应当合理地向客户说明。

5. 划分需求的优先级

绝大多数项目没有足够的时间或资源实现功能上的每一个细节。如果需要对哪些特性是必要的，哪些是重要的等问题做出决定，那么最好询问一下客户所设定的需求优先级，而程序开发人员不可以通过猜测客户的想法，然后去决定需求的优先级。

17.6.2 如何控制项目进度

大量的软件错误通常只有到了项目后期，在进行系统测试时才会被发现，解决问题所花的时间也是很难预料的，经常导致项目进度无法控制。同时在整个软件开发的过程中，项目管理人员由于缺乏对软件质量状况的了解和控制，也加大了项目管理的难度。

面对这种情况，较好的解决方法是尽早进行测试。当软件的第一个过程结束后，测试人员要马上基于它进行测试脚本的实现，按项目计划中的测试目的执行测试用例，对测试结果做出评估报告。这样，就可以通过各种测试指标实时监控项目质量状况，提高对整个项目的控制和管理能力。

17.6.3 如何控制项目预算

在整个项目开发的过程中，发现错误越晚，单位错误修复成本就会越高，而错误的延迟解决必然会导致整个项目成本的急剧增加。

解决这个问题的较好方法是采取多种测试手段，尽早发现潜在的问题。

第 18 章

Windows 计算器的制作

学习指引

计算器的产生和发展是建立在电子计算机基础之上的，现代社会很需要一个健全、高效率的计算器。为了提高自己的实践能力和将来开发一个更实用更全能更智能的计算器，本章以设计与实现计算器为课题。此次设计的计算器应用软件从 Visual Studio 2017 编程环境中开发，是一个简单的窗体应用程序，实现简单的计算器功能。以微软自带的计算器为模板，设计了简单易懂的计算器。

重点导读

- 掌握使用 C#面向对象的设计方法和思路。
- 掌握基本控件及事件处理方式。
- 学习面向对象语言的编程技巧和特点。

18.1 系统功能描述

Windows 计算器是利用 C#程序设计编写一个简易计算器程序，可以进行简单的加、减、乘、除运算，还可以实现对三角函数、对数、指数等高级运算的功能。

整个系统的功能结构图如图 18-1 所示。

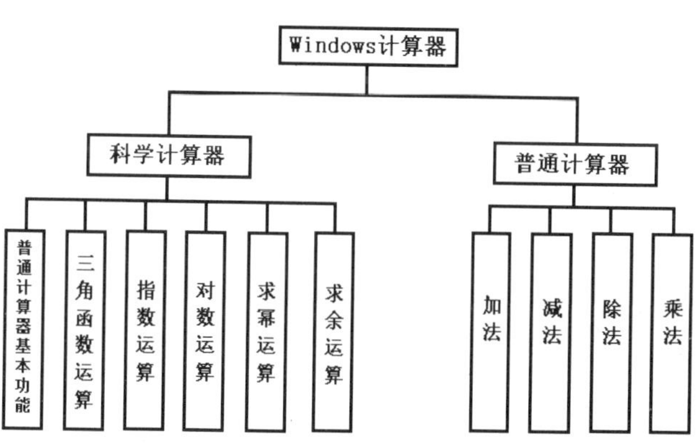

图 18-1　系统功能结构图

根据功能结构图，用户可以在窗体应用程序中，添加计算器窗体，建立 Windows 应用程序的框架。因此，通过添加两个窗体控件 Form1 和 Form2，分别用来表示科学计算器和普通计算器。然后添加 Button 控件，建立程序的主要界面。最后在每个按钮的代码

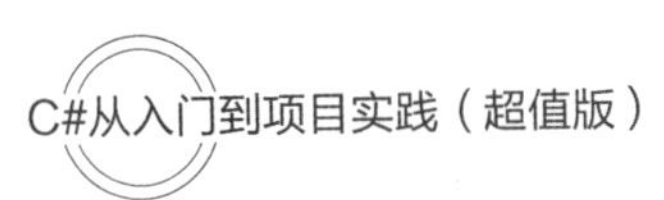

段中，分别添加事件触发的处理代码。控件 textBox1，显示输入的信息和处理后的结果。

18.2 系统功能分析及实现

在 C#中，基于 Windows 应用程序设计方法是事件驱动的。事件驱动不是由程序的顺序来控制，而是由事件的发生来控制的。事件驱动程序设计是围绕消息的产生与处理而展开的，消息就是关于发生的事件的信息。Windows 程序员的工作就是对所开发的应用程序所要发出或者接收的消息进行排序和管理。

18.2.1 功能分析

控件表示用户和程序之间的图形化连接。控件可以提供或处理数据、接受用户输入、对事件做出响应或执行连接用户和应用程序的其他功能。窗体中的控件有很多，工具箱中的 Windows 窗体里包含所有的 Windows 标准控件。通过在属性窗口改变控件的属性可以改变控件的外观和特性。本项目需要用到以下控件。

（1）按钮（Button）控件：在 Form1 窗体中，添加 30 个 Button 控件，其中有 10 个数字按钮，16 个运算按钮，一个用于计算的等号按钮，2 个用于清空的按钮。在 Form2 窗体中，添加 17 个 Button 控件，其中有 10 个数字按钮，4 个运算按钮，一个用于计算的等号按钮，一个用于清空的按钮。

（2）文本框（TextBox）控件：Form1 和 Form2 中分别添加一个 TextBox 控件，用于显示计算结果。

（3）菜单栏（MenuStrip）控件：在 Form1 和 Form2 中分别添加 MenuStrip 控件，并修改该控件中的 ToolStripMenuItem 菜单项的 Text 属性为“机型转换”。该控件可以实现两个窗体之间的相互转换。

两个窗体如图 18-2 和图 18-3 所示。

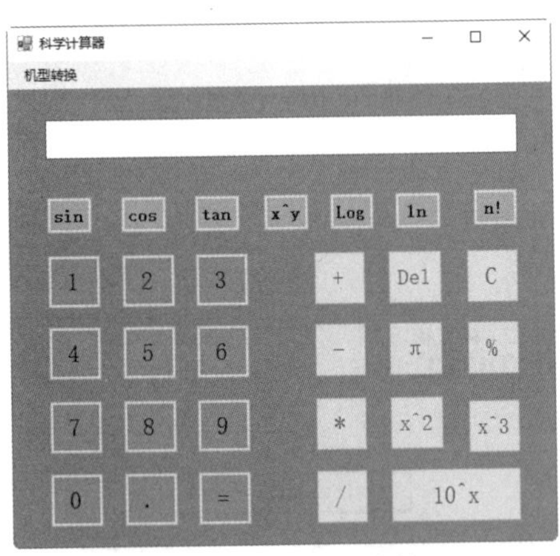

图 18-2　Form1 窗体

图 18-3　Form2 窗体

18.2.2 功能实现

在窗体设计器中看到的是窗体及其中的控件，而要为控件添加事件处理程序就必须先切换到代码编辑器状态。下面分析计算器中各个控件到底应该添加什么样的代码。

1. 数字 0～9 的功能设计

对于计算器来说，当单击某个数字按钮后，结果显示区内应显示该按钮上的数字。因此，可以双击按钮 1，切换到代码编辑器，此时光标就会停留在该按钮所对应的代码处，输入下列代码：

```
private void BtNumber1_Click(object sender, EventArgs e)
{
    textBox1.Text = textBox1.Text + "1";
    Op1 = System.Convert.ToDouble(textBox1.Text);
}
```

注意：在代码中，数字键 0 ~ 9 只需将上述代码中的 1 改为相应的数字。

2. 小数点功能的设计

```
private void BtComma_Click(object sender, EventArgs e)
{
    if (textBox1.Text.IndexOf(".") < 0)
        textBox1.Text += ((Button)sender).Text;
    else
    { }
}
```

3. 加减乘除的设计加设计

```
private void BtAdd_Click(object sender, EventArgs e)
{
    Op = "+";
    Op2 = Op1;
    textBox1.Text = "";
}
```

4. 三角函数的设计 sin 设计

```
private void Btsin_Click(object sender, EventArgs e)
{
    Convert.ToDouble(Op1);
    textBox1.Text = System.Convert.ToString(Math.Sin(Op1 * Math.PI / 180));
}
```

5. 整体程序代码

（1）主窗体 Form1.cs 文件中的代码。

```
using System;
using System.Windows.Forms;
namespace Windows 计算器
{
    public partial class Form1 : Form
    {
        private string Op;
        private double Op1;
        private double Op2;
        private double result;
        public Form1()
        {
            InitializeComponent();
        }
        private void Form1_Load(object sender, EventArgs e)
        {

        }
        //数字键 1
        private void BtNumber1_Click(object sender, EventArgs e)
        {
            textBox1.Text = textBox1.Text + "1";
            Op1 = System.Convert.ToDouble(textBox1.Text);
        }
        //数字键 2
        private void BtNumber2_Click(object sender, EventArgs e)
        {
```

```
        textBox1.Text = textBox1.Text + "2";
        Op1 = System.Convert.ToDouble(textBox1.Text);
    }
    //数字键 3
    private void BtNumber3_Click(object sender, EventArgs e)
    {
        textBox1.Text = textBox1.Text + "3";
        Op1 = System.Convert.ToDouble(textBox1.Text);
    }
    //数字键 4
    private void BtNumber4_Click(object sender, EventArgs e)
    {
        textBox1.Text = textBox1.Text + "4";
        Op1 = System.Convert.ToDouble(textBox1.Text);
    }
    //数字键 5
    private void BtNumber5_Click(object sender, EventArgs e)
    {
        textBox1.Text = textBox1.Text + "5";
        Op1 = System.Convert.ToDouble(textBox1.Text);
    }
    //数字键 6
    private void BtNumber6_Click(object sender, EventArgs e)
    {
        textBox1.Text = textBox1.Text + "6";
        Op1 = System.Convert.ToDouble(textBox1.Text);
    }
    //数字键 7
    private void BtNumber7_Click(object sender, EventArgs e)
    {
        textBox1.Text = textBox1.Text + "7";
        Op1 = System.Convert.ToDouble(textBox1.Text);
    }
    //数字键 8
    private void BtNumber8_Click(object sender, EventArgs e)
    {
        textBox1.Text = textBox1.Text + "8";
        Op1 = System.Convert.ToDouble(textBox1.Text);
    }
    //数字键 9
    private void BtNumber9_Click(object sender, EventArgs e)
    {
        textBox1.Text = textBox1.Text + "9";
        Op1 = System.Convert.ToDouble(textBox1.Text);
    }
    //数字键 0
    private void BtNumber0_Click(object sender, EventArgs e)
    {
        textBox1.Text = textBox1.Text + "0";
        Op1 = System.Convert.ToDouble(textBox1.Text);
    }
    //加功能
    private void BtAdd_Click(object sender, EventArgs e)
    {
        Op = "+";
        Op2 = Op1;
        textBox1.Text = "";
    }
    //减功能
    private void BtSubtract_Click(object sender, EventArgs e)
    {
        Op = "-";
        Op2 = Op1;
        textBox1.Text = "";
```

```
        }
        //乘功能
        private void BtMult_Click(object sender, EventArgs e)
        {
            Op = "*";
            Op2 = Op1;
            textBox1.Text = "";
        }
        //除功能
        private void BtDivision_Click(object sender, EventArgs e)
        {
            Op = "/";
            Op2 = Op1;
            textBox1.Text = "";
        }
        //%
        private void BtRemedial_Click(object sender, EventArgs e)
        {
            Op = "%";
            Op2 = Op1;
            textBox1.Text = "";
        }
        //Del 功能
        private void BtDel_Click(object sender, EventArgs e)
        {
            if (textBox1.Text.Length >= 1)
            {
                textBox1.Text = textBox1.Text.Substring(0, textBox1.Text.Length - 1);
            }
            if (textBox1.Text.Length == 0)
            {
                textBox1.Text = "";
            }
        }
        //小数点功能
        private void BtComma_Click(object sender, EventArgs e)
        {
            if (textBox1.Text.IndexOf(".") < 0)
                textBox1.Text += ((Button)sender).Text;
            else
            {
            }
        }
        //等于功能
        private void BtDebgyu_Click(object sender, EventArgs e)
        {
            switch (Op)
            {
                case "+":
                    result = Op2 + Op1;
                    break;
                case "-":
                    result = Op2 - Op1;
                    break;
                case "*":
                    result = Op2 * Op1;
                    break;
                case "/":

                    if (Op2 == 0)
                    {

                        Console.WriteLine("错误，被除数不能为 0! ");
                    }
                    else
```

```
            {
                result = Op2 / Op1;
            }


            break;
        case "%":
            result = Op2 % Op1;
            break;
        case "^":
            int m; double n;
            m = 1; n = Op2;
            while (m + 1 <= Op1)
            {
                n = n * Op2;
                m++;
            }
            result = n;
            break;
    }
    textBox1.Text = System.Convert.ToString(result);
}
//sin 功能
private void Btsin_Click(object sender, EventArgs e)
{
    Convert.ToDouble(Op1);
    textBox1.Text = System.Convert.ToString(Math.Sin(Op1 * Math.PI / 180));
}
//cos 功能
private void Btcos_Click(object sender, EventArgs e)
{
    Convert.ToDouble(Op1);
    textBox1.Text = System.Convert.ToString(Math.Cos(Op1 * Math.PI / 180));
}
//tan 功能
private void Bttan_Click(object sender, EventArgs e)
{
    Convert.ToDouble(Op1);
    textBox1.Text = System.Convert.ToString(Math.Tan(Op1 * Math.PI / 180));
}
//阶乘功能
private void BtFactorial_Click(object sender, EventArgs e)
{
    int i, j;
    i = 1; j = 1;
    while (i <= Op1)
    {
        j *= i;
        i++;
    }
    textBox1.Text = System.Convert.ToString(j);
}
//平方功能
private void BtSquare_Click(object sender, EventArgs e)
{
    textBox1.Text = System.Convert.ToString(Op1 * Op1);
}
//立方功能
private void BtCube_Click(object sender, EventArgs e)
{
    textBox1.Text = System.Convert.ToString(Op1 * Op1 * Op1);
}
//π
private void BtPI_Click(object sender, EventArgs e)
{
```

```
            textBox1.Text = textBox1.Text + Math.PI;
            Op1 = System.Convert.ToDouble(textBox1.Text);
        }
        //清屏功能
        private void BtClear_Click(object sender, EventArgs e)
        {
            textBox1.Text = "";
            Op = "";
            Op1 = 0;
            Op2 = 0;
            result = 0;
        }
        //幂运算
        private void BtPower_Click(object sender, EventArgs e)
        {
            Op = "^";
            Op2 = Op1;
            textBox1.Text = "";
        }
        //10^x
        private void BtIndex_Click(object sender, EventArgs e)
        {
            int a, b;
            a = 1; b = 1;
            while (a <= Op1)
            {
                b *= 10;
                a++;
            }
            textBox1.Text = System.Convert.ToString(b);
        }
        //Log
        private void BtLog_Click(object sender, EventArgs e)
        {
            textBox1.Text = System.Convert.ToString(Math.Log10(Op1));
        }
        //ln
        private void BtLn_Click(object sender, EventArgs e)
        {
            textBox1.Text = System.Convert.ToString(Math.Log(Op1));
        }
        private void 机型转换ToolStripMenuItem_Click(object sender, EventArgs e)
        {
            Form2 stu = new Form2();
            this.Hide();
            stu.ShowDialog();
            this.Close();
        }
    }
}
```

（2）主窗体 Form2.cs 文件中的代码。

```
using System;
using System.Windows.Forms;
namespace Windows计算器
{
    public partial class Form2 : Form
    {
        private string Op;
        private double Op1;
        private double Op2;
        private double result;
        public Form2()
        {
```

```
        InitializeComponent();
    }
    private void Form2_Load(object sender, EventArgs e)
    {
    }
    private void BtNumber1_Click(object sender, EventArgs e)
    {
        textBox1.Text = textBox1.Text + "1";
        Op1 = System.Convert.ToDouble(textBox1.Text);
    }
    private void BtNumber2_Click(object sender, EventArgs e)
    {
        textBox1.Text = textBox1.Text + "2";
        Op1 = System.Convert.ToDouble(textBox1.Text);
    }
    private void BtNumber3_Click(object sender, EventArgs e)
    {
        textBox1.Text = textBox1.Text + "3";
        Op1 = System.Convert.ToDouble(textBox1.Text);
    }
    private void BtNumber4_Click(object sender, EventArgs e)
    {
        textBox1.Text = textBox1.Text + "4";
        Op1 = System.Convert.ToDouble(textBox1.Text);
    }
    private void BtNumber5_Click(object sender, EventArgs e)
    {
        textBox1.Text = textBox1.Text + "5";
        Op1 = System.Convert.ToDouble(textBox1.Text);
    }
    private void BtNumber6_Click(object sender, EventArgs e)
    {
        textBox1.Text = textBox1.Text + "6";
        Op1 = System.Convert.ToDouble(textBox1.Text);
    }
    private void BtNumber7_Click(object sender, EventArgs e)
    {
        textBox1.Text = textBox1.Text + "7";
        Op1 = System.Convert.ToDouble(textBox1.Text);
    }
    private void BtNumber8_Click(object sender, EventArgs e)
    {
        textBox1.Text = textBox1.Text + "8";
        Op1 = System.Convert.ToDouble(textBox1.Text);
    }
    private void BtNumber9_Click(object sender, EventArgs e)
    {
        textBox1.Text = textBox1.Text + "9";
        Op1 = System.Convert.ToDouble(textBox1.Text);
    }
    private void BtNumber0_Click(object sender, EventArgs e)
    {
        textBox1.Text = textBox1.Text + "0";
        Op1 = System.Convert.ToDouble(textBox1.Text);
    }
    private void BtComma_Click(object sender, EventArgs e)
    {
        if (textBox1.Text.IndexOf(".") < 0)
            textBox1.Text += ((Button)sender).Text;
        else
```

```
        {
        }
    }
    private void BtDebgyu_Click(object sender, EventArgs e)
    {
        switch (Op)
        {
            case "+":
                result = Op2 + Op1;
                break;
            case "-":
                result = Op2 - Op1;
                break;
            case "*":
                result = Op2 * Op1;
                break;
            case "/":
                result = Op2 / Op1;
                break;
        }
        textBox1.Text = System.Convert.ToString(result);
    }
    private void BtAdd_Click(object sender, EventArgs e)
    {
        Op = "+";
        Op2 = Op1;
        textBox1.Text = "";
    }
    private void BtSubtract_Click(object sender, EventArgs e)
    {
        Op = "-";
        Op2 = Op1;
        textBox1.Text = "";
    }
    private void BtMult_Click(object sender, EventArgs e)
    {
        Op = "*";
        Op2 = Op1;
        textBox1.Text = "";
    }
    private void BtDivision_Click(object sender, EventArgs e)
    {
        Op = "/";
        Op2 = Op1;
        textBox1.Text = "";
    }
    private void BtClear_Click(object sender, EventArgs e)
    {
        textBox1.Text = "";
        Op = "";
        Op1 = 0;
        Op2 = 0;
        result = 0;
    }
    private void 机型转换ToolStripMenuItem_Click(object sender, EventArgs e)
    {
        Form1 stu = new Form1();
        this.Hide();
        stu.ShowDialog();
        this.Close();
```

```
            }
        }
    }
```

18.3 运行程序

如图 18-4 所示为科学计算器运算界面。首先输入 5，然后单击计算阶乘的 n! 按钮，便会得到 5!为 120。

如图 18-5 所示为在科学计算器界面左上角单击“机型转换”后转换成的普通计算器界面，这个机型转换键可以实现科学计算器与普通计算器之间的转换。

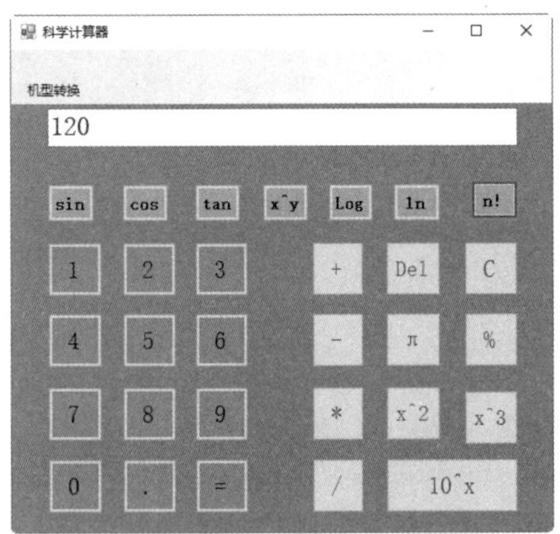

图 18-4　科学计算机的运行界面

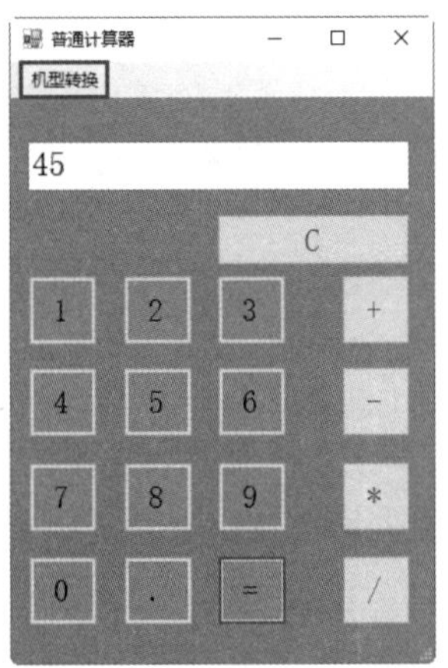

图 18-5　普通计算机的运算界面

第19章

自助取款机系统

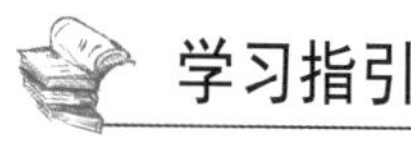

学习指引

自助取款机的出现打破了银行传统的经营管理模式，它凭借银行信息更新速度快、信息存储量大、应用简便、安全性高等特点，为银行的人员管理等信息的管理带来了极大的方便，大大减轻了银行管理人员的工作量，是银行信息化管理中面向客户服务的一个重要环节，自助取款机已成为当今银行管理者不可缺少的管理工具之一，对于一个银行的正常运做、提高服务质量、提高工作效率也发挥着极为重要的作用。

重点导读

- 掌握使用 C#面向对象的设计方法和思路。
- 掌握字段的属性设置。
- 学习面向对象语言的编程技巧和特点。
- 掌握方法的重载。

19.1　系统功能描述

ATM（自助取款机）系统向用户提供一个方便、简单、及时、随时随地可以随心所欲存取款的、互联的、计算机化的网络系统，可以大大减少工作人员，节约人力资源的开销；同时，由于手续减少，减轻了业务员的工作负担，有效地提高了整体的工作效率和精确度，减少了用户办理业务的等待时间；用户可以随时随地存取款，并且操作简单；用户还可以自主选择在柜台办理业务或自己在自助取款机办理业务。

根据银行的业务流程，ATM 系统主要包含开户功能、登录功能、存取款功能、修改密码功能以及查询功能，业务流程图如图 19-1 所示。

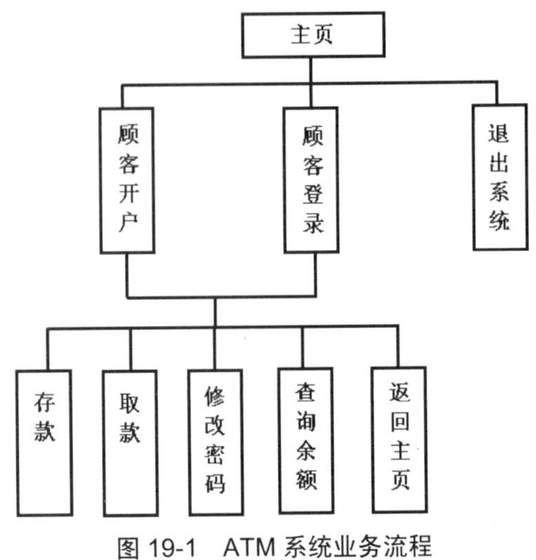

图 19-1　ATM 系统业务流程

19.2　系统功能分析及实现

面向对象编程的第一步是进行面向对象分析。面向对象分析的目标是建立问题领域的模型。首先需要建立功能模型，画出 ATM 的业务流程图；然后建立对象模型，对业务流程图进行分析，把系统分解成互相协作的类；最后建立动态模型，描述系统的动态行为，并通过业务流程图来描述对象的交互，以揭示对象间如何协作来完成每个具体的用例。

19.2.1　功能分析

ATM 是与银行相联的设备，因此银行是 ATM 程序的相关对象，所有的操作都是针对账号的，因此账号是其中的核心对象。此外，需要一个程序来启动 ATM。因此，在 ATM 模拟程序中，需要处理四个类，或者说四类对象：启动程序、ATM、银行及账号。

1. 账号类

账号类（Account）包含所有的账号信息，负责所有的账号操作。基本的账号信息包括账号名（name）、账号密码（password）、账号余额（balance）。主要的账号操作包括登录（Login）、存款（Deposit）、取款（Withdraw）、查询余额（Get_Balance）、修改密码（ChangePassword）。

2. 银行类

银行类（Bank）的本质就是一组账号的组合，并负责管理账号。基本的银行信息包括银行名（name）、已经开户的账号数（usedAccountNum）、可以容纳的最大账户数（MaxAccountNum）、账号集（accounts）。主要的银行操作包括开户（OpenAccount）、登录账号（LoginAccount）。

3. ATM 类

ATM 类与银行类之间存在一对一的关联关系，ATM 提供用户界面，并将用户的请求提交给银行，将银行的反馈提交给用户。主要的 ATM 操作包括启动（Start）、开户（OpenAccount）、登录账号（LoginAccount）、管理账号（ManageAccount）、一些显示不同信息的辅助操作（Print、Pause 等）。

4. 启动程序类

启动程序类（Program）的唯一功能就是创建银行类和 ATM 类的实例，并将它们关联起来，然后启动 ATM（执行 ATM 对象的 Start 方法）。因此，该类仅仅是包含程序的入口点 Main 方法。

注意： Bank 类和 Account 类的数据成员都使用 protected 访问模式，主要是为了使它们的类都能集成它们的这些数据成员。

19.2.2　功能实现

经过分析，用户已经了解了 ATM 模拟程序中的四个类的基本结构，在设计阶段需要进一步细化各个类的结构。

1. 在自助取款机项目中增加 Account 类

Account 类表示账户信息。在该类中声明了三个字段，分别为姓名（name）、密码（password），以及账户余额（balance），并且通过 Name 和 Balance 只读属性，实现对姓名和账户余额的赋值。最后，还增加了构造函数。重载 Deposit 方法，并提供三个重载方法。重载 Withdraw 方法，也提供三个重载方法。

代码如下：

```
using System;
using System.Collections.Generic;
using System.Linq;
using System.Text;
using System.Threading.Tasks;
namespace 自助取款机
{
    class Account
    {
        protected string name;        //姓名
        protected string password;    //密码
        protected decimal balance;    //账户余额
        public decimal Banlance
        {
            get
            {
                return balance;
            }
        }
        public string Name
        {
            get
            {
                return name;
            }
        }
        //构造函数
        public Account(string name, string password)
        {
            this.balance = 0;
            this.name = name;
            this.password = password;
        }
        public bool Deposit(decimal amount)
        {
            if (amount <= 0)
            {
                return false;
            }
            balance += amount;
```

```
                return true;
            }
            //存款的三种重载方法
            public bool Deposit(double amount)
            {
                return Deposit((decimal)amount);
            }
            public bool Deposit(int amount)
            {
                return Deposit((decimal)amount);
            }
            public bool Deposit(decimal amount, out decimal balance)
            {
                bool succeed = Deposit(amount);
                balance = this.balance;
                return succeed;
            }
            public bool Withdraw(decimal amount)
            {
                if (amount > balance || amount <= 0)
                {
                    return false;
                }
                balance -= amount;
                return true;
            }
            //取款的三种重载方法
            public bool Withdraw(double amount)
            {
                return Withdraw((decimal)amount);
            }
            public bool Withdraw(int amount)
            {
                return Withdraw((decimal)amount);
            }
            public bool Withdraw(decimal amount, out decimal balance)
            {
                bool succeed = Withdraw(amount);
                balance = this.balance;
                return succeed;
            }
            //修改密码
            public bool ChangePassword(string oldPassword, string newPassword)
            {
                if (oldPassword != password)
                {
                    return false;
                }
                password = newPassword;
                return true;
            }
            //进入系统
            public bool Login(string name, string password)
            {
                return (this.name == name && this.password == password);
            }
        }
    }
```

2. 在自助取款机项目中增加 Bank 类

在 Bank 类中，提供了构造函数，用于传入银行的名称。同时还增加了 name 属性，并设置为只读。最后通过数组来实现账号集，并用常量 MaxAccountNum 来表示账号集的大小。

代码如下：

```
using System;
using System.Collections.Generic;
using System.Linq;
using System.Text;
using System.Threading.Tasks;
namespace 自助取款机
{
    class Bank
    {
        protected string name;
        protected const int MaxAccountNum = 2048;
        protected int usedAccountNum;
        protected Account[] accounts;
        public string Name
        {
            get
            {
                return name;
            }
        }
        public Bank(string name)
        {
            this.name = name;
            this.usedAccountNum = 0;
            accounts = new Account[MaxAccountNum];
        }
        public bool LoginAccount(string name, string password, out Account account)
        {
            account = null;
            for (int i = 0; i < usedAccountNum; ++i)
            {
                if (accounts[i].Login(name, password))
                {
                    account = accounts[i];
                    return true;
                }
            }
            return false;
        }
        public bool OpenAccount(string name, string password, out Account account)
        {
            account = null;
            for (int i = 0; i < usedAccountNum; ++i)
            {
                if (accounts[i].Name == name)
                {
                    return false;
                }
            }
            account = new Account(name, password);
            accounts[usedAccountNum++] = account;
            return true;
        }
    }
}
```

3. 在自助取款机项目中增加 ATM 类

对于 ATM 类，主要增加几个与用户交互的方法。其中，Print 方法有两种重载形式，用于打印出账号开户、存取款和余额等信息；而 Pause 方法打印出的信息，用于连接用户之后的操作。在用户输入用户名和密码时，就会调用 Input 方法和 InputNumber 方法将信息录入到自助取款机系统中。

代码如下：

```
using System;
using System.Collections.Generic;
```

```
using System.Linq;
using System.Text;
using System.Threading.Tasks;
namespace 自助取款机
{
    class ATM
    {
        private const string quitcode = "5";
        private Bank bank;
        public ATM(Bank bank)
        {
            this.bank = bank;
        }
        //开始页面
        public void Start()
        {
            while (true)
            {
                //主界面
                Console.WriteLine();
                Console.WriteLine("   ***************************************");
                Console.WriteLine("   *-----------1.开户------------- *");
                Console.WriteLine("   *-----------2.登录------------- *");
                Console.WriteLine("   *-----------3.退出------------- *");
                Console.WriteLine("   ***************************************");
                Console.Write("请输入您的选择(回车结束): ");
                string code = Console.ReadLine();
                if (code == quitcode)
                {
                    return;
                }
                if (code == "1")
                {
                    OpenAccount();           //开户
                }
                else if (code == "2")
                {
                    LoginAccount();          //登录
                }
                else if (code == "3")
                {
                    Console.WriteLine("按一下任意键直接退出...");
                    Console.ReadKey();
                    return;
                }
            }
        }
        //账号登录方法
        private void LoginAccount()
        {
            Console.Clear();
            Console.WriteLine("  *       您已进入登录界面            *");
            Console.WriteLine("  ==================================");
            Console.WriteLine("  *   请输入您的账号的用户名和密码     *");
            Console.WriteLine("  ==================================");
            string name = Input("用户名(回车结束): ");
            string password = Input("密  码(回车结束): ");
            //登录账号
            Account account;
            if (!bank.LoginAccount(name, password, out account))
            {
                Console.WriteLine("---登录错误,请检查用户名和密码是否正确。按Enter键继续...---");
```

```
            Console.Read();
        }
        else
        {
            ManageAccount(ref account);
        }
    }
    //开户方法
    private void OpenAccount()
    {
        Console.WriteLine("   ================================");
        Console.WriteLine("   * 请输入您的账号的用户名和密码 *");
        Console.WriteLine("   ================================");
        string name = Input("用户名(回车结束): ");
        string password = Input("密  码(回车结束): ");
        //开户
        Account account;
        if (!bank.OpenAccount(name, password, out account))
        {
            Console.WriteLine("   *开户错误,用户名和密码已经存在。按Enter键继续...*");
            Console.Read();
        }
        else
        {
            Print("开户", 0, account);
            Pause();
            ManageAccount(ref account);
        }
    }
    //账号管理方法
    private void ManageAccount(ref Account account)
    {
        Console.Clear();
        Console.WriteLine("   **************************************");
        Console.WriteLine("   *-----------1.存款-------------*");
        Console.WriteLine("   *-----------2.取款-------------*");
        Console.WriteLine("   *-----------3.查询余额---------*");
        Console.WriteLine("   *-----------4.修改密码---------*");
        Console.WriteLine("   *-----------5.回到主页---------*");
        Console.WriteLine("   **************************************");
        Console.Write("您的选择是(回车结束): ");
        while (true)
        {
            //管理账号界面
            Console.WriteLine("");
            string code = Console.ReadLine();
            //string s;
            decimal amount;
            bool succeed;
            switch (code)
            {
                case "1":
                    amount = InputNumber("\n请输入存款数目: ");
                    succeed = account.Deposit(amount);
                    if (succeed)
                    {
                        Print("存入", amount, account);
                    }
                    else
                    {
                        Console.WriteLine("存款失败! ");
```

```
                }
                Pause();
                break;
            case "2":
                amount = InputNumber("\n请输入取款数目: ");
                succeed = account.Withdraw(amount);
                if (succeed)
                {
                    Print("取出", amount, account);
                }
                else
                {
                    Console.WriteLine("取款失败! ");
                }
                Pause();
                break;
            case "3":
                Print(account); ;
                Pause();
                break;
            case "4":
                string oldPassword = Input("当前密码(回车结束): ");
                string newPassword = Input("新密码(回车结束): ");
                succeed = account.ChangePassword(oldPassword, newPassword);
                if (succeed)
                {
                    Console.WriteLine("密码修改成功! ");
                }
                else
                {
                    Console.WriteLine("密码修改失败! ");
                }
                Pause();
                break;
            case "5":
                Console.Clear();
                return;
            default:
                break;
        }
    }
}
//输出信息
private string Input(string prompt)
{
    Console.Write(prompt);
    string str = Console.ReadLine();
    while (str == "")
    {
        Console.Write("不能为空, {0}", prompt);
        str = Console.ReadLine();
    }
    return str;
}

private decimal InputNumber(string prompt)
{
    Console.Write(prompt);
    string s = Console.ReadLine();
    decimal amount = Decimal.Parse(s);
    return amount;
}
//打印辅助信息
private void Pause()
```

```
            {
                Console.Write("按 Enter 继续...");
                Console.Read();
            }
            //打印信息
            private void Print(string operation, decimal amount, Account account)
            {
                Console.WriteLine("   ================================");
                Console.WriteLine("   *姓名: "+ account.Name);
                Console.WriteLine("   *"+operation+": "+ amount);
                Console.WriteLine("   *余额: "+ account.Banlance);
                Console.WriteLine("             "+ operation + "成功");
                Console.WriteLine("   ================================");
            }
            private void Print(Account account)
            {
                Console.WriteLine("   ================================");
                Console.WriteLine("   *姓名: {0}", account.Name);
                Console.WriteLine("   *余额: {0}", account.Banlance);
                Console.WriteLine("   ================================");
            }
        }
    }
```

在设计类的时候，为了提高代码的重用性，一个重要的原则是，不要将功能与用户界面紧密耦合在一起。在这个程序中，Account 类和 Bank 类是功能类，ATM 类是用户界面类，因此，在设计 Account 类和 Bank 类的时候，不要涉及任何的用户界面操作。所有的用户界面都放在 ATM 类中。这样做的好处是：功能类可以适用于任何的用户界面，例如，Bank 类和 Account 类可以用于网上银行；用户界面类可以适用于其他功能，例如，ATM 类可以用于信用卡机构。

4. 修改 ATM 项目中自动创建的启动程序类 Program

```
using System;
using System.Collections.Generic;
using System.Linq;
using System.Text;
using System.Threading.Tasks;

namespace 自助取款机
{
    class Program
    {
        static void Main(string[] args)
        {
            Console.WriteLine("   ********************************");
            Console.WriteLine("   *       欢迎登录中国银行       *");
            Console.WriteLine("   ********************************");
            //实例化 Bank 类
            Bank bank = new Bank("ATM 自助取款机");
            //实例化 ATM 类
            ATM atm = new ATM(bank);
            atm.Start();
        }
    }
}
```

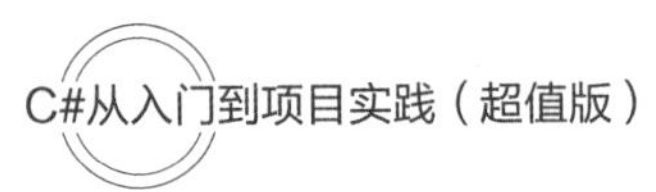

19.3 运行程序

系统设计好了，现在就可以运行一下来看看设计的成果。

（1）单击工具栏中的 ▶启动 按钮，即可运行系统。系统运行后，会首先显示菜单界面，如图 19-2 所示。

（2）输入“1”并且按下 Enter 键，系统进入储户开户功能界面，根据提示输入账户的相关信息后，会打印出用户名、账户金额以及余额，并提示开户成功，如图 19-3 所示。

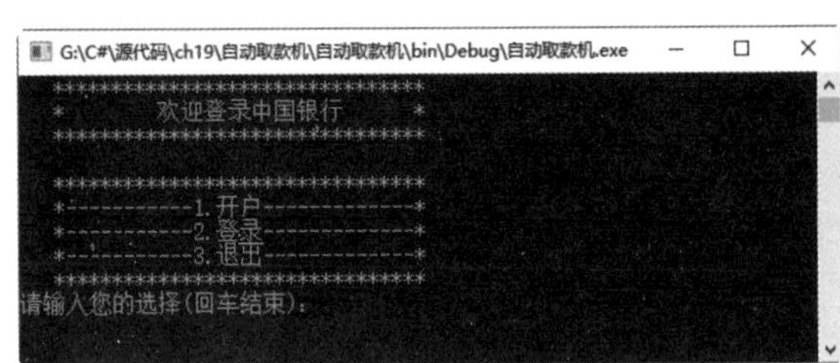

图 19-2 系统菜单界面

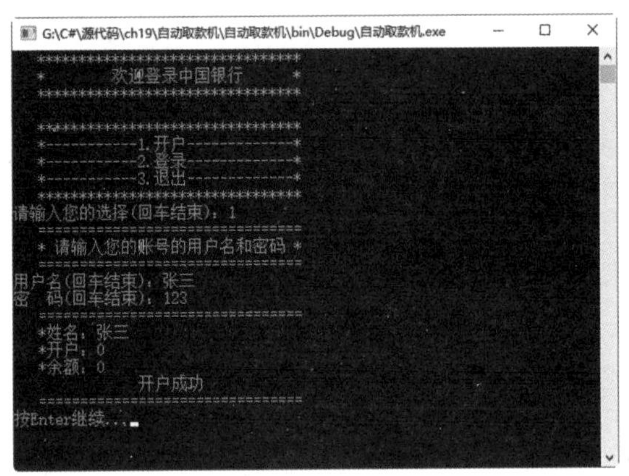

图 19-3 开户成功

（3）再按下 Enter 键，系统会进入账户功能操作界面。此时可以对该账户进行存款、取款、查询以及修改密码的操作，如图 19-4 所示。

（4）输入“5”并按下 Enter 键，系统就会返回到主页面。然后再输入“2”，用户便可以对该账户进行登录操作，并按照提示输入账号和密码后就可以进入账户功能操作界面，如图 19-5 所示。

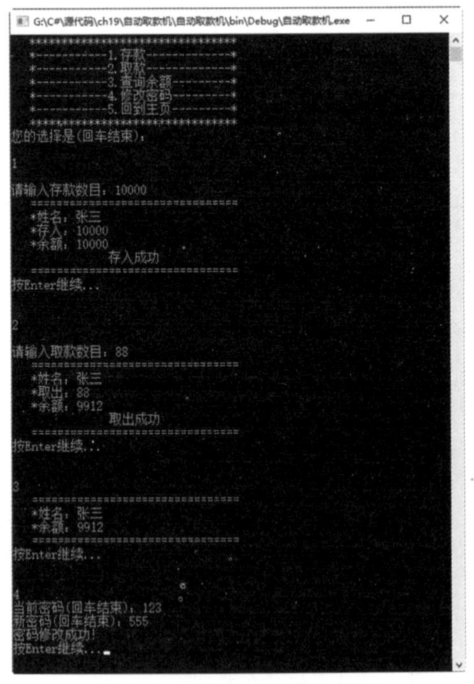

图 19-4 账户功能操作界面

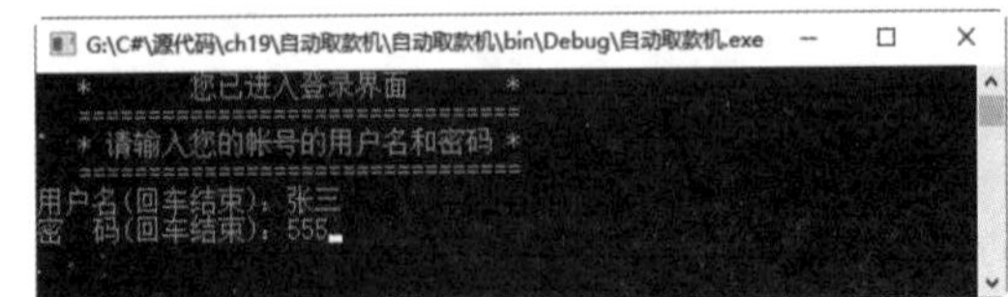

图 19-5 登录操作

第 20 章

扫雷游戏

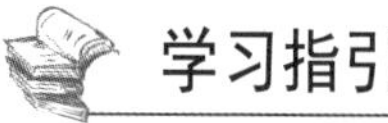

学习指引

扫雷游戏是 Windows 操作系统自带的一款小游戏，在过去的几年里，Windows 操作系统历经数次换代更新，变得越来越庞大、复杂，功能也越来越强大，但是这款小游戏依然是该系统装机必备的软件，可见这款小游戏受到越来越多人的喜爱。

重点导读

- 掌握使用 C#面向对象的设计方法和思路。
- 掌握基本控件及事件处理方式。
- 学习面向对象语言的编程技巧和特点。

20.1 系统功能描述

随着计算机和网络的普及，人们越来越依赖于计算机。过去人们通过锻炼、健身等户外活动来放松和娱乐自己，现在人们更多的是在闲暇时通过玩一盘或几盘轻松、娱乐的益智小游戏，来达到放松、娱乐的目的。这也是扫雷、连连看、祖玛等游戏火热至今的原因之一。

本章介绍的扫雷游戏是利用 Visual Studio 2017 开发的仿 Windows 自带扫雷游戏的冲关小游戏。游戏以 Winform 窗体作为背景界面，通过 Button 按钮来实现游戏界面，Label 控件来显示游戏时间，通过鼠标左键单击或者右击事件来触发不同的游戏程序代码，使游戏进入下一步操作，进入下一关，直至游戏结束。

在第一次加载时默认难度为初级难度，玩家之后可以自己手动进行难度选择，而且玩家还能通过左键踩雷，右键标记来进行游戏，如图 20-1 所示。

（1）左键普通单击功能。

（2）递归扫雷功能。

（3）右键标记功能。

（4）游戏难度选择功能。

（5）闯关功能。

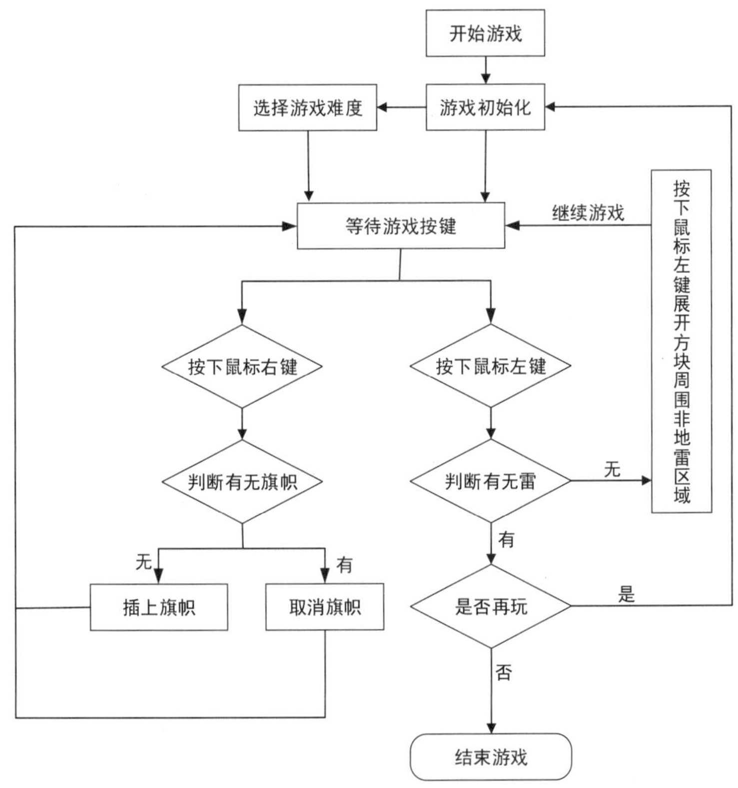

图 20-1 扫雷游戏算法设计图

20.2 系统功能分析及实现

扫雷游戏系统是利用了 Windows 窗体进行整个游戏的界面设计。通过 Visual Studio 2017 中 Button 控件与 Label 控件来对雷区进行显示，对扫雷结果和过程进行完整显示。

20.2.1 功能分析

扫雷游戏主要包含以下功能模块。

（1）雷区布置功能：主要是实现雷区的布置。

（2）随机布雷功能：主要对扫雷游戏的地雷进行随机布置。

（3）鼠标单击事件功能：主要是判定用户单击的是左键还是右键并执行后续代码。

（4）递归扫雷功能：主要是实现当单击坐标点的周围无雷时扫出一片非雷区。

（5）复原功能：对当前游戏进行复原设计，使玩家可以进行下一盘游戏。

（6）闯关功能：主要是为了增加趣味性，通过连胜来增加难度。

20.2.2 功能实现

（1）在编写代码之前，需要设计好窗体控件。用户可以在运行窗体中添加一个 Button 控件，用来启动和复位扫雷游戏；再添加一个MenuStrip控件，添加菜单栏，用于选择游戏的难易程度以及退出选项；再添加一个ToolStrip控件，用于显示状态栏；最后再添加两个Label控件，分别用来计时和计算剩余的地雷数，如图20-2所示。

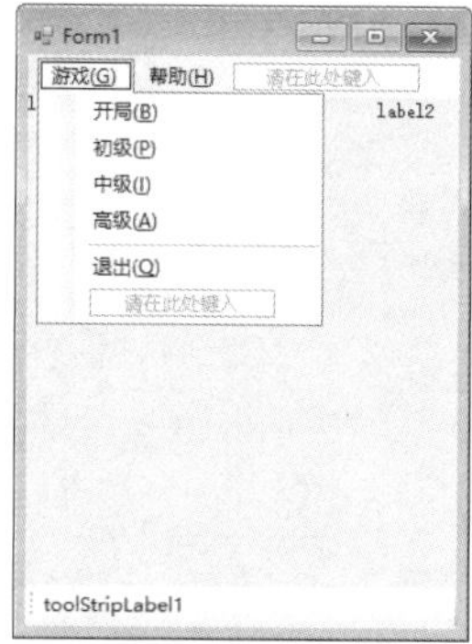

图 20-2　添加控件

代码如下：

```
using System;
using System.Collections.Generic;
using System.ComponentModel;
using System.Data;
using System.Drawing;
using System.Linq;
using System.Text;
using System.Windows.Forms;
using System.Drawing.Imaging; //加入图片的命名空间
namespace 扫雷游戏
{
    public partial class Form1 : Form
    {
        //排雷失败时，地雷图片的路径
        private string shibai = System.Environment.CurrentDirectory + "\\image\\shibai.bmp";
        //右键单击时标记有雷，标记旗子图片的路径
        private string flag = System.Environment.CurrentDirectory + "\\image\\flag.bmp";
        //排到地雷时，地雷炸开图片的路径
        private string zhakai = System.Environment.CurrentDirectory + "\\image\\zhakai.bmp";
        //单击“开始”按钮的笑脸图片路径
        private string xiaolian = System.Environment.CurrentDirectory + "\\image\\xiaolian.bmp";
        //排雷失败时，“开始”按钮哭脸图片路径
        private string kulian = System.Environment.CurrentDirectory + "\\image\\kulian.bmp";
        //排雷成功时，“开始”按钮地雷图片路径
        private string cheng = System.Environment.CurrentDirectory + "\\image\\cheng.bmp";

        private string beijing = System.Environment.CurrentDirectory + "\\image\\blank.bmp";

        private Timer timer1 = new Timer();         //计时器
        public int Time_used = 0;                   //排雷所用时间
        //定义地雷数
        private static int mine;
        public int Mine
        {
            get { return Form1.mine; }
            set { Form1.mine = value; }
        }
        //游戏是否结束
        public static bool over = false;

        private int line;                           //生成雷的行数
        public int Line
        {
            get { return line; }
            set { line = value; }
        }

        private int list;                           //生成雷的列数
        public int List
        {
            get { return list; }
            set { list = value; }
        }
```

```
        //游戏过程中剩余的地雷数量
        private int restlie;
        int ci = 1, zong;
        //生成按钮数组
        private ButtonArray[,] button = new ButtonArray[32, 32];

        public Form1()
        {
            InitializeComponent();
        }
        private void button1_Click(object sender, EventArgs e)
        {
            Restoration();    //复原
        }
        private void Form1_Load(object sender, EventArgs e)
        {
            start(10, 9, 9);
            timer1.Tick += new EventHandler(timer1_Tick);
            timer1.Interval = 1000;
            zong = 10;
            fuli();
        }
```

雷区布置功能 MinedAreas()是通过两个嵌套 for 循环来实现的。在 Visual Studio 2017 程序中自定义一个类 ButtonArray，该类继承于 Button 按钮，在该类中设置生成控件的大小为 25×25，并且定义生成控件的坐标 x，y，标记是否是雷的属性 youlei。代码如下：

```
//雷区布置功能
private void MinedAreas()    //生成雷区的一个方法
{
    for (int i = 0; i < list; i++)
    {
        for (int j = 0; j < line; j++)
        {
            button[j, i] = new ButtonArray();
            button[j, i].Location = new Point(1 + i * 25, 55 + j * 25);
            button[j, i].BackgroundImage = Image.FormFile(beijing);
            button[j, i].X = j;
            button[j, i].Y = i;
            button[j, i].Youlei = 0;
            this.Controls.Add(button[j, i]);
            //定义 LeiButton 按钮的鼠标事件，大家共享
            button[j, i].MouseUp += new MouseEventHandler(bt_MouseUp);
        }
    }
}
```

鼠标单击事件功能 bt_MouseUp()是通过获取单击的是左键还是右键来实现的。首先判断游戏是否结束，结束则不做操作，否则就判定是否是单击左键，如果单击左键就需要再次判断是否是雷，是雷的话显示所有雷并结束游戏，不是就遍历周围显示周围雷数再禁用该按钮，如果显示为 0 则要调用递归扫雷；当单击右键时还需判断原先是否有标记，没有则标记，有的话就取消原来标记并且剩余雷数加 1。不管是单击左键还是右键，之后都要判断剩余雷数，如果为 0 就结束游戏显示哭脸。代码如下：

```
//定义鼠标单击事件,单击按钮时触发该事件
private void bt_MouseUp(object sender, MouseEventArgs e)
{
    if (!over)
    {
        int x, y;
        ButtonArray b = (ButtonArray)sender;
        x = b.X;
        y = b.Y;
```

```
        switch (e.Button)
        {  //鼠标左键触发事件
            case MouseButtons.Left:
                if (button[x, y].Youlei == 0)
                {
                    button[x, y].Enabled = false;
                    button[x, y].Text = GetMine(x, y).ToString();
                    Saolei(x, y);
                    if (Win())
                    {
                        timer1.Enabled = false;
                        over = true;
                    }
                }
                else
                {
                    button[x, y].BackgroundImage = Image.FormFile(zhakai);
                    timer1.Enabled = false;
                    button1.BackgroundImage = Image.FormFile(kulian);
                    xianshi();
                    over = true;
                    ci = 1;
                    fuli();
                }
                break;
            //鼠标右键触发事件
            case MouseButtons.Right:
                button[x, y].BackgroundImage = Image.FormFile(flag);
                if (Convert.ToInt16(button[x, y].Tag) == 1)
                {
                    button[x, y].Tag = 0;
                    restlie++;
                    button[x, y].BackgroundImage = null;
                }
                else
                {
                    button[x, y].Tag = 1;
                    restlie--;
                }
                label2.Text= restlie.ToString() + "颗";
                if (Win())
                {
                    button1.BackgroundImage = Image.FormFile(cheng);
                    timer1.Enabled = false;
                    over = true;
                    ci++;
                    fuli();
                }
                break;
        }
    }
    else
        return;
}
```

随机布雷功能 Bulei()是通过伪随机来实现的。伪随机获取到两个在雷区范围内的数字，分别赋值给Button[x,y]控件，如果该控件已经有雷则次数加 1 重新随机，否则该位置布上雷并且修改属性 youlei=1。代码如下：

```
//随机布雷功能
private void Bulei()
{
    Random rand = new Random();
    for (int i = 0; i < mine; i++)                    //mine表示雷数
    {
```

```
            int position_x = rand.Next(line);           //行数
            int position_y = rand.Next(list);           //列数
            if (button[position_x, position_y].Youlei == 0)
            {
                button[position_x, position_y].Youlei = 1;
            }
            else
                i = i - 1;
        }
    }
```

递归扫雷功能由 GetMine 方法和 Saolei 方法协作完成。先计算单击点周围雷数，如果为 0 则按照顺序依次遍历周围雷区，最后查找出点到 0 时该点周围八个点周边雷区情况。原理其实也比较简单，例如当单击坐标 button[5,5]时，如果该点显示周围没有雷，那么就首先禁用周围按钮并计算和显示雷数，然后从 button[4,4]点调用本函数，也就是以（4,4）为中心点，后面按照同样的原理运行。代码如下：

```
//判断单击的这个按钮周围 8 个中有几个地雷
private int GetMine(int row, int col)//x 代表行，y 代表列
{
    int i, j;
    int around = 0;
    int minRow = (row == 0) ? 0 : row - 1;
    int maxRow = row + 2;
    int minCol = (col == 0) ? 0 : col - 1;
    int maxCol = col + 2;
    for (i = minRow; i < maxRow; i++)
    {
        for (j = minCol; j < maxCol; j++)
        {
            if (!(i >= 0 && i < list && j >= 0 && j < line))//判断是否在扫雷区域，有无越界

                continue;
            if (button[i, j].Youlei == 1) around++;
        }
    }
    return around;
}
//以下递归扫雷,向周围八个发散地递归查找
private void Saolei(int row, int col)
{
    int minrow1 = (row == 0) ? 0 : row - 1;
    int mincol1 = (col == 0) ? 0 : col - 1;
    int maxrow1 = row + 2;
    int maxcol1 = col + 2;
    int leishuliang = GetMine(row, col);
    if (leishuliang == 0)
    {
        button[row, col].Enabled = false;
        for (int m = minrow1; m < maxrow1; m++)
        {
            for (int n = mincol1; n < maxcol1; n++)
            {
                if (!(m >= 0 && m < line && n >= 0 && n < list))
                    continue;
                if (!(m == row && n == col) && button[m, n].Enabled == true)
                    Saolei(m, n);

                button[m, n].Enabled = false;
                button[m, n].Text = GetMine(m, n).ToString();
                if (button[m, n].Text == "0")
                    button[m, n].Text = string.Empty;
            }
        }
    }
```

```
    }
    //判断是否扫完地雷
    private bool Win()
    {
        int zongshu = 0;
        for (int i = 0; i < line; i++)
        {
            for (int j = 0; j < list; j++)
            {
                if (button[i, j].Youlei == 1 && Convert.ToInt16(button[i, j].Tag) == 1)
                    zongshu++;
            }
        }
        if (zongshu == mine)   //地雷的总数等于地雷的个数
            return true;
        else
            return false;
    }
    private void xianshi()
    {
        int l = 0;
        for (int i = 0; i < line; i++)
        {
            for (int j = 0; j < list; j++)
            {
                if (button[i, j].Youlei == 1)
                {
                    button[i, j].BackgroundImage = Image.FormFile(shibai);
                    l++;
                }
            }
        }
    }
```

复原功能 Restoration()是通对当前控件和字段进行初始化或重置来完成的。当玩家切换难度或者单击中间笑脸时，触发复原函数，复原函数会删除对 Button 控件的修改，重新计时，重新布雷，把显示的数据也改成一开始时的状态。最后再将中间的哭脸图案按钮背景图片重新换成笑脸，就完成了复原功能。代码如下：

```
    //每次单击“开始”按钮时所有方块复原
    public void Restoration()  //复原
    {
        for (int i = 0; i < line; i++)
        {
            for (int j = 0; j < list; j++)
            {
                button[i, j].Tag = 0;
                button[i, j].Enabled = true;
                button[i, j].Text = string.Empty;
                button[i, j].BackgroundImage = null;
                if (button[i, j].Youlei == 1)
                    button[i, j].Youlei = 0;
            }
        }
        Bulei();
        Time_used = 0;    //排雷所用时间
        over = false;
        restlie = mine;
        timer1.Start();
        label1.Text = "0 秒";
        label2.Text = restlie.ToString() + "颗";
        button1.BackgroundImage = Image.FormFile(xiaolian);
    }
```

```
private void 退出EToolStripMenuItem_Click(object sender, EventArgs e)
{
   this.Close();
}
private void 中级IToolStripMenuItem_Click(object sender, EventArgs e)
{
   foreach (Button i in button)
   {
      this.Controls.Remove(i);
   }
   start(40, 16, 16);
   ci = 1;
   zong = 5;
   fuli();
   Restoration();   //复原
   label2.Left = 290;
   button1.Left = 150;
   this.Size = new Size(330, 433);
}
private void 高级AToolStripMenuItem_Click(object sender, EventArgs e)
{
   foreach (Button i in button)
   {
      this.Controls.Remove(i);
   }
   start(99, 23, 23);
   ci = 1;
   zong = 2;
   fuli();
   label2.Left = 430;
   button1.Left = 218;
   Restoration();    //复原
   this.Size = new Size(470, 433);
}
private void 开局BToolStripMenuItem_Click(object sender, EventArgs e)
{
   Restoration();    //复原
}
//定义timer组件的Tick事件
private void timer1_Tick(object sender, EventArgs e)
{
   Time_used++;
   label1.Text = Time_used.ToString() + "秒";
   if (Time_used >= 60)
      timer1.Enabled = false;
}
private void 关于ToolStripMenuItem_Click(object sender, EventArgs e)
{
   MessageBox.Show("这是基于C#语言开发的仿Windows自带扫雷", "扫雷游戏", MessageBoxButtons.OK);
}
private void start(int a, int b, int c)
{
   restlie = Mine = a;     //地雷的个数
   list = b;               //列
   line = c;               //行
   label1.Text = "0秒";
   label2.Text = restlie.ToString() + "颗";
   timer1.Enabled = true;
   button1.BackgroundImage = Image.FormFile(xiaolian);
   MinedAreas();            //雷区
         Bulei();
         this.Location = new Point(100, 100);
```

```
            this.StartPosition = FormStartPosition.Manual;
        }
        private void 初级ToolStripMenuItem_Click(object sender, EventArgs e)
        {
            foreach (Button i in button)
            {
                this.Controls.Remove(i);
            }
            start(10, 9, 9);
            ci = 1;
            zong = 5;
            fuli();
            Restoration();    //复原
            this.Size = new Size(190, 293);
        }
        private void fuli()
        {
            this.toolStripLabel1.Text = "第" + ci + "/" + zong + "次，完成有惊喜哟";
            if (ci > zong)
            {
                ci = 0;
            }
        }
    }
}
```

（2）自定义的ButtonArray类，在该类中定义了两个变量x和y，用于返回按钮所在的矩阵点，即二维数组的两个参数。在鼠标单击控件时可通过这两个变量的属性值返回得到，进而可确定扫雷函数的两个参数。

```
using System;
using System.Collections.Generic;
using System.Linq;
using System.Text;
using System.Windows.Forms;//引入Button的命名空间
namespace 扫雷游戏
{
    //定义一个按钮数组的类
    class ButtonArray:Button
    {
        private int x;
        private int y;
        //0表示无地雷，1表示有地雷
        private int youlei;
        //构造函数
        public ButtonArray()
        {
            Tag = 0;     //0表示该方块没有翻开，1表示该方块已经翻开
            Size = new System.Drawing.Size(25, 25);//定义控件大小
        }
        //定义属性
        public int X
        {
            get
            { return x; }
            set
            { x = value; }
        }
        public int Y
        {
            get
            { return y; }
            set
            { y = value; }
        }
```

```
            public int Youlei
            {
                get
                { return youlei; }
                set
                { youlei = value; }
            }
        }
    }
```

闯关功能是通过一个简单的累加来实现的。对于扫雷游戏来说，如果闯关模式设计成以扫雷的数量或者限定时间来增加难度，就不会起到预期的作用，因为扫雷游戏本身就不适合，所以本书另辟蹊径，以连胜来增加难度系数。初级难度因为很容易，所以需要玩家连胜 5 次才能获得胜利，如图 20-3 所示。中级难度虽然不容易但也不难，连胜 5 次是个比较适中的次数，如图 20-4 所示。而高级难度由于其本身难度就很大，所以玩家很难连胜，两次真就已经够了，如图 20-5 所示。

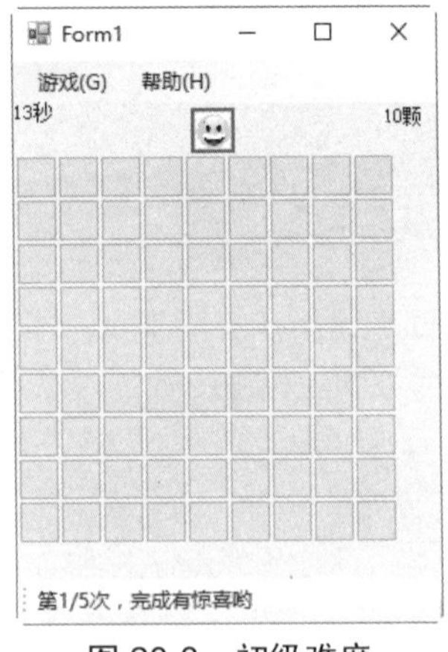

图 20-3　初级难度

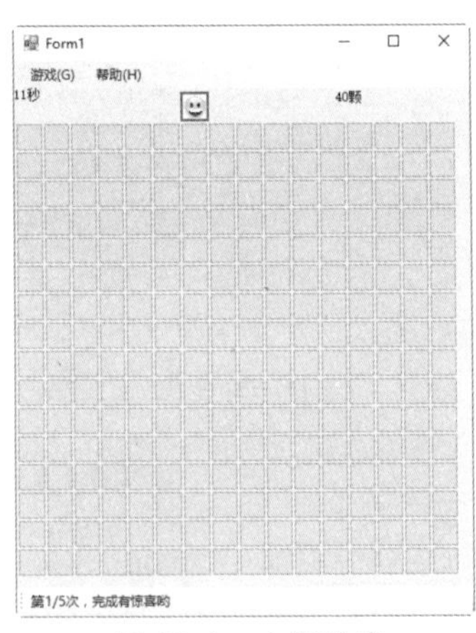

图 20-4　中级难度

图 20-5　高级难度

20.3　运行程序

在第一次加载界面后，利用循环 button 控件生成雷区，对雷区中 button 控件进行左键单击或右键单击事件来触发扫雷代码运行，在后台代码运行后将当前单击事件结果显示在雷区 button 控件上，在游戏运行中或胜利时，在界面中间 button 控件显示为笑脸，游戏失败时界面中间 button 控件显示为哭脸。

（1）实现左键单击功能，如图 20-6 所示。

（2）实现右键单击功能，如图 20-7 所示。

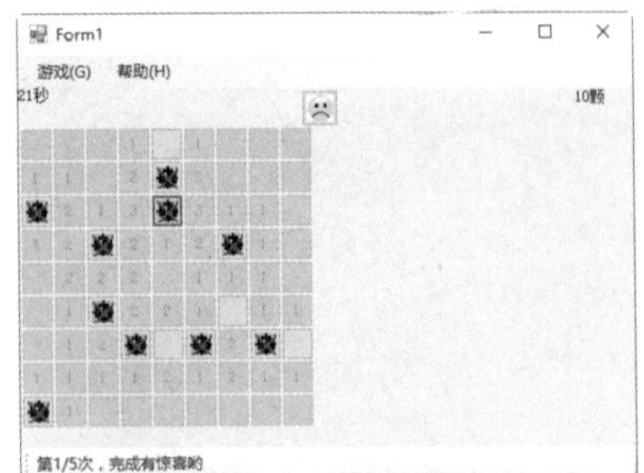

图 20-6　左键单击功能

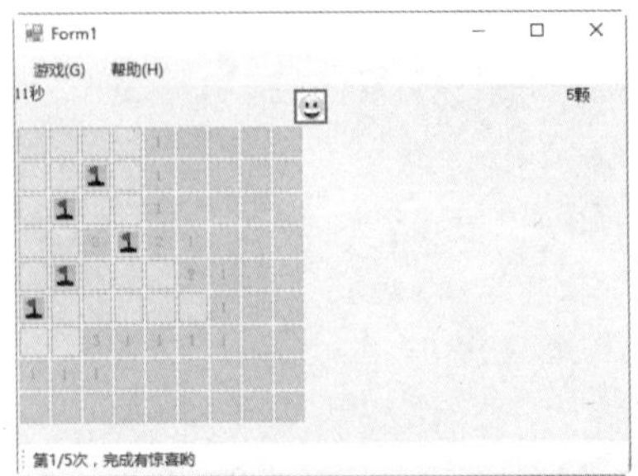

图 20-7　右键单击标记地雷